教师教育系列教材

学前儿童问题行为及矫正

(第2版)

王　萍　主　编

冯　璐　潘晓东
　　　　　　　　　副主编
王　晖　张莉娜

清华大学出版社

北　京

内 容 简 介

本书以学前儿童常见的问题行为案例为切入点，引出学前儿童问题行为的相关知识，将案例与知识交错相通，互相呼应。本书在每节设有知识拓展，在每章后设有思考与练习，并在最后一章中引入了9个案例的操作过程，让读者学以致用。

本书通俗易懂，实用性强，既适合在读本、专科学前教育专业学生阅读，也适合幼儿园教师、家长阅读。

图书在版编目(CIP)数据

学前儿童问题行为及矫正/王萍主编. —2版. —北京：清华大学出版社，2018（2022.1重印）
(教师教育系列教材)
ISBN 978-7-302-51437-4

Ⅰ. ①学… Ⅱ. ①王… Ⅲ. ①学前儿童—不良行为—行为治疗—师资培训—教材 Ⅳ. ①B844.1

中国版本图书馆CIP数据核字(2018)第242176号

责任编辑：陈冬梅
封面设计：刘孝琼
责任校对：李玉茹
责任印制：杨 艳
出版发行：清华大学出版社
网 址：http://www.tup.com.cn, http://www.wqbook.com
地 址：北京清华大学学研大厦A座 邮 编：100084
社 总 机：010-62770175 邮 购：010-62786544
投稿与读者服务：010-62776969, c-service@tup.tsinghua.edu.cn
质量反馈：010-62772015, zhiliang@tup.tsinghua.edu.cn
课件下载：http://www.tup.com.cn, 010-62791865
印 装 者：大厂回族自治县彩虹印刷有限公司
经 销：全国新华书店
开 本：185mm×260mm **印 张**：17.75 **字 数**：431千字
版 次：2013年1月第1版 2018年12月第2版 **印 次**：2022年1月第12次印刷
定 价：49.80元

产品编号：079745-01

前　言

当前，学前儿童的问题行为发生率呈现出急剧的上升趋势，引起了全社会的广泛关注。一些孩子由于种种原因，出现了注意力不集中、攻击、退缩、嫉妒、破坏等问题行为，还有的孩子出现了睡眠、饮食等方面的问题，这些问题行为对正在成长的学前儿童有着巨大影响。

学前期既是人生发展的基础阶段，也是人生发展最为迅速的时期，生理和心理都发生着巨大的变化，个体很多发展的关键期都在这一时期内完成。因此，学前期儿童的发展与教育不容忽视，一旦出现问题，又未能及时发现与纠正，将会影响一生。

本书作者对学前儿童的问题行为进行了研究与探索，同时参考和借鉴了国内外大量专家及学者的研究成果，使本书的内容更加饱满。

本书共分五章。第一章学前儿童问题行为概述，阐述了学前儿童问题行为的含义、主要表现以及研究学前儿童问题行为的价值；第二章学前儿童行为是否正常的判断标准，主要介绍了判断学前儿童问题行为是否正常的原则和标准，同时介绍了几种常用的学前儿童问题行为的检测方法；第三章学前儿童产生问题行为的原因分析，主要对学前儿童产生问题行为的因素，如生物因素、心理因素、家庭教育以及幼儿园教育等方面进行了深入分析；第四章学前儿童问题行为预防及矫正，主要阐述了学前儿童问题行为矫正的概念和基本理论模式，预防及矫正原则，同时结合案例，对学前儿童问题行为常用的矫正方法进行了指导性解读；第五章学前儿童问题行为矫正案例应用分析，运用合理的矫正方法对案例所涉问题行为进行有针对性的矫正方案设计，对幼儿园教师和家长具有一定的指导作用。

本书在内容上具有系统性与科学性，而在内容的表达上力求通俗易懂，具有较强的可读性。更强调实践操作性，使缺乏儿童心理学专业知识的幼儿园教师及家长，都可运用书中有关学前儿童问题行为研究的理论与方法来分析与解决所面临的实际问题。

本书由王萍任主编，其中第一章第一、二节，第二章由王萍编写，第一章第三节由王艳莹编写，第三章第一、二节由潘晓东编写，第三、四节由张莉娜编写，第四章和第五章第一节至第六节由冯璐编写，第五章第七节至第九节由王晖编写。全书由王艳莹校稿，王萍统稿。

因时间有限，在撰写过程中难免出现不足之处，恳请各位读者批评指正。

编　者

目　录

我们之所以成为今天的样子，乃是在幼儿时期生命最初两年建构的。3 岁已奠定了身为一个人的人格基础。

——(意大利)教育家蒙台梭利 (Montessori)

第一章　学前儿童问题行为概述

本章学习内容

- 学前儿童问题行为的理解。
- 学前儿童问题行为的类型与特征。
- 学前儿童问题行为的主要表现。
- 研究学前儿童问题行为的意义。

核心概念

问题行为(problem behavior)　嫉妒行为(Jealous behavior)　攻击性行为(aggressive behavior)　退缩性行为(retreat behavior)　破坏性行为(vandalism behavior)　说谎行为(lying act)　感觉统合失调(sensory integration dysfunction)　多动行为(hyperactivity behavior)　抽动症(twitch disease)　依赖性行为(dependent behavior)

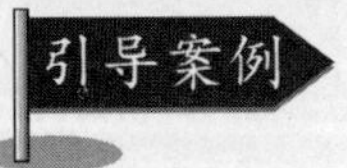

让家长很头疼的现象

有的孩子动不动就会打其他小朋友。

有的孩子总是独自坐在角落里，不愿意和小朋友一起玩。

有的孩子上课时总是走来走去，不愿坐在座位上听老师讲课。

有的孩子走路走不稳，总是有要跌倒的感觉。

有的孩子都 4 岁了还不会穿衣服，上手工课笨手笨脚。

有的孩子身体的某一部位，尤其是面部的某一点总是在抽动。

……

孩子的这些行为不是近几年才有的，但是，我们发现当今孩子的这些问题行为越来越多，已呈现上升趋势。人们不禁要问，为什么会这样？我们应该怎么办？

第一节　学前儿童问题行为的理解

学前儿童在成长过程中，可能会出现一些令人烦恼或讨厌的行为表现，如多动、胆小、说谎、学习困难、尿床、口吃等。这些问题，有的属于发展过程中的问题，有的是由于生理缺陷或心理障碍造成的，也有的是受环境和教育的影响，如说谎等。但不管怎样，儿童一旦出现上述问题，往往会给家庭、学校、社会带来许多麻烦，让家长和老师深感头疼。尤其严重的是，如果对这些问题处理不当，常常会影响学前儿童的健康成长，甚至对他们未来的发展及成人后的品德、行为等都会产生不良影响。

一、学前儿童问题行为的含义

案例 1-1

如厕时的冲突

午睡时间到了，小朋友们在准备如厕。男孩子有序地站在小便池前排起队，刚刚站在壮壮后面挨得很紧。壮壮转过头对刚刚说："刚刚，你往后面站一点儿行吗？"刚刚没理他，仍然贴在壮壮身后。壮壮上完厕所提裤子的时候，胳膊肘不小心碰到了挨着他的刚刚，刚刚不由分说从背后紧紧勒住壮壮的脖子，壮壮大喊："放开我，你干吗？"老师见了，立刻走上前，一边叫刚刚松开手，一边观察着壮壮的脖子。当老师问及刚刚："你为什么要勒壮壮的脖子？"时，刚刚理直气壮地说："他用胳膊肘撞我。"

案例中刚刚的行为不足为怪，在幼儿园经常会看到像刚刚这类小朋友的攻击行为。严格意义上讲，这些应属于学前儿童问题行为。

学前儿童在发展过程中出现的各种问题行为一般是暂时的，并且主要是在不良的环境和教育影响下形成的。那些影响课堂秩序的小动作、抢别人的东西等现象，那些由于情绪上和社交上不成熟所引起的怯懦、缺乏信心、打人骂人等表现，会随着孩子生理和心理水平的发展、认识能力的提高、行为控制能力的增强而逐渐减少；那些不符合社会规范的不良行为，在成人的正确引导和教育下，也是可以逐步矫正的。

(一)什么是问题行为

问题行为实际上就是行为问题，也称为行为困扰、不良行为等，主要是指儿童偏离社会正常要求或个人正常发展轨迹的行为。对于问题行为概念的界定，很多研究者都有自己的观点。

林格伦对于儿童问题行为的界定被认为最经典，即：问题行为是指任何一种引起麻烦的行为(干扰学生和班集体发挥有效作用)，或者说这种行为所产生的麻烦(表示学生或集体丧失有效的作用)。

孙煜明从问题行为的结果角度界定为："儿童的问题行为是指那些妨碍儿童身心健康，影响儿童智能发展，或是给家庭、学校、社会带来麻烦的行为。"

张梅从问题行为的类别角度界定为："儿童的问题行为是儿童身心健康发展的重要障

碍，它包括儿童在行为和情绪两方面出现的异常，表现为各种违纪行为和神经症行为。”

吕勤等从问题行为的标准角度界定为：“儿童的问题行为是儿童发展过程中的一种常见现象，主要表现在攻击反抗、违纪越轨、焦虑抑郁、孤僻退缩以及各种身体不适等方面。”

廖全明等从问题行为的程度角度界定为：“儿童问题行为是指个体在成长过程中出现的，在严重程度和持续时间上都超过了相应的年龄所允许的正常范围的异常行为。”

当然，问题行为的界定既要考虑到问题行为的程度和结果，也要考虑到其类别和标准。研究者个人的立场、人格、知识等都影响到对问题行为的判别。根据前面的分析，问题行为的界定应考虑以下几点：首先，问题行为的主体一般是儿童，问题行为在儿童的成长过程中是普遍存在的，有其自身的规律性，是发展的现象、教育的现象；其次，问题行为的影响是不良的，既影响正常的教学秩序，妨碍集体活动的顺利开展，给家庭、学校、社会带来麻烦，又影响自身的智能发展、社会适应、品格形成和个性发展，影响儿童的身心健康，这些问题行为如果得不到及时纠正，任其发展就有可能形成心理困扰甚至心理障碍；最后，问题行为或轻度或重度地偏离于同龄人的正常行为。因此，心理学家普遍认为问题行为是指儿童在发展过程中普遍存在的、反复发生的偏离社会正常要求或个人正常发展，既影响他人又影响自身发展的行为和情绪异常问题。

(二)问题行为与问题儿童

问题行为和问题儿童是心理学上的两个术语。问题儿童是指生理、心理发展异常和品德行为上有严重缺陷的儿童。这类儿童有一系列生理、心理症状，往往不能与他人正常交往，不遵守社会公认的正常儿童的社会规范，在处理生活、学习等方面的问题与正常儿童有着显著的差别。

问题儿童的症状具体表现为以下两种：一是性格发展偏离或具有一定神经质表现和神经症行为；二是带有恶意的甚至是反社会的行为。问题儿童如果得不到及时的治疗，会有两种后果：一种是成为精神病性儿童；另一种是形成怪僻性格，不能与他人正常交往，社会适应不良，易做出越轨举动，形成反社会型人格倾向。

问题行为是指在儿童中出现的妨碍个性良性发展、智能正常发展、身心健康成长或给家庭、学校、社会带来麻烦的一系列行为。简而言之，问题行为是偏离社会正常要求或个人正常发展的行为。问题行为从其严重性上可分为三个层次：第一层次为不良行为习惯；第二层次为社会适应不良；第三层次为反社会性。

问题儿童和问题行为的产生有一定的心理和社会根源，而且它们的形成与发展是一个渐进的过程。当孩子偶尔出现问题行为时，家长和教师既不能武断地将其当作问题儿童，也不能掉以轻心。家长和教师应深入了解儿童心理及其行为产生的原因，做到有的放矢地教育，从而减少儿童的问题行为，及早发现问题儿童，使儿童健康成长。需要注意的是，正常儿童也可能在某一时期出现问题行为，不能把出现问题行为的儿童叫做问题儿童，只有问题行为严重，而且很难改变的儿童才是问题儿童。因此，问题儿童是个别现象，问题行为则具有普遍性。正常儿童的问题行为具有暂时性、可治性。

(三)问题行为与违法行为

在人们的观念中，经常会把问题行为简单地理解为违法犯罪行为或变态行为，而实际上它们是不同的概念。问题行为是儿童发展过程中的偏离，是教育工作对象；而违法犯罪行为是司法工作对象。但是，二者的界限并不十分明确，问题行为较易引起违法犯罪行为，必须及早给予矫治。

(四)学前儿童问题行为

学前儿童问题行为是指学前儿童在身心发展过程中，由于生理机能失调、环境适应不良或心理冲突等导致的行为表现的不适当。它与儿童心理疾病是不同的。它们之间既有联系，又有明显的区别，且在一定的条件下可以相互转化。

二、学前儿童问题行为的类型与特征

案例 1-2

上幼儿园的欢欢

欢欢，女，5岁，上幼儿园中班。欢欢初到幼儿园时长得瘦小单薄，吃饭很少。欢欢胆子特别小，从来不大声说话，也不与别的小朋友相处，特别依赖母亲。每次到幼儿园门口都紧紧地抓住妈妈的衣服哭，老师便要使劲儿把她抱起来，强行拉到班里。老师给她安排座位她不坐，给她玩具她不要，就是哭着抱着自己的小书包，独自一人站在教室的角落里。直到一个月后，她才勉强地与小朋友坐在一起，但很少讲话，显得格格不入。以后的每学期开学，欢欢都很难适应，每次都哭个不停，如果身体不舒服，必须要妈妈接回家，否则，就会无任何理由地哭，老师询问她也只是一言不发。她上课表现得胆怯和退缩，从不积极举手回答问题。平时做游戏，她都是被动地参与，害怕老师向她提问，害怕老师让她讲故事、表演节目。老师想尽一切办法，试图让欢欢活泼开朗些、积极主动些，但似乎没有一点儿效果。

欢欢属于依赖性行为，是学前儿童问题行为中的一种。

(一)学前儿童问题行为的类型

学前儿童问题行为是一个较复杂的问题，人们对其认识也不尽统一，在具体操作方面有各种不同的分类方法。

儿童问题行为研究的先驱威克曼(Vickerman)将其区分为两类问题行为：一类是诸如不守纪律、不道德等外扰性的问题行为；另一类是诸如社交退缩、抑郁、孤僻、依赖等主要危害儿童自身的问题行为。

阿肯拜茨(Achenbach)将儿童的问题行为分为内隐、外显两类，前者指焦虑、抑郁、退缩等情绪问题，后者指攻击性、反社会性、过度活动等行为问题。

拉特(Rutter)认为最为典型的外显问题行为是违纪行为，最为典型的内隐问题行为是神经症行为，因而他将儿童问题行为简化为 A 行为(antisocial behaviour)和 N 行为(neurotic behaviour)两类：A 行为即违纪行为或反社会行为，N 行为即神经症行为。

国内有学者将问题行为区分为六种：品行问题、攻击与违纪、性活动、神经质、考试焦虑、性回避。其中前三种为外在化行为，后三种为内在化行为。

孙煜明主张把问题行为分为外向性(攻击行为)和内向性(退缩行为)两类。这种分类方法的缺点是分界较不明确，如上课不认真听讲，既可以表现为外向的扰乱课堂秩序，也可以表现为内向的走神、注意力不集中等。

左其沛等人用内部动因、外部情境、心理活动状态及个性特点、行为方式及其特点、行为后果、自我评价及体验、性质程度七项指标，将问题行为分为四类：①过失型，由不正当或不合理的需要，或由好奇、好动、试探、畏惧等心理引起，由于缺乏知识经验或能力不足，采取了不适当的行为而产生的违反纪律和一般行为规则的行为，带有情境性、偶发性和盲目性等特点；②品德不良型，由不良需要引起，受不良意识倾向或个性特点所支配产生的违反道德规范、损害他人和集体利益的不良行为，带有经常性、倾向性和有意性等特点；③攻击型，由挫折造成的愤怒、不满等情绪所引起并受一定气质性格所制约，如与他人发生冲突时产生的发泄、对立、反抗、迁怒等攻击性行为，一般带有公开性、爆发性等特点；④压抑型，由挫折引起焦虑，受一定气质性格的制约，在挫折持续作用的条件下所产生的逃避、消极、自暴自弃等行为，一般带有隐匿性、持续性等特点。

近年来，国内出现了以教育的观点看待儿童问题行为的新取向：问题行为尽管也包括心因性引起的轻度心理创伤，但主要指外因性原因而非神经生理性原因导致的适应不良行为。该观点强调问题行为不是某一特定精神疾病的症状表现，而是后天发展过程中形成的适应不良，并逐渐为国内越来越多的学者所认同。

知识拓展 1-1

行为主义与学前儿童问题行为

从广义上讲，问题行为是指任何一种引起麻烦(妨碍儿童身心健康和智能发展，干扰集体发挥有效作用)的偏离行为。它可以分为“品德性问题”“性格问题”“情绪问题”和“社交不成熟”等类型。儿童在成长的不同阶段，由于生理、心理发展的水平、需求及目标等各有差异，因此，每一阶段中问题行为的具体表现也大相径庭。据国内权威儿童教育、保健专家统计，影响中国学前儿童(3～6 岁)身心健康发展的几大问题行为主要包括：注意力不集中，容易分心，多动，难以完成任务；过分依恋，缠人；孤僻，难以与同伴交往；过分好强，受不了一点儿挫折和批评；每天痴迷于电视、游戏机达数小时等。对于问题行为的正确理解，有两点需要注意：其一，这是一个相对概念，是与同龄人、同集体其他成员相比较而言；其二，问题本身也是相对的，可以通过教育引导加以转化，排除智力、生理发育有先天缺陷的原发性因素。

对学前儿童问题行为的矫治，学术界一度倾向于采用行为主义的方法。行为主义认为，人类的行为都是习得性的，通过强化可以对其进行任意的传授、改变和塑造。它把教育对象等视为没有自主意识的动物，强调奖励和惩罚等外部强化措施对儿童行为的影响。行为主义主张：当儿童出现问题行为时，施加厌恶性刺激，并纠正为积极行为；在儿童表现出所期望的积极行为之后，及时给予奖励或消除厌恶刺激，以增强或维持积极行为发生的频率、持续时间及强度。行为主义理论的基本前提有其合理性，即产生愉快结果的行为最有可能重复发生，这已被动物实验多次证明，也是人和某些动物如白鼠、鸽子等都具有的本能反应。可是，一旦把它广泛用于控制儿童的行为时，从中得到的暂时成效远不及它对儿童长远心理健康造成的危害。首先，儿童的自主意识、自我规训的发展被限制。星星、贴画和小红花这一套奖励系统，只强调好行为对不好行为的取代，却没有告诉儿童某种行为比另一行为更可取的原因，从而也就剥夺了儿童练习对事情作出思考、比较和最终决定的机会。强化的初衷是使好行为成为习惯，结果却往往使儿童对外部控制的依赖成为习惯。其次，内部动机被破坏。内部动机让行为成为自觉，看到行为本身的价值；强化则让行为屈从于外部动机，弱化了自身的力量，尤其学前儿童认知分析能力的欠缺使他们更容易产生盲从和依赖心理。最后，问题行为的原因被忽略。行为治疗以问题为中心，奖励好行为，惩罚坏行为，而不追问导致问题产生的原因。所谓"野火烧不尽，春风吹又生"，只要问题的原因继续存在，任何矫治问题行为的尝试都是肤浅的，行为主义方法关注的恰恰是标而不是本。

(资料来源：周丽. 皮亚杰. 发生认识论对学前儿童问题行为矫治的启示[J]. 教育导刊，2008(10)：24)

(二)学前儿童问题行为的一般特征

学前儿童问题行为虽然有各种不同的表现，但它们又有一些共同的特征。概括起来，可以归纳为六个方面。

(1) 良好行为不足。良好行为不足是指人们所期望的行为很少发生或从不发生。如幼儿很少讲话或不愿和同伴接触、交往，智力发展迟滞，不会自己穿衣服和吃饭等。

(2) 行为过度。行为过度是指某一类行为出现得太多。如儿童上课时经常注意力不集中，不遵守纪律，做小动作，扰乱别人，经常咬指甲等。

(3) 行为不适当。行为不适当是指期望的行为在不适宜的情境中产生，但在适宜的条件下却又不发生。如儿童将喜爱的玩具放在垃圾堆里，在悲伤时大笑，在欢乐时反而大哭等。

(4) 行为持久性困难。行为持久性困难是指做事情没有耐心，不能坚持长久。这种问题行为往往持续存在，一般能延续半年以上。

(5) 行为不受控制。行为不受控制是指学前儿童不理会教育者的引导，我行我素，或行为过度而不合时宜，不符合要求，或被动、退缩，行为自控力差，而且也不受成人的控制。

(6) 不理会现实。不理会现实是指经常忽视四周的环境，对现实情境不去理会。

第二节　学前儿童问题行为的主要表现

问题行为是学前儿童发展过程中的一种常见现象，它是学前期社会适应结果的一个重要方面，也与学龄期儿童、青少年期和成人期的许多发展结果有关系，因此受到了很多研究者的关注。随着社会的发展，我国目前学前儿童的问题行为呈上升并加重的趋势。一些研究者的调查表明，学前儿童在注意缺陷、过度依赖、攻击等方面都表现出较高的发生率。在研究学前儿童问题行为时，发现学前儿童的问题行为突出表现在以下几方面。

一、攻击性行为及表现

案例1-3

我要玩

操场上，老师在和孩子们说晨间锻炼的规则，弘弘的眼睛直勾勾地盯着大球。选择运动器械的音乐一响起，弘弘撒腿就朝大球飞跑过去。弘弘和迪迪同时拿到这个大球，两个人互不相让，弘弘大喊：“是我先拿到的。”迪迪说：“不对，你是跑过来的，是我先拿到的。”弘弘仍大叫：“我要玩。”老师走过去对他们说：“你们俩商量一下，想个办法，要不，这样下去谁也玩不了。”于是，迪迪用商量的口气对弘弘说：“我先玩，等会儿交换的时候再给你玩，好吗？”弘弘松开拿着大球的手，老师以为他同意了迪迪的方法，正想表扬他，没想到弘弘猛地抓起迪迪的胳膊狠狠地咬了一口，迪迪痛得立刻松开了抱大球的双手，哭了起来，弘弘见状立即拿着大球跑了。

上述案例中，弘弘的行为表现明显是攻击性行为。这种行为在学前儿童身上表现得非常普遍，尤其是男孩。

(一)攻击性行为的含义

攻击性行为是学前儿童，特别是小班幼儿常见的一种不良行为。攻击性行为又称侵犯性行为，是指身体上的进攻(打、踢、咬)、言语上的攻击(大声叫嚷、贬低人)，也可以是侵犯别人权利(如用暴力抢走别人的东西)的行为。

攻击性行为是学前儿童比较容易出现的一种问题行为，是一种不受欢迎却经常发生的行为。年龄越小的儿童攻击性行为越强。凡带过小班的教师都有同感，小班家长找老师告状最多，大多数是因为孩子被咬了手指、被人推了等。但需要指出的是，孩子们在一起玩耍时无敌意地推拉动作则不是攻击行为。

(二)攻击性行为的类型

从攻击性行为的意向性来分，攻击性行为可以分为目的性攻击行为和手段性攻击行为。目的性攻击行为源于愤怒的情绪，目的是给他人造成痛苦或伤害，并以此为乐。手段性攻击行为也存在伤害他人的动机，但伤害是为了达到其他目的(如获得玩具)，而不是有意想给他人造成痛苦。从心理问题的严重程度来看，前者比后者要严重得多，它更需要教育工作者的关注。

从攻击性行为发生的频率来分，可以把攻击性行为分为习惯性攻击行为和偶发性攻击行为。所谓习惯性攻击行为，是指个别儿童由于多次发生攻击性行为而又没有得到有效的控制，因而养成某种习惯，攻击行为频频发生，成为习惯性攻击行为。偶发性攻击行为是指某个儿童只是偶然发生一两次的攻击性行为，大多数儿童的攻击性行为属于这一类。前者需要教育工作者的特别关注，它产生的原因也特别复杂，在纠正时，一是需要找出其行为背后的原因，然后对症下药；二是要有相当的耐心，因为作为一种习惯，它的形成已经历了一个较为漫长的过程，因而它的消除也需要一个相当长的过程，其间还会有反复性。而后者则只是一般的行为问题，只要能进行及时的有针对性的教育，都会取得比较理想的教育效果。

从攻击性行为直接发生与否来分，可以把攻击性行为分为直接性攻击行为和替代性攻击行为。直接性攻击行为是指对欲攻击的对象直接予以侵害的行为。替代性攻击行为是指通过手段达到目的(如获得玩具)而对对方发生的侵害行为。行为案例中弘弘的表现应属于后者。学前儿童的攻击行为有自己年龄阶段的特点，即以工具性攻击占优势。因此，学前儿童有时会受到外在诱因的驱动，如玩具、同伴中的领导地位等，为达到某种目的而发动攻击。弘弘的攻击性行为其攻击的意图主要不在于伤害他人，而是为了得到“大球”，他的想法非常简单，就是“我咬他，我就能得到大球”，攻击只是他达到目的所采用的手段。

(三)攻击性行为的特点

学前儿童攻击性行为与成人不同，有其自身的特点，具体表现在以下三个方面。

(1) 学前儿童攻击性行为频繁。学前时期是社会性萌芽时期，儿童开始喜欢友伴和团体的游戏活动，同时又是以自我为中心的阶段，缺乏必要的社会交往经验，两者相互冲突发生矛盾的结果，便产生了攻击性行为。其主要表现为：为了争抢玩具和其他物品而进行直接争抢，或破坏玩具或物品。另外，活动空间狭窄、游戏材料不足也是引起儿童攻击性行为的重要因素。

(2) 学前儿童更多地依靠身体的攻击，而不是言语的攻击。例如，一旦他们所要玩的玩具被别人拿走，他们立刻就会产生敌意，并用抓、打、咬的方式来抢夺玩具，而并不会用言语来攻击对方。

(3) 学前儿童的攻击性行为存在明显的性别差异。有研究表明，攻击性行为倾向与雄性激素水平有关，所以，通常男孩比女孩的攻击性行为多，这是生理因素造成的。当然，由于受气质的影响，相同性别的孩子也会有不同的行为方式，那些身体强壮、精力旺盛、易怒、易哭闹的学前儿童容易出现攻击性行为。

案例 1-4

大家不喜欢的欢欢

中班新来了一个小朋友欢欢，长得壮壮实实、虎头虎脑的，很惹人喜爱。可是，小朋友们却不愿跟他玩。原因是欢欢经常对班内的小朋友发起攻击，一会儿打这个小朋友一拳，一会儿踢那个小朋友一脚，有时还把小朋友压在地上，不让起来。常常惹得班内哭声不断，被攻击小朋友的家长也意见很大，给老师的工作带来一定难度。

(四)攻击性行为的危害

学前儿童的攻击性行为不但会对他人或集体造成危害，对其个体的健康发展也是很不利的，而且阻碍了学前儿童社会性、个性和认知的发展。大量研究表明，有攻击性行为的孩子，其同伴关系一般较差，大多数同龄孩子会对其避而远之。

在小班，由于受一些攻击性行为较强儿童的影响，常常导致受欺负的儿童产生心理恐惧，甚至不愿上幼儿园。而且，由于攻击性行为较强的儿童常常惹是生非，影响正常的生活和教学秩序，使老师需花很多时间来解决因此而产生的矛盾，故而很多老师对这样的孩子也感到头疼。

更需引起重视的是，如果对学前儿童的攻击性行为不及时加以干预、矫治，那么，这种孩子长大后很容易走上犯罪的道路。据资料表明，在青少年暴力犯罪的行为当中，70%的少年犯在学前时期就被认定为有攻击性行为。因此，对学前儿童攻击性行为的研究一直是发展心理学家们最感兴趣的研究课题之一，也是儿童社会性发展研究的重要内容。

(五)攻击性行为影响因素

学前儿童攻击性行为的影响因素有以下几个。

1. 父母的惩罚

研究发现，攻击型学前儿童平时受到父母的惩罚要比其他学前儿童多。很多家长认为，惩罚可以制止学前儿童的攻击性行为。其实恰恰相反，对儿童惩罚不能抑制他们的攻击性行为，反而会加重他们的攻击性行为。

案例 1-5

宝剑惹的祸

牛牛用雪花片插了一把“宝剑”，他拿着插好的宝剑在冰冰身边划来划去，说：“我是奥特曼，打死你这个怪兽。”说完，他用“宝剑”刺向冰冰的胸口。“宝剑”断了，于是牛牛用手当宝剑，在冰冰身上乱划，冰冰哭着喊：“老师，他打我。”被刚刚来接牛牛的妈妈看见了，上去“啪啪”给了牛牛两个耳光，气愤地说：“打呀，你再打打看。”牛牛嘴巴一咧，大哭起来……牛牛的妈妈生气地拉起牛牛的手，一边朝活动室门口走去，一边说：“看我回家怎么治你。”

社会学习理论认为，儿童的攻击性行为主要是通过两条途径获得的：一是观察学习，二是直接学习。其中观察学习是儿童行为获得的最主要来源，也就是说儿童是在各种社会情境中，通过观察他人的行为和行为后果所受的强化，间接地习得攻击性行为的。心理学家班杜拉(Albert Bandura)著名的攻击玩偶实验表明：观看过他人攻击行为的儿童比没有观看过的儿童，在之后相似的情境中表现出更多的攻击性行为。

此案例中的牛牛对动画片中暴力行为的模仿，以及妈妈不恰当的惩罚方式，都强化了牛牛攻击性行为的发展，具有增加儿童攻击性行为的消极作用。这是因为某些惩罚手段本身就具有攻击行为榜样的性质。儿童在“适宜”的环境中，会把别人惩罚他的这些手段用来攻击他人。

2. 强化

在学前儿童出现攻击性行为时，父母不加以制止或听之任之，或不适当地鼓励等就等于变相强化了学前儿童的攻击性行为，所以，在幼儿园一定要控制和及时制止儿童攻击性行为的发生。

3. 挫折

攻击性行为产生的直接原因主要是挫折。成人强制儿童遵守某些日常规则，或者阻碍他们某些感兴趣的活动的时候，会使其大发脾气，或者当一个儿童兴趣正浓地做着某一件事情时，受到了其他伙伴的干扰破坏，其愤怒往往会引起攻击性行为。一个受挫折的儿童比一个心满意足的儿童更具有攻击性，正如心理学家多拉德(Dollard)所说：挫折是一切侵犯行为的源泉。所以，教师和家长应保护儿童的探索行为并多鼓励幼儿好的方面，避免幼儿经常面对挫折。

4. 认知的偏差

学前儿童攻击性行为的发生主要依赖于具体情境和儿童的认知水平。认知行为理论认为某些具有攻击性行为的儿童可能缺乏社会信息的处理能力，或者是对社会信息的解释出现了偏差。高攻击性的学前儿童在社会交往中，倾向于用带着敌意的眼光去解释伙伴的行为和意向，存在着归因偏差。具体来说，儿童在下列五个步骤的社会信息处理模式中容易发生错误或偏差：对环境中社会交往线索进行译码；作出相应的解释和归因；搜寻可能的行为反应；决定一种可能的反应；执行这种可能的反应。如果学前儿童在以上任何一个步骤中出现偏差或有缺陷，都可能导致攻击性行为反应。前面案例中弘弘的行为可以用这种模式解释，弘弘将迪迪一个无意的动作看成是对自己的“威胁”，错误的判断使他作出了错误的攻击反应。

在日常生活中，有不少像案例中的孩子，攻击性行为屡屡发生。曾有研究者在某幼儿园两个班级进行观察时发现，从上午 8 点半到 11 点半 3 个小时里共发生 30 起打架事件，平均每 6 分钟发生一次。这种频繁发生的攻击性行为如果不加以矫治，将不利于学前儿童健全个性和心理品质的养成。更重要的是攻击性行为容易对他人和自己造成伤害，影响伙伴关系和幼儿园的教学秩序，严重的可能导致棘手的法律问题。因此，对于学前儿童的攻击性行为首先应积极预防，对于已经发生的攻击性行为要及时地处理，防止造成不良后果。

二、嫉妒行为及表现

案例 1-6

漂亮的发夹

午睡后老师在给女孩子梳头发，这时听见云云哭叫起来：“老师，诺诺扯我头上的发夹。”老师赶忙跑过去阻止，可来不及了，诺诺嘴里边说难看死了，边无情地扯断了云云发夹上的蝴蝶花。云云见状伤心地哭了。诺诺反而显示出一副发泄后的满足表情。后来老师问到原因时，得知早上云云入园时，老师夸奖云云的发夹漂亮，被旁边的诺诺听到了。

许多成年人认为，儿童没有在社会上攀比、竞争的经历，不该有嫉妒心理。但研究资料显示，不满周岁的婴儿看到母亲给其他婴儿哺乳时，会出现心率加速、面色潮红等不良反应，甚至哭闹起来，当孩子长到五六岁时，妒意会更频繁地袭上心头。那么什么是嫉妒行为？学前儿童的嫉妒行为有哪些表现呢？

(一)嫉妒行为的含义

嫉妒是人类的一种原始情感，是人类心理活动中动物本能的表现，具有一定的普遍性。学前儿童嫉妒是指当学前儿童看到他人某些方面比自己强，自己当时却无法拥有或胜过时，所产生的一种不安、烦恼、痛苦、怨恨，并企图破坏他人优越状况的复杂情感而表现出的行为。学前儿童的嫉妒心理是从早期的情绪中分化而来的。儿童长到 1 岁半左右，从苦恼情绪中进一步分化出嫉妒和普通的苦恼，而长到四五岁时，嫉妒会更频繁地涌上儿童心头，并表现出嫉妒行为。这种行为如果蔓延与激化，儿童就很难协调同伴关系，很难在生活中心情舒畅，平添莫名的烦恼与痛苦。因此，作为与学前儿童接触频繁并具有独特影响力的教师，必须对学前儿童的嫉妒心理进行正确的引导，使嫉妒成为儿童积极向上的原动力。

(二)嫉妒行为的类型

通过对学前儿童的嫉妒行为进行观察，发现学前儿童的嫉妒行为有以下几种类型。

(1) 独占性嫉妒。独占性嫉妒是指学前儿童不能容忍身边亲近的大人疼爱别的孩子。孩子最初的嫉妒总是与自己的爸爸妈妈等身边亲近的人有关，当看到大人们疼爱别的孩子时，往往会表现出不满、哭闹、反叛等，有的甚至会出现一些倒退行为，如故意尿湿裤子，故意作出比自己实际年龄幼稚的行为，以引起大人们的注意。

(2) 敌对性嫉妒。敌对性嫉妒即对获得家长、老师等表扬的其他幼儿怀有敌对情绪。这类儿童当发现别的孩子受到了家长、老师表扬时，往往表现得不高兴、不服气，认为自己不比受表扬的孩子差；有的还会当众揭发受表扬孩子的缺点或不足之处，尽管有些事实甚至是与其他孩子的受表扬无任何关联性，如“他的爸爸是个拉三轮车的”等。

(3) 排斥性嫉妒。排斥性嫉妒是指对拥有比自己玩具、用品、零食多而又不和自己共享的伙伴进行排斥。一般情况下，学前儿童都很愿意和拥有很多玩具、用品、零食的同伴在一起玩，但当同伴没有将自己拥有的东西与他们分享时，他们往往就会表现出嫉妒情绪，如损害同伴的玩具、孤立同伴等。

看看下面案例中的小主人公的嫉妒行为属于哪一种？

案例 1-7

我不要

有一回，小朋友学画蜻蜓，孩子们作画完毕后，老师总是将画得好的小朋友的作品进行讲评并贴在黑板上让孩子们学习欣赏。每次都是彤彤的作品被第一个讲评，并贴在黑板最明显的位置。然而今天老师讲评过彤彤的作品后，对明明的画也格外赞赏，并将彤彤的画移贴到了明明的画的后面，只听见彤彤叫起来：“我不要！”老师制止了她的胡闹，谁知彤彤趁大家不注意，将明明的画用勾线笔狠狠地刮了好几道，老师发现了彤彤的行为，对她进行了教育，可她却大声地哭闹，边哭边喊：“他的画难看死了，我不要。”任凭老师怎么说她都听不进去。

彤彤用笔刮伙伴的画，这些行为都体现了彤彤的一种不良心理——嫉妒，彤彤的嫉妒行为属于敌对性嫉妒。当别人的东西比自己的好时，当别人的表现比自己强时，都会激发她的嫉妒心理，并表现出嫉妒行为。

(三)嫉妒行为的特点

学前儿童的嫉妒行为指学前儿童将自己与别的小朋友作比较而产生嫉妒时所表现出的消极行为，学前儿童的嫉妒行为具有明显的外露性、攻击性和破坏性。

(1) 外露性。学前儿童嫉妒行为与大人嫉妒的不同之处是学前儿童因为年龄小不能有效地控制自己的情感，大人在非常嫉妒时还会尽量忍受，心中虽然不高兴，但不会形之于色，而学前儿童的嫉妒行为就表现得比较外露。

(2) 攻击性。学前儿童有嫉妒行为就会有相应的攻击性行为，如对比他好的小朋友直接而坦率地表露出相应的攻击行为，根本不考虑后果。

(3) 破坏性。当有的学前儿童因为邻桌赢得了一朵小红花而闷闷不乐，有的学前儿童对小伙伴在游戏时投中了球而感到不快，有的学前儿童对自己最好的朋友穿上好看的新衣而耿耿于怀时，嫉妒就悄悄地爬上了孩子的心头。而产生嫉妒时，学前儿童最容易表现出破坏性行为。

案例 1-8

我不想挨着她

早晨一入园，硕硕就拉着老师的手悄悄地说："老师，今天我不想和蕾蕾挨着！"老师问："为什么呀？你们不是很好的朋友吗？"这时硕硕妈妈有点儿为难地说："蕾蕾老拿刀子割硕硕的书包，现在已经是第三个了，今天的新书包不能再让她割了！"老师惊奇地看向蕾蕾，这个活泼爱动有点儿像男孩子的女孩竟然已经割破了她最好朋友的两个书包。这是为什么？老师找到蕾蕾，问其究竟，蕾蕾噘着小嘴说："她买的书包比我的好！"

可见，蕾蕾割坏硕硕的书包的主要原因是嫉妒心理在作祟，当别人的东西比自己的好时，激发了她的嫉妒心理，因此产生了破坏性的嫉妒行为。

(四)嫉妒行为的危害

嫉妒对个人、集体和社会起着耗损作用，这种缺点如果保留到长大以后，那么孩子就很难协调与他人的关系，很难在生活中心情舒畅，因为嫉妒心理强的人，别人的成功和他自己的失败，都会给他带来痛苦，平添不少烦恼，随之而来的行为表现势必具有破坏性。所以，家长应该从小就纠正孩子的这种不健康的心理行为。

(五)嫉妒行为的影响因素

学前儿童嫉妒行为的影响因素有以下几个。

(1) 受自身年龄特点的局限。学前儿童的年龄特点决定了其思维方式是以自我为中心的，情绪反应强烈，自控能力差，还不会理性思考。因此，他们常根据外界事物对他们的利弊，作出直接的情绪反应，如他们希望独占父母和老师的宠爱，希望总是处于受表扬的优越者的地位。他们不会分析这种希望是否客观合理，也不会进行自我调节，因而会轻率地表现出嫉妒行为。

(2) 与他人缺乏情感交流。许多夫妻双方忙于工作，所以孩子出生后就交给保姆，孩子在婴幼儿期和爸爸妈妈的交流很少，而且保姆也不怎么和孩子说话，导致这些孩子缺乏与他人的情感交流，慢慢地就会造成情感饥饿，缺乏安全感，长大后便不能理解别人的情感，显得特别以自我为中心。

(3) 受环境和教育的影响。有些孩子自小受到父母的溺爱和娇惯，养成了唯我独尊的习惯，即使出现了嫉妒的倾向，父母也会同情孩子，不会太认真地纠正孩子的嫉妒行为。孩子在这种环境中长大，从来就不需要考虑别人，表现为独霸心理极为严重等。

总之，嫉妒是一种不良的心理现象，但嫉妒也是一种十分自然的心理反应。嫉妒心强，爱嫉妒别人只是儿童心理不成熟的一种表现，成人不必过分担心，只要引导得当，儿童的嫉妒行为是不难克服的。

三、退缩性行为及表现

案例 1-9

角落里的小女孩

天天是个 5 岁的小女孩，出生后父母就十分宠爱她，外婆更是视她为掌上明珠，生活上百般照料，事事代替她做。父母上班后，天天很少出门，总是一个人待在家里玩玩具，听外婆讲故事，因此，养成了温顺、孤僻、胆小的性格。家里一来客人，无论是大人还是小孩，天天都会显得很紧张，不敢理睬人家，也不敢和人家一块吃饭；在幼儿园里经常一个人躲在角落里，很少跟别人讲话，不和其他小朋友玩，也不敢参加集体游戏活动。对于天天的这种情况，老师反复地对她进行鼓励和劝慰，可并没有得到多少改善。老师对此表示担忧，然而，天天的父母却不以为然，因为天天一回到家，和外婆及爸爸妈妈又说又笑，还能帮着做一些简单的家务。因此，父母认为这种情况待天天日后长大一点儿，就会自然好转。

一般来讲，大多数孩子都能与其他小朋友相处融洽，一起玩耍。像天天这种孤僻、胆小、退缩、不愿与小朋友交往、不愿到陌生的环境中去而宁愿一个人待在家里的行为，心理学称之为“儿童退缩性行为”。

(一)退缩性行为的定义

学前儿童的退缩性行为是指在日常生活中，学前儿童不主动与同伴交往，沉默寡言，宁愿一个人玩，也不愿与小朋友们一起玩耍，在陌生的环境中，表现出害怕、胆怯，常独来独往等问题行为。退缩性行为会阻碍儿童对外界环境的探索，影响其社会化和认知的发展。

(二)退缩性行为的特点

(1) 胆小、害怕、羞怯。有退缩性行为问题的学前儿童一般都胆小怕事，他们怕见生人，即使家里来了客人也常躲开。躲不开时，较小的孩子就往父母的身后藏，大一些的孩子则紧张不安，浑身不自在，或低眉眨眼，或面红耳赤。他们还不愿在公开场合抛头露面，害怕在众人面前讲话，表现得很不大方。他们害怕到陌生的环境中去，较小的孩子常拒绝去幼儿园，大一些的孩子则拒绝去学校。按理来说，学前儿童生性好玩，爱活动，特别喜欢逛公园、动物园和游乐场，而有退缩性行为的儿童常常因为害怕、胆小而不愿去公园和游乐场玩耍，更不敢离开父母独自去玩，逢年过节时也不愿随父母走亲访友。

(2) 孤僻不合群，难以适应新环境。正常的孩子都有与同龄孩子交往的需要，学前儿童喜欢与同龄孩子一起玩耍、游戏，而有退缩性行为的孩子从不主动与人交往。小点的孩子总是独自一人与玩具为伴，喜欢独自游戏，而不喜欢与小朋友一起玩，较大一些的孩子在集体中往往既不被他人所选择，也不被他人所排斥，而是被人忽视，同时自己也不选择他人且排斥他人，他们往往是游离于各种群体之外的孤独者。即使有的孩子主动与他们交往，或邀请他们参加活动，他们的态度也往往是消极的、冷漠的。正因为他们不愿与人交往，不参加集体活动，很难了解和喜欢别人，也很难被别人了解和喜欢，所以他们很长时间都难以适应新环境。

(3) 对客观现实常采取被动或逃避的行为方式。有退缩性行为的学前儿童在各种活动中往往只是旁观者，而不是参与者，对他人采取冷淡态度，其目的都是为了逃避他人对自己的了解或认识，在课堂中，他们很少主动积极地回答老师的提问，如果遇到困难，他们往往没有克服困难的信心，所以不是去积极想办法战胜困难，而总是想方设法避免或依赖老师、父母的帮助。

在识别退缩性行为时要注意一点，即不能把正常儿童在特殊情况下暂时表现出的害怕、恐惧、孤僻、冷漠等行为与学前儿童退缩性行为混为一谈。因为在刚入园的孩子中，绝大部分在开始时都不同程度地表现出害怕、拘谨、羞怯、不与人交往，特别是没进过幼儿园的学前儿童更是如此。但正常儿童一般一个月内就能很好地适应，变得大胆、活泼，主动找别人说话和游戏。所以，这些症状是一时性的，属于正常儿童的生理防护反应。但有退缩性行为的学前儿童则会长时间表现出退缩性行为，他们即使在无特殊原因的情况下，也经常表现出特别害怕、羞怯、孤独、胆小等行为。

案例 1-10

变了样的浩浩和西西

浩浩是典型的“421”家庭的宠儿，除了父母的关爱与呵护，爷爷奶奶、外公外婆对他更是疼爱有加，他成了地地道道的“小皇帝”。可到了幼儿园，他成了一个孤家寡人，本来很活泼的他，变得沉默寡言，常常一个人在一旁发呆，所以他最怕上幼儿园，每次去幼儿园都会大哭一场。

西西是一个十分乖巧的孩子，性格比较内向，西西妈妈望子成龙，经常拿别人家孩子的长处和西西作比较：“西西，看人家娇娇多聪明，多和娇娇玩会儿！”“西西，看人家闹闹多大方，你跟闹闹学学！”渐渐地，西西变得对周围事物缺乏兴趣，胆小怕羞。

(三)退缩性行为的类型

1．按功能可划分为社会退缩和言语退缩

1) 社会退缩

社会退缩主要有行为描述和社会测量两种定义类型。从行为描述的角度，“社会退缩”被界定为交往频次低的独处行为；从社会测量的角度，“社会退缩”则被视为低水平的同伴接受(称为被忽视儿)或高水平的同伴拒绝(称为被拒绝儿)。有学者对这两种界定方法的相关性进行了研究，结果发现它们并不相关，社会测量中的被忽视儿和被拒绝儿并不等于社会退缩儿童。之后，人们更多地采用行为描述的方法来界定社会退缩。

案例 1-11

退缩的芹芹

芹芹总是哭闹着进幼儿园，并总是一个人，不和其他小孩一起玩，常常低着头、吮吸手指，再怎么新鲜的玩具也吸引不了她。

冰冰在家是一个很乖巧的小女孩，她平时不愿去任何地方，甚至不愿跟父母走亲戚、

逛公园，喜欢待在家玩玩具或看书，也不愿与其他小朋友一起玩耍。

芹芹所表现出来的害羞和焦虑反映出她有典型的社会性退缩行为特征，而冰冰看起来似乎很正常，但在心理学家看来，冰冰的这种不爱交往的行为虽然不是退缩性行为，但也会给她带来影响，因为社会交往在人成长过程中的作用很大，对社会化的发展有一定的促进作用。近年来，人们越来越多地认识到学前儿童缺乏社会交往将引起多种不良行为。

2) 言语退缩

言语退缩是指在一些学前儿童的言语中存在的“退缩性现象”，主要表现就是怯“说”，即不爱或不敢说话。它所反映出来的胆怯、沉默直接影响到儿童的学业、交往以及自身发展。

案例 1-12

不爱说话的小兵

小兵上课从不举手，遇到不会做的题也不问老师，偶尔被叫起回答问题，也总是支支吾吾、语无伦次，成绩较差。

像小兵这类孩子在课堂上不多说话，也不敢多问，是一种近乎“哑巴式”的学习，所以不能准确掌握所学的知识。

2．按表现可分为抑制性退缩、安静性退缩和活跃性退缩

所谓抑制性退缩，是指学前儿童无所事事和观望行为，反映了学前儿童气质上的羞怯、抑制，既希望又害怕接近同伴的动机冲突；所谓安静性退缩，是指学前儿童单独进行安静的探索或建构性游戏，反映了学前儿童对物比对人更感兴趣，不存在内心的动机冲突和焦虑情绪；所谓活跃性退缩，是指学前儿童独自一人进行喧闹的身体动作游戏、装扮游戏，反映了儿童冲动、活跃的特征。

(四)退缩性行为产生的原因

学前儿童的退缩性行为是研究者研究最多的一个问题，几乎所有的研究者都有所涉及。学前儿童退缩性行为产生的原因是多方面的，有父母教养方式不得当、缺乏与同伴联系，家庭关系不正常，也有儿童自身先天素质问题、后天的性格和身体状况不佳等因素。

1．教养方式不当，过分严厉或过分溺爱

管教过严是造成学前儿童退缩性行为的主要原因。有调查表明，退缩儿童家庭中家长对孩子管教过严的占 74.07%，而一般儿童只占 38.8%，差异非常显著。张媛媛、李春红、殷雅杰通过调查，也认为在大多数情况下，退缩问题行为儿童所表现出的害怕、羞怯、不愿参加集体活动，不与人交往等一系列退缩性行为所掩盖的是他们的独立性差、自卑，因而采取退缩逃避的方式来保护自己。而过分的保护和溺爱因为限制了孩子的必要活动和他们与同龄人的交往，也会造成孩子的退缩性行为。一些孩子在家受到过分的保护与溺爱，他们的一切需要(合理的或不合理的)总会得到及时的满足，养成孩子有求必应、以自我为中心的习惯。他们一旦进入幼儿园，在家里可以得到满足的许多需要，如独占玩具，就不能得到满足。如上面所说的浩浩家长，平时不让孩子受一点儿委屈，在家中，事事包办，在外面，时时保护，家长剥夺了儿童生存和锻炼的机会，久而久之，儿童的依赖性增强，觉得只有在家人身边才安全，成为永远长不大的孩子。这样发展下去，当儿童到了外界环境中，不会和陌生人交往，到最后变得离群孤僻，产生退缩性行为。另外，在集体中还必须遵守纪律、游戏规则等，老师和其他的孩子不会像家里人一样处处让着他，以他为中心，于是他就会觉得受到了莫大的委屈，内心会产生一种强烈的挫折感，从而情绪低落，变得冷漠，极力想逃回自己温暖的家，重享“皇帝”的快乐生活，重新获得安全感。而有些家长不懂教育规律，不了解儿童的心理特点，常常以自己的标准去评价儿童的某些行为。例如，儿童觉得一件玩具挺好玩，于是拆开看看里面有什么，而家长则把这种行为看作破坏行为，一顿批评；儿童想干好事，打扫卫生不小心打碎了东西，家长不分青红皂白，只是一味地埋怨、责备；有的家长老拿自己孩子的短处和别人孩子的长处作比较，如前面案例中讲到的西西妈妈，这样不仅极大地挫伤了孩子的求知欲望，更让孩子觉得自己不如别人，从而产生强烈的自卑心理，到了外界，做事就会缩头缩脚，不敢想、不敢干，从而产生退缩性行为。

2. 缺乏同伴联系

国内许多学者的研究都认为，“早期与同伴隔绝的儿童存在着后来调整问题的危机”。缺乏与同伴联系也是导致学前儿童退缩问题行为的重要原因。父母不管是出于保护孩子的安全，怕他们受外人的欺负，还是怕他学坏等原因而限制孩子各种活动和与同龄孩子交往，都会使孩子失去处理生活中各种事情的机会，失去学习和锻炼如何与他人相处技巧的机会，以后，他一旦进入陌生环境和集体生活，就会一筹莫展、无所适从，或者由于他不能或不会与其他人合作而遭受其他孩子的责备与冷落，从而使他们情绪低落，渐渐地厌恶和害怕集体生活，不愿与人交往，严重的学前儿童干脆拒绝上幼儿园。

3. 家庭关系和气氛不正常

父母不和、对孩子的教育态度不一致、感情用事等不正常的家庭气氛，也是儿童产生退缩性行为的原因。父母感情不和，会使孩子常常处于紧张、惊恐、孤立无助的心理状态，他们没有安全感，享受不到家庭的温暖，从而对成人产生不信任感。父母对孩子的教育态度不一致，一个严厉、一个放任，一个宠爱、一个粗暴；或者高兴时对孩子宠爱有加，忧虑时无故责骂，也会使孩子无所适从，处于紧张、焦虑、惊恐的状态，迫使儿童采取退缩、逃避的方式来保护自己，以适应环境。

4. 个人素质因素

心理学家的研究表明，有退缩性行为问题的学前儿童大多性格内向而孤僻，但有一些是天生适应能力就差，难以适应新环境，在新的环境中感到特别拘谨，不愿接触人，即使引导、帮助他们去适应，也很难奏效。这类儿童一般不喜欢活动，对新鲜事物和陌生人缺乏兴趣和热情。还有的学前儿童因为身体虚弱，与同伴游戏、活动、学习时特别容易疲劳、烦躁不安。他们看到同伴可以尽情地干自己的事，而自己却不能，或遭到反复的失败或拒绝，便产生自己不如别人的自卑心理，进而不愿或害怕参加集体活动，特别是竞争性强的活动。

(五)退缩性行为对学前儿童发展的影响

20 世纪 90 年代初，专家采用纵向追踪研究的方法，将内隐行为问题作为预测变量，结果发现，早期儿童的社会退缩可以预测以后的内隐行为问题，与儿童的负面自我评价、害羞和焦虑相关。这项成果开始逐渐扭转了人们对社会退缩影响的模糊认识。随后，日益增多的研究表明，社会退缩对儿童当前和未来的发展均具有负面影响，包括适应不良特别是内隐问题、社会能力发展问题和异常心理的危险因素，且随着年龄的增长而日益严重。对学前儿童的研究表明，有退缩性行为的学前儿童更可能出现焦虑、低自我价值感，并产生其他一些内隐的行为问题。

与正常同伴相比，4～5 岁有退缩性行为的学前儿童解决人际间两难冲突的能力较低，对同伴提出简单而委婉的请求时常常遭到同伴的拒绝。这种同伴拒绝和内部归因的结合会使他们最终从同伴环境中脱离出来，成为孤独的孩子。

社会退缩对儿童的“负面影响”会随着年龄的增长而日益严重。上小学特别是入中学以后，社会退缩明显与同伴排斥、孤独、沮丧等症状相关，同时会产生对自我的负面认识。在青春期，社会退缩与孤独、沮丧、社会焦虑、低自我价值感持续相关。另外，社会退缩儿童还会出现学业困难、厌学、被欺负等情况。成年以后，这种儿童更容易遭遇情感的沮丧和低自尊，出现社交问题，在生活中一些重要转折点上如结婚、生子、获得稳定的职业等方面落后或延迟。

因此，学前儿童的退缩性行为会阻碍他们对外界环境的探索，影响其社会化的发展，不利于其认知能力、交往能力、言语发展等各方面的提高。

案例 1-13

喜静的小月

小月学习成绩很棒，课上发言也很积极，可平时却总是一个人静静地坐着。对班上的事情，她从不发表意见，也从不评价谁好谁差。老师主动找她聊天，她总是点头或摇头，很少回话。

这类学前儿童一般比较上进，他们想给老师、同学留下一个好印象，所以，当他们分不清对错或把握不准说话的尺度时就选择沉默。这类学前儿童往往有一定的能力，只是自信心不足，不敢表现自己，不会争取机会，习惯于服从，久而久之，人际交往能力越来越差。

学前期是各种能力发展的关键时期，退缩性行为严重阻碍了学前儿童知、情、意、行等各方面的发展。预防和减少学前儿童的退缩性行为，可以使学前儿童更好地从“自然人”过渡到“社会人”。总之，退缩性行为是各种消极因素而导致的综合体现，作为教师和家长，要善于且乐于去关注儿童的心理成长，让他们在成长中多一些快乐的体验，少一些消极的心理体验。

四、破坏性行为及表现

案例 1-14

淘气的孩子

小瑞在幼儿园两个月的时间内做出了很多让老师气愤的事，如把玩具放到水里、把毛娃娃塞进抽水马桶里、在墙上乱画……幼儿园老师对小瑞进行了无数次说教，也采用了阻止等方式，但收效甚微，小瑞的破坏行为一如既往。

在日常生活中，我们经常发现，学前儿童经常有意无意地去破坏手中的玩具，布娃娃被咬烂了鼻子、小帆船的帆与船身分了家、塑料小鹿的角剩了一只……真是不胜枚举。特别是那些大人按照他们的方式专门为孩子的成长而准备的玩具，被孩子破坏得更严重。对于孩子的破坏性行为，很多家长很无奈地问："不管怎么打怎么骂，还是又拆又扔的，我就不明白他这么破坏是为什么？"

问题出在哪里呢？其实问题的症结就在于：因为家长不明白孩子想的和想要的到底是什么，孩子才会产生这种所谓的破坏性行为。

(一)破坏性行为的定义

破坏性行为是指经常故意损坏家里、学校或邻居的物品(如玻璃窗、灯泡等)，或故意搞脏别人晾晒的衣服、床单等，并以损坏他人财物为乐的行为。认清破坏性行为必须与学前儿童有建设性的但貌似破坏的行为相区别。有些学前儿童的行为从表面上看是破坏性的，但其目的却是想探究和认识事物，如有的学前儿童把闹钟拆开，想了解它为什么会响；把彩色的玻璃镜砸开，想看看里面有没有花等。作为家长和教师要注意区分学前儿童的不同行为，并区别对待。

(二)破坏性行为的类型

学前儿童的破坏性行为可分为"无意破坏"和"有意破坏"两类。

无意破坏性行为是指学前儿童有的行为所带来的破坏性后果并不是由破坏性动机所支配的，而是学前儿童尚处于神经发育旺盛期，性情活泼，以自我为中心，认知缺乏等，造成行为上的破坏性表现，这类行为称为"后果性破坏行为"，即"无意性破坏行为"，主要出现在年龄小的孩子身上。例如递给孩子一件新玩具，他刚接过去，就把手一松，"啪"的一声掉在地上摔坏了。这个时期的儿童由于反应协调机能还很弱，注意力不易集中，所以他们的"破坏行为"主要是由生理原因造成的。对于学前儿童的无意破坏，主要可通过一些生理和心理训练来解决。例如用不易摔坏的木制玩具教学前儿童分别做单手、双手抓握动作，训练上肢肌肉的力量；用玩具琴让学前儿童弹拨，用铅笔或彩笔画、涂、写，训练手指动作的灵活性和准确性；用塑料杯、碗盛水，让学前儿童捧着慢慢行走，要求水不洒出来，以训练注意力和动作的协调能力。实验证明，经过一段时间的训练，学前儿童的无意破坏性行为会大大减少。

有意破坏性行为是指带有动机的主观性的破坏，包括干扰别的幼儿的活动，这通常是与其他问题行为相联系的，也可能是由于情感上的困扰或焦虑引起的情绪发泄性破坏的各类方式。例如：任性爱发脾气，报复性心理破坏，吸引成人注意力等。学前儿童的有意破坏性行为需要矫正，教师和家长应高度重视，以免形成习惯，影响良好品德的形成。

(三)破坏性行为产生的特点

学前儿童破坏性行为有如下特点。

(1) 由敌对情绪引起的报复。有的学前儿童经常受到欺侮和讥笑，自己又缺乏说理、辩解的能力，便偷偷摸摸地搞一些破坏性行为来报复。

(2) 由不愉快情绪引起的发泄。有的学前儿童好生气，总感到心烦意乱，容易把这种情绪发泄到周围事物上，如摔门、敲桌椅、乱丢东西等。当学前儿童受到挫折而极度烦恼时，也可能通过破坏性行为来发泄怒气。

(3) 为了炫耀自己“能干”。有的学前儿童错误地认为，打碎玻璃、损坏他人财物是一般孩子不敢干的，而自己敢干，以此作为炫耀自己的资本，认为自己比别人都“能干”。

(四)破坏性行为产生的原因

对于学前儿童在活动中出现的破坏性行为，教师和家长不要一味地指责孩子或者视而不见，而是要用探究的眼光去看待，去寻找他们行为背后的原因，切忌想当然地主观臆断后就对孩子进行批评教育，这样对孩子是不公平的。

学前儿童在活动中表现出破坏性行为的原因是多种多样的，有可能是下面几种情况。

(1) 学前儿童不良情绪的宣泄。学前儿童在活动之前有不愉快的情感体验，而又不知道如何进行适当的表达时，就有可能以一种破坏性行为作为不良情绪的突破口。如儿童在区角活动中将娃娃家的娃娃的辫子扯掉，是因为早上爸爸妈妈的吵架造成儿童情绪的波动。

(2) 学前儿童正常的探索行为。学前儿童在强烈的好奇心驱使下会出现超乎寻常的探索行为。为了验证自己的想法或进行自己的游戏，学前儿童会进行一些自己认为理所当然的活动，教师应该给予适当的鼓励和帮助。学前儿童想破坏玩具只是因为他想知道这些漂亮好玩的东西到底是怎样做成的，换句话说，他其实就是想了解玩具里面到底有什么。玩具本身对他已经没有吸引力了，所以有时候他就会使劲砸碎玩具，然后再研究隐藏在里面的让他感到神秘的东西。学前儿童的这种破坏性行为，正是其智力一步步发展的结果。

随着能力的提高，学前儿童将越来越多地表现出一些破坏性行为。学前儿童一岁多的时候，好奇心开始逐渐增强，对所有的物品都很感兴趣，喜欢东摸摸、西看看。但是由于他们的动手能力和手、眼协调能力都还比较差，对各种物品的性能也不是很了解，所以难免会破坏一些东西(有时甚至可能是家长十分喜欢的东西)，这应该得到家长的谅解，同时，也应该对学前儿童进行适当的引导。

案例 1-15

发亮的“小鸟”

姨妈给 4 岁的外甥女红红送来一只会“发亮”的小鸟玩具，只要一按开关，小鸟肚子就会闪现出变幻的光。红红高兴极了，不停地拨弄小鸟。突然，红红将它高高抛起，摔到了水泥地上——小鸟摔裂了。姨妈厉声批评了红红，红红委屈地说：“我只是想看看小鸟肚子里是什么东西……”

红红正是急于想弄清小鸟发光的原因而采用了“破坏”的方式，尽管造成了玩具的损坏，但却是她探索未知世界的一种表现，如果家长不由分说地给予指责，不仅会打击她求知的热情，还会使其变得胆怯。

(3) 学前儿童对失败的手足无措。当学前儿童手中的工作远远超过了他的实际能力，学前儿童通过较长时间的探索还不成功时，学前儿童会失去进一步探索的兴趣和信心，多次尝试失败后的挫折感往往会激怒年幼的孩子，为了发泄自身的沮丧感，学前儿童就会作出一些破坏性行为。如一开始对拼图的兴趣浓厚，一块块地试拼，可是好久之后还没有成功，就故意将拼图撒落一地。

(4) 学前儿童自控能力差。也有部分孩子的行为初衷是好的，但是因为思维与动作发展得不协调，自我控制能力较差，会出现一些破坏性行为的表面现象。

世界上许多事物对于学前儿童来说都是新鲜有趣的，儿童有着强烈的好奇心，有着对新事物进行尝试、探索的心理倾向。尤其从三岁起，学前儿童的自我意识迅速发展，正经历“自我中心”阶段的学前儿童往往是希望以自己的方式，独立自主地活动，在这种时候，就需要老师和家长注意学前儿童的举动，对学前儿童的一些破坏性行为作出预见，同时要以适当的方式进行引导。

案例 1–16

小小推土机

早上区角活动，孩子们都在开心地玩着，突然建筑区角传来不和谐的声音，飞飞跑来告状：“陈老师，旦旦把我们刚搭好的房子给推倒啦。”又是这家伙，平时最调皮的就是他了。怎么总是喜欢破坏别人的东西？老师来到他面前生气地询问：“怎么了？说说你为什么把人家的房子给推倒了？”旦旦扁了扁嘴，委屈地说：“我的推土机是要把旧房子拆掉，建新的啊！”细问之下，才知道他们家在拆迁，他见到推土机特别感兴趣，之后产生了模仿行为。“那推土机拆的是旧房子啊！飞飞他们是刚刚建好的新房子，你怎么就拆了呢？下次飞飞他们再建新房需要请你的推土机帮忙拆迁时，你再来帮忙好吗？”旦旦听话地点了点头。

对于学前儿童破坏玩具的行为，尤其是探索性的破坏行为，教师和家长应理解、关心，并支持孩子的这种好奇心，保护鼓励孩子的求知欲和探索精神。对小一点的孩子，可以给他准备一些能够拆装的玩具，耐心回答孩子提出的关于玩具原理的问题；对大一点的孩子，可以给他准备一把小钳子、小螺丝刀等工具，让他自己拆装。

(五)破坏性行为对孩子成长的影响

探索性破坏行为可以让学前儿童在破坏中了解事物的本质，对学前儿童的好奇心和探究能力有一定的促进作用，但家长需要进行引导，否则就会变成盲目的行动。有意性破坏行为，对学前儿童危害较大，如果家长不予教育，有可能成为一种不良习惯，不仅影响到同伴关系，也会让他成为不受欢迎的人，影响其一生。

五、残忍行为及表现

案例 1–17

残忍地让小狗死去

小胖，6岁，聪明而淘气。他家养了一条小狗，小胖隔三岔五拎着小狗的两条前腿，在原地不停地旋转，转累了，撒手一放，小狗抛出去很远，弄得小狗嗷嗷大叫，他却拍着手哈哈大笑。小狗怕炮，他却绑着小狗的腿，点着擦炮，只听“砰”的一声，小狗恐惧地在地上挣扎。别人劝说也不听，他依旧如此取乐。不久，小狗死去。他央求妈妈再给买一条狗，买回来后，把狗的一条前腿打折，面对小狗一声声地惨叫，痛苦地呻吟，小胖没有任何内疚的心理。

案例中小胖的行为是残忍行为的具体表现。他在对待小动物所表现出的残酷与其年龄特征很不相符。尤其是看到小动物被残虐没有一丝内疚的心理值得我们深思。

(一)残忍行为的含义

一般来说，学前儿童都是富有同情心的。但有时也可见到有些学前儿童残酷地虐待小动物，案例中小胖的行为残忍得让人不寒而颤。再如，有的学前儿童逮到小昆虫，不是把它的翅膀揪掉，就是把眼睛捅瞎；有的学前儿童用手掐猫、狗的脖子，或把打断腿的猫、狗扔入水中。学前儿童产生类似的残忍行为是由于教育不当和环境的不良影响而造成的，是一种心理变态。这种行为若不纠正，学前儿童长大以后就会缺乏同情心，不关心自己的父母、长辈、同事，对社会缺乏责任感。

(二)残忍行为的种类

学前儿童的残忍行为一般有两种：一种是有意的残忍行为，是指学前儿童为了取笑、发泄某种不良情绪而表现出的残忍行为，案例中小胖的行为就属于这种；另一种是无意的残忍行为，是指学前儿童为了探究某种事物背后的现象而表现出的残忍行为，如想知道把鸟的毛拔下来会怎么样呢？

(三)残忍行为产生的原因

残忍行为产生的原因有以下几方面。

(1) 学前儿童的残忍行为，往往是其受压抑的一种表现。如果学前儿童的父母感情失和，经常吵架，或父母离婚后谁都不关心孩子，家中氛围不和睦、不健康，孩子生活在其中就会压抑，从而产生发泄的冲动，借对动物发泄来暂时消除内心的不满情绪和压抑感。

(2) 自卑感和受歧视感。有的学前儿童长得不漂亮或有某种生理缺陷，在家里或幼儿园里受到歧视；有的父母想生男孩却生了个女孩(或相反)，便不喜欢、冷落孩子；有的再婚父母歧视、虐待前夫(妻)生的孩子等，往往都会使这些孩子产生自卑感、受歧视感，这些孩子往往借残忍行为来证实自己的“强大”，消除内心的压抑感，寻求畸形的心理平衡感。

(3) 不适当的教育。父母、教师对孩子缺乏同情心，对孩子动辄便施以关黑屋、打耳光、站壁角、跪搓板等体罚，或是让孩子过多地观看影视中的暴力镜头。

(4) 由于好奇心而引起无意的残忍行为。例如，他们想知道“把鸟的眼睛挖下来它还能动吗”等，这种无意的残忍行为也是不可忽视的。

(四)残忍行为的危害

行为往往是心理的外在表现形式。学前儿童的残忍行为往往蕴藏着某些不良的心理。如果长期表现残忍的行为，将会让孩子变得冷酷无情，长大后有可能会出现心理变态、个性扭曲。因此，教师和家长要认真分析孩子残忍行为的缘由，制止残忍行为的发生。

六、说谎行为及表现

案例 1–18

说　　谎

阳阳是中班的一个小男孩，今年 4 岁了，他脑子聪明，性格天真活泼，胆子很大，表现也不错。他在幼儿园与小朋友游戏时常常是中心人物。可是，最近一段时间，他的班主任老师反映阳阳在活动中有说谎现象，有时候事情明明是他做的却死不认账，教育起来大伤脑筋。阳阳的爷爷也反映说：“阳阳这些天爱撒谎，一件事一会儿这样说，一会儿那样说，不知道哪句话是真的，很是着急。”

(一)说谎行为的含义

说谎是一种以欺骗他人为目的，心口不一致的表达方式。说谎不仅是一种心理问题，也是一种不道德的行为。

学前儿童说谎在生活中具有一定的普遍性，但从学前儿童心理发展的角度来看，学前儿童的说谎行为又不只是一个简单的道德问题，还有着许多更复杂的原因。正常儿童也会因为种种原因说谎，只是带有一定的偶然性，并与一定的具体情境相联系。如 4 岁左右的儿童，会出现一些偏离事实的话题或故事，这是由于学前儿童想象力有了初步发展而又不能将想象与现实区分开来，因而常常把各种零碎经验，包括童话、神话中的描述杂乱地编造在一起。另外，学前儿童在遭遇困难或处境难堪时说一句小小的谎话来掩饰自己，不足为奇，但如果经常撒谎，屡教不改，就会受到别人的鄙视和不信任，造成社会适应不良，形成人格偏差。

有学者分析了儿童的 700 个谎言，其中 67%是由于畏惧惩罚和害怕被嘲笑，16%与儿童缺乏正确的想象、夸张和表达有关，而故意说谎的不到 20%。

(二)学前儿童说谎的类型

儿童心理学家研究发现，几乎所有的儿童都会说谎，但学前儿童说谎并不一定都是不诚实的品质问题，学前儿童说谎的原因有很多。家长要具体分析孩子说谎的心态和动机，针对不同情况采取不同措施。

1. 想象型说谎

想象型说谎是指学前儿童把想象的东西当成现实，或把事实夸大而表现出的说谎行为。学前儿童说谎，有时是一种幻想和想象的表现。学前儿童的好奇心较强，脑子里会冒出各种各样的想象，把想象的东西当成事实，来满足自己的心理需要。当他把这种夸大的并不现实的想象当作真实的东西说出来时，自己还沉浸在其中，大人听起来就成了说谎。此时，家长需要把孩子善意的想象和恶意的谎言区分开来，对于孩子想象之光的闪烁，不但不应该批评，反而应当鼓励，以培养孩子的想象力。

2. 取乐型说谎

取乐型说谎是指学前儿童用谎话捉弄别人，以获得快感的说谎行为。

有些学前儿童用欺骗说谎来捉弄别人，并因此自鸣得意。《狼来了》故事中的那个小孩就属于此类。对于这样的说谎，家长应对其进行说服教育，最好是通过《狼来了》之类的故事，让孩子懂得欺骗别人最后会自食其果，从而改正这样的行为。

3. 虚荣型说谎

虚荣型说谎是指学前儿童为了炫耀自己而表现的说谎行为。

有的学前儿童说谎，是为了避免丢脸或得到赞许的目光，炫耀自己。对于这样的说谎，在理解孩子的同时，家长应抓住孩子要“面子”的积极一面，鼓励孩子懂得只有付出努力，才能获得赞许。

4. 模仿型说谎

模仿型说谎是指在成人经常表现说谎行为的示范下，学前儿童模仿成人表现出的说谎行为。

有些家长自己本身就常常说谎，甚至要求孩子对别人说谎。这样，孩子自然就很容易说谎成性。父母在行为举止中表现出来的人格特征、道德品质对孩子的影响远胜于任何说教。对于这样的说谎，家长应该从自身做起，诚实守信。

5. 侠义型说谎

侠义型说谎是指学前儿童为了表现出对同伴的保护出现的说谎行为。

有些学前儿童为庇护小朋友的错误，或为他们的不良后果承担责任而说谎。例如，小强的表弟不小心把爸爸的茶杯摔碎了，小强就谎称是自己干的。对于这种侠义型的说谎，家长既要肯定他的动机，又要引导孩子学会实事求是。

6. 被迫型说谎

被迫型说谎是指学前儿童为了逃避教师或家长的批评与惩罚而表现出的说谎行为，有些学前儿童犯了错误，害怕成人批评责骂，就隐瞒了事实而说谎。一般家长过于严厉孩子容易表现为被迫型说谎。

很多家长对孩子说谎的行为感到生气和苦恼，特别是对明显的说谎和死不承认的说谎尤其恼火。说谎往往被人们视为一种恶劣的品质问题，但对于学前儿童来说，“说谎”的原因是多方面的，性质各不相同，不能一概而论，应当具体问题具体分析。

(三)幼儿说谎的特点

1. 2～3 岁幼儿的说谎特点

说谎在 3 岁以下的幼儿中是一种极为常见的现象。这时孩子基本上不可能分辨出自己是在说谎还是在说实话。孩子的那些无伤大雅的谎言可能源于活跃的想象力、健忘等因素。

2. 3～4 岁幼儿的说谎特点

这时的孩子，说话时会不加思索地脱口而出，讲不符合实际的假话。经研究，这些多半是为了实现某些愿望所致。初次说假话，经教育后一般就不会再发生。但如果处理不当会诱导孩子继续说假话。

3. 4～6 岁幼儿的说谎特点

这个时期的孩子因害怕受罚而试图欺骗，谎话成了保护伞。父母与其发怒，还不如利用这一时机和孩子一起讨论撒谎行为及由此引起的后果。这是帮助孩子分辨真实和想象的最佳时期，比较容易养成诚实的好习惯，并将影响他的一生。

资料 1.docx

(四)学前儿童说谎的原因

学前儿童说谎的原因可从无意说谎和有意说谎两个方面进行分析。

1. 无意说谎

无意说谎是指学前儿童分不清自己的想象与现实之间的界限，企图用言语描述某种幻想的东西。孩子会把自己想象的东西当作事实加以描述，形成无特殊目的的谎言，这种谎言，实质上是孩子想象的反映。有时，孩子的软弱和退缩，导致他们一时冲动，编造了谎言，这种谎言属于防御性的。无意说谎的原因有以下几点。

1) 满足愿望的心理

学前儿童有时会把幻想、愿望与现实混合在一起。他们为了满足某种心理需要，常常无意识地和不自觉地“说谎”，这与品德行为无关。如某幼儿园在上主题活动“好吃的水果”课程时，教师展示了许多水果图片，并绘声绘色地告诉小朋友们吃这些水果的感觉，然后又介绍了海南的一些水果。这时，一儿童打断了老师的话，说她也去过海南(后了解没有去过)，还将他的感受讲得非常美妙。面对这种“美丽的谎言”，教师不能简单地责备，而应给予正确的引导。

2) 理解性心理错觉

学前儿童常因认识不足和理解错误产生心理错觉，用想象的情节代替记忆不确切的情节，于是便出现了“说谎”现象。例如，有个小朋友在幼儿园里做了错事，老师教育说：“你做错事是不对的，以后注意改了，也同样是好孩子。”小朋友听到“好孩子”这样的词语，往往会把它当成“表扬”，回家就高兴地报告给爸爸妈妈，说：“老师今天表扬我了，说我是好孩子！”这种情况就是由于学前儿童缺乏经验而产生的理解性心理错觉。有的学前儿童不理解某些概念的真正内涵，往往不自觉地“说谎”。例如，有的学前儿童在家看过爸爸妈妈和朋友打扑克、下象棋，就对老师说：“我会打扑克，也会下象棋。”其实，他只不过是会模仿大人的样子，并不理解这类活动的真正含义。对于这类认识不足和因理解性心理错觉而产生的“说谎”现象，教师应采用适当的方法引导学前儿童，帮助他们理解有关概念的真正含义。

3) 自信心的萌动

学前儿童由于理解问题的简单化和不善于分辨想象与现实，往往不切实际地说“大话”，夸“海口”。例如，在体育游戏拍皮球时，教师问：“咱们班谁会拍皮球？”结果全班儿童都争着举手说：“我会拍皮球！”这是学前儿童自信心的萌动，教师切不可将此视为“说谎”或“吹牛”，对学前儿童的积极性应当加以保护。当然，不能让学前儿童的这种自信心只停留在一种幼稚可笑、盲目幻想的低水平上，而应在注意保护、鼓励的同时，给予积极的引导，让学前儿童逐步学会客观地看待自己所想所说与现实的差距，懂得要想实现美好的愿望，就必须从小好好学习的道理。

2. 有意说谎

有意说谎通常带有明显的欺骗目的。有时，学前儿童说谎是他们推理的产物，例如，当他们知道一旦讲出事实真相将要受到惩罚时，就可能用谎言来掩盖事实。或者，当学前儿童意识到不隐瞒事实将得不到社会承认或家长表扬时，也可能采用说谎的手段。有意说谎容易变成一种习惯行为。这类说谎与品行有关，虽不能说是品行坏，但也多少反映了学前儿童品德发展中存在的问题。对于这类说谎，教师应当给予足够的重视。有意说谎的原因有以下几点。

1) 取悦家长，虚夸成绩

学前儿童有时想取悦家长却没有实际成绩，往往会出现有意说谎现象。例如，涵涵小朋友在老师指导大家贴动物衣服的过程中，留下一些彩纸放进口袋里，回家后向妈妈夸耀：“妈妈，我今天得了漂亮的纸。”妈妈说：“老师奖励给宝宝的吗？”这孩子又说：“老师叫我拿回来让爸爸妈妈看的。”学前儿童的这类说谎，属于有意编造事实骗人，是学前儿童说谎现象中性质较为严重的一种，这类错误的产生，多与成人的教育不当有关。作为教师，应当注意经常和家长取得联系，交流情况，一旦发现这类说谎现象，必须家园配合，恰当提出对学前儿童的期望，及时批评教育，绝不可姑息迁就，任其发展。

2) 谎造优越感，满足虚荣心

学前儿童有时也会谎造优越感，以满足自己的虚荣心。这类说谎在学前儿童中是常见的，如见别人有一件好玩具，便谎说自己家中那件更好；见别人的爸爸是一个警察，也谎说自己的爸爸是个“警察”，还捉住了很多大坏蛋……其产生的原因也常与家庭教育不当有关。如有的家长为使孩子“幸福”，过多地提供优越的物质条件，人为地滋长了孩子过强的优越感。但不论物质追求还是精神追求，都是无穷无尽的，一旦某一方面比不上别人，孩子便可能以说谎来满足自己的虚荣心。面对这类说谎，教师不应当简单地采用批评的方法，而应采用耐心说服、讲明道理的方法，指出好孩子不能说谎，从而引导学前儿童切实认识到说谎是无用的，不光彩的，同时注意与家长多交流，促进家庭教育的优化。

3) 开脱责任，逃避惩罚

学前儿童的这类说谎，往往是恐惧心理所致，而滥施惩罚就是造成学前儿童产生恐惧心理从而导致说谎的一个重要原因。如有的家长怕孩子变坏，常常不问清事由就训斥责备孩子；有的家长受传统思想影响，认为“棍棒底下出孝子”，动辄打骂；有的家长性格粗暴，孩子稍有不当之处就呵斥打骂。这些错误的家庭教育，很容易造成孩子的恐惧心理。孩子做错了事或有行为过失时，为了开脱责任，逃避家长、教师的惩罚或打骂，便有意说谎。

作为成人，尤其是教师，更应当认识到，说谎的实质都是学前儿童在恐惧心理支配下所采取的一种自卫措施，其错误和责任应更多地归咎于成人而不是学前儿童。所以，不论是教师还是家长，处理这类错误的要领在于首先反省自己给学前儿童心理造成的影响，而不是只严厉地指责孩子。

4) 成人说谎，殃及幼儿

有些学前儿童说谎，往往与成人的影响有关。特别是学前儿童家长的说谎行为，常是导致学前儿童说谎的直接原因。教师对幼儿说的话不兑现，也往往被儿童视为“骗人”。父母和教师是孩子心目中的权威人物，如果在孩子面前说了谎，就会使孩子产生“说谎不为错”的错觉，起码为他们的说谎壮了胆。有的父母对孩子的诚实言行非但没有给予赞扬鼓励，反而指责训斥。例如客人来访，丈夫不愿接待，就叫妻子去说“我先生不在家”。孩子不明究竟，直接说出“我爸爸在房间里，他不出来”，弄得父母难堪，事后就责备孩子。假如孩子帮着父母圆谎，说“爸爸出差去了”，倒可能受到表扬。这类撒谎似无大碍，但孩子积累了经验，说实话挨骂，说谎则可平安无事甚至受奖励，日后就会学着说谎。

研究还发现，学前儿童的说谎行为与家庭气氛也有密切关系。生活在融洽、和睦、愉快气氛家庭中的学前儿童，说谎行为比生活在对抗、紧张、父母不和或离异家庭中的学前儿童明显少得多。

七、感觉统合失调及表现

案例1-19

感统失调

超超是幼儿园中班一名5岁的孩子，他长在知识分子家庭，认识几百个字，对繁体字很感兴趣，能背诵多首古诗，是大家手心里的宝，但他动作迟缓，行为怪异，不合群，是全园皆知的“问题”儿童。

爷爷带他到幼儿园，他走到晨检老师的跟前，伸手让老师检查，爷爷在身后提醒说：“怎么没有叫老师？”他叫了声老师，爷爷又提醒说：“要问老师好。”他就跟着说了声：“老师好。”晨检过后，爷爷拉着他的手上楼了，刚走了几级楼梯，他就软倒在楼梯上，爷爷又拉又拽也无济于事，最后，还是爷爷把他抱到了教室。

户外活动课上，小朋友们都在操场上参加户外活动，在爷爷的牵领下超超也来到操场。爷爷说他每天都不做操，今天要留下来看他做完操再回家。

超超的早操活动在爷爷不断的提醒下断断续续地做了几个不协调的动作，其中几个跳跃动作他都只做手的动作，脚跳不起来，在散跑时老师拉他的手慢跑了几圈，老师没拉他的手他又不跑了，懒散地站着。爷爷大声训斥他，但他跑了不到一圈，在无人推挤的情况下摔倒了，接下来，任爷爷怎样鼓励，他都站着不动，再也不肯做操了，还和爷爷大发脾气。

延伸活动时，老师让大家学习剪纸，他不会使用剪刀，老师手把手地帮他把手指套进剪刀把儿里，手把手地教他手指开合地使用剪刀，他依然不能掌握。接下来无所事事的他拿起小朋友的作业本乱涂乱画。

针对超超的表现，老师和他的爸爸进行了面对面的交谈，了解了他更多方面的情况：一岁以内他不会玩玩具，呆愣着；一个月内在楼梯上摔了三次；坐的时候瘫在椅子上。经过对超超的详细了解和观察，老师认为他在能力发展上存在着极不均衡的现象，他的视觉空间智力可能发展得较好，但他还存在着肢体运动智力弱(动作的协调性、平衡能力差)、人际交往能力不佳、不明是非、任性固执等问题，总体属于感觉统合失调。

(一)感觉统合的含义

感觉统合是指个体在日常生活中，将来自不同感觉通路的信息，如视觉、听觉、嗅觉、味觉、触觉以及平衡觉、本体觉等，通过大脑中枢神经的前庭觉进行过滤和辨识，然后把重要的信息传递给大脑，通过大脑对其信息进行加工处理、协调整合之后，形成知觉，再指挥身体作出正确的反应，这个过程是吸收有效信息和作出适应性反应的过程，即感觉统合，简称“感统”。

感觉统合的理论首先是美国加利福尼亚大学临床心理学家爱尔丝(Ayres)博士等学者根据神经生理学理论，于 1972 年提出的一套完整、综合并与实践相结合的教育理念。

感觉统合训练则是吸收了感觉统合教育理论、大脑生理学、儿童发展心理学等相关理论、方法、技术而形成的感觉教育操作体系。通过感觉统合训练可使儿童感觉信息和统合能力得到完善，身体各个部分互相协调、情绪稳定、人际关系完好、人格健全、性格开朗、充满自信、潜能得到充分挖掘，锻炼孩子的身体协调性、运动能力，改善儿童的平衡感、前庭觉、触觉感、本体感。

(二)感觉统合失调的定义及表现

感觉统合失调是指外部的感觉刺激信息无法在儿童的大脑神经系统中进行有效的组合，大脑对身体各器官失去控制和整合的能力，而使机体不能和谐运作的现象。如看到了笔，想把它拿到自己的手里，但却不能自如地控制自己的手完成拿笔的动作。感觉统合失调的表现有以下几个方面。

1. 平衡感失调

平衡感失调的学前儿童会站无站相，坐无坐姿；脾气暴躁，好动不安；上课爱做小动作，注意力不集中；兴趣保持时间短，可以集中精力玩几小时电子游戏，却不能专心听讲 5 分钟；人际关系不良，不能与同伴合作，甚至与父母争吵；左脑判断能力差，出现学习障碍。

2. 触觉失调

触觉失调的学前儿童在家和父母可以无拘无束地大声说话、谈笑，到外面见到陌生人却显得胆小、不敢说话，课堂上不敢发言、怕羞、爱哭，过分依赖父母，孤僻、固执、不合群、咬指甲、挑食或暴饮暴食。

3．本体感失调

本体感失调的儿童方向感差，易迷路、易驼背、怕黑、紧张、焦虑、自信心和创造力不足、无主见、创造力差。

4．前庭觉失调

前庭觉失调的学前儿童会显得笨手笨脚，说话晚，做作业慢，过分磨蹭，左右脑不协调，思考问题能力差。前庭觉失调是影响学习的主要根源。

5．视听觉感不良

视觉不良会影响学前儿童的阅读能力，写字慢，喜欢听故事却不喜欢做数学作业；视线不集中，常抄错题，左右不分。

听觉不良会影响学前儿童的记忆力，别人说的话会很快忘记，丢三落四，经常忘记老师布置的作业。

(三)感觉统合失调对学前儿童成长的影响

科学研究证明，感统失调会导致大脑无法合理安排身体的动作，包括注意力、自我控制能力、协调能力等，在不同程度上削弱了学前儿童的认知能力与适应能力，无法进行更高级、更复杂的认知活动，久而久之形成各种障碍，推迟了人的社会化进程。尽管他们有正常或超常的智商，但由于大脑的协调性差，直接影响注意力、语言表达、人际交往等，妨碍了正常的生长发育，并对整个人生产生重大影响。其主要体现在以下几个方面。

(1) 影响学前儿童的智力发育及学习能力的提高。

(2) 易产生人际关系敏感或社交退缩等方面的问题。

(3) 出现性格上的障碍。

(4) 推迟学前儿童的社会化进程。

(5) 严重影响学前儿童心理素质的发育。

学前期是人大脑发育最快的时期，感觉统合发展的关键期在 6 岁以前。家长和教师应及早发现学前儿童的这些问题行为并及时进行感统训练及心理干预，为促进学前儿童健康成长提供感觉统合方面的保障。

(四)感觉统合失调的原因

感觉统合失调的原因有以下几个。

(1) 胎位不正导致的固有平衡失常。

(2) 因剖腹产导致学前儿童在出生过程中没有经过正常产道的挤压，从而失去了第一次触觉学习的机会。

(3) 天生的中枢神经系统不健全，如轻度大脑功能失常。

(4) 保护过度或活动空间太小，缺少各种运动的机会，如爬行不足等。

(5) 过早使用代步车，造成前庭觉和本体觉没有很好地得到训练。

(6) 父母忙碌，对学前儿童缺少足够的触摸、爱抚和情感交流，造成学前儿童大脑感觉刺激不足。

(7) 家长不注重学前儿童的感觉统合能力的训练。

(8) 缺少同伴互动环境，造成语言发育迟缓。

(五)感觉统合失调的初步判断

感觉统合失调往往会逐渐在学前儿童的成长中表现出来，因症状比较隐蔽，一般不易被察觉。所以，教师和家长要细心观察学前儿童的日常行为表现，一旦发现学前儿童有感觉统合失调的行为特征时，应及早向专家进行咨询，及时给学前儿童提供适当的感觉刺激活动，改善学前儿童的感觉统合系统。

学前儿童感觉统合失调可以根据学前儿童以下十个方面的表现作初步判断。

(1) 活动量大，不能适当地持久静坐，注意力不集中。

(2) 体态笨拙，动作协调性欠佳，平衡能力较差，易摔跤。

(3) 讨厌被触摸，对一些触觉信息刺激有厌恶感。

(4) 做事或写作业过度磨蹭。

(5) 黏人，好哭闹。

(6) 常常视而不见，听而不闻。

(7) 喜旋转。

(8) 容易与别人发生冲突，攻击性强。

(9) 吮手指，咬指甲，咬人。

(10) 适应新环境有困难，处理事情因缺乏计划而显得杂乱无章。

知识拓展 1-2

如何判别孩子感觉动作能力落后

感觉动作能力落后的孩子是较为容易判别的。一般来说，大肌肉动作落后的孩子，常常弄不清楚左右方位，保持身体平衡困难，他们动作不灵活，经常碰伤自己，有的孩子都上小学高年级了，可还是不会跳绳，拍球时越拍越低，或者接球时不能用双手正确地把球接住，而是用手抱球。这些孩子通常不爱参加集体活动，有时还爱发脾气，动手打人。

这些孩子学习新的动作很困难，不爱上体育课，不能模仿在别人看来很简单的动作，学习做操时总比别人落后。

但是，家长们要注意，精细动作的落后常常是不易发觉的。一些孩子走路姿势没问题，一般的动作也能学会，肌肉的力量也不差，他们甚至很爱好体育，也愿意参加集体活动，如酷爱踢足球或打篮球。可他们不爱动手做手工，写字常不能写在格子里，不会自己系鞋带。此外，这些孩子愿意说，而不愿意写；同时手眼协调困难，经常把碗碰翻或把杯子里的水弄洒。

这些落后如果发生在大人身上，也许不算是什么大问题。一个吃饭时经常把酒杯弄翻的人只会受到别人的笑话，但不会影响他们的工作。然而如果是儿童手眼协调落后，只爱动嘴不爱动手，则会造成多方面的影响。我们知道人的种种能力的发展都是有关键期的。例如，人的视知觉就是在刚出生后得到发展的，如果不让刚出生的婴儿的眼睛看事物，他们的视觉就会受影响；而如果让一个10岁的孩子几天不看事物，他的视觉所受的影响就很小。同理，感觉动作能力在一个幼小的儿童身上就是一个很重要的学习能力，因为他对外界事物的理解、他的智力发展、他的人际交往，都需要这种能力的支持。

也许有人说，我们在生活中经常可以见到，许多动作能力很好的人长大以后学习并不好，最多当一个三流运动员，感觉运动有那么重要吗？

当然，感觉动作能力强并不意味着智力或其他学习能力的高超，更不能代替后者，但感觉动作能力在儿时的确至关重要。我们看到许多运动能力强而学习成绩上不去的孩子，但我们更加忽略了那些其他能力正常甚至超常，只是因为感觉动作落后而导致成绩下降的孩子，因为我们有一种偏见，即学习不好的人一定是一个智力平平或智力低下的人。实际上，这些人的智力并不差，只是不善于精细动作，不善于写字和做作业。这些人如果在儿时感觉动作能力不落后的话，本可以避免许多学习上的困扰。

感觉动作对于儿童的学习来说，是一个不可缺少的重要条件。也就是说，如果感觉动作能力强，儿童学习不一定就好；但如果感觉动作能力落后，儿童的学习必受某种程度的影响。一个其他方面都很出众，唯独在感觉动作方面落后的儿童，会出现许多简单而幼稚的错误，这些错误本是可以轻易避免的。

（资料来源：刘翔平．学习障碍儿童．辽宁：辽宁少年儿童出版社，1998）

八、睡眠问题及表现

睡眠障碍大多数成年人都经历过，可几个月的宝宝也会存在睡眠障碍，这让许多家长百思不得其解。其实儿童睡眠障碍甚为严重，以下的两组数字更能说明这一点：2005 年 3 月，全国儿童睡眠医学研究协作组在 8 个城市随机抽取了 3 万份样本，对 2 岁到 12 岁的儿童家长进行了儿童睡眠状况的问卷调查。调查显示，儿童睡眠障碍症的总发生率为 27.11%，其中睡眠不安的孩子占 8.7%，睡眠中磨牙的占 7.6%，睡眠频繁鼾症发生率是 5.7%，张口呼吸为 5.3%，梦呓为 4.9%。睡眠障碍不只是成年人的“专利”，同样也会发生在 2～12 岁的儿童身上。当然，儿童睡眠障碍不如成年人睡眠障碍那样，不是以入睡困难、早醒为主，而是以有效睡眠时间短，睡眠质量低为主。

案例 1-20

夜　梦

5 岁小男孩冬冬，一日凌晨 3 点钟突然坐起，又哭又喊，眼睛闭得很紧，浑身冒了许多汗。爸爸妈妈喊他也没有反应，持续了大约 3 分钟又躺下入睡了。父母吓坏了，不知是怎么回事？

上述案例中冬冬的表现就是通常所说的梦游症或夜游症，是睡眠障碍之一，多发生在儿童期，发生率较高，为 1%～6%。

(一)睡眠问题的含义

睡眠是大脑皮质的抑制过程，对神经系统起保护作用。但有的学前儿童每天晚上或迟迟不能入睡，或只睡一会儿便醒来不再入睡，甚至哭吵、夜惊、梦游等，让家长十分苦恼。

医学专家指出，儿童睡眠问题由睡眠时间不足及一系列相关症状构成。相关症状包括打呼噜、喉头哽咽、呼吸暂停、睡眠不安、张口呼吸、多汗、肢体抽动、磨牙、说梦话、梦游、遗尿等。

(二)睡眠问题的表现

学前儿童的睡眠问题有以下表现。

(1) 入睡困难或睡眠不安：前者为幼儿不能入睡，后者指睡眠不深或容易惊醒。年龄愈大，睡眠障碍的形式愈接近成人。有睡眠问题的学前儿童，睡眠时经常翻动、肢体跳动、反复摇头、无故哭闹、磨牙、讲梦话等。有的不愿上床睡，要抱着走动，或是迟迟不能入睡、浅睡或早醒。所以，入睡前不要过分逗引或恐吓幼儿，要让其养成定时起居的睡眠习惯。

(2) 夜惊：是指睡眠中突然出现的短暂性惊扰症，常见于4～7岁儿童，男孩多于女孩。夜惊是一种意识朦胧状态，儿童入睡一段时间后，突然坐起，哭喊，瞪目直视或双眼紧闭，呈惊恐状，对周围的事物无反应，很难唤醒，强行叫醒时可出现定向障碍或意识混乱、激动自语、心跳增快、呼吸急促、瞳孔散大、出汗等，持续约3～5分钟再次平静入睡。严重者可一夜几次频繁发作，次日对发作经过一般不能回忆。

(3) 梦行症：是指学前儿童在睡眠中突然起床，意识朦胧，在周边走动或做机械的动作，表情茫然，喃喃自语，一般持续几分钟后又重新入睡，醒后全部遗忘。

(4) 打鼾：就是常说的打呼噜。这本来是大人才有的毛病，可现在一些学前儿童也经常打鼾。说起学前儿童打鼾，有的家长觉得挺有趣，有的认为这说明孩子睡得香。如果说这是一种要治的病，恐怕多数家长都得摇头。

(三)睡眠问题产生的原因

是什么扰乱了孩子的睡眠呢？究其原因有以下几点。

(1) 受惊和紧张不安是主要的精神因素。

(2) 鼻咽部疾病导致睡眠时呼吸不畅以及肠道寄生虫病也是导致夜惊的常见疾病。

(3) 家庭遗传史。家中有睡眠问题基因，也会遗传给孩子。

(4) 有的患儿是因为大脑皮质抑制功能减退，过于兴奋或紧张、不安等不良情绪得不到缓解容易引起梦游。

(四)睡眠问题的预防

一般来说，引起学前儿童睡眠紊乱有多种因素，如饥饿、疼痛、不舒服、腹痛、烦躁或睡眠要求减弱等，家长应针对睡眠不好的原因采取相应对策。

1. 饮食

学前儿童由于胃口小，每次吃奶不多，易造成睡眠中因饥饿而哭闹。从出生到6个月的婴儿，每次睡眠时间为5～6小时，一般是睡醒便吃，吃后稍停便睡。

年轻妈妈若缺乏经验，往往因担心孩子饥饿而每隔3～4小时便给他喂一次奶，即使在熟睡中也要把他摇醒，强迫他按时吃奶，这样就会使孩子形成易醒的习惯。其实这时的孩子根本不饿，而且刚出生的孩子每天睡眠20小时也非奇事，一觉睡上八九个小时也很正常，因此妈妈不必人为地按自己规定的喂奶时间将孩子弄醒。

2. 环境

良好的睡眠习惯应从小培养，这是预防学前儿童睡眠问题的最好措施。父母可根据实际情况规定晚上什么时候睡觉，并在规定的睡眠时间前安排一些常规作业，如洗脸、洗脚、刷牙、小便、换衣等，不能打乱它；每到临睡前，应让学前儿童有约半小时的静止时间，做一些安静的活动，如看图片、听大人谈话、摆积木，使情绪稳定下来，有利于入睡；家长把孩子安排上床后不要忙于离开，应先讲一段小故事或放一段轻柔的音乐，然后再关灯离开，让其安然入睡。父母不能因为晚上有好看的电视节目就打破常规，或让孩子在睡觉前过分嬉戏而兴奋不已。

3. 不打骂孩子

平时家长不要打骂孩子，对年龄较小的孩子要避免惊吓，对惊吓频发的婴儿则要悉心照料，并辅以镇惊安神药物进行治疗。

4. 心理

有一些孩子是因家庭出现问题而影响睡眠的，如搬迁到一个新环境，父母失业下岗，家庭经济拮据而造成生活困难，父母关系不和睦等家庭气氛紧张，致使父母对孩子缺乏精心的照顾，使孩子不能对父母建立良好的依恋关系，间接地造成其精神紧张而导致睡眠紊乱。这些需要从改善家庭关系入手，解决好孩子的心理问题。

5. 克服打鼾

帮助学前儿童克服打鼾，如改变睡觉姿势，试着侧着睡或趴着睡(即一边脸贴床面，但勿遮口鼻)，此姿势可使舌头不致过度后垂而阻挡呼吸通道，降低打鼾的概率。如认为有病理性问题，应及时到医院检查并治疗。

资料 2.docx

九、饮食问题及表现

有些家长经常抱怨自己的孩子吃得少，或不爱吃东西，有的孩子可能嘴里有食物而不下咽或将强迫性喂进的食物吐出来。食欲减退往往会影响正常发育。

(一)饮食问题的含义

饮食问题是指饮食方面所出现的偏食、厌食、贪食等不良行为。无论是哪一种饮食问题，都会给学前儿童的生长发育带来负面影响。学前儿童出现偏食或厌食行为，会造成营养不良，导致生长过慢；如果学前儿童表现出贪食行为，就会出现营养过剩，导致过度肥胖，影响身体运动功能的正常发育。

(二)饮食问题的表现

学前儿童饮食的问题表现在以下三个方面。

1. 偏食

偏食是目前学前儿童饮食障碍中的典型行为，具有一定的普遍性。这种不良习惯的形成不仅有生理原因，而且与心理因素关系也很密切，特别是与家长的抚养方式有直接的关系。有些父母为了迎合孩子的胃口，尽量满足孩子的要求，剥夺了他们尝试各种食物的机会，造成偏食；还有的孩子因为有逆反心理，对家长做的饭菜表现为对抗，如故意不吃，或打翻菜碗，而家长因为担心孩子营养不良，便百般讨好，任由其挑食；还有一些学前儿童由于缺乏父母对他的关心，故意以偏食来引起家长的注意，这是一种心理自卫机制，当成人忽略孩子的需要和变化时，偏食习惯就会形成。

2. 厌食

学前儿童厌食主要是指神经性厌食。神经性厌食是指由于失去母爱、受到惊吓、生活环境突然改变或家长教养方式不当等心理因素引起的不愿进食的行为。这种由心理因素引起的饮食问题主要表现为对食物不感兴趣，吃得很少，经常回避或拒绝进食，如果强迫喂食，则会引起呕吐。儿童厌食，会造成体重骤减、面黄肌瘦、皮肤干燥发黄，还会贫血、低血糖、体温下降、脉搏减缓，严重的有四肢发冷、精神萎靡等症状。

研究发现，学前儿童的厌食问题常出现在以下类型的家庭中：父母离异、生病、死亡；家长过分关注体重和相貌；母亲不接受自己的形象和家庭角色；孩子对家长过分依赖，与家长关系过于亲密；父母对孩子的期望过高，孩子期望得到更多的关注等。孩子的人格特征也是影响进食行为的因素之一，如完美主义、自卑、虚荣、注重外貌和体型，性格反复无常、爱幻想等。年龄越大的孩子，性格因素的作用就越大。

除此之外，家长对孩子的不当教养方式也是造成孩子厌食的重要因素。心理学家研究发现，孩子进餐时的气氛往往会影响他们的食欲。气氛愉快则食欲好；气氛不佳，则食欲不振。这也就是为什么孩子在别的地方反而吃得很好的原因。母亲在孩子吃饭时横加干涉，是破坏愉快气氛的主要原因。

还有一种原因是食物品种过于单调，有些妈妈担心孩子消化吸收不好，总是吃那么几种常吃的“安全”食品，使孩子产生了厌恶情绪。因此，家长给孩子做饭时要注意，菜的烹调方式也不要一成不变，应尽量混合多种食物，口味以清淡为主。

3. 贪食

贪食表面上看就是孩子喜欢多吃，哪怕是已经吃得很饱了。贪食给人带来的后果，一是吃得过多，肠胃消化不了，造成肠胃等消化系统超负荷工作，长此以往，容易导致消化系统的疾病；二是导致人体营养过剩，引发学前儿童的肥胖症。应该说吃是一个人的天性，人类从吃这一基本形式中获得生命所需的各种营养，贪食则是在吃的方面过了头，所吃的东西超过人体所需的营养和能量。

(三)饮食问题形成的原因

学前儿童贪食由多种原因所致，主要有以下原因。

(1) 溺爱所致。在许多情况下，孩子的“多食症”，是由于父母的过分溺爱所造成的，父母经常过多地为孩子提供食物，使孩子在被动地吃的过程中，获得被疼爱的心理满足，从而产生对食物的更大需求，家长常以食物作为奖励品，时间一长，孩子就会贪食。

(2) 需求不足。孩子的生理需求是多方面的，当某种需求无法得到满足时，便会用吃食物来取代，进而导致贪食。

(3) 安全代偿。如孩子挨父母打骂或小朋友欺负时，只要对方拿出几块糖来，孩子便会立即停止哭闹，而糖使孩子暂时忘记了方才的不安全感。

(4) 情感代偿。一位儿童心理学家作过一项研究，他让年龄、体重相同的一组独生子女和一组非独生子女生活在一起，控制副食供给。结果在两天内，非独生子女的主食量大大超过独生子女，后来，让两组幼儿的父母专门照顾他们，他们的饭量就慢慢接近了。由此可见，非独生子女在缺乏爱的情况下，只能用多食来补充情感需求。

(5) 挫折反应。当学前儿童在高级心理需求受挫折后，就容易回归到对食物的需求上。有时学前儿童受挫折后，往往不会把攻击的矛头直接指向构成挫折的事物，而是用多吃食物来发泄心中的不满。为此，孩子贪食，家长要找出原因，有针对性地进行引导。

知识拓展 1-3

吃零食也能补充营养吗

幼儿正处在生长发育旺盛时期，充足的营养能保证其健康成长。一些父母因为嫌孩子的饭菜吃得少，就想通过让孩子吃零食来补充营养。殊不知，这种做法不仅不能使孩子得到必需的营养，反而害了孩子。

首先，从幼儿的胃肠机能特点来看，食物进胃后，一般需要4～6小时才能完全排空、进入小肠。而幼儿年龄小，他们的胃容积小，胃壁发育还未完善，伸展蠕动机能差，消化液浓度稀，消化能力就比成人弱很多。因此，在安排餐点时，一般两餐之间相隔3～4个小时，有规律地进餐能形成良好的条件反射，到了该进餐的时候就会出现主观食欲，即会感到饥饿，想吃饭。但是，当成人给幼儿吃一些零食时，无疑使幼儿的胃在两餐之间增加了工作量，迫使它们超负荷地蠕动，得不到应有的休息。到了真正应该吃饭的时间，肚子就不会感到饥饿。然而，正常的饥饿感是食欲旺盛的必备条件。如果孩子经常吃零食，终日似饱非饱，久而久之，就会引起食欲不振，进食减少，不仅营养不良，胃肠机能也会遭到严重损害。

其次，从营养学的角度来看，所谓充足的营养，是指各种人体必需的营养素在种类上齐全，缺一不可，在数量上达到一定的标准，还要配比适宜。因为每一种营养素都有其自身的功能，一旦缺乏都会不利于幼儿健康成长。如佝偻病就是因为缺乏维生素D及钙而引起的。因此，不能用某一种营养素来代替另一种营养素。那么，各种营养素是否越多越好呢？也不是，有的营养素太多会造成浪费，如水溶性维生素；而有的营养素太多会造成疾病，如脂溶性维生素。所以食物搭配应合理，保证摄入蛋白质、脂肪、糖类、维生素、无机盐、纤维素等各种营养素。如果用零食来补充营养，这种平衡就会被破坏。零食中以糖果、巧克力类为最常见，如果摄入过多，会造成儿童肥胖，加大心脏和呼吸系统的负担，稍一活动就会呼吸困难，心跳加快，且易导致成年后患冠心病等疾病。

综上所述，吃零食有害无益，家长不要让孩子养成从小吃零食的坏习惯。

(资料来源：张明红. 学前儿童心理与教育120问. 上海：上海科学普及出版社，2010)

十、排泄行为问题及表现

案例 1-21

尿床的田田

田田长得很秀气，内向腼腆，像一个女孩，因温顺可爱，家人都叫他“小猫咪”。小猫咪天分很高，读书成绩好，只是有些胆小怕事，每当父母亲训斥责骂时，他总是憋红着脸、低着头，有理也不申辩。小猫咪样样都讨人喜欢，只是从 6 岁上学那年开始出现了一个坏毛病——常常尿床。开始，父母还不在意，时间长了父母才着急。先是听说尿床是因为营养不足，便不断补充牛奶、鸡蛋等营养品，但收效甚微；接着看中医，终不见满意效果。为此，小猫咪可没少受责骂和羞辱。父母太忙，有时小猫咪尿床后，床单来不及洗，便径直拿出去，放在屋前的篱笆上晒干。调皮的小朋友看到了，常常当面揭他的伤疤，问小猫咪今天画的又是哪个国家的地图？父母的责难有时也是刻薄的。小猫咪因此常常自责，睡觉前会十分紧张，尿床后也不敢声张，用身体压住，生怕父母发现，甚至撒谎。

夜间遗尿现象在儿童期较常见。据统计，4 岁半时仍尿床者占同龄儿童的 10%～20%，9 岁时占 5%，15 岁时占 2%。一般认为，5 岁以后仍时而尿床的称为夜间遗尿症。遗尿症的病因目前尚未能完全查明，但只有极少数属于器质性的。本案例中的田田经泌尿科检查排除了尿路病变的可能，也未发现脊柱裂、脊髓病变和大脑发育不全等器质性疾病。从田田的发病过程分析，或可找到功能性遗尿症的依据。他从小性格内向，不善言谈社交，6 岁上学时，在集体活动中暴露了这些弱点，产生紧张心理，加上排尿训练不够，遗尿后被人责骂羞辱又加剧了他的焦虑，多种精神压力造成了夜间排尿失控。

(一)排泄行为问题的含义

排泄行为问题在学前期最常见的是遗尿症，主要是指 5 岁后的孩子仍有尿床或尿裤子现象，有原发性(一直在尿)和继发性(已会控制小便半年以上，5 岁后又再次遗尿)两种。

大多数的儿童在 3～4 岁前就能控制自己在白天或晚上规律地排尿，不致失禁。遗尿症的发生率在 5 岁儿童中约占 10%，在 8 岁约占 4%，而在 14 岁约占 1%。夜间遗尿现象发生在男孩子身上的概率较高。日间遗尿的发生率较低，且常见于女生。

遗尿症会导致学前儿童极大的不悦与苦恼，特别是其父母会因此而责骂或处罚儿童，或是这种状况限制了学前儿童与朋友相处，或是在假日不能外出。

(二) 排泄行为问题产生的原因

遗尿发生的原因，通常是由于膀胱的神经控制较晚成熟所致。在某些案例中，可能致病的因素包括有不正常的如厕训练，造成持续的遗尿症状；有的学前儿童智能发育迟缓，不能预先告知排尿，或是无法控制；有的学前儿童发生遗尿现象与过分地放纵或过高地要求以及压力性事件所导致的焦虑有关。

(三)排泄行为问题的预防

学前儿童遗尿问题的预防可从以下三方面着手。

(1) 家长细心观察。家长要仔细观察，掌握学前儿童遗尿的时间规律，定时唤醒学前儿童排尿，使之逐渐形成条件反射，到膀胱充盈时能自行醒来。

(2) 要建立良好的作息制度和卫生习惯，定期洗澡，勤换内衣，白天活动玩耍不能过度疲劳。

(3) 合理调整饮食结构，可让学前儿童早、中两餐吃含水分多的食物，晚餐则吃含水分少的食物，控制晚餐液体的摄入量，以减少夜间排尿量。

十一、多动行为及表现

案例 1-22

多动的小男孩

小明是一个 4 岁男孩，正在上幼儿园中班，上课总是有挤眼睛等一些小动作，在与家长沟通时，老师对小明的注意力不集中进行了分析：小明几乎在任何时候都不能集中注意力，经常不经允许就离开座位，或者在座位上和同学说话、打闹。由于他经常在上课时打扰同学，并且无法耐心地排队等候游戏，因此他和伙伴们相处得很不好。

(一)多动行为的含义

所谓多动行为，是学前时期一种常见的问题行为，心理学家把这种问题称为“心理行为偏离”，儿童多动行为已引起世界各国长达一百多年的关注，其核心症状为注意缺陷、多动和冲动，可导致明显的功能损害，如伙伴关系不良，社会能力低下，学习成绩差，自尊心低，性格抑郁，警觉性低等。与之相近的概念是多动症。所谓多动症，国际有关组织对其有明确的界定，即：第一，注意缺陷；第二，多动；第三，任性冲动；第四，具有认知障碍。此外，具备这些症状的学前儿童能否诊断为多动症，还需经过医师的诊断和鉴别诊断才能定论，因为有许多疾患的临床表现与学前儿童多动症有某些相似之处。由此，我们看出，学前儿童多动行为可以认为是多动症的前兆，它们在病症表现上有很大的相似之处，只不过其病症没有达到多动症的程度，因此，对于幼儿多动行为的研究和干预，对预防多动症具有重要意义。

(二) 多动行为的表现

学前儿童多动行为有如下表现。

第一，注意缺陷。学前儿童的注意力不集中，集中注意听讲的时间很短，干什么事情总是半途而废，即使是做游戏也不例外。上课时东张西望，即使看连环画或看电视，都只能安坐片刻，便要站起来走动，不能自我控制调节。这是学前儿童多动行为的最基本特征之一，但多动行为儿童如果做自己喜欢做的事情，集中注意力的时间会较长。

第二，多动。学前儿童往往从小活动量就大，有的甚至在胎儿期就特别好动。儿童活动过度，上课时手脚不停，甚至会站起来在教室里擅自走动，不遵守课堂纪律。这样的儿童走路蹦蹦跳跳，到了家里翻箱倒柜，忙个不停，即使晚上睡觉也经常不停地翻动身子、磨牙、说梦话。他们常把玩具拆坏，甚至出现危险性行为。多动的学前儿童如果发展为多动症，约有一半儿童会出现动作不协调，不能做系纽扣、系鞋带等精细动作，不会用剪刀。

第三，任性冲动。学前儿童情绪不稳，极易冲动，对自己欲望的克制力很薄弱，一兴奋就手舞足蹈，忘乎所以，稍受挫折就发脾气、哭闹；容易激怒，对不愉快的刺激常作出过分的反应，要求必须立即得到满足，显得很任性。他们的攻击性行为很强，常与同伴吵架，行为冲动而不顾及后果。如不顾危险从高处跳下，想喝水时不顾杯子里的水是凉是烫，抓起就喝。这些冲动行为有时会导致一些灾难性的后果。

第四，社会适应不良。这类学前儿童常表现为个性倔强，不愿受别人约束或排斥小伙伴，所以很难与其他同龄儿童相处，不得不找比自己年龄小的儿童做游戏。

第五，学习困难。有多动行为的学前儿童，其智力水平大都正常或接近正常，但在学习活动中存在认识活动障碍，从而导致学习成绩不佳。

此外，多动症儿童所具有的认知障碍、神经发育障碍等症状，在多动行为学前儿童身上表现的不是很明显，但是如果任其发展下去，很可能也会产生上述症状。一部分儿童甚至会持续到青年期，给其生活、学习、工作、交际等带来很大影响。

(三)多动行为产生的原因

学前儿童多动行为产生的原因有以下几个方面。

(1) 遗传因素。研究表明，学前儿童的父母、同胞和亲属中有此类症状或其他精神疾病者多动行为会明显高于其他儿童。

(2) 学前儿童在出生时或母亲怀孕时出现过宫内感染、缺氧，出生时窒息等，造成大脑的轻微脑损伤，便有可能引起儿童多动。

(3) 剖腹产的孩子容易出现多动行为，出生后营养过度也会导致多动行为。

(4) 父母关系不好，孩子学习困难或学习压力过重等都可减弱大脑的调节功能，促使多动行为的发生和持续。

(5) 成人对学前儿童的不良教育方法也有可能诱发和促使多动症状的出现。

(6) 环境污染。研究发现，几乎一半以上的多动儿童血液中含铅量较高，工业污染、汽车的汽油燃烧，化合物中的铅挥发为气体进入空气，被儿童吸入体内，使用含铅的玩具、餐具，使儿童体内铅蓄量过大，都可能引起多动症。

(四)如何区别多动症和多动

学前儿童的多动行为与多动症存在一定的差异，可以从以下几方面区别学前儿童是多动症还是多动。

(1) 注意力与兴趣的关系：多动症儿童无一兴趣爱好，无论何时何地，不能较长时间地集中注意力，具有注意力缺损症状。而多动的孩子做他所喜欢的事能专心致志，并讨厌别人的干涉和影响，而上课及做功课时表现不安宁，主要是因为对学习缺乏兴趣。

(2) 行动的目的性、计划性及系统性：多动的学前儿童的行动常具有一定目的，并有计划及安排。多功症学前儿童的行动常呈冲动式、杂乱状态，有始无终。

(3) 自制能力：多动的学前儿童在严肃、陌生的环境中，有自我控制能力，安分守己不再胡乱吵闹。多动症学前儿童却无此能力，常被指责为“不识相”。

专家提示：6岁以后的儿童才能够被诊断为多动症，当然0～6岁阶段的孩子出现一些细节也可以提醒家长提早关注。多动症如果不及时纠正，会影响学习成绩和社会的适应能力。

十二、抽动症及表现

案例1-23

控制不了的眨眼

6岁的宁宁，近两个月来总是爱眨眼睛，开始家里人以为他闹着玩，没有在意，谁知他眨眼的频率逐渐增加，且经常缩脖子、伸手，家里人问他怎么回事，他说不眨不行，手也很不舒服。爸爸妈妈不由得着急起来，该好好管管孩子了。怎么个管法？妈妈是个急性子，只要一看见宁宁眨眼睛就当即喝止他。有时，妈妈心疼儿子，就好言相劝：“宁宁，好好控制一下自己的眼睛，不要眨眼，否则就太难看了。”可是，妈妈越劝，宁宁越是想眨眼，若是强迫他不眨眼，不满两分钟，他就感到心烦、颈硬、头发涨、全身不适。

案例中的宁宁患的是儿童抽动症。儿童抽动症是一类比较常见的运动障碍，据统计，有15%的儿童在某一阶段会出现这种问题，临床上称为“抽动障碍”，发病于儿童与青少年期，男性发病较多。

(一)抽动症的含义

抽动症是一种主要表现为肌肉抽动的疾病，是一种常见的儿童行为障碍疾病，以面部、四肢、躯干肌肉不自主抽动，伴有喉部异常发音及猥秽语言为特征的综合征。抽动症表现为孩子频繁挤眼、皱眉、皱鼻子、噘嘴等；继之耸肩、摇头、扭颈、喉中不自主地发出异常声音，似清嗓子或干咳声，少数儿童甚至控制不住骂人说脏话，症状轻重常有起伏波动的特点。感冒、精神紧张可诱发和加重，其中约半数儿童伴有多动症，日久则影响记忆力，使学习落后，严重者因干扰课堂秩序而被停学。

(二)抽动症的表现

抽动可发生在身体的任何部位，是一种不自主的、无目的重复的迅速的肌肉收缩，通常最常见也是最早发生的部位是面部及眼部肌肉。

由于不同部位肌群的收缩—抽动而表现出各种不大雅观的表情，如皱眉、眨眼、咧嘴、噘嘴、龇牙、咬舌、吐舌、鼻翼翕动、点头、仰头、引颈、头向一侧抽动等。以上种种表现时常被误认为是孩子淘气，有意作出这种动作，而屡遭家长或老师的批评。有的学前儿童持续1～2月可消失，一部分学前儿童可能在数月或1～2年后抽动又发作，与过去相比抽动可能在同一部位，也可能在另一部位发生，并且可扩展到四肢或躯干部位的肌肉抽动，表现为耸眉、甩手、跺脚等动作，若在走路时发作则表现为蹦跳或特殊的步态和身体姿势，若抽动发生在腹部肌肉，可见收腹或挺腹等动作。有人又称这一类抽动为复杂性抽动。

当抽动发生在喉肌部位时便会出现各种喉音，如鸡鸣音、狗吠声、清嗓音；也可出现重复刻板的粗话或其他难以入耳的语言，被称为秽语。以上表现可单一出现也可交替出现，学前儿童可有意地控制数分钟至数十分钟甚至几小时不抽动，但发作期间，一般很难控制一天都不犯，但在睡眠时抽动消失。当兴奋、紧张不安时，或身体患其他疾病、疲劳时症状加重。

以上各组症状，有时同时出现，有时是先有一组症状，一段时间后换一组或加一组症状。抽动发作时意识清楚，用意识可以短暂控制，入睡后抽动消失，情绪紧张时加重。有极少数学前儿童可能还有裸露癖、遗尿、攻击性及行为幼稚、焦虑、抑郁、纪律问题、狂躁、恐惧症、口吃、自残行为等。

(三)抽动症的类型

为了有利于辨认和处理，按临床表现特征抽动症可分为以下三种类型。

(1) 暂时性抽动障碍：习惯上简称为抽动症，为最常见的类型，以 5～7 岁儿童占多数。以面部肌肉和颈部肌肉抽动为多见，一年内抽动往往不超过 2 个月，初发者常为此类型，本类型对学前儿童影响较小，常不为家长注意而自行缓解。

(2) 慢性运动或发声抽动障碍：抽动可为单一或两组以上肌群的抽动及发声抽动同时并存，抽动比较频繁，对学前儿童及周围影响较大，也能引起父母或老师的关注，学前儿童自己能体验到症状造成的不安和痛苦，一般自行缓解较困难，在一年内往往缓解不到 2 个月，经常反复发作，呈慢性病症。

(3) 发声与多种运动联合抽动障碍：又称为抽动-秽语综合征。本类型是最严重的一种，抽动涉及部位多，抽动幅度大，抽动频繁，长期不能缓解，给学前儿童造成极大痛苦，尤其涉及发声部位抽动，发声大，有的学前儿童伴有秽语，有的学前儿童骂的粗话不堪入耳，对周围影响大而不得不休学在家；有的表现出嚼肌抽动，学前儿童咬破舌头导致牙齿松动或颊黏膜长期溃烂或咀嚼吞咽困难，异常痛苦；有的表现出复杂性抽动，如跺脚、挺腹等动作以致不能坐下。这些严重病症可直接影响学前儿童生活及生存，应到医院详细检查及系统治疗。

(四)抽动症发病的原因

现在大部分学者都认为抽动症主要是遗传基因变异所引起的，这个变异能让小孩变得很聪明，但是在感冒、发烧或心理压力过大时就会诱发抽动症。

(1) 围产期因素：母体孕期精神紧张、高热、先兆子痫、难产、产后窒息史、新生儿黄疸、剖腹产等。

(2) 感染因素：上呼吸道感染、扁桃腺炎、腮腺炎、鼻炎、咽炎、水痘、各种脑炎、病毒性肝炎等。

(3) 精神因素：某些精神刺激可诱发抽动症，例如家长对学习要求过度、责备过多、家庭不和、儿童感情上受到忽视或环境中某些紧张气氛等，这些因素均可使学前儿童产生矛盾心理，抽动行为即为心理上矛盾冲突的外在表现。另外，过分限制学前儿童的活动也可成为本病的诱因。

(4) 家庭因素：父母关系紧张、离异、训斥或打骂孩子等。

(5) 体质因素：某些神经或精神类型的儿童易患本病，例如神经质、胆怯、多动、情绪不稳定、对人对事敏感及有固执倾向者。且本病常伴有不明原因的头痛、腹痛及便秘、遗尿等，因此推测学前儿童抽动症与儿童本身的体质因素有关。

(6) 习惯及模仿：学前儿童开始的抽动表现可能是由于条件性的逃避反应，例如眼中有异物而眨眼，或模仿他人的抽动症状，日久形成了习惯。

(7) 其他：某些突发的疾病，例如上呼吸道感染及脑部的轻微损伤也可成为诱因之一。

十三、缄默症及表现

案例 1-24

不爱说话的孩子

有一天，悦悦妈妈从幼儿园接悦悦回来后，就发现原来聪明可人、能说会道的悦悦变得不爱说话了。妈妈特意询问当班的老师，老师解释一切如常。

而后的日子更让妈妈失望，儿子不爱说话的问题不仅没有被纠正过来，反而越来越严重了，由“是”“不是”“要”“不要”的简短表达发展为用手势、点头、摇头来表示自己的意见。对于这一切，悦悦妈妈无计可施。

(一)儿童缄默症的含义

儿童缄默症是指已获得语言功能的儿童，由精神因素引起的言语交际退缩反应，选择性保持沉默不语，经常无故一言不发或少言寡语，其言语器官无发育性障碍和器质性病变，言语和智力发育正常，常见于胆小、体弱、害羞或表现神经质的学前儿童，女孩多于男孩。这类儿童发病多在3～5岁，表现为在各种人多的场合以及幼儿园拒绝讲话，而对少数熟悉的人，如妈妈、祖母、喜欢的小伙伴等则可以讲话，且表现得正常。他们对语言的感觉及表达能力均正常，但与人交往时，仅用手势、点头或摇头来表达自己的意见，或仅用“是”“不”“要”等单词来表示意见，偶尔也有用写字的方式来表达自己意见的。

其行为表现为在社会情境中，如幼儿园中，长期拒绝讲话或有选择地与某些人交谈，如家长或亲友。这类学前儿童可同时有学习困难、拒绝上幼儿园、社交能力差、伙伴很少等问题，严重影响其社会性发展，治疗后，多数可以痊愈，未经治疗者会长期保持缄默，直至青年初期，但很少有维持至成年期的。

缄默儿童可能还有学习成绩不良、拒绝上学、害怕交往及伙伴很少等问题。部分学前儿童还有情绪与行为方面的变化，如害羞、退缩，有的在家中很顺从，有的在家里则表现出明显的攻击行为和违抗性行为，社交时好生气，经常绷着面孔。

(二)缄默症产生的原因

一般来说，引起学前儿童缄默症的原因大致有以下几类。

(1) 器质性障碍(如耳聋性缄默)。先天性耳聋、各种疾病或外伤引起的后天性耳聋等，都是引起缄默器质性障碍的原因。

(2) 机能性障碍。智能缺陷、小儿精神分裂、幼年自闭症等机能障碍。

(3) 心理性障碍(心因性缄默)。心因性缄默，一般无大脑的器质性病变原因，常常是由明显的心理原因所致，如早年感情的创伤，家庭中的重重矛盾，父母不和、离异，环境的突然改变(如生长在北方的儿童，突然将他一个人寄养到南方语言完全不同的环境中等)，或者由于口舌部严重的外伤，长期地影响了发育等。

资料 3.docx

十四、咬指甲、吮手指行为及表现

案例 1-25

咬指甲

胖胖咬指甲一年多了，一有空就咬指甲，怎么制止都没用，只要两只手空着就开始咬指甲，动不动就咬，奖励惩罚都对付不了。10 个手指头的指甲都只剩下一半了。家长束手无策，非常苦恼。

(一)咬指甲的含义

咬指甲是指反复咬指甲的行为。咬指甲是儿童期常见的一种不良习惯，多见于 3～6 岁儿童，男女均可发病。多数儿童随着年龄增长咬指甲行为可自行消失，少数顽固者可持续到成人。

经常咬指甲还会对儿童的牙齿造成伤害，导致牙齿排列不整齐，如牙齿外暴，门牙缺角，影响容貌。咬指甲还可能造成指甲畸形，破坏甲床，引发出血或感染，损伤甲板，使甲板缩短，周边不整齐，甲板板面粗糙，失去原有光泽，若侵及甲沟还会造成甲沟炎。

(二)咬指甲行为的表现

学前儿童咬指甲行为表现为反复咬指甲。轻者仅啃咬指甲，严重者可将每个指甲咬坏，甚至咬坏指甲周围的皮肤，少数学前儿童还咬脚趾甲。部分学前儿童常伴有其他行为问题，如睡眠障碍、多动、焦虑、紧张不安、抽动障碍、吸吮手指、挖鼻孔等。症状顽固者夜间也出现咬指甲行为。

(三)咬指甲行为产生的原因

学前儿童出现咬指甲行为的原因有以下几方面。

1．与精神紧张有关

生活节奏改变时，例如儿童入托、入学时特别容易出现紧张情绪，在生病时也容易诱发此症，部分儿童是由于模仿他人而形成。具有内向、敏感、焦虑等性格特点的儿童容易患此症。部分儿童诱因不明。

2．家长的要求与情绪

家长要求过高，情绪变幻莫测，儿童没法预料其下一步会说什么或会做什么，这会让儿童很焦虑。

3．精神分析学派的分析

精神分析学家对此类行为进行了分析，提出以下几点。

(1) 口欲期没有得到满足。所谓口欲期，即学前儿童1岁半前的这一段时期，这一时期儿童的心理能量集中在口部，吮吸和撕咬既能给他们带来快乐，也是他们探索世界的方式之一。可以说，他们一旦对某一物品产生兴趣，便会用嘴或牙齿去“探索”、去感受它们。只是，很多大人都认为这太脏了，所以会限制学前儿童这么做，如果限制得过多，那么学前儿童反而会固着在这种方式上。

此外，这一时期，学前儿童最重要的活动是吮吸妈妈的乳房，这既满足了他们的饮食需要，也满足了他们的情感需要，这是这一阶段他们与妈妈建立情感联系的最重要方式。如果因为种种原因，一个婴儿亲近妈妈乳房的机会太少，也容易固着于吮吸和撕咬。

(2) 攻击欲望被压抑。牙齿和指甲是人类体表最坚硬的部分，而对一个学前儿童来讲，它们则是他最有力的攻击武器。

精神分析学派的心理专家倾向于咬指甲这样的行为，既意味着一个人将攻击转向自身，也可以说是一个人主动毁掉自己最具攻击力的武器。因为他不允许自己有对他人的攻击性行为。

十五、依赖性行为及表现

案例 1-26

我要妈妈

嘉嘉自从进入幼儿园开始，每天早上都搂着妈妈的脖子不肯放手。妈妈离开后，他一边号啕大哭一边喊着：“妈妈来接我，我要妈妈！”在老师的轻声安慰之后，他自己拖着小椅子坐在窗边，手里抱着自己的衣服，不停地自我安慰：“妈妈要来接嘉嘉的。妈妈马上就要来了。”等到午睡的时候，又流着眼泪喊：“妈妈来，我要妈妈。”老师坐在他的小床边，轻轻地拍拍他，不时地安慰他，不一会儿他就睡着了。一段时间过后，他认准了老师，喜欢和老师一起玩，就连做操的时候给他安排了位置，他也要特意跑到老师旁边，有时候还会主动和老师玩游戏。

案例 1-27

不会拿勺吃饭的孩子

一个名叫小浩的小男孩，来园时没有像其他小朋友那样哭泣，可当其他幼儿在玩玩具的时候，他却显得特别胆怯，不敢去触摸玩具，看到别人玩得开心他也只是笑笑。吃午饭的时候，小朋友拿着鸡腿高兴地啃着，可他表现出来的却是想吃却不知如何下手，勺子也经常握不住。等到老师给他喂饭时，会出现紧张的神态。放学时看到奶奶，兴奋不已，能说会道，判若两人。和奶奶交流之后，才知道小浩在家吃饭都是奶奶喂的，连鸡腿都是奶奶把鸡肉切下来以后喂给他吃的。根据这种情况，老师尝试着让他做一些简单的小事情，例如发勺子、毛巾等，一段日子坚持下来，他能独立吃饭，并能主动地做一些力所能及的事情。

各年龄段的学前儿童有着不同的心理特点，对学前儿童来说，与亲人在一起是安全的，一旦处在茫然不知所措的境况，就会出现哭泣现象。学前儿童在家庭中与父母、亲人朝夕相处，建立了稳固的感情纽带。看到亲人，快乐无比；亲人离开，号啕大哭，这些是学前儿童依赖心理的特有表现。案例中嘉嘉、小浩的行为都属于依赖性行为。

(一)依赖性行为的含义

依赖性行为是指学前儿童过分依靠父母(或看护人)且与其年龄不相符的一种不良行为。从出生起与父母(或看护人)亲密接触，依靠他们无微不至的照顾，最终发展成为独立生活的个体，这是人类必须经历的正常的生长发育过程。应该说“依赖”在学前儿童身上是正常现象。但是，有的孩子独立生活的能力特别差，过分依赖父母，这就属于依赖性行为了。学前儿童的依赖性行为是其独立性差的表现。

许多家长出于对孩子的爱，有意无意地对他们的生活起居包办代替，对孩子的行为方式采取过多、过甚、过度的干涉和保护性措施，孩子很少有机会认识到自己是一个独立体，更谈不上有独立生活自理能力和独立参与活动的能力，致使有的孩子事事依赖成人，处处模仿同伴，缺乏自主性和独立性。造成孩子独立性差的主要原因是家长的教养方式有误，没有把培养孩子自理、独立生活放在首位，孩子饭来张口、衣来伸手，没有机会学习和锻炼独立性，因而造成依赖性行为。

(二)依赖性行为的表现

学前儿童依赖性行为从个性上看是一种依赖型人格，缺乏自主性和独立性，凡事依赖他人；从行为方式来说，表现为缺少主动性，常常处于被动、退缩状态；从选择主意角度来说，具有依赖行为的儿童，需要自己拿主意时，总感到一筹莫展，总想依赖他人作决定，对父母、老师的意见常常盲从，缺乏自信心，倾向于用别人的看法来评价自己，一旦遇到麻烦往往陷入恐慌和迷茫之中，不知所措。

依赖型人格和依赖性行为不利于发展儿童的独立性和创造性，不利于培养高素质的现代化新人。许多学前儿童或多或少、不同程度地存在着依赖型人格和依赖性行为，所以，预防学前儿童的依赖性行为十分必要。

(三)依赖性行为产生的原因

美国心理学家马斯洛的 5 个需求层次理论证明，当人最基本的生理需要、安全需要得到满足后，才会有更高的心理需要。学前儿童离开了父母，就失去了安全感，安全需要的缺失以及伴随而来的恐惧心理，是学前儿童不爱上幼儿园、不适应幼儿园生活的首要原因。

案例中嘉嘉从对父母的依赖转移到对衣物的依赖，渐渐地转向对老师的依赖，这种情感的转移也让他逐渐消除了内心对于父母的依赖心理。小浩的依赖主要是由于祖辈的溺爱造成的，祖辈的溺爱和过多的照顾，让小浩“衣来伸手、饭来张口”，使孩子丧失了一些基本的动手能力。

学前儿童常常以自我为中心，由于身心稚嫩、情绪不稳定、适应力差等特点，刚入园时就会出现诸多不适应的现象。一旦看到其他孩子哭，自己也就跟着哭起来。独自处在陌生的环境，便会变得胆怯、害怕；由于缺乏自我服务能力和独立意识，入园以后觉得失去了依靠，面对一切活动就变得束手无策。

第三节　研究学前儿童问题行为的价值

我国社会处于急剧变化之中，家庭结构与养育方式的改变、生活节奏的加快，增加了儿童成长过程中的紧张因素，致使儿童的心理问题较以前明显增多。据全国22个城市的调查发现，儿童问题行为的检出率达12.97%。这些问题不仅影响儿童的身心健康发展，而且其所打下的烙印甚至会影响终生。

心理学家认为，学前儿童的问题行为与心理有着密切的关系，行为是心理的外在表现，学前儿童如果在行为上有问题，那么支配行为的心理必然也处在非健康状态，这对正在成长中的学前儿童影响很大。因此，研究学前儿童问题行为意义重大。

学前儿童问题行为是学前心理学和学前教育学兼而有之的研究内容之一，无论在理论上还是实践上都具有重要意义。作为学前工作者，学习和研究学前儿童的问题行为是十分必要和有意义的。

一、研究学前儿童问题行为的作用

研究学前儿童问题行为的作用可体现在理论作用和实践作用两个方面。

(一)理论作用

学前儿童问题行为研究试图揭示在学前教育系统中，对学前儿童问题行为的形成原因进行分析，探索预防学前儿童问题行为发生的措施等，这些问题的探讨有助于了解学前儿童心理发展的内在机制、前因后果，同时也有助于确立正确的教育理念，建构科学的教育理论与模式。

学前儿童问题行为的理论研究成果对于其他的相关学科，例如学前心理学、教育心理学及学前教育学等，也具有充实、丰富、深化或指导的作用。

(二)实践作用

学前儿童问题行为研究所揭示的学前儿童问题行为的表现特点，为学前教育实践提供了科学依据和可操作、可实施的具体方案，有助于学前教育中现实问题的解决。事实上，学前儿童问题行为的很多研究成果已经在幼教领域得到了广泛的运用和发展。例如，幼儿园老师采用行为矫正中的代币制法来强化儿童的良好行为。老师用彩星或小红花等奖励学前儿童的良好行为，当彩星或小红花等代币积累到一定数量时，学前儿童就可以用它们换取自己喜欢的糖果、玩具或自由玩耍的时间等。代币方法在良好行为形成过程中的作用机制对教育实践具有直接的指导意义。

二、研究学前儿童问题行为的意义

对学前教育工作者来说，掌握学前儿童问题行为表现、原因及预防的方法，不仅有助于学前教育工作的有效开展，而且也有助于自身的成长与职业发展。

(一)形成科学的世界观

人们所具有的世界观是多种多样的，世界观不同，其相应的教育理念和教育方法也会千差万别。例如，在有关儿童身心发展的问题上，一直都存在着先天与后天、遗传与环境、内因与外因、美育与发展等方面的争论。遗传决定论者认为，一个人的能力是由遗传决定的，正如人的形态及垂体组织受遗传决定一样，能力水平的高低也是由先天遗传决定的。基于这种观点，教育对学前儿童身心发展的促进作用是微乎其微的。与遗传决定论相反，环境决定论者认为，学前儿童心理发展的水平完全由环境和教育所决定，适宜的后天教育环境可以改变、塑造儿童的本性。行为主义代表人物、美国心理学家华生(Watson)曾说过："给我一打健康的婴儿，在一个由我掌控的环境中养育他们，不论他们祖先的才干、爱好、倾向、能力以及种族如何，我保证都能把他们训练成为任何一种人——比如，医生、律师、艺术家、商人，甚至乞丐或强盗。"这一论述极为鲜明地反映了教育万能、环境决定论的观点。

同样，在学前儿童身心发展问题上，还存在着唯心主义和机械唯物主义的极端观点。唯心主义者认为，学前儿童身心发展的进程与水平是由神灵或上帝决定的，环境和个体皆受控于神灵；机械唯物主义者则用纯粹的生理学观点来解释人的心理现象，强调客观的物质世界对人的心理的决定作用，否认人对事物认识的主观能动性。

历史无数次证明，无论是遗传决定论与环境决定论，还是唯心主义与机械唯物主义，在学前儿童身心发展问题上，它们都毫无助益，甚至会阻碍学前儿童身心发展的进程。相反，辩证唯物主义的世界观是科学、合理的世界观，应当也必须成为指导学前教育工作者的思想武器。学前儿童问题行为研究揭示了学前儿童问题产生的原因，如遗传、环境、教育等因素，阐述了对于不同的问题行为进行矫正的方法，不仅涉及心理本质的理解，而且也为辩证唯物主义提供了科学论据，同时，有助于教师和家长树立辩证唯物主义世界观，正确处理学前儿童发展过程中的各种问题。

(二)提高学前儿童教育的效能

"人生百年，立于幼学"。随着社会的发展和人们教育意识的提高，儿童早期的智力开发和教育培训越来越成为社会关注的焦点。作为学前工作者，积极学习和利用各种有关学前儿童问题行为的理论及矫正遵循的规律，可以科学地选择矫正的方法，合理组织矫正训练，采取各种正确的教育措施与手段开发学前儿童的智力，培养和塑造良好的个性品质。另外，针对学前儿童问题行为的个别差异因材施教，可以使每个学前儿童都得到充分而和谐的发展。这样就可以避免学前儿童教育的盲目性，减少学前儿童教育的失误，提高学前儿童教育的效能。

三、研究方法

学前儿童问题行为的研究方法可以分为各种类型。以研究时间为标准，可以分为纵向研究和横断研究；以研究范围为标准，可以分为整体研究和分析研究；以研究课题为标准，可以分为差异研究、相关研究和因果研究；以操作手段不同，又可以分为观察、实验、测验、作品分析法等。

(一)纵向研究和横断研究

纵向研究就是指在比较长的时间内对某个或某些学前儿童进行追踪研究，以探寻学前儿童问题行为的发展变化。纵向研究的时间可长可短，长者可达几十年，短则可以是几个月。学前儿童问题行为的研究一般可以选择短期观察。

纵向研究要注意时间的安排问题。如果研究者与研究对象生活在一起，可随时进行研究，否则，研究可在一定的时间间隔内进行。时间的间隔应该固定，间隔的长短要考虑到学前儿童问题行为的表现程度。问题越大，间隔的时间应越短。

所谓横断研究，是指在同一时间内，研究某一年龄阶段或几个年龄阶段学前儿童的问题行为，以了解学前儿童问题行为发生的规律和年龄特点。

横断研究应特别注意研究对象的典型性，因此，应慎重确定研究对象的年龄及年龄组的划分。要使研究对象达到足够的数量，并且还应照顾到研究对象的生活和教育背景。一般来说，儿童年龄越小，年龄组内的儿童年龄差距应越小，这样有利于发现学前儿童某一年龄阶段中的共性问题。

纵向研究和横断研究各有优缺点，具体如下。

(1) 纵向研究的优点是可以比较系统、详尽地了解同一个或一组儿童的问题所在，揭示问题的发生、发展及变化规律，其明显的缺点是费时较长，不易同时大量地进行研究。由于研究需要经历较长的时间，在这段时间内可能出现某些不易控制的因素及难以预料的变化。一些意外情况的出现会影响到研究的进行，甚至使研究不得不中断。

(2) 横断研究的优点是取样较方便，可以在短时间内收集大量资料，完成研究任务。由于在同一时间内可以收集大量资料，结果有较大的代表性，有助于了解某一个或几个年龄阶段学前儿童问题行为的典型特征，也可以通过各年龄段的比较，发现学前儿童问题行为的发展变化规律。横断研究的缺点是难以了解到某一研究对象问题行为的形成进程和特点。由于根据来自较大数量研究对象的资料，所得结论往往流于一般化，所以它不易查明学前儿童问题行为较深刻的背景。横断研究也不适用于对个别学前儿童的心理研究。

鉴于两种研究类型各有千秋，在许多情况下，可以根据情况兼而用之，以取长补短。

(二)整体研究和分析研究

整体研究又称系统研究，即把学前儿童心理的各个方面作为一个相互联系、相互影响的研究对象系统，当成一个整体结构来进行研究。例如学前儿童个性鉴定即属于此类，游戏对学前儿童智力发展的影响也属于此类。

分析研究又称专题研究，是指对学前儿童心理发展中某一个别的、局部的问题进行比较深入的研究。大多数研究属于此类，如学前儿童攻击性行为的研究、儿童退缩性行为的研究等。

整体研究和分析研究并非截然对立，而是相辅相成的。因为一种心理形式的产生，总是与其他心理活动相互影响、相互制约的。分析研究不能离开系统观点的指导，整体研究也往往需要在深入分析的基础上进行，才能达到高度科学的综合概括。

(三)差异研究、相关研究和因果研究

学前儿童问题行为研究的课题，较多集中于研究不同年龄阶段儿童问题行为的区别，我们把这种类型的研究称为差异研究。例如“3～6 岁儿童多动行为调查研究”，通过这一类的研究，可以探讨不同年龄阶段儿童多动行为发展的趋势、发生的时间及发展的关键年龄等。

相关研究是研究学前儿童问题行为与其他因素之间的相关程度。这一类研究有助于查明不同年龄儿童问题行为的心理结构以及影响儿童问题行为发生的因素。相关研究只能说明两个变量之间的关系，不能说明关系的性质。

因果研究是研究两个变量之间的因果关系。通过研究验证假设的自变量和因变量，以查明问题行为内部诸因素间的相互作用以及外部因素对内部因素的影响，或内部因素对外部因素的反作用。

以上几种类型都需要依靠推论统计来进行，即结论是根据研究的样本推导出的总体而得。因此，必须注意防止取样偏差，并且应该在实践中检验研究结果的正确性。

(四)双生子研究和跨文化研究

根据不同的研究任务，还可以采用双生子研究和跨文化研究的方法。

双生子研究的目的在于研究学前儿童问题行为的影响因素，说明遗传和环境在儿童心理发展中的作用。这种方法主要是了解双生子(遗传因素相同的儿童)在不同条件下问题行为发展的异同。

跨文化研究的目的在于研究不同社会文化背景对学前儿童行为的影响，这种方法主要是查明不同社会结构、不同生产方式和生活方式以及教养方式对学前儿童心理与行为发展的影响。

(五)具体的研究方法

学前儿童问题行为的研究方法很多，如观察法、测验法、实验法、问卷法、作品分析法等。这些研究方法的特点及适用性各不相同，在研究学前儿童问题行为时，应根据具体的研究目的，选用不同的方法或综合应用多种方法。例如，研究儿童多动，就可以将观察法、实验法、测验法、作品分析法等配合使用。

1. 观察法

虽然我们平时经常进行观察，但如何有效地通过观察来获取准确的信息，这并非易事。为此，我们需要了解有效观察的程序和方法。

1) 观察法的含义

观察法是指在自然条件下，应用感官或借助于科学的观察仪器(如录音笔、照相机、摄像机等)有计划、有目的地对研究对象的言行表现进行考察，然后分析处理，从而了解、判断被观察者行为活动的一种方法。根据研究目的、内容和手段的不同，有长期观察和定期观察、全面观察和重点观察、直接观察和间接观察、参与观察和非参与观察等不同类型。

在幼儿园教育的情境中，教师可以根据事先确定的观察内容，对学前儿童的言行举止及其与他人交往的情形进行观察，并详细记录观察结果，然后作出解释与分析。

2) 观察法的作用

第一，有助于教师全面、深入地了解儿童的行为表现，进而客观地评价儿童。通过观察学前儿童在日常活动、游戏以及学习中的表现，遇到困难时的反应，与他人交往的特点等，并通过对观察结果的记录、分析与解释，可以对学前儿童的问题行为作出客观的评定，防止仅凭印象作出片面的评定。

第二，有助于教师确定促进学前儿童问题行为改进的矫正计划。通过系统而细致的观察，教师对学前儿童的问题行为状况有了明确的认识与了解，这也为确定适合学前儿童身心发展的教学内容、教学形式等提供了依据。

3) 观察的程序

第一，对观察结果进行记录、描述。

将观察到的学前儿童的表情、态度、行为及其事件发生的频率、持续时间等内容详细、准确地记录下来，不加入观察者的任何个人意见、假设或推论，只描述或记录事实，确保观察结果的客观性。例如：“穿黄色衣服的幼儿沮丧地靠在墙边”与“穿蓝色衣服的幼儿靠在墙边，眼睛望着地板，嘴角下垂”这两种描述比较起来，后一句是客观的事实描述，而前一句则包含了观察者的主观推论。就对事实的记录而言，后一种较为可取。

第二，对观察结果进行解释。

对观察结果进行准确记录后，下一步要做的就是对所记录的资料进行认真的思考，并作出分析、解释或推论。进行解释与推论时，应综合考虑多方面的因素，如学前儿童的年龄、身体状况、家庭背景、生活经验等，同时还应对学前儿童的身心发展特点有所了解，尤其要对观察事件发生时的现场氛围、环境等有准确的把握，这样才能作出比较合理的解释。此外，观察者本人的观察能力、所拥有的知识经验、价值观、情绪状态等也有可能影响对观察结果的解释。俗话说，“外行看热闹，内行看门道”。观察者应做好充分的准备，尽量避免掺入个人偏见，以免对学前儿童作出不客观、不准确的评定。

4) 有效观察的条件

第一，做好观察的前期准备工作。

确定观察目的和观察对象，制订相应的观察计划，并准备必要的观察工具，如观察记录的表格，必要的观测仪器、录音设备等。尤其是观察记录表的制作一定要详细，否则劳而无获，会丧失许多有用的信息。

第二，做好观察记录。

在对所观察结果进行记录时，既可以用描述性的语言文字或数字、等级等来记录，也可以借助于视听设备进行记录，或综合采用多种记录显示。无论何种形式的记录，都应尽量做到完整、客观、准确、有序，尽量避免掺杂观察者自己的期望和偏见。完整而准确的记录有助于事后的整理、分析和进一步的深入研究。

第三，消除观察误差。

观察过程中很容易出现各种意外的干扰因素，致使学前儿童产生不真实的行为表现。例如，观察者的出现可能引起学前儿童的好奇或者恐惧，导致行为表现失真。这样即使观察者如实记录所观察的结果，也不能真实地反映学前儿童的情况。此外，观察者本人如果具有某种先入为主的成见，也容易使观察所得到的资料带有明显的主观性，导致客观性与可靠性有所降低，造成不同程度的观察误差。为此，应该特别注意防止和控制某些误差的出现。如果条件允许，可以在单向玻璃的场所、实验室等环境中进行观察，以减少观察者介入可能产生的干扰；也可以通过多次重复观察，或者由两个以上观察者同时记录或评分，从而最大程度减少偶然因素的影响。

5) 几种基本的观察形式

教师可以根据观察的目的，采取多种形式对学前儿童进行观察，既可以观察某一种行为发生的频率与持续的时间，也可以观察某种行为的具体表现与特点。就幼儿园情境而言，教师常用的观察方式主要有以下几种。

(1) 轶事记录。轶事记录是指选取一件简短的个别事件进行完整的记录。这种记录方式比较简便易行，也为教师普遍采用，它可以帮助教师分析学前儿童问题行为的过程，了解学前儿童的行为特点，探讨影响学前儿童行为的因素。观察者只记录一件事，如学前儿童在游戏活动中如何交换玩具，或者记录学前儿童与父母分开时的表情与行为表现等。轶事记录法要求尽量在事件发生时或发生后不久，把中心人物的言谈举止，在场其他人的活动以及活动背景、情景等如实记录下来，记录时应尽可能做到及时、准确、具体。

(2) 时间取样。时间取样是指根据观察目的，对学前儿童在一定时间内某种行为发生的频率进行观察与记录。一般来讲，在应用时间取样的观察方法时，需要经常在特定的时间间隔中进行观察。例如，为了观察学前儿童注意力的持久性表现，可以每隔 3 分钟进行一次观察，这样可以记录学前儿童注意力保持的时间、注意力转换的次数等。

在应用时间取样时，首先要确定观察的内容与时间段，然后确定观察的指标，如行为是否出现、出现的频率与持续的时间等。

(3) 事件取样。事件取样是指对要考察的特定行为、事件进行观察记录，即等待所选定的行为出现时才做记录，不受时间的限制。例如，为了观察学前儿童的交往行为，可以对学前儿童的交往方式(言语的、体态的)、交往持续的时间、交往的对象、交往发生的场景、交往的后果等有关资料加以观察、记录。与交往行为无直接关系的则暂时不予关注。

时间取样与事件取样都是以学前儿童的某种行为为观察对象，但时间取样关注的是某一行为在规定的时间间隔内出现的频率，而事件取样则不受时间的限制，只关心某一特定的行为是否出现。

(4) 清单法。清单法即事先设计好的简便易用的记录表，观察者观察到相应的行为时，就在相应的栏目中做记号，应用清单表，可以快速便捷地记录观察到的内容。例如，观察学前儿童相互影响的行为，见表 1-1。

表 1-1 学前儿童相互影响的清单表

相互影响		项目											
发起者	接受者	身体的						言语的					
		打	踢	推	拍	抚摸	其他	陈述	发问	要求	喊叫	命令	其他

教师可以根据实际情况选用上述四种方式，或者综合使用，以相互补充，获取更为全面、直观的信息。

2. 实验法

即通过控制和改变学前儿童的活动条件，以发现由此引起的行为的恒定变化，从而揭示特定条件与学前儿童行为之间的联系。

研究学前儿童心理常用的实验法有两种，即实验室实验法和自然实验法。

1) 实验室实验法

实验室实验法是指在特殊装备的实验室内，利用专门的仪器设备进行心理研究的一种方法。

实验室实验法被广泛运用于研究。心理学家们为了研究婴儿的某种心理现象，设计了特殊的装置，如为研究婴儿的深度知觉设计的“视崖”等。

实验室实验法最主要的优点是能够严格控制条件，重复进行，可以通过特定的仪器设备探测一些不易观察到的现象，取得有价值的科学资料，如利用微电极技术研究新生儿对语音和其他声音刺激的辨别能力。

用实验室实验法研究学前儿童心理的不足之处在于：学前儿童在实验室环境中往往产生不自然的心理活动，由此导致所得实验结果有一定的局限性。特别是研究一些复杂的心理现象，如学前儿童儿活动的特点等问题时，比较困难。

因此，运用实验室实验法研究学前儿童行为时，应该考虑到下列几点。

第一，实验室内的布置，应尽量接近学前儿童的日常生活环境，同时要避免其他刺激引起学前儿童的分心。例如，把不必要的物品放在离学前儿童较远的地方，防止其随手拿起来玩。在一般情况下，无关人员不得进入实验室，可以通过观察窗观察。

第二，对学前儿童的实验室实验可通过游戏等学前儿童熟悉的活动进行。对于年龄较小的儿童，可利用直接兴趣去激发其努力完成实验任务的动机，因为他们的竞争心理尚未发展，也还没有形成力争获得优良成绩的愿望和习惯。

第三，实验开始前要有较多的准备时间，使被试者熟悉环境、熟悉主试者，从怕生、不愿意参加实验或过度兴奋等不正常心理状态转入自然状态。对不易进入实验的儿童，实验者必须掌握一些技巧，诱导其接受实验。

第四，对学前儿童的实验指导语，要用简明的语言和肯定的语气。学前儿童对语言的理解能力发展不足，指导语过于冗长，或者一次布置的任务过多，会使学前儿童抓不住要领。学前儿童易受暗示，指导语最好不用商量的语气，如问其是否愿意等，而应从正面引导其接受任务。布置任务后要准确查明儿童是否明了实验要求，可以让他做一些预备性练习，有时需要用具体示范帮助儿童理解任务。

第五，实验进行过程中应考虑到学前儿童的生理状态和情绪状态。儿童处于疲劳、困倦、饥饿及身体其他方面不适的状态时，不要勉强参加实验。实验过程中尽可能使学前儿童被试者集中精力，保持注意力，为此，实验时间应比较短，一般应在学前儿童的兴趣消失前完成。主试者对实验应有充分准备，不但要做好各种物质准备，而且要在操作技术上做好准备，在实验过程中动作迅速利落。因此，在实验中主试者操作必须熟练，以得出科学的结果。

第六，实验记录应考虑到学前儿童表达能力的特点。要准确地记录学前儿童的原话，不要用成人的语言代替儿童的语言。学前儿童常用动作和各种表情手段来补充或辅助其语言表述，因此，对学前儿童的这些非语言表达方式也应记录。

2) 自然实验法

自然实验法的特点在于：实验的整体情境是自然的，但某种或某些条件是有目的有计划加以控制的，即在学前儿童的日常生活、游戏、学习和劳动等正常活动中，创设或改变某种条件，来引起并研究学前儿童行为的变化。例如，研究不同年龄的学前儿童注意力的发展，可以采取正常的教学形式，向不同年龄班的学前儿童提供卡片或实物，请他们讲述，然后根据记录分析整理，从中找出各年龄阶段儿童注意力的基本特点，发现注意力发展的趋势。

自然实验法的优点是使学前儿童在实验过程中心理状态比较自然，而研究者又可以控制学前儿童心理产生的条件，既与观察法接近，又是实验方法，兼有二者的优点。

自然实验法的缺点是由于强调在自然的活动条件下进行实验，难免出现各种不易控制的因素。此外，一般来说，自然活动环境不如实验室那样有各种仪器设备，因而对实验自变量和因变量的控制和记录条件不及实验室实验。

3) 教育心理实验法

教育心理实验法是自然实验法的一种重要形式。由于它在学前儿童心理研究中占有重要地位，所以在这里把它单独列出来。这是把学前儿童心理的研究和教育过程结合起来的一种方法。其重点在于比较不同的教育条件对儿童心理发展的影响，揭示学前儿童心理发展的规律，从而为教育改革服务。

用实验法特别是教育心理实验法研究学前儿童时，常常用实验组和控制组(或称对照组)相对比，即把条件基本相同的学前儿童随机分成两组，对实验组采取某种特殊的教育措施，对控制组则不采取任何特殊措施。通过两组的比较，测查这种特殊措施(自变量)对因变量的影响。但在实际生活中，这种对比只能在一定程度上反映假设的自变量的作用。因为事实上在实验过程中影响学前儿童心理的因素是复杂的，并不像理论上设想的那样，只有一个自变量在起作用。

另外，在儿童心理实验中，客观上不能回避主试者和被试者的关系。这种关系就是人际关系，而人际关系对学前儿童心理活动的影响是不可忽视的。实验设计过程中应充分估计到这种关系的作用，如被试儿童与主试者的熟悉程度，对主试者可能产生的情感以及主试者对被试者的期望或其他态度对被试者的影响等。即使这样，有时仍然可能产生一些不被觉察或意料之外的人际关系的效应。

3．测验法

测验法是指根据一定的测验项目和量表来了解学前儿童心理与行为水平的方法。测验法主要用于查明学前儿童心理与行为发展的个别差异，筛查出学前儿童问题行为的类别。

国际上已有一些较好的婴幼儿发展测验量表，如格塞尔婴幼儿发展量表、贝利婴儿发展量表、韦克斯勒学前智力量表等。由于编制智力测验量表的工作量很大，大多数研究者都是根据本国情况对较好的量表进行修订。我国早在1924年就有陆志韦修订的“中国比纳西蒙智力测验”，1936年对其进行了第二次修订，1982年由吴天敏做了第三次修订，该修订版本名为“中国比内测验”。近年来，各地还有一些对其他量表的修订。

在对学前儿童进行测验时应注意以下几点。

第一，由于学前儿童的独立工作能力差，模仿性强，对学前儿童的测验均使用个别测验，不宜用团体测验。

第二，测验人员必须经过专门训练，不但要掌握测验技术，还要掌握对学前儿童工作的技巧，以取得儿童的合作，使其在测验中表现出真实的水平。

第三，学前儿童的心理尚不成熟，其心理活动的稳定性差，因此，切不可仅以任何一次测验的结果作为判断某个儿童发展水平的依据。一般来说，几次测验中成绩好的能说明被测儿童的发展水平较高，成绩差的则可能是发展水平较差或者是受测验时其他因素的干扰。因此，判断某个儿童的行为状况，还应用多种方法从多方面进行考察。

测验法的优点是比较简便，在较短时间内就能够粗略地了解学前儿童的发展状况。但也有严重缺点。例如，测验所得往往只是被试完成任务的结果，不能说明获得结果的过程；测验只作量的分析，缺乏质的研究；测验题目很难同时适用于不同生活背景下的各种儿童等。因此，对测验法的争议较大。随着科学技术的发展，心理测验成为专门的学科，并将得到不断改进。然而，测验法与儿童心理研究的其他方法一样，只能作为了解儿童心理的方法之一，还应与其他方法配合使用。

4．作品分析法

学前儿童通过自己的亲身活动，可以产生多种不同形式的结果，即作品。教师如何根据儿童的作品来了解其行为特点呢？

1) 作品分析法的含义

作品分析法是指通过对学前儿童的活动作品，如绘画、日记、积木造型、玩具拼装或其他作品等进行分析研究，以了解、评定学前儿童心理与行为发展状况和特点的一种方法。

学前儿童在活动中所完成的作品在不同程度上反映出儿童对外部环境的积极探索与思考，体现了学前儿童的感知与运动协调能力，也反映出学前儿童的心理状态。因此，学前儿童的作品可以提供了直观、真实的证据，使我们能够从中获得更为深层的、内在的丰富信息。

2) 作品分析法的作用

作品分析法的作用至少可以从两方面体现出来。

第一，通过对学前儿童的活动作品进行分析，可以了解学前儿童的身心发展特点与规律。例如，通过分析学前儿童的积木摆放与造型或者泥塑作品，可以了解学前儿童的运动协调能力及其空间感知能力的发展；通过学前儿童的绘画，可以了解其情绪、情感的特点，了解学前儿童的创造力与认知能力(如观察力、想象力等)的特点，了解学前儿童的社会态度、社会交往的特点等。

第二，基于对学前儿童作品的分析，可以制订相应的改善或干预方案，以提高学前儿童的身心发展水平，或者矫正学前儿童的身心疾患。例如，对于那些遭受过性侵害、家庭暴力或其他恶性事件的学前儿童而言，他们的心理创伤有时无法通过语言准确地表述出来，但是，他们可能会通过绘画等方式来表达自己内心的复杂情绪与情感体验。通过分析其作品，可以从中获取准确的信息，对其心理创伤进行诊断，进而采取有针对性的矫治方法。

3) 作品分析过程中的学前儿童参与

虽然作品分析的工作主要是由研究者或者幼儿教师来完成的，但是，鉴于对学前儿童进行活动的初始动机、活动过程中的真实感受等内在的心理状况无法准确把握，因此，难免要对作品进行必要的分析，或者只是从成人的角度进行技术层面上的评价，而没有真正地从学前儿童的角度来考虑。有鉴于此，有必要鼓励学前儿童参与到作品评价的活动中来，让学前儿童对自己的作品进行解释，这有助于教师更准确地了解学前儿童的真实想法与感受。

综上所述，研究学前儿童心理的方法是多种多样的，运用各种方法时都必须以正确的思想为指导，根据研究目的的不同，采用不同的方法。由于各种方法都有优缺点，研究时应综合运用，一项研究可同时使用两种或更多的方法，以使所得结果可以互相补充和印证。

本 章 小 结

学前儿童的问题行为对其未来的影响意义重大。本章介绍了关于问题行为的界定、学前儿童问题的含义，深入阐述了学前儿童典型问题行为的表现，对教师和家长了解儿童的问题行为有一定的指导作用。

思考与练习

1．结合本章的学习内容，谈一谈对学前儿童问题行为的理解。

2．结合自己的经验，分析学前儿童退缩性行为的表现。

3．设计一套学前儿童问题行为常识的宣传与普及方案。

4．请分析下面案例中欢欢的问题行为，并探寻其原因。

幼儿园里，张老师正在教小班小朋友一首新歌，大家都坐在椅子上不动，一边听老师弹琴一边学唱，只有欢欢在椅子上动来动去，他一会儿推推旁边的佳佳，一会儿转过身来，趴在椅背上，看着后面的墙壁发呆，张老师看了看他，没理会，没多久，欢欢突然站起来，跑到老师身边在钢琴上用力敲了几下，钢琴发出一串杂乱的音，小朋友们都大笑起来，张老师生气地拉开了欢欢，说：“赶快回到座位上。”欢欢边笑边跑回座位，但没一会儿，欢欢又站起来跑到窗户下，拿起柜子上的串珠玩起来，几个小朋友齐喊：“老师，欢欢又跑了。”张老师看了看他说：“不要理他。”说完领着小朋友继续唱歌。欢欢没有回头，独自玩着。

推荐阅读

[1] 董会琴．学前儿童问题行为及干预[M]．北京：清华大学出版社，2013.
[2] [美]埃萨．幼儿问题行为的识别与应对[M]．北京：中国轻工业出版社，2012.
[3] 张明红．学前儿童心理与教育 120 问等[M]．上海：上海科学普及出版社，2010.
[4] 王烨芳．学前儿童行为的观察与分析[M]．南京：江苏教育出版社，2012.

假如孩子在实际生活中确认，他的任性要求都能满足，他的不听话并未导致任何不愉快的后果，那么他就渐渐习惯于顽皮、任性、捣乱、不听话，之后就慢慢认为这是理所当然的。

——(苏联教育家)苏霍姆林斯基(Cyxomjnhcknn)

第二章　学前儿童行为是否正常的判断标准

本章学习内容

- 判断学前儿童问题行为的原则。
- 判断学前儿童问题行为的标准。
- 学前儿童问题行为的检测。

核心概念

症状标准(symptoms standard)　经验标准(experience standard)　特殊行为(special behavior)　心理发育(psychological development)　检测(detection)

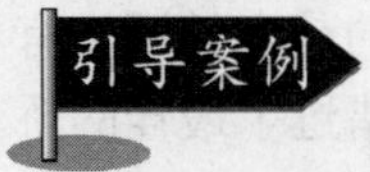

引导案例

他感统失调了吗

奇奇6岁了，可是他经常会表现出以下行为。

不擅长两脚交替跳。

踏步走时，右手与右脚同时伸出来。

不会骑儿童三轮车。

吹气球之类的东西时，不会把腮帮子鼓起来，用力吸气且无法一口气呼出。

打开包装袋时，不会用手指尖捏住包装袋的两边并撕开。

画不出来封闭完整的画。

折纸时，角和角不能对齐。

不大会用剪刀等。

生活中我们经常看到像奇奇这样的大动作不协调、精细动作笨拙的情况，然而，学前儿童的这些行为经常被家长忽略，结果孩子长大后出现了种种问题，到专业机构来求治，被告知错过了最佳纠正期，家长们悔恨不已。

学前儿童的问题行为发生率正在逐年上升，成为国内外心理学家和教育工作者共同关注的热点问题。学前儿童问题行为不仅影响儿童身心的健康发展，而且影响我国素质教育的进程。在教育过程中，教育工作者只有逐渐增强对学前儿童问题行为的忧患意识，对学前儿童的各种行为表现作出合理的评估，力图做到早期发现，才能够有针对性地实施教育计划，提早干预。

第一节　判断学前儿童问题行为的原则

案例 2-1

小明，6岁，男孩，上学前班。他几乎在任何时候都不能集中注意力，经常不经允许就离开座位，或者在座位上和同学说话、打闹。由于经常在上课时打扰同学，并且无法耐心地排队等候游戏，因此他和伙伴们相处得很不好。据小明的父母介绍，他是个足月顺产的孩子，生长发育与同龄正常儿童无异，但是他在婴儿期十分活跃，即便在睡眠时也不安分。到了学走路的年龄，他经常在吃饭时到处奔跑，看卡通片时也常常在椅子上不停地扭动，在公园玩耍时更是常常因为鲁莽地攀爬和奔跑而弄伤腿或胳膊。

老师建议家长带小明去检查，看看是否有什么问题，小明的父母没有重视老师的建议，认为他们的儿子只不过和其他孩子相比略微顽皮好动罢了。

小明真的像父母想象的那样只是顽皮好动吗？其实不然。有研究表明，学前儿童的问题行为大多属于发育过程中所特有的障碍，通常表现为某种怪异的或障碍性行为。这类问题在一定的发育阶段出现属于正常现象，只有当它表现得过分突出或者在不适宜出现的发育阶段出现时，才被认为是问题。案例中小明的行为如果是偶尔出现，算是正常，但经常出现，而且影响到听课和与伙伴的关系，就已经进入到问题状态了。遗憾的是家长还没有认识到。其实，很多时候孩子出现了问题行为，由于家长的疏忽，使孩子错过了最佳的矫正期，留下了终身遗憾。案例中小明的行为明显偏离了学前儿童群体的正常行为，应该到专业机构进行检查。

因此，家长，尤其是作为专业的教育工作者的教师要善于观察学前儿童的行为表现，及早发现学前儿童的问题行为。在发现判断学前儿童问题行为时，要注意遵循以下原则。

1. 社会文化原则

学前儿童问题行为应是对社会文化正常模式的偏离。每一种社会文化条件下，都有相应的行为规范，如果学前儿童的表现与之相左，就会被认为是异常。例如，美国社会文化中的儿童表现出武断、侵犯行为多不会被认为是异常，而表现出沉默、循规蹈矩的儿童则会引起更多关注。这与我国的儿童发展教育观念迥然不同。在地域文化习俗方面，也存在不同的标准，如维吾尔族儿童吃“手抓饭”是常见的习俗，而汉族儿童用手抓饭会被认为是饮食卫生习惯不良。环境标准更是显而易见，如在午睡时间突然大声唱歌，或在愉快的同伴游戏中退缩、缄默，都会被认为是异常。社会文化标准不是一成不变的，它会随着社会的发展、人口的变迁、健康观和价值观的变化而有所改变。

2．发展性原则

学前儿童正处于迅速成长发育的时期，判断其行为是否异常，必须以正常行为发展标志作参照系，以不同年龄儿童行为发展的正常顺序与速率作标准。正常行为发展标志是一个统计学概念，它是群体儿童的一个相对率。有调查结果显示：在 6 个半月龄的婴儿中只有 50%的婴儿能够坐稳，到 9 个月龄时有 95%的婴儿能坐稳。不过，对某一儿童而言，有时处在“标准外”的 5%，不一定是发育异常，可能是遗传等原因所致。发展标准的具体判断方法大多通过“发展量表”来进行，如著名的“格塞尔婴幼儿发展量表”等。

3．症状标准原则

症状标准原则通常是临床医师常遵循的原则。学前儿童的问题行为会表现出一些特殊症状，如挑食、缄默、多动等。用此项标准判断儿童是否异常比较稳妥。但问题是有些孩子的症状表现不典型，特别是被家长带到医院等专业机构时，常常不出现异常症状，这就增加了判断的难度。为了克服这种缺点，可设置一些特殊的情境，以便让孩子充分“表演”，再观察记录特殊症状；或用“症状量表”请教师或家长评定，再作统计分析，得出判断结果。

4．经验标准原则

根据专业人员、教师或家长个人的经验与观念来判断孩子的行为是否异常，称为经验标准。表面上看，经验标准未运用统计学概念，未量化、不科学，但实质上统计学的概念隐含在个体的经验中。评定者正是根据经验中的“百分比”来判断孩子的问题行为。有调查表明，教师可鉴别出 75%的儿童问题行为，如有专业人员的指导，可鉴别出 95%的儿童异常问题。当然，经验标准也有缺陷，因为它深受评定者的知识结构、人格特质、价值观和教育观的影响，错误的判断会给原本正常的儿童贴上异常的标签。目前提倡的做法是，让数位专家作“盲评”(即评前不知孩子的原诊断)评定，再以平均值来确定儿童是否存在问题。

第二节　判断学前儿童问题行为的标准

不同的研究者对“问题行为”的含义理解不同，因此对问题行为的评估标准也不同。有学者认为，学前儿童偶尔表现出来的、轻微的、对学习和生活影响不大的行为不属于问题行为，只有那些在儿童行为中经常出现的、比较稳定的、扰乱性较大的、对学习效率影响较严重的、需要耐心和长期教育的行为，才属于问题行为。也有学者认为，由于行为本身就是在正常和不正常之间发展的连续体，因此，一般儿童都不同程度地存在一些问题行为。但普遍认为，判断学前儿童行为是否正常可以参照以下几点。

一、智力是否正常

案例 2-2

幼儿园里特别的孩子

强强，3 岁，在幼儿园里表现很特别，不和其他孩子玩，没有学习意识，动手自理能力很差等。孩子各方面的状况一直落后于同龄儿童。老师建议家长带孩子到医院做智商测试。智商测试的结果为 65，属于智力低常。

智力是指人的观察力、注意力、想象力、记忆力、思维力和实践活动能力等的综合。智力正常是人正常生活最基本的心理条件，是心理健康的首要标准，而行为又是心理的外在表现，因此，智力正常与否，对学前儿童的行为有很大的影响。世界卫生组织和许多国家提出的精神疾病分类体系中，都把智力发育不全或阻滞视为一种心理障碍，有心理障碍的学前儿童，行为也会随之有障碍，如不能正常与人交往、上课注意力不集中、反应迟钝等。一般来说，智商(IQ)低于 70 即为智力落后，存在一定的智障问题，影响着儿童的行为。案例中的强强就属于智力落后一类。

如何早些发现学前儿童的智力发展水平呢？婴幼儿的智力水平主要是通过动作发育和语言发育等反映出来的。随着大脑结构的成熟，能反映大脑功能发育成熟的动作、语言发育也按照一定的规律有顺序地发展。如果孩子发育到一定年龄阶段，却没有看到与年龄相应的运动功能、语言思维能力，以及对周围人物反应能力的出现，就应引起注意。下面几点可作为判断早期智力低下儿童的参考。

(1) 婴幼儿时期智力低下，首先表现为动作发育落后。这些婴幼儿抬头、坐、走、手的抓握动作方面都比同龄儿童落后，不会用手抓取玩具，两条腿活动也不多，全身发软。严重的有儿童四肢和身体呈僵硬状态，走路双腿呈剪刀状，两脚尖着地，或无目的地过多活动。

(2) 喂养困难，无进食要求，吸吮困难，易吐奶，或不知饥饱，吃得很多。

(3) 语言发育落后于正常儿童，说话晚，口齿不清，流口水，理解能力和模仿能力都差。

(4) 对周围事物不注意，对声音无反应，被误认为盲聋，四五个月还不会笑，不哭不叫，过多地睡眠或烦躁不安、哭闹不止，哭声尖锐、发直或无力，哭时声调不发生变化，或突然哭叫，或到 2～3 岁还凝视自己的手。

(5) 智力低下儿童常伴抽风，如果新生儿期、婴儿期有频繁抽风的历史，特别是发现小儿有点头拥抱的姿势，每天有几次或几十次，应引起家长的注意，这种抽风常引起严重的智力低下。

(6) 有特殊面容或体型，如张口伸舌，流口水，通贯手，皮肤白嫩、头发金黄或皮肤、尿带有霉臭味，身体矮小、四肢特短、大耳朵，头发和眉毛浓密，或伴有其他先天畸形如先天性心脏病等的儿童，有可能会出现智力低下。

知识拓展 2-1

智力障碍儿童的分类

目前，智障儿童通常有医学、教育学和心理学三种分类方法。不同的分类方法均能对家长正确认识、教育孩子有帮助。医学上将智力障碍的病因分为产前因素、围产期因素和产后因素三类；教育学将智力障碍分为临界、可教育、可训练和养护四类。我国为了与国际进行交流，参照世界卫生组织和美国智力落后协会的分级标准，采用心理学标准把智力障碍分为轻度、中度、重度和极重度四级。

对智力障碍儿童的分类，有些专家和学者是持反对态度的。因为这样无异于给孩子贴上“标签”，其结果会限制孩子就学机会，导致父母、亲人、老师负面的态度和期望，也有可能引来同伴的嘲弄，同时不可避免地限制了孩子未来的发展和就业权利。但如能对智力障碍儿童进行早期发现、分类，我们就掌握了对儿童进行早期纠正的主动权。

一、轻度智力落后

以韦氏智力测验为例，轻度智力落后是指智商在 55~70，具有轻度社会适应障碍，属于可教育的人群。轻度智力障碍儿童有基本的生活自理能力，能承担简单的家务劳动，有社交能力和表达能力，感觉与运动功能发育稍迟。由于轻度智力障碍儿童仍然有相当的学习潜能，因此，早期教育对于他们的发展十分关键，重点在于养成其基本生活和学习技能。例如：培养其自己穿衣、吃饭、如厕等生活自理能力；能正确且适当地表达自己的需求及看法，能和同伴互动并建立良好关系等社会交往技能；能安静地坐在位置上，注意听家长或老师讲话，听从指示及掌握握笔、写字等基本学习能力。

轻度智力障碍的儿童可以进入幼儿园、学前班接受早期康复训练和学前特殊教育，在小学正常班级随班就读。他们虽然在学科学习(如语文、算术等课程)方面存在不同程度的困难，但通过老师和家长的悉心辅助，可以完成小学阶段的基础学习，具有一般日常生活所需的语言交往能力，具有简单的阅读和应用写作及计算能力，青少年时期接受职业教育和技能训练，成年后可从事简单的职业劳动，参与社区活动。

二、中度智力落后

中度智力落后是指韦氏智力测验的智商在 40~55，具有中度社会适应障碍，属于可训练的人群。中度智力障碍儿童经训练后可具有一定程度的生活自理能力，但仍需要得到他人的支持和帮助，可以完成部分简单的家务劳动，能说出和表达自己的需要，但不能进行社交活动，运动发育迟缓。中度智力障碍儿童可以在康复站或学前特殊教育班进行早期康复训练，进入义务教育阶段可以在特殊教育学校或特殊教育班级接受以适应日常生活为主的功能性练习。例如：培养其穿衣、洗漱、吃饭、如厕等基本生活自理能力；能听懂和理解简单指示，能通过简单语言和动作表达自己的需求；进行身体协调性、平衡性等基本的身体运动训练等。

中度智力障碍的儿童经过专业的训练和干预，通常也能够认识常见的文字并进行简单的计算。青少年时期经过一定的职业训练，在适当的支持下可以在专门的工作岗位或在正常的工作环境中从事生产劳动，参与社区活动，与周围人建立友谊。

三、重度智力落后

重度智力落后是指韦氏智力测验的智商在 25~40，具有严重的社会适应障碍，属于需要照顾的人群。重度智力落后儿童的言语极少，自我表达能力低或无，运动发育差。重度智力障碍儿童如果出生后不久被确诊，早期干预与训练是非常有利和有必要的。他们的学习能力虽然有限，但并不表示其无法训练和学习。而对他们的训练应主要集中在基本生活自理能力、简单语言沟通和人际交往方面。经过长期系统的训练，重度智力障碍儿童的生活功能会得到较为显著的改善，独立生活能力得到增强，也可以为他们安排休闲活动，充实他们的日常生活。

四、极重度智力落后

极重度智力落后是指韦氏智力测验的智商在25以下，有严重的神经系统损伤，并伴有严重的社会适应障碍，属于需要终身受到监护的人群。极重度智力障碍儿童基本没有独立的生活能力，且常常伴随着多重障碍，包括运动障碍、日常生活障碍、言语沟通障碍和心理方面的疾病等。但是极重度智力残疾儿童也具有一定的潜力和主动性，他们可以接受康复训练和必要的治疗，能够表达需求和情绪等。极重度智力落后的儿童非常需要得到周围人，如家长、特殊教育专业人员、医生对他们的支持和关心。

（资料来源：王书荃. 智力落后儿童的早期发现与训练. 北京：中国妇女出版社，2008）

二、儿童特殊行为表现的程度

案例 2-3

触觉敏感的真真

小女孩真真，1岁半，不穿新的衣服鞋袜，不让任何人抱她；一洗脸、洗澡时就哭个不停；在家只跟着妈妈，玩的时候可以跟爸爸，但睡觉时一定要妈妈，到外婆家也不能过夜，更不跟着妈妈以外的任何人；在托儿所，老师不能碰她，别的小朋友不小心碰到她，她就会大哭；中午饭也不肯吃，要等妈妈来了才吃。可以看出真真的异常行为表现的强度很大，与正常孩子相应的行为表现存在着差异。从其反应来看，真真有着很明显的触觉防御。

生活中，我们判断学前儿童所表现出的行为是否正常，可以像观察案例中的真真一样，从其表现的程度上加以鉴别。首先，与同龄儿童的一般行为相比，看某种行为“有”与“没有”。如果某种行为大多数同龄儿童都有而他没有，或者大多数儿童没有而他有，就要引起注意了。例如，大多数2～3岁孩子的睡眠都很沉，而一个2岁半的孩子常常从梦中惊醒，睡眠很不稳定；或大多数儿童在两岁时一般都能说许多话了，而自己的孩子还不会说话，这些就可能预示着某种问题。其次，看表现的程度。如果儿童某种行为的表现，其程度或严重性大大超过其他孩子，就可能预示着某种问题行为。例如，三四岁的孩子容易为玩具等发生纠纷，出现相互争斗的现象，这不足为奇。但如果孩子无论什么时间、场合，总爱出手伤人、出口伤人，那么，就可以判断这个孩子是不是出现了攻击性行为。再如，儿童刚进幼儿园一般都有些适应困难，但多数孩子经过父母或老师的诱导和鼓励，能较快地适应新的环境。可是有些儿童害怕去幼儿园到了恐怖的程度，一听说要送他们去幼儿园，便立刻表情惊恐，还会出现心率加快、肌肉紧张、出汗、呕吐、腹痛、腹泻等种种症状，这样的表现就不正常了。最后，看其行为是否易于受普通方法的控制。一般有经验的教师在集体教育活动中通常都善于组织教育，如让儿童参加小组的各类活动，引导儿童从事有趣的活动，使儿童不犯规等。但有行为问题的儿童，其反应往往不是一般教育、正常管理方法可以控制的。如果有经验的教师在集体教育活动中，对某一个儿童的行为表现难以理解，那么这个儿童往往就是有问题的。

三、儿童特殊行为出现的频率及持续的时间

案例 2-4

转来转去的小男孩

2 岁的小男孩天天，托儿所大班，上学前爸爸妈妈一起带着，没发现什么特别的地方，可是上学第一天他就弄得老师焦头烂额：随时随地推人，任何经过他身边的人都会被他推一下，老师也不例外，个子小的或没留神的就被他推倒；见到东西就扔到地上，桌子上的、玩具架上的所有物品玩具，包括玩具架都被他扔到地上，老师跟在后面捡都捡不及；老师上课时他从不坐在椅子上，到处转来转去。

案例中的天天所表现的推、扔行为的频率太高，超过正常儿童的行为表现，属于非正常行为。

日常生活中，如果儿童的某种不正常的行为经常出现，就需要额外注意了。例如，大部分儿童都有一两种惧怕，如怕黑、怕大声等，这种惧怕不需特殊帮助也会自行消失。但是儿童若有多种惧怕、十分胆小，甚至不能独自接触社会，这种表现就不正常了。再如，学前儿童偶尔出现与小朋友打架，这是正常现象，但若每天都要和小朋友吵架，就要仔细分析是什么问题，问题的症结在哪儿，并应及时给予帮助和教育。

任何儿童在其发展的某个阶段，都可能出现一些特殊的行为表现，例如行为有点儿古怪、胆小、易怒、注意力不集中等，不久又自然消失了，这没有什么特别的，不必在意。但若某种特殊行为长期保持，几个月后仍然这样，就需要特别关注了。因为若不及时加以纠正，就可能发展得更加严重以致产生其他问题。例如，听任儿童长期说谎话、不诚实，将可能使之发展成为严重的犯罪行为。

四、儿童的心理表现与年龄特征是否相符合

案例 2-5

注意力不集中的女孩

倩倩，女，6 岁，学前班。眼看就要上学了，可是，倩倩在学习时注意力仍然不集中，而且要有人陪在她身边才能把作业完成得比较好，否则就一塌糊涂。当帮她指正时，如果擦掉的次数多了，她就会很不耐烦，不怎么想做作业了，对学习提不起兴趣，反倒是对 2 岁小孩子玩的小玩具感兴趣，而且特别愿意跟比她小的孩子在一起玩，晚上不能自己睡觉，需要妈妈陪。

人的心理和行为是随着年龄的增长而发展变化的，从而形成不同年龄阶段独特的行为模式。心理与行为健康的儿童应具有与自己年龄中的多数人相符合的心理行为特征。某个年龄阶段常见的，而且是正常的行为，到另一个年龄阶段依旧存在，就可能是异常的了。

例如，3 岁儿童夜间尿床是正常现象，但是 5 岁以上还频繁尿床就不正常了。再如，大部分学前儿童都怕动物和陌生人，这是正常的现象。但小学二年级的儿童还害怕动物和陌生人，这就是行为障碍的表现了。因为这个年龄段的儿童大多数怕犯错误、怕老师批评和同学讥笑，而不是怕动物。一个人的心理行为如果经常严重偏离其年龄特征，也是问题行为的表现，案例中的倩倩的行为表现，与其年龄不符，心智不符合本年龄特征，应该引起重视。

五、儿童的行为反应是否与周围环境相适应

案例 2-6

没有安全感的小女孩

妈妈第一次带着美美到亲子园的时候，美美快 2 岁了。她非常害怕新环境，不说话、不理人，一个劲儿扯妈妈的衣角，不让妈妈走。美美在幼儿园里极度缺乏安全感，非常焦虑，但是她却不像别的孩子大哭大闹，只是躲在角落不停地抓自己的小手，甚至抓破皮了还不停止。午睡对她来讲是最难过的事了，每到午睡时，她的两只眼睛就瞪得大大的，难以入睡。

儿童如果不理会现实，忽视四周的环境，也是出现问题行为的信号。例如，在正常的情境中，儿童却经常出现一些不适当的愤怒、莫名其妙的紧张、不能和周围人建立正常的交往关系等。凡此，都表明儿童的行为可能有一定的问题。案例中的小朋友美美的行为表现就属于这一种。

值得注意的是，在某些情况下，儿童的表现看起来似乎是异常的，但如果仔细观察分析，它却是儿童对不正常情境的正常反应。那些所谓的“问题表现”是由于父母、老师或周围人们的行为引起的，问题不在于儿童本人，而是在于他周围的人。例如：儿童的对抗或不顺从行为，往往是因为父母对他提出过多的要求，以及对他的忽视的缘故；儿童的攻击性行为，如好打架，也可能是模仿父母好与人吵架或经常打骂孩子的结果。所以，对儿童在行为上所表现出来的问题，应认真区分是周围环境造成的，还是其本身的原因引起的，仔细观察其行为反应是否与周围环境相一致。

由于儿童正处于发育之中，年纪较小，尚未成熟，辨别是非的能力薄弱，心理与行为的易变性、波动性比较突出，所以，随时可能发生一些使成人为难、不易解决的问题，因此，不能见风就是雨，动辄便说孩子有问题。

第三节　学前儿童问题行为的检测

案例 2-7

瘦小的帅帅

今年 6 岁的男孩帅帅已经读小学一年级了，可身高才 109 厘米，体重也只有 15 公斤，和同龄的小男孩比起来总是显得那么瘦小，父母非常担心。妈妈带他到儿童医院检查，医生了解到帅帅是足月顺产儿，出生时体重 3.2 公斤，身长 49 厘米。帅帅出生后的 6 个月内

都是母乳喂养，6个月以后因母亲上班了，只能早晚母乳喂养。这一变化使得仅有6个月大的小帅帅一下子难以接受，于是，除了母乳，他对其他食物一概拒绝，对牛奶更是反感至极。对此，家里人束手无策，只能眼睁睁看着帅帅的小脸蛋日渐消瘦。1岁时，帅帅的体重只有7.3公斤，身高也只有70厘米，个头明显比不上同龄的小男孩。

一、生长发育的检测

生长发育是婴幼儿时期所特有的生理现象，但生长发育不是简单的身体由小增大的过程，而是一个十分复杂的现象，涉及个体细胞的增加、分化，器官结构及功能的完善。如果发育不正常，就容易出现心理或行为问题，影响儿童的健康成长。因此，首先要了解学前儿童生长发育的一般规律，还要定期对学前儿童进行生长发育的检测，并将测量的结果和正常儿童的生长指标进行比较，这样才能知道这个孩子的生长发育是正常还是异常。如果学前儿童不能达到相应年龄阶段生长发育指标(主要指生长发育形态指标)及发育的标准，家长或教师就要高度重视，因为这样的儿童容易出现问题行为。

常用的形态指标有身高、体重、头围、胸围和坐高。其中，身高和体重是最基本的指标，不但测定简单，而且能较准确地评定生长发育状况。

1. 身高

身高是指头顶到足底的全身长度。儿童出生时平均身高约在50厘米左右，出生后第一年增长最快，前半年平均每月增长2.5厘米，后半年平均每月增长1～1.5厘米，到1岁的时候约在75厘米。第二年增长速度减慢，平均年增长10厘米，2岁时身长约为85厘米。2～12岁身高的估算公式为：年龄乘5加上80(厘米)。

2. 体重

体重为各器官、系统、体液的总重量。体重易于测量，结果也比较准确，是最易获得的反映儿童生长与营养状况的指标。新生儿出生时的正常体重为2.5～4(千克)，出生后3个月的体重是出生时的2倍，0～6个月平均每月增加0.7～0.8(千克)，7～12个月增长量减少，平均每月增加0.25千克，满1岁时体重大约是出生时的3倍，满2岁时达4倍。1～10岁儿童体重平均每年增加2千克。可应用1～10岁的儿童体重估计公式进行估算：年龄乘2加上8(千克)。

学前儿童处在生长最为快速的阶段，学前儿童的身高和体重的测量，1岁以内，应该至少每3个月测量一次，有条件的可以每个月测量一次。半岁以后可以每两三个月测量一次。到了1～3岁可以每三四个月测量一次。3～6岁可以每半年测量一次，6岁以上可以每年测量一次。

同时，也可以将观察测量记录的数据绘制成更方便的生长曲线图。生长曲线图强调的是动态地观测孩子的生长发育，可以直观地反映孩子的生长发育状况。其具体操作如下。

第一步做顺时记录，每个月为孩子测量一次身高、体重(不要在孩子生病期间测量)。

第二步把测量结果描绘在生长曲线图上，连成一条曲线。

第三步将身高体重的标准值也标在曲线图上。

第四步将孩子的生长曲线与标准值曲线进行比较，通过比较能很快、很直接地在这个曲线图上找到孩子生长的位置，以便观察孩子的生长规律。

如果孩子的生长曲线一直在正常值范围内匀速顺时增长，就是正常的。

如果在一段时间里，曲线变平了，或者下降了，就说明孩子有问题了，就应该及时找医生去检查，看看有没有一些阻碍孩子生长发育的不利因素存在，以便能够及早发现、纠正，使孩子正常发育。

3. 头围

头围是反映孩子脑发育的一个重要指标。头围在出生后第一年增长最快。出生时头围平均34厘米；1岁时平均46厘米；第二年增加2厘米，第三年增长1～2厘米，3岁时头围平均为48厘米，已与成人相差不多了。由此看出，脑发育主要在出生后的前3年。正常小儿后囟门3个月闭合，前囟门1～1.5岁闭合，过迟闭合要考虑有无佝偻病的可能。有的孩子出生时囟门就较小，闭合也会早些，这与母亲孕期营养状况较好有关。因此要综合看待这个问题，如果没有超量服用鱼肝油或超量服用及注射维生素D，一般问题不大。需要注意的是，并非像人们所想象的那样：孩子头越大越聪明，聪明与否和头围大小并不成正比。孩子的头围在正常范围内就可以了，头围过大则要考虑有无脑肿瘤、脑积水的可能。

4. 胸围

胸围是指胸廓的最大围度，可以表示胸廓大小和肌肉发育状况，是人体宽度和厚度最有代表性的指标，在一定程度上反映身体形成和呼吸器官的发育状况，同时也是评价学前儿童生长发育水平的重要指标，也可反映体育锻炼的效果。孩子在出生时，胸围小于头围，平均为32厘米。随着月龄的增长，胸围逐渐赶上头围，一般在孩子1岁时，胸围与头围相等。但由于现在普遍营养状况较好，不少婴儿在未满1岁时胸围就赶上了头围，1岁后胸围超过头围。影响胸围增长的因素有：营养状况不好，缺乏体育活动及疾病造成胸廓畸形，如鸡胸、漏斗胸等。

5. 坐高

坐高是指从头顶至骨结节的长度，通常表示躯干的长度，可以间接地了解内脏器官的发育状况。儿童随着年龄的增加，下肢的增长速度不断加快，故坐高占身高的比率随年龄增长而降低。

知识拓展 2-2

何谓“轻度发育障碍”

“轻度发育障碍”是2000年杉山登志郎提出的，是“广泛性发育障碍”“注意力缺陷多动性障碍(ADHD)”“学习障碍(LD)”“发育性运动协调障碍”“轻度边缘型认知障碍”这五种障碍的总称。

“轻度发育障碍”这一名称并不是正式的医学用语，而是相对于需要高级医疗护理的重症身心障碍患者来说的、存在轻度功能性的(脑功能障碍)发育障碍的总称。虽说是轻度功能性障碍，但是存在这些障碍的人群所承受的“生活上的艰辛”绝不比那些重度功能障碍患者要少。轻度障碍人群有其艰苦之处，重度障碍人群也有其困难之处。可以说，存在障碍的这些孩子与他们的家长们所承担的艰难困苦本身，并没有轻重之分，这一点，我们要时刻牢记在脑海中，也希望大家不要受制于功能障碍程度的高低，因为所有存在功能障碍的人，都具有与其他人相同的人权。

还有一点，轻度发育障碍的根本原因是中枢神经系统的问题。也就是说，这些孩子们并不是故意要做出令人头疼的行为，而是他们的大脑发出了让他们做出这样行为的指令。但是，这类症状很难被大众所理解，在目前社会认知度普遍不高的情况下，轻度发育障碍儿童及其家长们经常会遭到各种误解和责难，他们处于长期的自责状态中，这种痛苦的状态非常糟糕。

杉山教授列举了“轻度发育障碍”的四个特征：①与健康儿童表征存在连续性关系，随着年龄的增长、发育的状态变化和教育的介入，临床出现显著变化；②不同观点可能导致不同的诊断结果；③因理解不足而容易导致错误的治疗介入；④容易产生次生性情绪及行动障碍问题。在此基础之上再加上一点：各种障碍往往出现微妙的重叠。

(资料来源：[日]YasuoTanada．儿童问题行为实例解析与对策集[M]．陈涵石，译．北京：中国青年出版社，2010)

二、心理发育指标的检测

学前儿童生长水平的另一个判断指标是心理发育指标。要判断儿童的生长水平是否正常，就需要在一段时间里监测学前儿童的心理发育水平与速度。学前儿童的心理发育水平直接影响学前儿童的行为。所以，密切关注学前儿童的心理发育水平是否达标，对学前儿童问题行为的检出意义重大。

(一)观察法检测

观察法检测是指根据不同年龄段的不同行为表现的规律，以各年龄段婴儿一般发展水平为参照，观察儿童的行为表现，对照学前儿童的一般发展水平，通过观察比较，评估被测学前儿童的心理发育水平。

新生儿(第 1 个月)：满月时俯卧抬头，下巴离床 3 秒钟；能注视眼前活动的物体；啼哭时听到声音会安静；除哭以外能发出叫声；双手能紧握笔杆；会张嘴模仿说话。

第 2 个月：逗引时会微笑；眼睛能够跟着物体在水平方向移动；能够转头寻找声源；俯卧时能抬头片刻，自由地转动头部；手指能自己张开合拢，能在胸前玩，会吸吮拇指。

第 3 个月：俯卧时，能抬起半胸，用肘支撑上身；头部能够挺直；眼看双手，手能互握，会抓衣服、头发、脸；眼睛能随物体转 180 度；见人会笑；会出声答话、尖叫，会发长元音。

第 4 个月：俯卧时上身完全抬起，与床垂直；腿能抬高踢衣被及吊起的玩具；视线灵活，能从一个物体转移到另外一个物体上；开始咿呀学语，用声音回答大人的逗引；喜欢吃辅食。

第 5 个月：能够认识妈妈以及亲近的人，并与他们应答；能够从仰卧翻身变成俯卧；可靠着坐垫坐一会儿，坐着时能直腰；大人扶着能站立；能拿东西往嘴里放；会发出一两个辅音。

第 6 个月：手可玩脚，能吃脚趾；头、躯干、下肢完全伸平；两手各拿一个玩具并能拿稳；能听声音看目的物两种；会发两三个辅音；在大人背儿歌时会做出熟悉的动作；照镜子时会笑，用手摸镜中人；会自己拿饼干吃，会咀嚼。

第 7 个月：会坐，在大人的帮助下会爬；手能拿起玩具放到口中；会表示喜欢或不喜欢；能够理解简单的词义，懂得大人用语言和表情表示的表扬和批评；记住离别一星期的熟人 3～4 人；会用声音和动作表示要大小便。

第 8 个月：能够扶着栏杆站起来；可以坐得很好；会两手对敲玩具；会捏响玩具；会把玩具给指定的人；展开双臂要大人抱；用手指抓东西吃；会用 1～2 种动作表示语言。

第 9 个月：能够扶物站立，双脚横向跨步；拇指和食指能捏起细小的东西；能听懂自己的名字；能用简单的语言回答问题；会随着音乐有节奏地摇晃；认识五官；会做 3～4 种表示语言的动作；知道大人谈论自己，懂得害羞；会配合穿衣。

第 10 个月：会叫妈妈、爸爸；认识常见的人和物；能够独自站立片刻；能迅速爬行；大人牵着手会走；喜欢被表扬；主动地用动作表示语言；主动亲近小朋友。

第 11 个月：大人牵一只手就能走；能准确理解简单词语的意思；会叫奶奶、姑、姨等；会指出身体的一些部位；会竖起手指表示自己 1 岁；不愿意妈妈抱别的小朋友；有初步的自我意识。

第 12 个月：不必扶，自己站稳能独走几步；认识身体部位 3～4 处；认识动物 3 种；会随儿歌做表演动作；能完成大人提出的简单要求；不做成人不喜欢或禁止的事情；开始对小朋友感兴趣，愿意与小朋友接近、游戏。

1 岁到 1 岁半：能较平稳地走路，摔倒时能自己爬起来；能指认成人说的物品；能按照成人的要求做一些简单的动作；能用动作和发出音节回答成人的问话；认识生活中常见的几种动植物。

1 岁半到 2 岁：平稳地走路，初步学会双脚原地向上纵跳的动作；能说简单的话语，能在成人指导下看懂简单的画面，喜欢图画；能区分物品的多与少、大与小；能摸索空间方位，认识前后；认识生活中常见的几种自然现象。

2 岁到 3 岁：能自己上下台阶，能较自然地跑步；能自己吃饭，能控制大小便；能正确表达自己的各种情绪；完整地做自我介绍，初步懂得与同伴交往；在成人的引导下礼貌待人。

3 岁左右：是学前儿童心理发展的转折期，即“第一反抗期”，这是儿童自我意识产生后心理上的第一次飞跃。突出的表现是闹独立，千方百计摆脱大人的控制，试试自己的本事。对于爱反抗的孩子，父母首先要调整自己的教育方法和态度，充分满足孩子的合理要求。

3 岁到 4 岁：能动作协调地跑步；可做向上纵跳、立定跳远的动作；会自己刷牙，穿脱衣服；能控制情绪，不乱发脾气；能表达自己的愿望，在别人面前表演、讲话；知道自己的身份及家庭、幼儿园的基本情况；喜欢听故事，懂得故事内容，能复述故事的部分内容。

4 岁到 5 岁：儿童动作发展更加完善、灵活，体力明显增强。不但可以自如地跑、跳、攀登，而且可以单足站立，会抛接球，能骑小车等，手指动作比较灵巧，可以熟练地穿脱衣服、扣纽扣、拉拉练、系鞋带。同时，在集体中行为的有意性增加了，注意力集中了。他们能接受成人的指令，完成一些力所能及的任务。如帮老师摆放桌椅，收拾玩具、折叠衣服等。表明此时幼儿已出现了最初的责任感。这一年龄段儿童能听从成人的要求。同伴间发生争执时，有时也能控制自己的情绪和行为。4～5 岁儿童有了规则意识萌芽，但是非观念较模糊。他们喜欢和同伴一起玩，会与同伴共同分享快乐。思维具有具体形象的特点，开始对事物能进行初步的分类，能独立表述生活中的各种事情，具有丰富、生动的想象力、创造力。

5 岁到 6 岁：知道一周有几天，认识时钟和日历；能辨认 3～5 种几何体以及了解面与体的关系；能发现简单事物的因果关系，会判断推理，形成守恒概念；会推测故事中人物的心理活动和内心想法；能为了别人、集体自觉地改变自己的想法；性格活泼大方、开朗、自信，敢于竞争；会做一些简单的劳动。

儿童出生后，家长可以根据上述各年龄段的心理发育指标，对儿童的心理发育状况进行观察和比较，如果儿童在某一个方面出现发育迟缓的现象，要引起注意，以免因心理发育不成熟而造成行为发展上的问题。但是，每个儿童都是一个独立的个体，会表现出不同的特点，有遗传素质的差异，也有后天发展的差异，这些差异形成了每个人不同的发展水平、发展方向、能力特征和个性人格特征。因此，一旦出现与心理发育指标不相符合的现象时，不要马上下定论，还需要通过多种指标判断或找专家进行评定。

(二)发育筛查法

丹佛小儿发育筛查测验法(DDST)，是一种简单易行的发育筛查法，由 12 个量表的项目经过筛选组成，可以用于对婴儿生长发育的监测。经过大量广泛的应用，DDST 被认为是行之有效的方法。

1．适用对象

DDST 适用于出生后 2 周到 6 岁的儿童。但由于该法编制时间较早，目前对 4～6 岁的儿童来说，已经不太灵敏。

2．领域安排

DDST 共有 105 个测试项目，分布在以下 4 个领域。

(1) 个人-社会：该项领域的行为项目表明婴儿对周围人的应答能力和料理。

(2) 精细动作：适应该项领域项目表明婴儿的精细感觉和对外界刺激的分析综合能力。婴儿通过手的动作去认识世界，精细动作的发展可以促进婴儿认知能力的发展。

(3) 语言：该领域项目表明婴儿的发音、理解和运用语言的能力。

(4) 大动作：该项领域项目表明婴儿坐、立等姿势的掌握，以及行走跳跃等平衡协调的能力。

3．项目指标

DDST 的 105 个测试项目，每一个项目以一个项目条为代表。项目条安排在一定的年龄范围内，每个项目条上有 4 个点，分别代表正常婴儿中有 25%、50%、75%、90%的人通过了该项目。

本量表上所有的项目都是用同样的方法来表达。凡是横条目左端写有 R 的测查项目可以根据家长提供的报告确定通过与否。

4．量表评价

量表评价时，画年龄线，即在量表的上、下两端各有一条带刻度的线，分别称为顶边线和底边线，在线上标明了1个月到6岁的刻度。

测查时，先画年龄全线，每个领域先做左侧最靠近年龄线的项目，连续做3个，然后再做切年龄线的项目。每个项目可以重复3次，如图2-1所示。

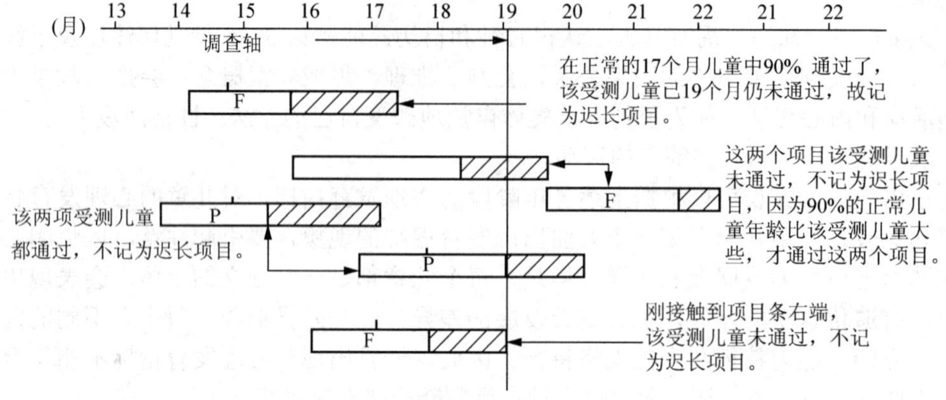

图2-1 DDST量表评价

5. 量表评价标准

量表规定的评价标准是根据迟长项目的多少，将结果分为“正常”“异常”“可疑”“无法解释”四种情况。

两种情况为异常：一是两个或更多的领域，每个领域有两项或两项以上的迟长项目；二是一个领域有两项或两项以上的迟长项目，再加上另一个领域有一项迟长以及压年龄线的项目全部失败。

两种情况为可疑：一是一个领域有两项或两项以上迟长项目；二是一个领域有一项迟长，同时这个领域压年龄线的项目全部失败。

NO表示项目大多为无法解释，需要改日再做，没有以上情况的均为正常。

(三)发育诊断法

美籍儿科医生和心理学家盖泽尔(Gesell)通过数十年对婴幼儿行为系统的观察，于1940年编制了婴幼儿发育量表，又称盖泽尔发育诊断量表。该表使用的测量项目比较实际，基本反映了婴儿的重要行为表现，见表2-1。

表2-1 盖泽尔发育诊断量表

H	O	30个月	H	O	36个月
		方木：搭9层塔			适应性
		方木：排成火车后加上烟囱			方木：搭10层塔
		方木：模仿搭桥(*42个月)			方木：照样搭桥
		小丸、瓶：放丸入瓶，每次一个			绘画：照样画垂直线
		绘画：模仿画水平线			绘画：照样画水平线
		绘画：模仿画圆形			绘画：照样画圆形
		绘画：模仿画交叉线			绘画：模仿画“十”字(*)

续表

H	O	30 个月	H	O	36 个月
		绘画：认出残缺肢体的人 形板：转 180° 后，立即将 3 块形木放入相应洞中 颜色板：放准 4 块 数字：重复二位数字，三试一成			绘画：说出自己画的名称 绘画：在未完成人身上加画一部分 颜色板：放准 5 块 几何图形：放准 7 块 数字：重复三位数字，三试一成
		楼梯：两脚交替走上楼梯 三轮车：能骑小三轮车 站：独脚站片刻			大动作 楼梯：两脚交替走下楼梯 跳：跳远 站：独脚站 2 秒
		走：脚尖走 跳：从末级台阶跳到地面			
		方木：搭 9 层 小丸、瓶：30 秒钟内将 10 粒小丸放入瓶中			精细动作 方木：搭 10 层塔 小丸、瓶：将 10 粒小丸放入瓶中 穿珠：穿入珠孔 剪子：试用爆子剪(*42 个月)
		言语：说 8～9 个字的句子 言语：说话用适当的语调 交往：正确地运用“他” 交往：说出 2～3 天前的事 书：说对一本书中人或动物的动作 图片：说出 8 件物体的名称 实物：说出 2 件物体的名称 身体部位：说出身体的 7 个部位 图片：指出 10 件物体 概念：知道大和小 姓名：说出自己的姓和名 介词：理解一个			语言 言语：会用“和”或“但是”来连接句子 交往：会说完整的儿歌 图片：说出 6 件物体的名称 性别：说出性别 理解：回答一个问题 概念：懂得音响的强弱 颜色：识别两种颜色(*42 个月) 介词：理解两个
		玩耍：听到音乐时能跳舞 穿衣：会提裤子 穿衣：会伸手进袖子 穿衣：会穿鞋(*42 个月)			个人-社交 哺喂：向杯中倒水能控制 大小便：自己会上厕所，夜里不尿床 交往：懂得先后顺序 玩耍：玩交往性游戏(*) 洗：会自己洗手并擦干 穿衣：会扣纽扣儿
		穿衣：会扣按扣儿			

H：在家表现。O：现场观察。(*)：在以后年龄阶段将被更成熟行为所代替。

1．适用对象

盖泽尔发育诊断量表适用于出生后 4 周到 3～5 岁的婴幼儿。

2．量表内容

盖泽尔发育诊断量表测验领域有运动、适应性行为、语言和个人-社交行为。

运动：包括大动作，如坐、走、跑等姿势和精细动作，如大把抓、拿取等。

适应性行为：包括手的摆弄、探究、觉醒程度等。

语言：包括面部表情、发音、懂话及说话等。

个人-社交行为：包括生活自理、游戏、大小便以及与成人往来等。

以上 4 个领域共有 63 个项目，但不同年龄的婴幼儿通过某一项目的要求不同，所以又演化出 517 个项目。这些领域都与智力有关，婴幼儿在这些领域的发展可以不平衡。

3．关键年龄

盖泽尔提出 4 周、16 周、28 周、40 周、52 周、18 个月、24 个月、36 个月这 8 个年龄是婴儿发展的关键年龄。在关键年龄婴幼儿的行为变化最大，能够显示出飞跃的发展。可以说关键年龄是婴幼儿发育的转折点，在这几个年龄出现的新行为是某个阶段发育成熟的标志，因此，要把这几个年龄段出现的行为作为重点检查的项目。

盖泽尔的检查用表一共 8 张，以 8 个关键年龄作为主要测试年龄编排。其他年龄的被试可以参照这 8 张量表，从中选用与被试年龄最接近的那张量表来使用，见表 2-2。

表 2-2　婴幼儿发育的关键年龄

关键年龄	0～4～8 周	12～16～20 周	24～28～32 周	36～40～44 周
特　点	表现出发育不成熟。对 12 对颅神经有了控制	能控制头、躯干、臂和手的肌肉，能伸出手去抓握，会玩弄物体	能控制躯干和手指，手能传递。有直立姿势的趋势	食指处在显著位置，能伸出食指，对小物体戳、撬、摸、捏。能控制腿和脚的肌肉
关键年龄	48～52～56 周	15～18 个月	21～24 个月	30～36～42 个月
特　点	各种能力都处在边缘状态。释放动作还不成熟	走得好，是个直立的人	会走、跑，能说短句子，能控制大小便	动作发育比较成熟，会跑、跳、投、脚尖走路、手的精细动作协调

4．记录

盖泽尔诊断量表使用以下 4 种符号记录。

“+”表示通过。

“-”表示没通过。

“卅”表示超过要求。

“?”表示没有做出反应。

盖泽尔发育诊断量表采用估计评分法判断婴幼儿的发育趋势。按照测验结果中已通过的项目“+”和没通过的项目“-”的分布，可以比较准确地判断婴幼儿的发育水平。

5．发育商

盖泽尔在量表研究中提出了发育商的概念。盖泽尔认为年龄幼小的婴儿谈不上“智力”，只能提“发育”，这是针对婴儿的身体、心理发育而言的，用这种方法对婴儿进行的评价叫发育评价，所以用发育代替智力，其结果用发育商来表示。他反对只给婴儿一个总的发育商数，要求先计算各个领域的发育商，再计算总的发育商。发育商与智商的含义是一样的，都表明心理年龄(量表上的年龄)与实际年龄的比例关系。

计算方法：

发育商(DQ)=发育年龄/实际年龄×100

发育商：52～67，轻度弱智；36～51，中度弱智；20～35，重度弱智；20 以下，极度弱智。

如果 1 岁以上的婴儿发育商为 68～85，1 岁以内的婴儿发育商为 68～75，则均属于临界范围。

盖泽尔发育诊断量表是评价婴幼儿发展的经典量表，具有鉴别婴幼儿心理功能的作用。盖泽尔发育诊断量表的评分结果既可以反映出婴儿的整体发展水平，又不会掩盖运动、适应性行为、语言、个人-社交等各领域婴幼儿的具体表现特点，能够明确地反映婴幼儿在各个领域的发育水平，为确定早期训练提供了可参考依据。它是当今世界上应用最广泛的婴幼儿发育量表之一。

(四)韦氏学前儿童智力量表(4 岁～6 岁半)

韦氏智力量表(简写 WPPSI)是由美国心理学家韦克斯勒(D.Wechusler)教授制定的，是继比奈(Binet)之后世界上应用最广的个人智力量表之一。这一智力量表包括：①儿童智力量表(WISC-R)，适合年龄为 6 岁至 16 岁；②成人智力量表(WAIS)，可测定 16 岁以上成人的智力；③学龄前和学龄初期智力量表(WPPSI)，可以测定 4～6 岁半儿童的智力。因此韦氏学前儿童智力量表是一套可以分别测查不同年龄阶段的重要智力量表，这套量表问世后很快就被广泛采用。

WPPSI 量表主要用于学龄前儿童，但亦可以用于比较聪明的 3 岁的儿童或者比较迟钝的 7 岁或更大的儿童。在测查中选用的材料、项目的安排以及测查的方法，都是根据这一年龄的常模来设计的。

1．计算实足年龄

儿童的实足年龄应当有精确的计算，必须准确到几岁几个月零几天，缺一不可。实足年龄是用测查日期减去出生日期(不够减向上借位时，日为 30 天，月为 12 月)。被测试儿童的准确年龄是计算智力商数，将原始得分转换为量表分的依据。如果缺乏这些资料，被测试者的智商就无从查得，因此主试者对上述要求千万不要疏忽。

2．WPPSI 量表的结构

WPPSI 量表是根据修订后的韦氏儿童智力量表(WISC-R)的原理和方法设计的。它分为语言和操作测验，包括 10 个分测验，见表 2-3。

表 2-3　WPPSI 量表

语言测验	操作测验
常识	动物房
词汇	画图补缺
算术	迷津
类同词	几何图形
理解	木块图案(拼凑)

3. 测查中的注意事项

(1) 室内要安静，室温适宜，儿童坐得舒服；桌面要平坦，桌椅高度要适合儿童的身高。

(2) 与儿童建立友好关系。检查者对儿童的态度非常重要，应使儿童愉快，对测验项目发生兴趣，自觉与检查者配合；检查者也应鼓励儿童发挥最大的潜在能力。

(3) 儿童在测试中感到疲劳或不耐烦，发现注意力不够集中时，允许测试中断，让儿童自由地在房内玩一会儿，或者摆弄测试工具，可照顾儿童喝水、小便。绝大多数孩子能一次完成测值。

4. 检查步骤

(1) 本测验的操作和评分应由受过训练的合格的人员执行，要严格按照量表中规定的方法测查。

(2) 测验各个项目时言语和操作要互相交叉进行，以维持儿童的兴趣和合作。

(3) 10 个测验必须全部做完，不允许随便去掉量表中的项目或去掉某个测验。

(4) 测查中严格按照量表中规定的时间。

(5) 各项目何时停测要按照规定严格执行。

(6) 各项目如何评分也要按照规定严格执行。

(7) 测验时，如果对提问表示不明白，检查者可以把问题重复一次。如果儿童回答模棱两可，可让儿童把答案解释清楚，说“再给我多讲一些”或类似的问话。

当儿童对某项测验拒绝做时，可以先进行下一测验，待其他测验项目做完之后再测此项。

5. 记录以及原始分、量表分和智商的换算

(1) 每个项目评得的分数要正确记录，字迹要清楚。

(2) 某个分测验的前面数道题如果免试，也应把分数记上。

(3) 每个分测验的项目进行评分后，把分数总加起来，便是这个分测验的原始分。总加之前应核对无误。动物房分测验的原始分是从专表中查出的，不要逐项进行评分。

(4) 核对儿童年龄，根据年龄查出该年龄原始分换算为量表分的相应数表格。这个表格左上角表示年龄阶段，上数为该阶段最小年龄，下数为该阶段最大年龄。找好后检查者在某一测验行内找出该测验儿童所获得的原始分位置，在横向表的最左行或最右行读出相应的量表数值，量表分才能进入统计。

(5) 语言分是 5 个语言测验的量表分总和，由语言分加操作分得出量表总分。因此它是以 10 个测验结果为基础的。

(6) IQ 的计算。根据语言量表分和操作量表分及总量表分，可从表中查出相对应的智商值。

(五)联合型瑞文测验

联合型瑞文测验(CRT)为非文字智力测验，主要通过图形的辨别、组合、系列关系等测量人的智力水平，以及人们解决问题的能力、观察力、思维能力、发现和利用自己所需的信息及适应社会生活的能力。瑞文测验包括瑞文标准推理和瑞文高级推理两类，这些测试都具有跨语言、跨文化应用的优势，是目前国际上非常流行的智力水平测查量表之一。联合型瑞文测验于 1989 年由李丹、王栋等根据原瑞文(J.C.Raven)的渐进矩阵测验的标准型与彩色型联合而成。测验材料是 72 幅图案构成的 72 个测题的图册，内分 6 个单元(A、A_B、B、C、D、E)，每单元 12 题，前 3 个单元为彩色图案，后 3 个单元为黑白图案。其适用范围为 5～75 岁以内的幼儿、儿童、成人和老人。幼儿以及智力低下者和不能自行书写的老年人宜个别施测，一般可团体进行。此测验可用于有言语障碍的智力测量，亦可作为不同民族、不同语种间的跨文化研究工具。

1. CRT 测验的实施

CRT 测验开始时先发给记录纸，要求被试者填好姓名、性别、年龄等项，用阿拉伯数字填上出生年、月、日，然后再发测验图册。本测验施测很简单，每个被试者发一本题册和一张答卷纸即可。

测验时，只需主试者用例题作一下示范，被试者就能明白测验规则，接着被试者会自己进行下去。每个题目由一幅缺少一小部分的大图案和作为选项的 6～8 张小图案组成，被试者根据隐藏在一系列抽象符号和图案中的规律，选择某个小图案放入到大图案中缺失的位置中，如图 2-2 所示。

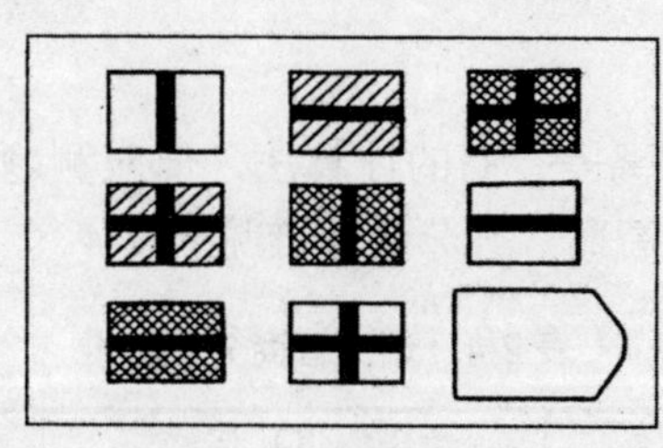

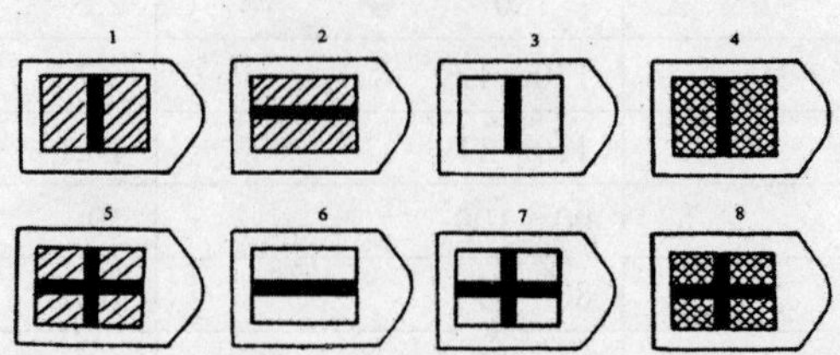

图 2-2　瑞文智力测验题

测验的要求如下。

(1) 一般正常三年级以上的儿童与 65 岁以下的成人均可团体施测，幼儿、智力低下者和不能自行书写的老年人则可个别施测。

(2) 测验开始时先发给记录纸，要求填好姓名、性别、年龄等项，然后再发测验图册，请被试者打开第一页(A_1)说：“看上面一张图，图下角缺一块，请你从下面的6块图片中选一块最合适的补上去。你找找看，哪一块补上去最好。”先让被试者尝试一下，最后将正确答案“4”号告诉大家，并请他们将数码“4”写在记录纸上与A_1对应的空格里。个别施测者，由被试者指点出他确认的图形，由主试者在记录纸上记录相应的号码。

(3) 在被试者掌握了方法后，接着翻到下一页(A_2)，并告诉大家以下每幅图都有缺少的一角，要求从下面的几个小块图中找到一个最合适的补上去，并把它的号码写到记录纸相应的空格内。“注意，A_2的答案应是‘5’。大家对一下有无选错、写错，错了可以改正。”稍停，“好，现在开始一页一页做下去。注意不要翻过了页，不要跳过去做，要对好题号写，不要写错位置。”

(4) “本测验限在40分钟内交卷，能做多少做多少。”说完，开始计时。测验进行到20分钟及30分钟时各报一次时间，请大家在刚完成的答案下画一记号“——”。测验时间满40分钟时，不管是否做完，一律交卷。

(5) 幼儿及弱智者在个别施测中，当进行到C、D、E三单元时，每单元如连续3道题不通过，则该单元不再往下测，未测项目都按不通过计，但A、A_B、B 3个单元不管做对多少都必须做完。

2. 测验的记分

CRT测验题一律为二级评分，即答对给1分，答错为0分。被试者在这个测验上的总得分就是他通过的题数，即测验的原始分数。本测验的量表分数是先将被试者的原始分数换算为相应的百分等级，再将百分等级转化为IQ分数。例如，一个16岁的城市儿童测得原始总分为55分，先查百分等级常模表得55分相应的百分等级为70，再查智商常模表得70百分等级的IQ为108。

3. 结果的解释

联合型瑞文测验也是采用离差智商的计算法，但应测题形式不同于韦氏智力量表，故智商的分级标准也不同于韦氏智商，其分级标准见表2-4。

表2-4　瑞文智商分级标准

类　别		IQ	理论分布
极优		≥130	2.2
优秀		120～129	6.7
中上(聪明)		110～119	16.1
中等(一般)		90～109	50
中下(迟钝)		80～89	16.1
边缘		70～79	6.7
弱智	轻度	55～59	2.2
	中度	40～45	
	重度	25～39	
	极重	≤38	

三、学前儿童成长环境的检测

案例 2-8

早熟的女孩

4 岁的小女孩乳房出现了硬块；7 岁的女孩早上起来发现床上全是血，经检查发现原来是来了月经……现在一些医院儿科有很多这样的案例。一般女孩 8 岁前来月经，有乳房、阴毛发育或男孩 9～10 岁前睾丸发育，这些特征都是儿童性早熟的重要表现。医生认为，儿童性早熟分中枢性性早熟和不完全性性早熟。中枢性性早熟大部分是无任何病因引起的，小部分是由疾病所致的；不完全性性早熟大部分原因不明，也可能与被污染的食物有关，这在目前儿科中比较多见。无论是中枢性性早熟，还是不完全性性早熟，都属于疾病状态，要及早到医院检查、治疗。

小女孩性早熟的比例为什么越来越高？分析原因有三点：首先，现在的环境污染严重，很多工厂向环境排放有害物质，它们产生的污染物会残留在蔬菜、瓜果和肉类食物中，儿童吃了这样的食物就会促使身体快速发育。其次，现代儿童的营养过剩，出现肥胖，有些父母还会给孩子吃一些补品，这些都与性早熟有关。实际上，家长只要安排好孩子一日三餐的均衡饮食，合理搭配，就能保证孩子生长发育所需要的各种营养。最后，也是最容易被家长忽视的原因，就是儿童的情感，如电视、电影、网络上的不良信息很容易进入儿童的视野，一些不良情绪如家庭的离异等容易刺激孩子提早发育。

(一)环境对学前儿童的影响

学前儿童成长环境包括生活环境和精神环境。

生活环境主要指室内外环境。良好的室内环境对儿童的健康成长十分重要，这不仅是因为儿童约 90%的时间都在室内度过，而且还因为儿童处于生长发育的特殊阶段。精神环境主要是指家庭中父母养育方式、亲子关系等。

1. 生活环境对学前儿童的影响

与成人相比，室内环境污染对儿童的健康具有更大的影响。有人对室内环境污染与儿童健康的关系进行了研究，通过配对的病例对照研究设计，结合问卷调查和现场检测来评估室内环境的暴露情况，收集了儿童居室内外环境因素(如室内装修、家庭周边设施等)以及母亲孕期化学物接触情况、父母亲职业性农药接触史、家庭内农药的使用情况、铅和汞的接触情况等信息。经分析后发现母亲孕前和(或)孕期化学物质接触史、居室内装修材料、家用化学品如杀虫剂的使用等是威胁孩子健康的危险因素。环境污染可能是儿童健康的众多危险因素中不可忽视的一个重要方面。科技的进步与经济的发展、城市交通的四通八达、通信网络的普及以及住房条件的改善、室内装修的普及，这些在给人们的生活环境带来巨大变化的同时，也带来了新的环境污染问题。像室内空气污染、极低频电磁场和家用化学品等多种室内环境因素对健康的影响，尤其是对儿童健康的影响极大。如有研究发现，家装供电电线以及家用电器等所产生的不同磁场强度的极低频电磁场可能存在毒性，而家庭装修时所使用的复合板材、油漆、涂料和黏合剂等均可释放出甲醛等化合物。因此，家长要经常检测孩子的生活环境，尽量给孩子一个健康的生活环境，以避免化学毒素对孩子产生不良影响。

2. 精神环境对学前儿童的影响

在家庭中，亲子关系作为最重要的家庭人际关系，不可避免地影响着儿童的心理与行为，对儿童个性与社会性的发展具有极其重要的影响。

对此，西方学者从各个方面进行了相关实验研究和理论研究，为在实践中调适亲子关系奠定了理论基础，并提供了方法指导。学者们通过灵长类动物实验研究母子关系在幼儿成长中的作用，具有代表性的是美国著名心理学家哈罗(H.F.Harlow)的“恒河猴社会剥夺实验”。哈罗在20世纪60年代关于恒河猴的实验中，将刚出生的小猴和母猴分离，用两个模拟的猴妈妈，即用铁丝网制成的“铁丝妈妈”和用布片绑在木头上制成的“布片妈妈”来代替猴妈妈。“铁丝妈妈”身上绑有奶瓶，可以给小猴喂奶，“布片妈妈”身上则没有奶瓶。结果发现，小猴除了吃奶时会寻找“铁丝妈妈”之外，大多数时间都会黏在“布片妈妈”的身上。哈罗在随后的实验观察中发现，这些被模拟妈妈抚养长大的猴子与其他处于正常环境下长大的猴子相比，显示出许多异常：行为孤僻怪异，情绪焦虑易怒，缺乏在自然环境中生存的能力与技巧；很少交友和探究；不能与同类合作、共处；到了性成熟的年龄，它们甚至无法找到配偶交配，有的成了猴子中的性障碍患者；有的长大以后不会当母亲，对自己的孩子冷酷无情。尤其是母爱剥夺时间长的恒河猴，在社交能力、情绪方面表现得更为明显。

哈罗的实验说明，即使在动物界，母亲也不仅仅只是幼崽营养的供应者，母亲通过在与幼崽相处的过程中相互间亲密的身体接触传达爱意和安慰，而无生命的替代品是不能提供正常的有生命力的特定种类的母亲所能给予的同样刺激。对早期经验和母爱的剥夺，造成了幼崽成长过程中心理与行为的失调。虽然对动物研究的结果并不能简单地用来说明人类的行为，但却反映了母子关系对灵长类动物成年后的重要影响。

事实证明，家庭中的亲子关系与学前儿童的不良行为、攻击性行为等外在行为问题和焦虑、不安等心理问题之间有着一定的关系。在和谐的家庭环境并伴有良好的亲子关系中成长的儿童，其问题行为较少。因此，父母应与孩子保持良好的亲子关系。

知识拓展 2-3

“共生”与依赖

学习障碍的原因是学习能力发展的不平衡，但家庭教育可以加重或缓解这一学习能力的落后。在有学习障碍儿童的家庭中，一些因家长过分干涉或家长不愿让孩子独立，而导致孩子依赖性强，不能独立完成学习任务和克服困难。

婴儿在心理和生理上的力量十分弱小，他们必须有大人的照顾，母亲与孩子之间会形成一种心理上的共生，母子双方均认为对方是自己的一部分，精神上不能与对方分离。孩子认为如果母亲不在了，就意味着自己的某一部分失去了，另一方面，母亲对孩子也具有一种深深的依赖，在精神上她们不能失去自己的孩子，在她们的心目中，孩子是世界的核心，是生命的本质所在。后来，随着孩子的长大，孩子开始摆脱这种共生关系，走向独立。

例如，上幼儿园后，孩子开始形成同伴关系，与小朋友的友谊取代了母子共生，有时甚至希望摆脱母亲的影响，自己独自玩游戏。在同伴关系中，他们逐渐形成独立的人格。

在这一过程中，有一些家庭的母子关系没能顺利度过共生阶段，孩子已经上小学了仍然十分依赖母亲。如有一个13岁的男孩，都快上初中了，还整天与妈妈睡在一张床上，而他的爸爸则睡在走廊里。每天上学前，他都要让妈妈在他脸上吹一口气，这样他才能幸福地上学。这种不健康的心理必然会影响孩子的学习。

个别孩子总是习惯于让妈妈辅导作业，在内心中，他们想让妈妈陪自己多待一会儿，可又没有什么理由这样做，于是他们就在作业上下工夫，每天都把作业带回家完成，而且每天都要妈妈陪着自己做作业。更有甚者，一些孩子从不注意听讲，原来是他们偶尔没好好听讲之后，回家后妈妈给自己生动细致地讲了一遍，这可比上大课听老师讲舒服多了，只给自己一个人讲，又能借此与妈妈多待一会儿，从此，他们上课再不认真听讲。因此，对待上课不认真听讲的孩子，家长不要轻易在家中给他们补课，如果不认真听讲，不知如何做作业，不妨让他们自己先着着急。

学习障碍儿童的一个普遍现象就是让妈妈陪着他们做作业，几乎所有作业都要有大人在身边才能完成，他们缺少独立完成作业的能力。从家庭环境上说，这与大人们在无意识中也离不开孩子有关。许多家长口头上说，自己的孩子依赖性强，可他们愿意过分保护孩子，无论孩子做什么事情，他们都要关心，都要追根问底。他们似乎没有自己认为值得做的事情，除了监督孩子，他们无事可做。他们像一个幽灵一样整天跟踪孩子，使孩子产生反感。另一方面，这些对家长反感的孩子又是一个特别不成熟的孩子，因为从小到大，他们就没有机会独立做事情，所以在能力上他们又离不开自己的父母。他们的家长因为整天关心孩子又得不到孩子的回报，也对孩子持有一种矛盾的情感。孩子和家长相互都具有一种矛盾情感，所以在一起很难相处。孩子总想逃避家长，又无力真正离开；家长关心孩子，又恨铁不成钢。有一个孩子对父母非常有意见，他说最不愿意回家与父母待在一起，可每天早晨他又必须让妈妈给自己穿衣服。当问他最不希望的事情是什么时，他居然说，是妈妈出差，因为妈妈出差就没有人给自己穿衣和喂饭了。

由此可见，家长首先要解决的是自己对孩子的依赖，不能认为孩子是自己全部生活的核心，是生命的意义所在。家长不能认为不照顾孩子，孩子就会受罪，就会不幸福。要看到，孩子是不断成长的，他可能今天遇到一些挫折，但凭借自身的力量解决这些困难，明天就会独立成长。孩子总有一天要离开父母的怀抱，走向竞争的社会，放手越早，他们成熟得就越早。

(资料来源：刘翔平．学习障碍儿童[M]．沈阳：辽宁少年儿童出版社，1998)

(二)亲子关系测试

请在每一个问题前的(　　)中，依照和问题所描述情况的符合度，填入适当的数字。1表示很不符合，2表示不符合，3表示尚符合，4表示符合，5表示非常符合。请父母先作答，并计分，再由孩子作答，然后再比较两者的差异。

(　　)1. 不管我的工作或生活多忙碌，每一天我都会留一些时间给子女。

(　　)2. 我能经常保持愉快的心情和孩子相处。

(　　)3. 我认为孩子是有理性的，能自己面对和解决问题。

(　　) 4. 和孩子对话时，我很少使用“你应该……”“你最好……否则……”“你再不……我就……”的语气和孩子交谈。

(　　) 5. 我觉得孩子能幸福地生活，比成绩好更重要。

(　　) 6. 我觉得孩子犯错和惹麻烦是成长必经的过程。

(　　) 7. 孩子说话时，我能耐心专注地听完。

(　　) 8. 我能经常和孩子有亲密的接触(如摸头、拍肩、拍手、相互拥抱……)。

(　　) 9. 即使孩子犯了错，我也不会因此就认为他(她)是个坏孩子。

(　　) 10. 我经常给自己和孩子充裕的时间，避免催促孩子。

(　　) 11. 不论孩子发生什么事情，我都能以孩子的立场，分享孩子内心的感受。

(　　) 12. 亲子间有冲突时，我不认为一定是孩子的错。

(　　) 13. 我能给孩子充分的自主空间，让他(她)决定自己的事。

(　　) 14. 我要求孩子做的事情，我自己都能做到。

(　　) 15. 答应孩子的事情，我一定都会履行。

(　　) 16. 我与孩子谈话时，我能了解孩子内心真正的感受。

(　　) 17. 我了解孩子内心的喜好和厌恶。

(　　) 18. 孩子愿意主动告诉我，他在外面发生的事情和内心感受。

(　　) 19. 和孩子谈完话，我甚少批评或指责孩子的想法。

(　　) 20. 我满意我目前的家庭和孩子的状况。

计分：将(　　) 中的数字全部加起来，即得到本评量表的总分。

应用原则：若总分在60分以下，表示你们的亲子关系已有了危机，须马上调整；若总分在60～80分，表示你们的相处还算良好，但是还可以更好；若总分在80分以上，恭喜你，你们的亲子关系很好，请继续保持下去。

(三)父母养育方式评价量表(EMBU)

父母养育方式评价量表(简称 EMBU)是1980年由瑞典犹米娅(Umea)大学精神医学系C.Perrin等人共同编制的用以评价父母教养态度和行为的问卷。

该量表有81个条目，涉及父母15种养育行为：辱骂、剥夺、惩罚、羞辱、拒绝、过保护、过干涉、宽容、情感、行为取向、归罪、鼓励、偏爱同胞、偏爱被试和非特异性行为，对上述15个分量表进行主因素分析，抽取了4个主因素作为4个因子，分别如下。

因子Ⅰ：是管束、行为取向和归罪行为。

因子Ⅱ：是一个维度，一般是情感温暖和鼓励行为，另一种是爱的剥夺和拒绝行为。

因子Ⅲ：是偏爱同胞或被试。

因子Ⅳ：是过保护。

我国学者对此进行了修订，没有对15个分量表进行主因素分析，而是对全部81个条目进行了主因素分析，然后经因素旋转确定因素数目和条目的归因与取舍，从父亲教养方式中抽取6个主因素，从母亲教养方式中抽取5个主因素，并分别由58和57个条目组成。

适用范围是让被试者回忆来评价父母的教养方式。因此，它更适用于19～20岁的青年人群。

四、学前儿童异常行为的检测

(一)Counners 儿童行为问卷

Counners 量表是筛查儿童问题行为(特别是多动症)用得最广泛的量表，适用于 3～17 岁儿童，是美国最常用的量表之一。它主要有三种问卷，即父母问卷、教师问卷及父母教师问卷。

父母问卷有 48 个条目，采用四级评分法(0、1、2、3 分)。这 48 个条目归纳为 6 个因子，基本上概括了儿童常见的问题行为，即品行问题、学习问题、心身障碍、冲动-多动、焦虑、多动指数。记分及计算方式均较简单，用($\overline{X}$ ±2SD)来代表正常范围。

教师问卷 28 个条目，采用四级记分法(0、1、2、3 分)，可归纳为 4 个因子，包括了儿童在学校中常见的问题行为，即品行问题、多动、不注意-被动、多动指数。计算方法与父母问卷相同，见表 2-5 和表 2-6。

表 2-5 Conners 氏教师用量表

项目	程度				项目	程度			
	无	稍有	相当多	很多		无	稍有	相当多	很多
1. 扭动不停					15. 易兴奋，易冲动				
2. 在不出声的场所制造噪声					16. 过分要求教师的注意				
3. 提出要求必须立即得到满足					17. 好像不为集体所接受				
4. 动作粗鲁(唐突无礼)					18. 好像容易被其他孩子领导				
5. 暴怒及不能预料的行为					19. 缺少公平合理竞赛的意识				
6. 对批评过分敏感					20. 好像缺乏领导能力				
7. 容易分心或注意力不集中成为问题					21. 做事有始无终				
8. 妨害其他儿童					22. 稚气和不成熟				
9. 白日梦					23. 抵赖错误或归罪他人				
10. 噘嘴和生气					24. 不能与其他儿童相处				
11. 情绪变化迅速和激烈					25. 与同学不合作				
12. 好争吵					26. 在努力中容易泄气(灰心泄气)				
13. 能顺从权威					27. 与教师不合作				
14. 坐立不安，经常“忙碌”					28. 学习困难				

注：程度项的记分法：无，记 0 分；稍有，记 1 分；相当多，记 2 分；很多，记 3 分。

表 2-6　Conners 氏父母用量表

项　目	程　度				项　目	程　度			
	无	稍有	相当多	很多		无	稍有	相当多	很多
1. 某种小动作(如咬指甲、吸手指、拉头发、拉衣服上的布毛)					25. 做事有始无终				
2. 对大人粗鲁无礼					26. 感情易受损害				
3. 在交朋友或保持友谊上存在问题					27. 欺凌别人				
4. 易兴奋，易冲动					28. 不能停止重复性活动				
5. 爱指手画脚					29. 残忍				
6. 吸吮或咬嚼(拇指、衣服、毯子)					30. 稚气或不成熟(自己会的事要人帮忙，依赖别人，常需别人鼓励、支持)				
7. 容易或经常哭叫					31. 容易分心或注意力不集中成为一个问题.				
8. 脾气很大					32. 头疼				
9. 白日梦					33. 情绪变化迅速剧烈				
10. 学习困难					34. 不喜欢或不遵从纪律				
11. 扭动不安					35. 经常打架				
12. 惧怕(新环境、陌生人、陌生地方、上学)					36. 与兄弟姐妹不能很好相处				
13. 坐立不安，经常"忙碌"					37. 在努力中容易泄气				
14. 破坏性					38. 妨害其他儿童				
15. 撒谎或捏造情节					39. 基本上是一个不愉快的小孩子				
16. 怕羞					40. 有饮食问题(食欲不佳，进食中常跑开)				
17. 造成的麻烦比同龄孩子多					41 胃痛				
18. 说话与同龄孩子不同(像婴儿说话、口吃、别人不易听懂)					42. 有睡眠问题(不能入睡，早醒，夜间起床)				
19. 抵赖错误或归罪他人					43. 其他疼痛				
20. 好争吵					44. 呕吐或恶心				
21. 噘嘴和生气					45. 感到在家庭圈子中被欺骗				
22. 偷窃					46. 自夸和吹牛				
23. 不服从或勉强服从					47. 让自己受别人欺骗				
24. 忧虑比别人多(忧虑孤独、疾病、死亡)					48. 有大便问题(腹泻、排便、不规则、便秘)				

注：程度项的记分法：无，记 0 分；稍有，记 1 分；　相当多，记 2 分；很多，记 3 分。

(二)新生儿行为评定量表

新生儿行为评定量表(简称 NBAS)由美国著名儿科专家布雷泽尔顿(Brazelton)于 1973 年编制，是目前年龄最小的婴儿使用的发展量表，适用于出生 3 天至 4 周的新生儿。

本量表共有 27 个行为项目，分别列在以下 6 大类里：习惯化，指婴儿在对同一刺激(光线和声音)呈现多次以后，反应逐渐减弱的现象；朝向反应，指对有生命的刺激物(如人)和无生命的刺激物(如玩具)的朝向；运动控制的成熟性；易睡状态，指从觉醒到深睡状态的变化、皮肤颜色的变化、活动水平的变化、兴奋达到最高点的变化及变化是否比较容易等；自我安静下来的能力；社会行为，指微笑，接受拥抱时的反应等。这 27 个项目均按 9 等级评分，一般中间的等级为正常反应，两端的都偏离正常。

(三)儿童社交焦虑量表

儿童社交焦虑量表是一个测量儿童社交焦虑及相关问题的工具。本量表的条目涉及社交时所伴发的情感、认知和行为。量表共 10 个条目，条目使用三级评分制(0：从不是这样；1：有时是这样；2：一直是这样)，量表的得分从 0(可能性最低)到 20(可能性最高)。

本量表包含两大因子，其一为害怕否定评价(第 1、2、5、6、8、10 条)；其二为社交回避及苦恼(第 3、4、7、9 条)。

本量表包括如下内容。

(1) 我害怕在别的孩子面前做没做过的事情。

(2) 我担心被人取笑。

(3) 我周围都是我不认识的小朋友时，我觉得害羞。

(4) 我和小伙伴在一起时很少说话。

(5) 我担心其他孩子会怎样看待我。

(6) 我觉得小朋友们取笑我。

(7) 我和陌生的小朋友说话时感到紧张。

(8) 我担心其他孩子会怎么说我。

(9) 我只同我熟悉的小朋友说话。

(10) 我担心别的小朋友会不喜欢我。

(四)婴儿社会生活量表

在婴幼儿社会行为评价方面，目前使用较多的是左启华教授修订的“婴儿、初中社会生活量表”。这个量表适用的年龄范围是 6 个月到 15 岁。量表结构分为以下 6 个方面。

(1) 独立生活能力：包括进食、衣服脱换、料理大小便、个人清洁卫生。

(2) 运动能力：包括走路、上阶梯、过马路、串门外出玩、到经常去的地方、认识交通标志、利用交通工具、到陌生的地方、遵守交通规则。

(3) 作业：包括抓握东西、乱画、倒牛奶、准备和收拾餐具、使用糨糊、剪图形、开瓶盖、解系鞋带、使用螺丝刀等。

(4) 交往：包括叫名字\转头、说话、懂得指令、说出自己姓和名、说出所见所闻、交谈、打电话等。

(5) 参加集体活动：包括做游戏、同小朋友一起玩、参加班内值日等。

(6) 自我管理：包括独自做事、独自看家、理解“以后”、能忍耐、不随便拿别人的东西、不撒娇磨人、按时就寝、控制自己不提无理要求等。

该量表检查的目的是为了了解婴幼儿的各种生活能力，与其他问题无关。其中有些项目如果不能完成，是因为婴幼儿年龄太小，请婴幼儿的父母或经常与婴幼儿接触的育婴工作者，考虑婴幼儿的日常表现后回答这些项目。

检查时，从相应的年龄段开始提问，如果连续10项通过，可视为项目已通过，可继续向下提问；如果连续10项不能通过，可视为后面的项目不能通过，检查即可结束。

计算结果时，通过一题算一分，将合计总分转化为标准分，再根据标准分对婴幼儿的社会适应能力进行综合评价。

(五)儿童感觉统合测验

1. 量表的来源

美国心理学家爱尔丝博士(Ayres)设计了一系列临床评定测验。为了对感觉统合进行研究，爱尔丝(Ayres)对感觉统合失调的每一类型编制了检核表，由父母填写，由检查者对儿童感觉统合失调的严重程度做评定。台湾的郑信雄于1985年根据中国文化背景，将几种综合症状检核表综合起来，编制成感觉统合检核表。北京医科大学精神卫生研究所于1994年从台湾奇德儿脑力开发联盟引进此表，经过国内十多个地区的施测，证明其具有较好的信度和效度，以及较好的可用性和可接受性。

2. 量表的内容

此量表适用于6～11岁的学龄儿童的感觉统合能力发展的评定。该量表由58个问题组成，分成5项，每一项内容如下。

大肌肉及平衡：主要涉及身体的大运动能力。包括“手脚笨拙，容易跌倒”等14题。

触觉过分防御及情绪不稳(触觉过分防御)：主要对情绪的稳定性及过分防御行为进行评定。包括“害羞，不安，喜欢孤独，不爱和别人玩；看电视或听故事，容易大受感动，大叫或大笑”等21题。

本体感不佳，身体协调不良：主要涉及身体的本体感及平衡协调能力。包括“穿脱衣服、系鞋带动作缓慢；不喜欢翻跟头、打滚及爬高”等12题。

学习能力发展不足或协调不良：主要涉及由于感觉统合不良所造成的学习能力不足。包括“阅读常跳字，抄写常漏字或漏行，写字笔画常颠倒；不专心，坐不住，上课常左右看；对老师的要求及作业无法有效完成，常有严重挫折感”等8题。

大年龄的特殊问题：有3个问题，包括对使用工具及做家务的评定，主要评定10岁以上的儿童。

3. 量表的使用方法

此量表由儿童的父母或知情人根据儿童最近1个月的情况填写。量表按照“从不，很少，有时候，常常，总是如此”1～5级评分。“从不”得最高分，“总是如此”得最低分。此量表又分为5大项，根据年龄及性别将各项原始分数转换成标准T分数(即：均数为50，标准差为10)。儿童的得分低于40分为有轻度感觉统合失调，低于30分为有严重的感觉统合失调。

(六)多动症的鉴别

美国精神医学学会曾出版过一本精神疾病诊断手册，提出了一套诊断标准。根据这一标准，疾病症状至少要存在6个月，而且至少出现以下病症中的8个，才能被诊断为基本特征是注意力涣散、冲动和不适宜的儿童多动症。这些症状如下：

(1) 经常出现手脚多动或在座位上扭转不停。

(2) 难以安坐，难以完成某一件事情。

(3) 在集体活动中不能遵守纪律。

(4) 对外界的刺激容易分心。

(5) 在未完成作业之前，对别人的提问反应迟钝。

(6) 难以听从命令，例如不按时完成作业等。

(7) 做作业或做游戏时注意力不能持续集中。

(8) 做事经常随意转移，分心、半途分叉。

(9) 经常过多地讲话。

(10) 在他人讲话时，经常将别人的话打断或者插话，并干扰其他孩子做游戏。

(11) 别人和他讲话时，经常心不在焉，似听非听。

(12) 在学校或家中经常丢失必需品，如丢失玩具、笔、书和作业本等。

(13) 经常出现冒险行动而不顾后果，如盲目地在大街上奔跑等。

知识拓展 2-4

注意力缺陷多动性障碍(ADHD)

注意力缺陷多动性障碍(ADHD)一般被认为是以多动性、注意力涣散、冲动性为主要症状的中枢神经系统的发展障碍。其产生的原因尚无法确定，目前比较有力的说法是由于一种名为多巴胺的“神经递质的异常”而导致对信息处理具有重大作用的“执行功能产生障碍”。ADHD 儿童常见的症状之一是对外部刺激无法作出缓冲，从而产生瞬间反应行为。这一现象也被认为是因为脑部信息传导与处理过程中存在问题的缘故。

虽然在报告来源以及儿童年龄上可能会存在一定误差，但一般认为，在学龄期儿童中，3%～5%的孩子会出现类似症状(各国情况存在一定差异，美国约为 5%，而英国约为 1%)。男女比一般为 4∶1～5∶1，男生明显多于女生。但也有意见指出，这是因为女生的症状表现往往不易被察觉的缘故。虽然临床观察上较少出现多动症状的女生，但实际上注意力明显涣散，或者不能有计划地进行整理的女生并不在少数。另外，ADHD 症状不仅会单独产生，而且最近也有明显的迹象表明，ADHD 与 LD 以及阿斯伯格综合征并发的倾向越来越明显。

ADHD 的症状会随着年龄发生变化。一般情况下在学龄期比较明显的症状是多动、注意力不集中，而进入青春期以后，这些症状会逐渐变得不那么明显。但是，因为具有 ADHD 症状的孩子比较容易受到周围人群的非难，或者从小就频繁地受到责骂，这种负面评价效果不断地累积，非常容易形成各种“次生性情绪障碍”，其中典型的有抑郁、孤立感、自卑感等。这些因素也可能进一步导致拒绝上学、被同学欺负等问题的发生。

作为治疗方式之一，在医疗上有时候会使用一些有助于缓和症状的药物。目前治疗 ADHD 最常用的药物是一种名为“利他林”的中枢神经兴奋性药物。该药物被认为可以增强大脑额叶的功能活性，改善注意力，有报道称该药物的有效率高达 70%～80%。但是，使用药物的年龄条件为 7 周岁以上。因此只有在孩子入学后才能考虑是否使用该药物。使用时，家长应先与医生进行充分的交流，并在仔细观察孩子行为的基础上慎重考虑。

另外，为了帮助具有ADHD症状的孩子及其家长，有部分专业机构还提供以下相关课程。

社会技能训练(SST)。该课程旨在通过游戏增强儿童与他人的交往能力以及自信心。通过游戏与运动不断地唤起儿童的注意力和记忆力，同时使孩子能更好地掌握参与集体活动的技能，并锻炼良好的身体平衡，增强运动协调能力。

家长课程。这是面向ADHD儿童的家长的课程。这些家长往往在ADHD子女的养育问题上面临着各种各样的苦恼与困难。该课程的辅导对象就是这些苦恼中的家长。训练过程中会以10人左右为一个小组，学习ADHD的基础知识以及和孩子正确沟通的方法，并开展实践活动。

(资料来源：[日]YasuoTanada. 儿童问题行为实例解析与对策集这[M]. 陈涵石，译. 北京：中国青年出版社，2010)

(七)其他评定量表

1. 阿肯拜茨(Achenbach)儿童行为筛查表

阿肯拜茨(Achenbach)儿童行为筛查表(CBCL)，又称儿童行为清单，是由美国心理学博士阿肯拜茨(Achenbach)于1970年编制，并于1983年出版的使用手册，是国际上应用最为广泛的一种儿童行为量表。该量表共三套表格，一套由家长填写，一套由教师填写，一套由年长儿童自评用。

本量表的内容可分为三个部分：一般情况、社会能力和行为问题，其中行为问题包括113个项目。

本量表主要适用于筛查儿童的社会能力和行为问题，适用于4～16岁的儿童，主要用来识别和评价有行为和情绪问题高危儿童，但并不能给出心理障碍的诊断。

2. Rutter儿童行为量表

Rutter儿童行为量表由英国著名儿童精神病学家拉特(Rutter)设计制定，分为家长使用及教师使用两种，用于记录过去12个月内儿童的行为表现。该表主要用于筛查儿童的情绪和问题行为，也可用于区别儿童有无精神障碍。该量表内容包括一般健康问题和行为问题两方面。通过教师问卷和父母问卷对儿童在校和在家行为分别进行评定，确定儿童问题。两种问卷评分均为三级：“0”分：指从来没有这种情况，“1”分：指时有或每周不到一次，或症状轻微；“2”分：症状严重或经常出现，或至少每周一次。父母问卷总分最高分为62分，教师问卷最高分为52分。根据原量表及我国试测情况，父母问卷以13分为临界值，教师问卷以9分为临界值。凡等于或大于此分者，被评为有行为问题。

3. 托马斯-切斯儿童气质问卷

美国儿童心理学家及精神病学家托马斯(Thomas)等人提出了儿童气质问卷，认为儿童气质包括9个维度，即：活动水平、节律性、趋避性、适应度、反应强度、情绪本质、坚持度、注意分散度、反应阈，并根据其中5个维度(节律性、趋避性、适应度、反应强度、情绪本质)将儿童分为：“难养型气质”“启动缓慢型气质”“易养型气质”，其余均为中间型。1977年，托马斯等人设计了家长评定的3～7岁儿童气质问题，选定了符合9个维度且能清楚、独立地代表儿童日常生活一般表现的72个条目，每个维度有8个条目。量表由家长填写。评分时采用 7 分法评定。每个条目均在“从不、非常少、偶尔有一次、有时、时常、经常是、总是”7个等级上对儿童的日常行为表现进行评定。最后得出9个维度的分数。根据与常模比较判断儿童的气质类型。

4. 斯坦福-比奈智力量表

比奈-西蒙智力量表是出于教学目的而对学生进行分类的一种有用的工具。由法国心理学家比奈(Binet)和他的助手西蒙(Simon)于1905年编制而成，是世界上第一个心理测量量表。1905年，量表主要用于诊断异常儿童智力。比奈和西蒙在1908年和1911年分别对1905年编制的智力量表做了修订。将其适用范围扩大，增设了一个成人组。早期心理测验着重测量感觉、知觉和运动能力，但比奈较为关注编制测验来测量复杂功能，诸如找出两物的相同点、找出原因、陈述抽象词汇的不同、指出错误、依次执行命令等。比奈最初采用智龄的概念，最终才按年龄组来编排测验项目。

1916 年，美国斯坦福大学心理学家 L.M.推孟对比奈-西蒙智力量表进行了修订，并于1916年，发表，称为斯坦福-比奈智力量表。该量表保留了比奈-西蒙量表中的51个测题，修改了部分测题的年龄水平，另外新编 39 个测题，一共 90 个测题。该量表首次引入了比率智商的概念，开始以 IQ 作为个体智力水平的指标。

斯坦福-比奈智力量表还有1937年、1960年及1972年三次修订版。1937年修订版的量表由推孟及其助手 M.A.梅里尔(Merrill)发表，它包括两份平行量表，即 L 型和 M 型，每份量表包括尽量不重复的 129 个测验项目。测量年龄范围为 2～18 岁。1960 年修订版的量表问世时，推孟已逝世4年。根据对量表实施5年多的记录的分析，从1937年量表的L型和M型中挑选出最佳的题目合并成L-M型。该量表的优点之一是引入了高差智商概念，以平均数100，标准差为16的高差智商作为智力评估的指标。测验材料包括：一盒标准玩具(测量幼儿)、两册图画卡片、一本测验指导手册和一本反应记录本。1960年修订版的量表在每一个年龄组还备有替换测题，当某题实施错误时可以替换使用。1972 年的量表重新修订了常模。常模是根据来自不同地理环境，不同经济水平，不同民族的20万儿童测验结果制订的，因而具有很强的科学性。

本章小结

学前儿童问题行为是儿童成长过程中一种正常的心理现象，作为教师和家长必须学会对学前儿童问题行为进行检测，做到及早发现，及早矫正。本章从学前儿童问题行为检测入手，介绍了检测的定义，检测的原则，常用的检测方法，如观察法、发育测量法、智力测验、社交行为测量等方法，对教师和家长发现孩子的问题行为有一定的作用。

思考与练习

1．结合本章的学习内容，利用观察的方法检测孩子的问题行为。

2．用自己熟悉的测量方法，选择一名学前儿童进行问题行为的检测实践，并进行分析。

3．请选择合适的量表对下面案例中的华华进行测试，写出测试分析报告，并尝试进行原因分析。

华华已经 3 岁了，每次爸爸妈妈带小华出门总是提心吊胆，因为每次坐车，小华很快就会因不舒服、晕车而哭闹不已，而且次数愈来愈多，致使小华不喜欢坐车；每回带小华到儿童乐园玩，小华总是不同于一般的小孩，一点儿兴致也没有地缩在一旁，勉强抱他去坐旋转木马或飞行船时，小华就惊恐地大哭大叫，让爸爸妈妈觉得十分尴尬。

推荐阅读

[1] [日]YasuoTanada. 陈涵石，译. 儿童问题行为实例解析与对策集[M]. 北京：中国青年出版社，2010.

[2] 莫源秋. 幼儿常见心理行为问题诊断与教育[M]. 北京：中国轻工业出版社，2015.

[3] 王萍，高宏伟. 家庭中的感觉统合训练[M]. 北京：清华大学出版社，2012.

[4] 菲尔茨. 0-8 岁儿童的纪律教育[M]. 北京：中国轻工业出版社，2015.

子曰："其身正，不令而行，其身不正，虽令不从。"在现代社会，父母要让孩子形成良好的行为习惯，健康茁壮地成长，必须以自己良好的言行为孩子树立榜样。

——题记

第三章　学前儿童产生问题行为的原因分析

本章学习内容

- 生物因素及生物因素的影响。
- 心理因素及心理因素的影响。
- 环境因素及环境因素的影响。

核心概念

生物因素(biological factors)　自控能力(self-control)　气质(temperament)　家庭教养方式(family upbringing)　攻击性行为(aggressive behavior)　同伴关系(peer relationship)　师幼关系(teacher-children relations)　养育环境(growth environment)

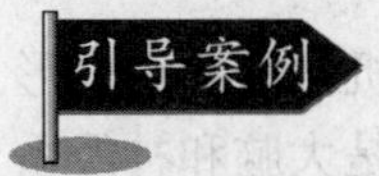

引导案例

孟母三迁的故事

孟子名轲，是战国时期的大思想家。孟子从小丧父，全靠母亲倪氏一人日夜纺纱织布，挑起生活重担。倪氏是个勤劳而有见识的妇女，她希望自己的儿子读书上进，早日成才。

一天，孟母看到孟轲在跟邻居家的小孩儿打架，孟母觉得这里的环境不好，于是搬家了。

又一天，孟母看见孟轲在院子的角落里用砖块做铁砧，用木棍做铁锤，模仿着邻居铁匠师傅的动作，玩得正起劲呢！孟母一想，这里环境还是不好，于是又搬家了。

这次她把家搬到了荒郊野外。一天，孟轲看到一溜儿穿着孝服的送葬队伍，哭哭啼啼地抬着棺材来到坟地，几个精壮的小伙子用锄头挖出墓穴，把棺材埋了。他觉得挺好玩，就模仿着他们的动作，也用树枝挖开地面，认认真真地把一根小树枝当作死人埋了下去。直到孟母找来，才把他拉回了家。

孟母第三次搬家了。这次家的隔壁是一所学堂，有位胡子花白的老师教着一群大大小小的学生。老师每天摇头晃脑地领着学生念书，那拖腔拖调的声音就像唱歌，调皮的孟轲也跟着摇头晃脑地念了起来。孟母以为儿子喜欢念书了，高兴得很，就把孟轲送去上学。

可是有一天，孟轲逃学了，孟母知道后伤透了心。等孟轲玩够了回来，孟母把他叫到身边，说："你贪玩逃学不读书，就像剪断了的丝一样，织不成布；织不成布，就没有衣服穿；不好好读书，你就永远成不了人才。"说着抄起剪刀，"哗"的一声，把织布机上将要织好的布全剪断了。

孟轲吓得愣住了。这一次，孟轲心里真正受到了震动。他认真地思考了很久，终于明白了道理，从此专心读起书来。由于他天资聪明，后来又专门跟孔子的孙子子思学习，终于成了儒家学说的主要代表人物。

(资料来源：《成语大词典》编委会：成语大词典[M]. 商务印书馆，2014)

这个故事告诉我们儿童不良行为的形成受环境的影响很大，你知道还有哪些因素会使儿童形成不良行为呢？本章将深入研究影响儿童问题行为形成的因素，使我们形成清楚的认识，让孩子健康成长。

学前儿童的问题行为是如何形成的，受哪些因素的影响？这涉及遗传和环境的问题。随着科学的发展，难解的基因黑箱之谜渐渐呈现灰色，甚至有些已近白色，它和环境之间的关系也越来越明朗。学前儿童的问题行为受制于许多因素，其中生物因素提供了学前儿童的问题行为产生的基础和前提条件，心理社会因素和环境与教育因素是学前儿童问题行为的外部条件，起着非常重要的作用。这些因素相互作用，难以截然分开，为了阐述方便，我们对几种因素分别进行讨论。

第一节 生物因素

一、遗传

遗传因素是心理发展的基础。在个体身上体现为遗传素质，主要包括机体的构造、形态、感官和神经系统的特征等通过基因传递的生物特性，而其中最主要的是大脑和神经系统的解剖特点。遗传素质在精子和卵子结合的一刹那就已经决定了，它是心理发展的生物前提和自然条件。人类的许多行为是由遗传构造、生理成熟和神经功能所支配的。

人类行为遗传学的研究已经证明，人类的行为和人类的身体一样是在遗传和环境的相互作用下发展起来的，人类的遗传基因的差异不仅表现在人的身高、体型等结构方面，也表现在行为方面的差别。

关于遗传对变态行为影响的证据，主要是来自家谱研究，即研究者计算各种疾病的"一致率"的资料。例如在双胞胎的研究中，一种疾病一致率的测量，是指双胞胎中的另一方也有这种疾病的概率。如果同卵双胞胎的一致率高于异卵双胞胎，就可以假设这种疾病有遗传的倾向。

例如，精神分裂症是一组颇为严重的精神疾病。患有精神分裂症的人在思维、情绪表达及日常行为上都有严重的问题，他们没有能力形成简单的概念，并将日常生活中的事件做逻辑的联系，他们常分不清幻想与现实的区别，觉得困惑，或有明显的幻觉，这是造成其行为不合理或不合宜的原因。针对患有精神分裂症的双胞胎所进行的研究发现，同卵双胞胎的平均一致率为 46%，异卵双胞胎的平均一致率为 14%，这表明精神分裂症是一种会遗传的疾病。对在收养家庭长大的成人所做的研究也显示，这些被收养者的精神分裂症(或其他失常行为)的发生概率，与其有血缘关系的亲戚的精神分裂症发生率相关。

近年来，对神经系统的微观研究也证明了遗传因素与某些心理和行为异常的关系。例如，五羟色胺是一种重要的神经递质，与许多精神障碍有关(如焦虑症、情绪障碍、强迫症等)。对五羟色胺的研究发现，五羟色胺的水平受遗传因素影响，而低水平的五羟色胺与精神障碍临床表现的严重程度相关，焦虑和情绪障碍的易感性、暴力行为等都受其影响。

不过，近年来，许多证据显示一些变态行为，例如酗酒、犯罪行为、沮丧、过动、躁郁症或精神分裂症，都有一定的遗传倾向，但一致率并不高。环境因素对一个人的变态行为或心理疾病是一个更为重要的因素。也就是说，遗传可能使个体获得了某些心理和行为特征的遗传潜质或易感性，但只有在极大压力的生活事件下(如有拒绝型的父母、遭受退学、破碎的婚姻)才可能真正地引发问题。

知识拓展 3-1

遗传评估中一些常见的错误观念

遗传系数是一个有争议的统计概念，它常常因为没有被正确理解而被误用。人们持有的一个最大的错误观念是，遗传系数能够指出我们是否已经遗传了一个特质。这个想法是完全错误的。当我们谈到一个特质的遗传率，是指个体之间在那个特质上的差异与他们遗传基因的差异的相关程度。为了清楚地阐述可遗传的并不意味着已遗传的，我们考虑这个事实：每个人遗传了两只眼睛，同意吗？然而眼睛的遗传率是 0。因为每个人都有两只眼睛，并且，是否有眼睛，没有个体差异(除了那些归于环境事件的情形，如意外事故)。

在解释遗传系数时，认识到这些估计只能运用到群体而不是个体是很重要的。因此，假如你研究了许多对 5 岁双生子的身高，并且评估出身高的遗传率是 70%，你可以推断 5 岁儿童在身高上的差别主要在于他们有不同的基因。但是，因为遗传评估对个体不能做任何说明，所以，如果你从 70%的遗传中做出这样的结论：弗莱迪・琼斯(Freddie Jones)的身高有 70%是遗传的，剩下的 30%反映了环境的作用，很显然是不恰当的。

还要注意到，遗传评估仅仅针对生活在特定环境下的特定人群所表现的特定被研究的特质。的确，在不同环境里的不同研究被试者的遗传系数可能有很大差别。例如，假定我们定位于大量的同卵和异卵双生子婴儿，他们都被养在贫穷的孤儿院里，他们的婴儿床被竖上栅栏，这使得他们与其他婴儿或成人看护者之间的视觉或社会接触较少。以前的研究表明，测量这些婴儿的乐群性，可以发现他们在乐群性上多少有些变化，他们全都比在家庭里抚养的婴儿的乐群性更低——这可以合理地归因于他们的早期环境里的社交剥夺。但是，因为所有这些双生子都经历了同样的剥夺环境，他们显示在乐群性上的任何可能的差异的唯一原因在于遗传倾向性上的差异。乐群性的遗传系数在这个群体里实际上可以达到 100%——与研究养育在家庭里、与父母在一起的婴儿所发现的 25%～40%的遗传率相差很远。

最后，人们往往认为明显可遗传的特质不能被环境影响改变。这也是一个错误的观念！如果我们把孤儿院的婴儿放到友善的、积极回应的领养家庭里，他们受压抑的乐群性可以得到改善。与此相似，如果我们将在IQ这个可遗传的属性上得分很低的儿童，置身于充满智力刺激的家庭或学习环境中，他们的智力和学业成绩能够显著进步。认为可遗传的就是不可改变的(某些对可补偿教育的批评正是如此认为的)，就犯了一个严重的错误，这通常是由于对遗传系数的含义的误解造成的。

总之，“可遗传”这个词语不是“已遗传”的同义词，并且，遗传评估随着群体和环境而大幅变化，它不能告诉我们任何关于个体发展的情况。尽管遗传评估能够帮助我们确定人们表现出的某一特质上的差异是否有遗传基础，但是他们不能对儿童的变化能力做出任何说明，并且不能被用于制定公共政策，否则将会限制儿童的发展，对他们的幸福造成负面影响。

(资料来源：[美]David R.Shaffer. 发展心理学[M]. 邹泓，等译. 北京：中国轻工业出版社，2016)

二、母孕期不利因素的影响

很多研究表明，母孕期和围产期的各种不利因素是造成儿童尤其是小年龄儿童问题行为的重要危险因素。其主要原因是由于这些不利因素直接或间接造成儿童脑功能损害，导致神经系统发育迟缓，构成日后儿童行为的危险因素。

母孕期的危险因素包括：母亲孕期患严重疾病或服用药物，接触某些毒性物质或放射线；有并发症或合并症；营养状况差；精神受挫，情绪变化，心理压力大；孕妇吸烟或被动吸烟；母亲受孕时父亲大量喝酒等。

(一)感染因素

母孕期病毒感染，尤以前 3 个月感染的损害最为严重。以风疹病毒、巨细胞病毒和单纯疱疹病毒感染较严重。病毒感染常影响中枢神经系统的发育，造成日后神经发育迟滞、行为异常的发生率增加。婴幼儿期的中枢神经系统的感染，如流脑、乙脑等造成的身体不适也会使幼儿情绪和问题行为增多，容易出现被动、退缩、任性等心理问题。

正因为孕妇在怀孕期间的各种疾病都有可能对胎儿造成危害，所以，母亲一定要小心度过孕期，并采取适当的预防措施。

(二)酒精

1973 年，美国科学家琼斯(Kenneth Jones)和他的同事指出，母亲酗酒很容易产下患有所谓胎儿酒精综合征(FAS)的婴儿，酗酒母亲所生的婴儿很容易患上此症。FAS 婴儿最显著的特征就是一些生理缺陷，例如小头畸形、心脏畸形和肢体、关节、面部畸形。FAS 婴儿有可能表现出过度兴奋、多动、富有攻击性、身体颤抖或震颤等。他们比正常婴儿更小、更轻，生理发育晚于同龄的正常同伴。大多数出生时具有 FAS 症状的个体(FAS 婴儿的比率为3%)，在童年期和青少年期的智力低于平均水平，他们中 90%以上的个体在青少年期和成年早期会表现出较多的适应问题。在不伤害胎儿的前提下，母亲可以喝多少酒呢？请记住专家的建议是孕妇应当滴酒不沾，因为任何数量的饮酒都不是绝对安全的。

(三)吸烟

吸烟很容易伤害胎儿，它的影响比饮酒更大。研究表明，吸烟的危害主要是由于尼古丁和一氧化碳妨碍了给胎儿正常供氧。因为进入胎儿血液的氧气数量的减少，胎儿心搏比正常的快得多。如果母亲吸 5 分钟烟，胎儿心搏将比正常的快 20%，这个速度将持续 10～15 分钟。由于氧的供给减少，吸烟会减慢胎儿的新陈代谢和正常发育。

某些研究表明，严重吸烟者所生的孩子比正常的孩子小，一名研究者调查了几千名母亲及其孩子，都证明了这个结果。吸烟也许并不伤害各方面都很健康的胎儿，但是它把已经具有某些问题的孩子置于危险中。这些孩子有更多的机会患有某些生理缺陷，如裂唇。另有纵向研究表明，孕妇吸烟会造成孩子今后的学习问题。

还有研究报告，吸烟母亲所生的孩子容易情绪不稳，他们很容易变得极度紧张不安和活动过度(多动)。当然这种结果也可以从其他方面进行分析，很多父母自己本身属于敏感型甚至神经质，这样他们要常常借助于吸烟平定自己的神经。当这样的母亲怀孕以后，其胎儿一方面可能继承了父母的敏感神经类型；另一方面，母亲常常吸烟又加重了这种敏感。

近期，有人对部分 9～11 岁的儿童进行了调查，他们中的一部分人的母亲吸烟，另一部分人的母亲不吸烟。不管吸烟与否，他们的母亲的以下各项指标情况相似：年龄、怀孕次数(被调查的孩子出生顺序一样)、受教育情况、家庭收入以及家庭大小(家庭成员数相似)。调查的指标包括：儿童的身高、体重、阅读能力、学校成绩、IQ 分数、人际关系、品行等。调查结果发现，这些孩子在被调查的各项指标中均无显著差异。

所以，也有人认为，如果吸烟者的孩子在出生时是正常的，他们以后还会保持正常不变。不管怎样，有关吸烟对胎儿影响的证据是大量的、不可否认的。不仅母亲吸烟会影响胎儿，父亲以及母亲周围的人吸烟，都会使烟雾通过呼吸进入母亲的肺部，最终进入母亲的血液循环系统，影响到胎儿。

(四)环境污染

环境对胎儿发展也有很大的影响。环境危害来自多方面，有些是可以避免的，有些却在个人控制能力之外，需要全人类的努力才能克服。环境污染主要包括核辐射、核工厂事故、工业化学废料(如在空气和水中的一氧化碳、铅、汞和聚氧联苯等)以及 X 光；还有农业化肥、杀虫剂及食物添加剂等；甚至气候过热和过潮也会使胎儿受到影响。

大量研究发现，如果人体中吸收了大量的铅，会导致铅中毒。在铅中毒严重的情况下，会使儿童身心受到损伤；较严重的铅中毒，会使儿童表现出注意缺陷多动障碍和抽动障碍等儿童常见的问题行为。注意缺陷多动障碍主要表现为与年龄不相称的注意力不集中、冲动、过度活动等症状；而抽动障碍则主要表现为不自主的、反复的、快速的一个部位或多部位肌肉运动抽动和发声抽动。若不及时治疗，注意缺陷多动障碍和抽动障碍将对儿童产生一系列不良后果，如学龄儿童的学习困难、自卑感、品行问题等，给儿童及家庭带来沉重的心理负担，故应引起重视。使初生的小婴儿暴露在铅的环境中，会引起铅中毒；吃油漆涂料中的铅屑和呼吸机动车的气味，是 1～5 岁儿童铅中毒的重要原因。1977 年的一项研究指出，死胎及出生后不久即死亡的儿童的胎盘中铅含量比活着的儿童胎盘中铅的含量高许多。

(五)孕期的情绪状态

在怀孕期间孕妇往往会产生过度担心和焦虑。这种担心和焦虑来自于许多方面，其中之一是怀孕本身。许多母亲会担心胎儿的健康、智力、性别甚至相貌等，从而形成压力，尤其是那些有家族遗传病史的孕妇焦虑更大。

除了孕妇单方面的精神压力外，夫妻关系也会影响胎儿。有人进行过大样本调查，结果发现，夫妇感情不和，常发生矛盾、争吵甚至动手打架，他们所生的孩子出现身心障碍的概率要比其他夫妇所生的孩子高得多。这类孩子最常出现的生理问题是格外的矮小、瘦弱、身体抵抗力差；他们最常出现的心理问题是神经质。这些孩子长大以后常常表现得神经过敏。由于过分的敏感，他们很难和周围人和睦相处，总有一种孤独感。除神经质之外，他们的性格也异乎寻常，这些人经常会感到自卑、无端怀疑，有时甚至会发展为偏执。

但是，孕妇的情绪、情感和胎儿的情绪、情感并不存在一一对应的关系，并非孕妇极度压抑，胎儿也极度压抑，孕妇十分悲伤，胎儿也十分悲伤，而是孕妇的种种激烈情绪反应在胎儿身上产生累积效应，最终变成一个性格怪异的孩子。例如，有些孩子可能成为强迫型神经症，有些可能成为偏执型人格变态等。研究表明孕妇对胎儿情绪的影响是长期的。所以，孕妇在孕期应注意保持积极乐观的心态，丈夫及其他家庭成员也应多方面体贴、关心、照顾孕妇，一起迎接健康的小生命。

三、围产期损害

围产期，是指怀孕28 周到产后一周这一分娩前后的重要时期。围产期保健的目的是降低婴儿及母亲的发病率和死亡率。围产期危险因素包括：胎动厉害，早产、过期产或难产、剖腹产，低出生体重儿，缺氧窒息，婴儿期患各种感染性疾病等。

大量的研究已经发现，早产、过期产、难产、剖腹产、低出生体重儿的问题行为较多，他们更容易出现社会退缩、抑郁、睡眠问题、身心问题、破坏行为和攻击行为，其中以低出生体重和早产、过期产的影响最为明显。这类儿童总的行为异常发生率是正常儿童的 3 倍以上，异常分娩和新生儿期疾病对 2～3 岁儿童的行为发育也有不可忽视的影响。

围产期危险因素可能通过以下几个途径影响儿童的行为发育。

(1) 低出生体重、早产、过期产导致体内营养不良；神经系统成熟度差，使神经系统机能的完整性受到损害。这些高危因素以及异常分娩、新生儿期疾病可能与获得性中枢神经系统的轻微异常(如缺血缺氧性脑病、微量颅内出血)有关，后者同样会影响中枢神经系统机能的完整性。行为是心理活动的外在表现，正常的心理行为发育有赖于中枢神经系统结构和机能的完整性。脑瘫、脑发育不良及无脑儿永远不会有完善的心理行为发育，其原因就在于此。

(2) 围产期有高危因素的儿童，在出生后相当长的一段时间内(至少在学龄期以前)被打上了高危儿的标记。在父母的印象中他们永远是脆弱的、珍贵的，是更容易“出问题”的孩子。因此，他们一方面为出现这些不利因素进行不必要的自责、悔过；另一方面给予这些“脆弱儿”过分的关注和无原则的放任。这种非正常的情绪反应和欠妥的育儿实践本身既可影响儿童的行为，也会使儿童产生自己与众不同，处处需要照顾的思想，从而影响其心理行为的正常发育。

(3) 异常分娩(难产、剖腹产等)。异常分娩可能增加产科用药(尤其是麻醉药品)的使用机会，产科用药对儿童行为的影响已被多数人所证实。另外，分娩过程中如果运用电吸、产钳的方法不当，使新生儿的脑部受到损伤，也会引发儿童一定的问题行为。

(4) 高危儿先天体格发育欠佳，日后健康状况不良可间接影响其行为发育。

总之，无论通过何种途径，围产期高危因素对儿童心理行为发育的影响是肯定的。

父母亲良好的文化修养、恰当的育儿方法，可在一定程度上化解围产期不利因素给儿童生长发育带来的消极作用。降低低出生体重、早产、过期产、异常分娩及新生儿期疾病发生是减少儿童行为问题的关键，创造良好的生长环境是改善高危儿童心理行为发育的重要步骤。

四、营养饮食状况

多项调查表明，饮食因素也是儿童发育正常与否的一个重要影响因素。膳食结构的变化往往和社会心理活动相一致，摄取食物会影响情绪和行为。有调查结果显示，常吃瘦肉的儿童问题行为发生的危险性是不吃瘦肉儿童的 0.293 倍，瘦肉的摄入可能会减少儿童问题行为的发生。瘦肉中含有大量的优质蛋白，而大脑需要氨基酸以形成它的信息分子、30～40 种神经递质及相关复合物，血清素是以色氨酸为前提的神经递质。研究表明，血清素的释放能对感觉和情绪产生影响。如果色氨酸缺乏，体内血清素的合成就会减少，去甲肾上腺素的含量也会相应降低，从而使人失眠、情绪沮丧、容易受到惊吓并且痛觉被加强。酪氨酸和蛋氨酸摄入不足也被证实会使人出现和色氨酸缺乏类似的效果。瘦肉中还含有大量维生素 B12、铁等维生素和矿物质，这些物质对调节情绪也有一定的作用。长期素食会导致蛋白质缺乏体质的人增加行为和情绪问题的发生。

厌食儿童的问题行为发生的危险性是不厌食儿童的 2.506 倍。有研究发现，微量元素的缺乏，特别是低锌会导致味觉减退，食欲下降，消化酶分泌减少，从而导致厌食。长期厌食会引起必需微量元素的缺乏，微量元素缺乏又会加重厌食。微量元素如铁、锌、铜、碘、硒，以及一些维生素对儿童的行为和发育起着非常重要的作用。当这些营养素缺乏时可引起儿童的行为怪异、生长发育停滞。

小食品中常含有大量的添加剂，食品添加剂可以改变儿童行为和正常生理过程，这已经得到广泛的证实，O'shea 欧什等报道了食品添加剂与多动症儿童的双盲实验，结果表明：在 5～13 岁受试儿童中食物和添加剂引起儿童多动症的发生率依次是：红色素 88%，黄色素 80%，蓝色素 80%，牛奶 73%，花生 47%，蔗糖 40%，巧克力 33%等。有调查显示零食以小食品为主的儿童，问题行为发生是其他儿童的 2.392 倍，小食品对儿童行为有负面影响，这可能是小食品中添加剂的作用，也可能是小食品中重金属污染的问题。所以开展健康教育，选择健康的儿童食品对于保护儿童健康成长具有重要意义。

第二节 心 理 因 素

影响心理健康的心理学因素是指个体的主观心理状态，即在个体的发展过程中个体与环境相互作用的经验积累，包括早期的和后来的生活经验以及人格发展的情况等。

一、儿童与气质

案例 3-1

不一样的表现

小亮活泼好动，表现欲强，外向，做事敢想敢干，但遇事容易冲动，缺乏毅力和耐力，他喜欢各种活动量大的游戏。他的邻桌小丽则是个安静内向的孩子，她的胆子很小，不喜欢活动，反应较为迟缓，有依赖性，但她做事很专注，情绪稳定，注意力不容易分散，坚持性较好。

琪琪是个爱生气的孩子，早晨起来看到妈妈给她准备了红色的裙子，小嘴一噘生气了："我不喜欢穿这个。"到了幼儿园，看到小朋友们在一起玩，她又不高兴了。手工课上，老师教大家折纸，她没有做好，又不开心了。晚上，妈妈来接她晚了，琪琪又把小嘴一噘，头一甩，很不高兴。

其实，儿童的行为表现是和他们的气质特点分不开的。气质是在个体生命早期就出现的，气质特点不同，就会有不同的行为和情绪表现，在强度、速度、稳定性、灵活性和指向性上均有差异。气质是人的天性，无好坏之分，每种气质都有利有弊。气质只是给人的行为涂上某种色彩，不能决定人的社会价值。因此，在儿童的心理健康教育中，我们首先要考虑根据儿童的气质差异来因材施教，不能千篇一律，父母和教师的教育也要与儿童的气质特点相匹配，这样才会收到良好的教育效果。

(一)儿童气质结构

俗话说：江山易改，禀性难移。人们认为气质是天生的，难以改变，可是科学研究的结果却推翻了这个定论。江山易改，禀性也并非难移，气质是先天和后天的"合金"。要正确理解儿童的气质就要从儿童的气质结构入手。研究表明(刘文、杨丽珠)，儿童的气质是由情绪性、活动性、反应性、社会抑制性和专注性组成的多维整体。

情绪性：包括对人、对事情的积极情绪和消极情绪的表达及其表现的程度。积极的情绪包括微笑、大笑和其他快乐表现，而消极情绪包括容易恼火、大惊小怪、胆怯和情绪不稳定。每个儿童都有各种情绪：有时高兴，有时悲伤，有时愉快，有时抑郁，有时笑容可掬，有时暴躁乖戾。

活动性：是指儿童对活动强度、活动时间和活动速度的要求。它包括强度、时间和速度。例如，儿童对人和事物的反应如何？当每天进入幼儿园时，他是飞奔而来，慢慢走，还是原地不动等老师过去接他。

反应性：是指儿童对外界刺激的感受、敏锐程度及对各种刺激做出反应的快慢程度。它不仅包括对环境的感知，也包括对认知活动的反应，主要研究敏感和敏捷两个特征。例如，当个体遇到环境变化时，是发现得特别早还是发现得迟。

社会抑制性：是指儿童对早期未经历过的事情所做出反应的方向性倾向。它主要研究适应和灵活两个特征。例如，遇到陌生人和情境时的反应。

专注性：是指儿童在活动中注意力的持久程度，包括坚持性和分散度两个特征。例如，做事是否坚持很长时间、有外界干扰时是否容易分心等。

气质五维度之间是相互联系、相互区别的，五个维度构成一个有机统一的气质整体。对于儿童的气质理解也要从这五个方面进行，情绪性和活动性是儿童气质的最初表现，反应性、社会抑制性和专注性的个体差异是儿童气质的外在表现。儿童气质发展的年龄特征表现在这五个方面和谐发展的程度。

(二)儿童气质类型

我国心理学工作者刘文等人经过多年的实证研究，把儿童的气质分为五种类型：活跃型、专注型、抑制型、均衡型和敏捷型，见表 3-1。

表 3-1　各种气质类型的儿童表现特点

气质类型	具体表现
活跃型	精力旺盛、好动、活动量大且时间长；情绪易激动、不稳定、耐受性差；对外界刺激及认知活动的反应一般；对环境和人的适应性、灵活性表现一般；坚持性差，注意力易分散
专注型	注意力持久，坚持性强；喜欢安静的活动，活动量少；情绪稳定、不易激动、耐受性强；对外界刺激及认知活动反应一般；对环境和人的适应性、灵活性一般
抑制型	对环境和人的适应性、灵活性较差，退缩，害羞；不喜欢大运动量的活动；情绪稳定、不易激动；对外界刺激及认知活动的反应水平低；坚持性强、注意力不易分散
均衡型	情绪基本稳定；活动强度、时间适中，对各种刺激反应一般；对环境和人的适应性、灵活性一般；注意力持久的程度中等
敏捷型	对外界各种刺激的感受性强、敏锐、反应快、接受新事物快；注意力持久、易集中、不易分散；活动强度和时间适中，对环境和人适应快、灵活；情绪表现比较稳定，积极情绪占主导

这五种类型的儿童各有其明显的特征，但各种类型的特点也互有交叉。例如，专注型、抑制型和敏捷型幼儿的注意力都比较集中，在专注型维度上得分较高。活跃型和敏捷型幼儿在社会抑制型维度上得分都较低，这说明他们对陌生事物的适应性是共同的，每种类型的典型特点一致，区别就在于其表现程度的不同。

(三)气质影响父母的教养方式及教师的态度

1. 气质影响父母的教养方式

案例 3-2

哭闹的孩子

有一对夫妇直到 30 岁事业有成之后才打算要孩子。为此，他们做了大量的准备工作，装修了房子，买了很多玩具。当妻子顺利地生下一个 3.9 公斤重的胖儿子时，全家人都欣喜若狂。但是，当开始三人世界的生活时，夫妻俩都感到筋疲力尽。因为儿子嘟嘟每一两个小时就要醒一次，饮食根本没有规律，只能是他什么时候哭，大人什么时候喂。几个星期下来，丈夫每天都得不到休息，上班感到非常疲惫，而下班回到家，看到妻子也是疲惫不堪。他们都感觉自己是不称职的父母，无法应对孩子的哭闹，甚至夫妻的感情也受到影响。当他们向周围的朋友求助时，发现每个家庭的孩子都各不相同，有的一出生就很乖，吃睡都很有规律，而有的也和他们的孩子一样。

从上面的这个例子，我们可以看到儿童的气质直接影响到父母本人，甚至影响到他们对婚姻的满意度。儿童自出生之日起，其气质就表现出天然的差别，因此气质的行为特征也就不同，诸如活动频率、活动强度、反应强度、反应速度、反应节奏等都存在着差异。孩子这些先天的气质差异会直接影响父母的教养方式。新生儿的气质特征从一开始就影响到他与父母的交往，因为这种气质特征所表现出的独特的行动风格，必然会使孩子在与父母交往中表现出不同的特点。

研究表明，父母的教养方式和子女气质之间存在着一定的良性循环关系和恶性循环关系。例如：一个脾气暴躁的孩子，在等待母亲哺乳时，会大哭大叫，容易引起母亲的手忙脚乱，导致母亲对其态度不好，长期发展下去，孩子就会形成急躁、好动的特点。反之，一个脾气温和的孩子会较耐心地等待母亲哺乳，这样母亲就会高高兴兴、有说有笑地给孩子哺乳，长此以往孩子就易形成安静的、易安抚、易交往的特点。

杨丽珠、杨春卿的研究表明，儿童较高的适应性、积极乐观的心境和较高的注意持久性容易引发母亲的民主性行为。这类儿童适应新环境、接受新刺激速度快；积极乐观，活泼可爱；很少吵架，做事能够坚持到底，不虎头蛇尾，即使碰到困难，也有信心做下去；容易和周围各种环境形成和谐关系；和母亲相处融洽，更多地得到母亲的赞许、表扬、信任、支持，使母亲形成民主性教养方式，养成儿童积极主动、自尊、自信、自制、独立创新的良好个性品质，形成健康心理。

影响母亲教养方式的消极气质因素有：高活动性、低适应性、高趋向性、低反应强度、消极心境和中性注意力分散度。高活动性儿童特别好动，显得很淘气，母亲批评他，能够安静一会儿，过后又大闹起来，使母亲感到很麻烦，采用了不太适当的教育手段，就会引发心理问题。低适应性儿童适应环境的速度慢，母亲因教育无效而丧失信心，无可奈何，这些又容易引发母亲采取放任性教养方式。高趋向性儿童胆大鲁莽，常常制造恶作剧或危险事件，使母亲感到不安，对于这类棘手的儿童，母亲常常给予训斥，强制孩子服从。低反应强度的儿童对什么都不感兴趣，往往是母亲强制孩子做事。消极心境的儿童爱生气，爱吵架，碰到不顺心的事情就大发脾气，母亲说也不听，便打骂孩子，打骂也不听，只好迁就，孩子要什么给什么，听之任之，这容易导致母亲采取专制性、溺爱性和放任性的教养方式。中性注意力分散度的儿童，注意力不太集中，很难专注于某一件事，常遭到母亲的强制管教，然而，当母亲用新异的刺激引导儿童注意某件事时，这类儿童的注意力又不能很快地转移，常使母亲感到无计可施，这就容易引发母亲采取专制性和放任性的不一致的教养方式，最终导致儿童问题行为的出现，影响其心理健康。

2. 气质影响教师的态度

在实际工作中存在着这样的现象，在一所幼儿园和教师相处不愉快的幼儿，转到另一所幼儿园，遇到另一位教师却发展得很好，并与教师相处得非常愉快。一个主要的原因就是教师自身气质特征与儿童气质特征的适应问题。所以，一位好的教师不仅要了解所教儿童的气质差异，也要对自身做出正确的评价。在师生互动过程中，教师不仅是施动者，影响着儿童的发展，同时教师也是受动者，儿童的气质也对教师起着某种强化的作用。因此可以说，师生互动是教师和儿童双方气质、个性共同成长和发展的过程。在幼儿园教育教学中，我们会发现教师喜欢的孩子的类型不尽相同，导致他们对儿童的态度也不相同，这就会影响儿童问题行为的形成和发展，甚至影响儿童的心理健康。

3．按照气质特点进行教育需要注意的问题

看待儿童气质类型要以发展的观点来看。虽然有问题行为的儿童的教育要更加困难，但是一种气质是否存在困难主要在于它是否与环境相适应。过早地给儿童贴上“困难型”的标签，对儿童一生的发展都会很不利。因此，家长和教师不要把主要精力放在改造孩子气质的外在特征的表现上，这样会搞得大人和孩子都筋疲力尽，特别是有时大人的情绪表现会刺激孩子的负面情绪发展。因此，应该将什么教养方式好或什么气质特点最好的思维方式，转换为考虑什么样的教养方式对该种气质类型的儿童的发展更有利的角度。我们认为良好的适应模型是改善父母、教师的教育方式与儿童气质之间的关系。父母、教师调整自己的养育风格，使之与儿童的气质相匹配，不仅会促进儿童的发展，而且会帮助儿童建立良好的自我价值感。

有研究发现，任何气质类型的儿童在12岁以前都可能会有问题行为，尤其是适应性低、初始反应胆怯、情绪消极、强度高、规律性差的儿童最有可能产生行为失常。那么在实际生活中，应该如何对有不同问题行为的儿童进行有针对性的指导和矫正呢？可以从以下几个方面入手。

首先，我们要确定儿童的问题行为与儿童的气质是否有关。最简单的方法就是通过询问儿童的父母或其他了解儿童的大人，是否因为自己对他的气质处理不当而使儿童的行为与周围的环境有些不和谐。当我们确定了以后，就可以进行处理。

其次，教师要正确认识儿童的气质特点。每个儿童都有自己的气质特征，各有其优缺点，这也是儿童早期表现出个体差异的重要原因。为了扬长避短，教师应对儿童进行细心观察、耐心帮助，发扬他们气质中的优点，帮助他们修正气质中的弱点。因此，养育者应该按照儿童自己的气质特征进行对号入座，而千万不能采用千篇一律的教育方法。在同样的情景下，不同气质类型的婴幼儿会有不同的感受和表现，故教养方法也要因人而异、因情境而异。

对于容易兴奋、不可遏制的儿童，要教会他们自制，午睡先醒时能够安静地躺着，不喊叫、不吵醒别人，养成安静、遵守纪律的习惯。培养的重点可以放在教育他们如何专心工作、耐心做事上，如让儿童参加听故事、看幼儿书画、听广播，画画等活动量少又很有趣味的活动。

对于容易抑制、行动畏怯的儿童，教师要引导他们多和其他儿童交往，鼓励他们多参加集体活动，教会他们各种活动技能和工作方法，并要多表扬他们的成绩，培养他们的自信心，激发他们参与活动的积极性，使每个儿童都能够在教育的积极影响下发扬气质的积极方面，改变气质的消极方面，使儿童的气质特征继续发展。

还有些行动缓慢的儿童，对新环境、新人、新事物的适应性很低、很慢，遇事甚至出现退缩，喜怒哀乐的情绪也不明显。这类儿童在幼儿园里特别容易被忽视，他们很难与人沟通，父母、教师也不知道他们在想什么，不知道他们喜欢或不喜欢什么，更不知道他们需要哪些帮助。对于这样的儿童，教师要格外注意给予他们适当的关注，例如可以给他们安排一些小任务，如让他们负责分餐具、在活动中要他们扮演重要角色等，让他们感到在集体中被需要、被重视。

再次，父母和教师要接受儿童的气质特点。随着儿童逐渐长大，父母会发现儿童的某些特征是令人烦恼的，但要想改变儿童先天的气质特点很难，即使在专业人员的帮助下也不起作用，或只能尽量矫正，不能根本改变。所以，父母对儿童先天遗传的某些气质特征，一般情况下应该接受，不要因为自己期望有个热情大方的孩子，而去指责、歧视自己孤僻而又寡言的孩子，这样将会损害儿童的自尊心，让儿童自卑。正确的做法是要找出儿童气质特征中的闪光点，宽容对待他们，多多鼓励，通过言传身教帮助他们养成良好的行为习惯，在教育中要以儿童为主体，开展适合其天性的活动。

事实上，儿童的气质没有好坏之分，虽然某个儿童的气质特征中可能有某些不够好的东西，但这正如每个人都有优点和缺点，却不能凭这些优缺点就区分好人和坏人一样。教师对儿童的气质特征也不要过分挑剔，同时，也不要把自己的愿望强加给儿童，若如此，很可能会适得其反，甚至会引起儿童产生精神障碍甚至疾病。

最后，不要轻易对儿童的气质类型下结论。儿童虽然表现出各种气质特征，但教师不要轻易下结论，断定一个儿童属于某种气质类型，这是由于：①在实际生活中纯粹属于某种气质类型的人是极少的；②某一种行为特点可能为几种气质类型所共有，例如情绪敏感、易于激动，容易改变，既可能是活跃型，也可能是抑制型的表现，教师必须经过长期的反复观察，综合比较各种行为特点，再审慎地确定儿童的气质是接近或属于某种类型，以免造成教育上不当。

二、自控能力

案例 3-3

为啥失去学习机会

在幼儿园我们常常可以看到这样的情景：在手工课上，有的小朋友看别人剪纸时，自己也很想剪，但刚开始的时候，因为掌握不了其中的技巧，手眼协调性不够，一剪就坏，于是把东西丢在一旁，就去干别的了。有的小朋友却坚持剪下去，不会就问别人："这个地方该怎么剪啊？"在与小朋友的讨论和实践中，他们很快掌握了要领，剪出自己满意的图形，从中获得许多有益的经验和乐趣。这样的孩子在学习时也有巧劲，如数数，他们开始时不会进位，于是想出一个办法，左手表示十位，右手表示个位，数到进十时左手伸出 1 个手指头，二十伸出两个手指头，于是 21、22……很快掌握 100 以内的数。有的小朋友却要等别人说 21，再接 22、23……这样的孩子，由于不善于克服困难，缺乏自觉、果断、自制、坚强的精神，从而失去了很多学习的机会。

从幼儿阶段开始，儿童就表现出了不同的自我控制能力，有的儿童坚持性强，自制能力突出，做事情有条不紊；而有的儿童却缺乏耐性，很难做好事情，已出现问题行为。因此，在幼儿阶段培养儿童的自我控制能力具有重要的意义。

(一)儿童自我控制的结构

了解儿童自我控制是由哪几方面组成的，对于我们更好地认识和培养儿童的自我控制能力具有重要作用。

研究发现，儿童自我控制由自制能力、坚持性、自觉性和自我延迟满足组成。

自制力：能不受外界因素的影响和干扰，控制自己短期的欲望和言行的能力。

坚持性：指不怕挫折、失败，克服困难、坚持到底的意志品质。只对短期冲动的控制是不够的，父母和教师在生活中更多地要求儿童在一段时间内维持某种感到厌烦的活动或抵制某种有诱惑力的事物的吸引，这一过程表现的就是坚持性。

自觉性：指在无人监督的情况下，儿童表现出与看护人期望相一致的动机及相应的行为。

延迟满足：指一种为了更有价值的长远结果而放弃即时满足的选择取向，以及在等待中展示的自我控制能力。

米歇尔(Michele)最早提出自我延迟满足的概念，他认为自我延迟满足不仅是儿童自我控制的核心成分和重要技能，也是社会化和情绪调节的重要成分，更是伴随人一生的积极的人格力量。在自我延迟满足的过程中，儿童自己做选择并在延迟的过程中不断控制、调节自己的情绪，抵抗诱惑，因此，它也是幼儿自我控制中不可或缺的内容。

(二)儿童自我控制能力与行为发展

有自我控制能力的儿童和没有自我控制能力的儿童大不一样，在行为上有明显的差异。前者管得住自己，不胡闹，不乱发脾气，做事情有始有终，天真活泼而又不失教养，在一些小事上也显现出认真、仔细的态度；而后者以自我为中心，经常哭闹，做事情虎头蛇尾，像小猫钓鱼那样三心二意，怕苦怕累，依赖性强，事情做不好，不遵守规章制度，易形成不良的行为习惯。

儿童自我控制的发展对其形成良好的行为习惯和优良的道德品质有十分重要的意义。人的一生是短暂而漫长的，在儿童的成长过程中，难免会碰到自己力所不及的事和无法控制的情形，因此，教师和家长在儿童的教育过程中，不仅要帮助儿童树立正确的面对挫折的心态，理解和分析造成挫折的原因，还要鼓励儿童大胆尝试，不怕失败，帮助他们学会控制自己的情绪、行为，做好应对挫折的准备。

在儿童的成长过程中，随着自我意识的发展，儿童在社会交往和认识活动中已明显表现出自制能力和坚持性的良好品质。自我控制能力好的儿童能够克服外界因素以及个人情绪的影响，遵守集体生活规律、游戏规则，遵照学习要求，能为集体和他人利益约束自己的行为，克服困难，完成任务。

1960 年，著名心理学家瓦尔特·米歇尔进行了一项实验，即软糖实验，来考察儿童的延迟满足能力。实验是这样进行的：他把一些 4 岁左右的孩子带到一间陈设简陋的房子里，然后给他们每人一块非常诱人的软糖，同时告诉他们：“我有事情要出去一会儿。你们可以马上吃掉软糖，但如果谁能坚持到我回来的时候再吃，就能够得到两块软糖。”在十几分钟的等待中，有些孩子缺乏控制能力，禁不住诱惑，把软糖吃掉了。而有些孩子领会了研究者的意图，尽量使自己坚持下来，以得到两块软糖。他们有的把头压在手臂上，闭上眼睛，不去看那诱人的软糖；有的自言自语、唱歌、玩弄自己的手脚；有的努力让自己睡着。最后，这些有自我控制能力的孩子如愿以偿地得到了两块软糖。

实验之后，研究者进行了长达 14 年的追踪。结果显示：那些能等待并最后吃到两块软糖的孩子，在青少年时期仍能等待机遇而不急于求成，他们具有一种为了更大更远的目标而暂时牺牲眼前利益的能力，即自控能力；而那些急不可耐、只吃到了一块软糖的孩子，在青少年时期更容易有固执、优柔寡断和压抑等个性表现，当欲望产生的时候，他们无法控制自己，一定要马上满足欲望，否则就无法静下心来继续做后面的事情。换句话说，能等待的那些孩子的成功率，远远高于那些不能等待的孩子。

知识拓展 3-2

在游戏中培养孩子自控力

自我控制能力的发展对于个人形成良好的性格极为重要，自我控制能力并非生来就有，它是孩子在后天的环境中，随着认知的发展和教育的影响而不断形成和发展起来的。培养孩子这种素质，能使他们在没有外界限制的情况下，克服困难，排除干扰，采取某种方式控制自己的行为。

游戏就是孩子主要的学习活动，因此，可根据孩子的特点，选择适合的游戏，并在游戏中结合自制力、坚持性、自觉性和延迟满足这四项自控能力培养的要素，培养孩子的自我控制能力。

一、操作性游戏

利用游戏材料，发展幼儿小肌肉，以控制手部精细动作为主要活动形式的游戏。

例如：自制拼图、拆卸旧物件、种小植物等。

在操作游戏中，对材料的操作和摆弄是激发幼儿游戏兴趣的源泉。由于幼儿会专注于手部动作和材料本身，所以在规则简单的情况下，幼儿的自控坚持性表现得比较突出，但对外界干扰的自觉抵制力和自制力较差，动作的失误，他人的影响都会影响游戏的进行。在操作游戏中，幼儿执行规则的自觉性常常随动作的反复而被忽略。

等待是操作游戏中对孩子自控能力的又一培养契机。受游戏人数和游戏设施的限制，某些游戏进行时会使得一部分孩子处于等待状态。但专家认为：等待和轮流是社会生活中人际交往的伴随因素之一，是一个人社会公德意识的体现，不能单纯追求孩子发展而刻意在游戏中加以回避，应该让等待变成实验因素之一。因此，我们巧妙地把组织游戏进行和观察孩子等待状态结合起来，同一游戏中对不同幼儿提出不同的自控要求，丰富了游戏规则，更促进了孩子自控能力的发展。

二、娱乐性游戏

创设情境，使孩子通过模仿角色感受情节乐趣，从而使他在遵守游戏规则中学会控制自身情绪情感。

例如：“老鹰捉小鸡”“大鱼网”“打活动目标”等游戏。

一般，孩子对动作的控制要优于对情绪和情感的控制。娱乐性游戏正是通过激发孩子兴奋的情绪过程，通过动作的控制，调整自己的情感。

音乐、道具、角色是这类游戏中不可或缺的要素。可以说，教师制造的情境越逼真和夸张，自控培养的效果越好。但丰富的游戏材料也会干扰教师的观察，在音乐中，孩子神经兴奋性增强，动作、语言、表情会异常活跃，孩子的创造力和想象力具有较大的施展空间。因此建议娱乐性游戏应从分组游戏开始，逐渐过渡到集体游戏。

三、运动性游戏

以大肌肉活动为主，让幼儿在走、跑、跳等基本动作中，按照一定的竞赛要求来进行的游戏，培养幼儿运动控制灵活性等。

如果采用这类游戏，建议采取小组竞赛的方式。

一群孩子在运动游戏时，伴随着孩子自控行为的发生，他们的集体观念也逐渐增强。在竞赛中，同组内的幼儿往往在等待中相互提醒鼓励、探究取胜的技术和策略，使孩子们的合作和交往能力得到长足的提高。

四、智力游戏

以智力竞赛形式进行的游戏，以训练幼儿对规则的遵守及抵抗诱惑、抗干扰等能力。

这类游戏的进行一般在 4 岁以后才能开展，因为这时的孩子已经积累了一定的生活经验。在游戏中，孩子会经常出现的问题是一些“犯规”行为的评判和孩子因此引起的争执等，这时，成人要适时适度地进行干预，帮助孩子提高自行解决问题的能力。

进行游戏培养，还应注意以下问题。

1. 各类型规则游戏都蕴含着丰富的培养孩子自控的要素，因此，培养孩子的自控能力可以不受游戏类型的限制，但绝对要尊重孩子的年龄特点，充分体现游戏的趣味性。孩子对游戏的兴趣越浓，自控水平表现得越明显。

2. 对孩子自控能力构成的四个因素即：自觉性、自制力、坚持性和延迟满足应该有机地贯穿于游戏的整体而不应单纯地进行界定。因为孩子自控的内部调节机制是一个复杂的过程，在一个游戏中四个因素会相互制约又相互促进，所以可根据孩子的不同水平将目标指向不同的自控因素。

3. 自控游戏中孩子的自控表现根据孩子不同的气质类型呈现出具有较大的个体差异性，而同一个孩子在游戏前后的自控水平差异也很大，比如：日常生活中自控能力较差的孩子，他们在游戏中会积极参与游戏，对游戏规则理解敏感而稳固，游戏中情绪热情，反应机敏。相反，日常生活中自控能力较强的孩子却时常在游戏中表现得漫不经心。

(资料来源:http://www.ci123.com)

(三)儿童自我控制能力培养的一般方法

培养儿童自我控制能力的基本要素有以下方面。

(1) 具有趣味性和规则性的外部活动环境。

(2) 儿童具有活动的动机。

(3) 成人向儿童讲解目标、规则，评价儿童并用奖励、表扬等诱因激发儿童的言语指导。

(4) 儿童对自我控制的目标、规则的理解。

(5) 儿童按规则扮演角色的自主性。

(6) 儿童校正、调节自己心理品质的主动性等。这些要素的不断发展能促进儿童的自我控制能力的良性发展，如图 3-1 所示。

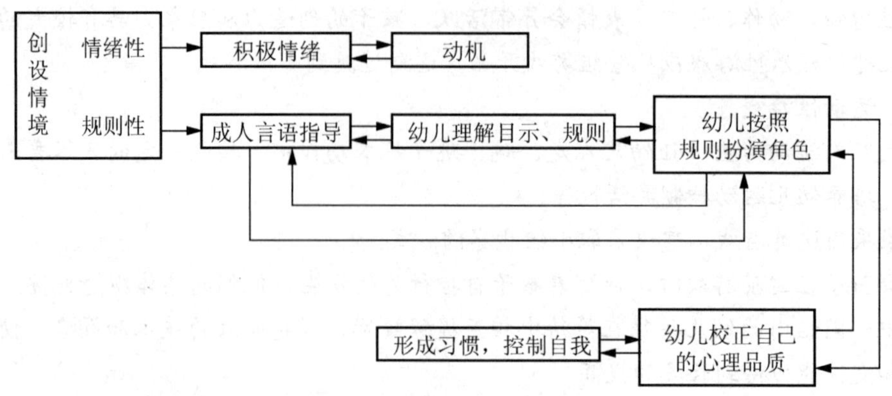

图 3-1　儿童自我控制发展过程图

下面介绍一些具体的方法。

1．从小培养儿童良好的行为习惯

对儿童自我控制能力的培养，家长和教师可以从儿童平时的生活习惯入手。例如，要求儿童准时睡觉、起床，自己吃饭、穿衣、洗脸等。随着儿童年龄的增长，自我控制能力的培养应注重于遵守社会道德规范和增强社会责任心等方面。例如，要求儿童在集体中遵守规则和纪律，使自己的行为和愿望服从集体活动的目的和要求，尊重他人，不能随心所欲地侵犯别人的利益等。

2．耐心地进行品德教育

家长和教师要提高儿童的品德认识，告诉儿童做每一件事都要有明确的目的，尽量克服困难，坚持到底。例如，让儿童知道唱歌唱得不好没关系，跳舞跳得不好也没关系，重要的是自己要唱完跳完，做到有始有终。

培养儿童良好的行为习惯，还要有耐心，认真地和他们讲道理。简单的训斥与体罚是不会真正起到教育作用的。例如，已经很晚了，孩子坐在电视机前不肯离去，倘若家长硬拖他去睡觉，一定会引起孩子的对立情绪，这时不妨对孩子说：“今晚睡得太晚，明天早晨起不来，到幼儿园要迟到，影响老师和小朋友们，还会使爸爸妈妈上班迟到。”孩子明白了道理，就会约束自己的行为。

3．给予儿童爱抚和关怀

缺乏自我控制能力的儿童，会表现得任性、易激怒、爱发脾气、令人厌恶，很难得到父母的抚摸、疼爱、拥抱，而这种关怀正是儿童所需要的。因此，父母要多与孩子亲昵，给予其关怀，充分满足儿童的这种心理需求。这样做不仅可以增进亲子感情，而且有利于儿童自我控制能力的发展。一开始要求儿童自己的事情自己做时，他们难免会遇到困难，这时候就需要家长和教师在一旁耐心地给予指导和鼓励，孩子的被子叠不好就教他一遍遍地叠，要不怕麻烦，要有耐心，直到他叠好后给予表扬。

4．充分发挥榜样的作用

儿童善于模仿，易受感化，家长可以利用文学作品及现实生活中英雄模范人物的形象，用他们那种严格要求自己、不屈不挠克服困难的动人事迹去感染儿童，给儿童留下深刻印象，进而付诸行动。在生活中，家长和教师也要以身作则，言行一致，给儿童树立良好的榜样，切勿说一套做一套，在孩子面前丧失了信服力。

5．通过游戏练习，增强自我控制能力

儿童阶段的主要活动就是以游戏为主，如果让儿童在一些单调的活动中培养自我控制能力，是十分困难的，效果也会适得其反。不同的游戏对儿童自我控制能力的训练方面也不同。如操作性游戏，像串珠等，训练儿童小肌肉，以控制小肌肉活动为主；娱乐性游戏，突出的是情绪体验，有情节、角色、音乐伴奏等，使儿童在遵守规则中学会控制自身的情绪体验；运动性游戏，是以锻炼儿童的大肌肉为主，让儿童在走、跑、跳等基本动作中，按照一定的情节及竞赛要求来进行，培养儿童运动控制的灵活性等；而智力游戏，如自编的棋类、智力竞赛等，主要可以训练儿童对规则的遵守及抵抗诱惑、抗干扰的能力。

在情节生动的游戏活动中，如果让儿童担任一定的角色，调动起孩子的积极性，增强其责任感和自信心，鼓励其克服困难，那么他们控制自我的能力自然就会大大增强。如“当哨兵”，在黑暗中充当一个勇敢的角色，跌倒了不许哭，站着不许随便动，胆小或调皮的儿童也可以做到。像“红灯、绿灯和不许动”这样的游戏都能够帮助孩子控制自己急躁不安的情绪。

6．通过“延迟满足”培养儿童的自控能力

延迟满足是指当儿童提出某种要求的时候，家长不是及时满足他，而是间隔一段时间或有条件地满足，这样可以培养儿童抵抗诱惑的能力。延迟满足的范围可以是日常玩乐性或享乐性的需求。

具体做法是让儿童学会等待，家长有条件地满足等。例如，儿童要求去外面玩，却又不好好吃饭，这时候家长就可以告诉他，如果他能在 15 分钟里乖乖地把饭吃完，就陪他去，这时候儿童就会把饭吃完。幼儿园里也可以设计出许多与此相关的活动，如小班的孩子可以玩“小鸟找食”的游戏，教师事先在画好的圆圈中放入许多新鲜、好玩的玩具，像电动火车、机器人等，然后让儿童戴上小鸟的头饰扮演小鸟，教师扮演鸟妈妈，在圆圈中找事先放好的食物，观察儿童在规定的时间里谁捡的食物多，儿童则要抗拒这些玩具的引诱。在开始的时间里，有的儿童常常会一会儿捡一会儿蹲在地上玩玩具。在游戏结束时，小朋友与教师共同讨论，表扬专心做事的小朋友，并给予奖励。当然作为父母应该注意，对于 3 岁前儿童的情感需求及婴儿正常的生理需求要及时满足，这两种情况下延时满足会造成儿童缺乏安全感，也有可能会造成一系列的心理问题。

三、不良行为习惯

在现实生活中，由于许多家长对儿童身心发展的特点，儿童教养的方式、方法缺乏足够的了解，以及出于对独生子女的溺爱，致使子女养成诸如说谎、任性、挑食、依赖、意志薄弱、打人、不懂礼貌、不合群等不良行为习惯。面对上述情况，有一部分家长认为儿童偶尔表现出一次，不懂事没关系，大了就好了，采取“树大自然直”的放任态度。他们忽略了很重要的一点，任何大问题都是由看似不起眼的小问题组成的，这些小问题如果没有及时得到纠正，日后就会形成各种问题行为，不仅影响儿童的心理健康，同时也给儿童的成长设置了障碍。所以，家长应采取有效的措施纠正儿童的不良行为习惯。

在纠正不良行为习惯时应注意以下原则。

(一)及时性原则

家长应善于观察自己的孩子，当儿童刚养成一些不良行为习惯时，应及时对儿童进行正确的教育，及时纠正，切不可因为“孩子还小，长大了就好了”而不加理睬，那样将贻害孩子终生。从心理学的角度来看，习惯是条件反射的建立和巩固，条件反射的建立是在大脑皮层中形成暂时神经联系，在其建立之初，如果未得到相应的正强化，则易产生条件反射的消退抑制和分化抑制。条件反射愈巩固，条件反射的消退则愈慢，反之，则愈快。所以，对儿童不良行为习惯的纠正，要注意一个“早”字，要在其形成之初就着手纠正，不可待其已巩固才进行。大量事实证明，儿童养成恶习往往与第一次发生不良行为时未能及时得到纠正密不可分，很多孩子做了错事，往往主观上并未意识到，家长若能在孩子的某种不良行为刚刚露头的时候，紧紧抓住这第一次不放，及时地对其进行明辨是非、陈述利弊的教育，是能够帮助儿童纠正不良行为习惯的。

(二)正面引导原则

正面引导就是要求家长在儿童出现不良行为时，要冷静地采取民主的方式，通过摆事实、讲道理的方法来帮助儿童提高认识，增强其明辨是非的能力，进而调动儿童自身的力量来克服不良行为，消除不良行为习惯。

许多家长认为儿童那么小，给他讲道理，岂不是对牛弹琴。其实，这种看法是极端错误的。不论是儿童心理学的研究结果，还是从实际生活中总结的育儿经验来看，儿童随着年龄的增长和对客观世界认识的增加，是非、善恶、美丑等社会道德观念会逐步内化为儿童的行为准则，并以此为标准来评价和衡量他人或自己的行为，作出简单的评判结论。例如：儿童作出“爸爸不对，他打人”等判断，这说明儿童是可以讲道理的，问题的关键是家长采取怎样的态度和用什么样的方式方法来同他讲道理。有的家长在讲道理时，正襟危坐地讲一通大道理，儿童当然听不懂。给儿童讲道理时，要避免成人化，而应根据儿童思维的具体形象性、对客观事物认识还比较粗浅等特点，结合具体的事件和儿童自身的发展水平，把复杂的道理简单化、形象化，用儿童的语言来讲，这样儿童就能听懂并乐于接受家长的改正建议。

强调这一原则，还因为儿童的许多不良行为的产生和习惯的形成与他的认识不够或认识存在偏差有很大关系，只要让儿童懂得了为什么不能那样做，很多问题就能依靠自身的力量解决。

(三)一致性原则

一致性原则要求儿童周围的成人，包括父母、教师等，在教育儿童时立场、观点应一致，不应当着孩子的面出现分歧，尤其是在纠正儿童的不良行为习惯时更是如此。

在家庭中，如果成人在教育儿童时当场出现分歧，会给孩子造成可乘之机，谁对他有利他就靠向哪一边，这样不但纠正不了儿童已形成的不良行为习惯，同时反而易形成另外一种不良品质，那就是遇事就寻保护伞，而不对自己的行为进行反省。更有甚者，有的儿童有了“经验”之后，当他做了错事要接受教育时，有意挑起父母、爷爷、奶奶等成人之间的矛盾，而自己“坐山观虎斗”，斗得越凶他心里越乐，因为那样成人就没有时间和精力教育他了，这在现实生活中是屡见不鲜的。所以，在教育、纠正儿童的不良行为习惯之前，家长们应讨论好教育的方式方法，在态度上取得一致。即使在教育过程中出现分歧，家长也不要立即表现出来，事后再商量、协调，力争达到一致。

另外，一致性原则还要求家长必须同幼儿园教师在教育的观点、立场、方式方法等方面保持广泛的一致，共同制订教育计划，通过家园的密切配合，来纠正和克服儿童不良行为习惯，形成良好的行为习惯，促进儿童个性的全面发展。

(四)以身作则原则

父母是儿童的第一任教师，他们对于儿童最初的影响，可以左右儿童一生的发展。“家庭最大的使命不是在生育子女，乃是在教育子女”。作为儿童第一所学校里第一任教师的父母，其言谈举止、行为习惯、对人对事的态度等都会被作为活生生的榜样，潜移默化地被儿童所模仿习得，而模仿又恰恰是儿童学习社会经验的重要方式之一。因此，家长如果要让子女从小形成良好的行为习惯，就必须以身作则，全力加强自身的修养，使自己的言行足以成为儿童的表率。

在现实生活中，家长期望之心常有，而表率之行常无。当儿童养成某种不良行为习惯时，许多家长往往指责教师或别人，却从未想过在自己身上找原因，殊不知，儿童的许多不良行为就是从父母那里学来的。颜之推在论述这个问题时曾说过：“夫风化者，自上而行于下者也，自先而施于后者也。是以父不慈则子不孝，兄不友则弟不恭，夫不火则妇不顺矣。”上行下效，先施后学，无须强制，所以，做家长的不论是要培养儿童的良好行为习惯，还是要纠正儿童的不良行为习惯，在给儿童讲道理的同时，要注重言传身教，以自身的良好行为习惯为儿童提供一个好的模仿榜样，用“润物细无声”的方式来影响儿童。

(五)发展性原则

发展性原则要求父母用发展的眼光来看儿童，要向前看，要看到儿童的进步，不能老用过去的眼光看待儿童，特别是有不良行为习惯的儿童。经常盯住儿童的不良行为习惯，会起到暗示作用，有可能导致不良行为习惯被内化。

(六)发展积极因素，克服消极因素

“金无足赤，人无完人”，每个儿童身上都有不足的地方，哪怕是被认为发展优秀的儿童；每个儿童身上都有闪光点，有优于别人的地方，即使是有不良习惯的儿童。因此，家长应客观地、实事求是地分析自己的孩子，对孩子形成正确的全面的认识，在帮助孩子纠正不良行为习惯时，不要一味地盯着孩子的缺点不放，要善于发现他们身上的闪光点，并努力创造和利用一切机会，使他身上的闪光点得以发扬并成为其发展过程中的主要因素，进而抑制其身上的不良因素发挥作用，并逐步克服掉。

心理学研究也证明，有不良行为习惯的儿童由于经常受到消极评价，导致自信心降低，

难以获得成就感，产生强烈的对抗情绪，最终形成恶性循环。如果家长能客观地观察儿童，发现其身上的长处，并努力让他获得成功，哪怕是一点点儿进步，都要及时给予鼓励，使其获得成就感，产生新的希望，重树信心，并积极配合家长的教育，努力克服自身的不足，成为一个健康的孩子。

第三节　家庭教育因素

从心理学的观点来看，儿童诞生于家庭，成长于家庭，家庭是儿童生活中最重要的文化生态环境之一。父母乃是儿童与社会间的媒介，肩负了儿童行为社会化与促进子女健康发展的责任。家庭的气氛、父母的教养方式、亲子关系、手足关系、婚姻关系等家庭因素，对于儿童的认知、社会性、情绪及人格的发展都有重要影响。

一、家庭教养观念及教养方式

案例 3-4

好动的孩子

某幼儿园小班有一男孩，4岁，非常好动，每次上课时别的小朋友都在认真听讲，他却爱做小动作，一会儿摇摇头、摸摸脸，一会儿惹惹旁边的小朋友，只有在教师叫到他时，才稍稍收敛一下，但很快又会故态复萌。活动时，更是横冲直撞，毫无约束，一天之内，告他状的小朋友接连不断："老师，他打我。""老师，他抢我的玩具。""老师，他推我。"……只要有他在，活动室内就不得安宁……通过多次沟通，教师发现家长的教育方法方式直接导致孩子形成了较差的脾气和生活习惯。针对孩子的情况，教师采取了进一步的措施：首先让家长知道，家庭教育对孩子的影响是非常大的，家长对孩子的教育，是要讲究策略，父母可以一个黑脸，一个白脸。例如：要睡觉了，孩子躺在被窝里非要吃巧克力，爸爸说不行，如果妈妈也说不行，态度跟爸爸一样硬，孩子就会觉得大人这么厉害，这么无情啊。建议在处理类似问题时，爸爸坚持原则，妈妈态度应该缓和些，给孩子讲明道理为什么不能吃，这样妈妈也坚持了原则，态度不一样，策略不一样，但是目标都一致了——不让吃。一致就是原则，黑脸白脸只是个策略，原则是不能动摇的，策略是可以灵活的。

从上面的案例中我们不难看出，家庭中父母的教养方式直接影响儿童的行为，教养方式不同，对儿童行为产生的影响也不同。在国内，理论界传统的分类是将父母的教养方式分为：专制型、溺爱型、放任型和民主型。下面就这些不同类型的教养方式对儿童心理、行为发展产生的影响做一简要介绍。

(一)家庭教养方式的类型

1. 专制型

专制型教养方式的特点是父母教育孩子态度生硬，言语粗鲁，方法简单；采用严厉、高压、强迫命令式的教育方式，只从自己的主观意志出发，不考虑儿童的心理与愿望，强迫子女接受自己的看法与认识，经常用打骂、体罚来使儿童就范。

这种教养方式容易使儿童发展成为顺从、懦弱、缺乏自信、孤独、性格压抑、自卑、凡事唯唯诺诺、缺乏独立能力的人；或者走向另一极端，强烈反抗、冷酷、残暴。有研究发现，问题儿童的妈妈很少运用积极强化作为控制儿童行为的手段，只是单纯依赖压制性策略来对待察觉到的不恰当行为，这些过多的消极对待使儿童对他人产生不信任感，进而产生攻击性行为。研究表明，这种教养方式与儿童问题行为的发生有较高的相关性。

2．溺爱型

溺爱型教养方式多见于独生子女家庭。它的特点是父母把孩子摆在高于自己的不恰当位置，对子女过于宠爱、过于关心、过于关注和监护，对儿童的要求一味满足，百依百顺，包办儿童的一切，帮助儿童解决各种问题。

这类儿童常表现为幼稚、依赖、懦弱、懒惰、任性、自私、骄傲、情绪不稳定、无责任感、蛮不讲理。这样的儿童长大后往往会在社会上到处碰壁。这种个性心理特征与行为习惯熄灭了儿童的创造欲望，处处需要别人的指点与帮助，没有开拓精神，智力发展也受到限制。溺爱会导致儿童的许多不良行为，因为溺爱不仅使父母在管教儿童的不良言行方面缺乏约束力，也会使儿童的不良行为得到强化，促成其不良行为的定型化。

3．放任型

放任型教养方式的特点是，父母只顾自己的工作学习，以不干涉原则为建立家庭关系的基础，父母对儿童采取的态度是不闻不问，放任自流。

由于缺乏父母的教育和指导，儿童会认为自己在家庭中不重要，从而失去归属感。儿童会缺乏责任心，缺乏自我控制能力，缺乏探索行为，行动常具有盲目性。这种教养方式下培养的儿童性格内向，孤僻，对人冷淡，情绪消沉，兴趣狭窄，缺乏理想和追求，自由散漫，社会适应能力差。这类儿童极易受到不良人群的影响而误入歧途。

4．民主型

民主型的父母尊重和理解孩子，并能以平等的身份与孩子交流。他们为孩子的发展提供了最大的自由，孩子可以按照自己的爱好和兴趣发展。当然父母也为孩子的发展提出建议，理性地指导孩子成长，父母鼓励孩子独立探索，承认孩子独立活动的范围。民主型的父母对子女爱而不惯、严而不苛、民主平等。

这种教养方式可以给儿童带来安全感，满足儿童的归属感。儿童在这样的家庭中能感受到爱与被爱，也学会怎样爱他人和尊重他人，从而增强了自尊心和自信心，易于形成健全的人格和良好的行为习惯；儿童的求知欲高、好奇心强并极具创造性，这样的儿童情绪稳定、感情丰富、性格开朗、意志坚强、自信、能与人和睦相处。有研究者对北京大学和清华大学的60名高考状元进行了调查，结果表明，几乎所有的状元的家长对儿童的教育都属于这种类型。

以上是几种较典型的教养方式，分别对儿童的成长和发展，以及儿童行为的产生有不同程度的影响。

(二)减少和预防幼儿问题行为的策略

1. 良好的家庭教育方式需要父母双方共同努力构建

要形成良好的家庭教养方式，父母双方都要加强学习，提高自身的文化修养，纠正自己的心理缺陷。许多研究都认为，母亲对孩子的影响比父亲更大，因为母亲具有女性的美德和天赋——温柔体贴敏感细腻等优点，母亲的温存、宽容、优雅的风度和文明举止都是培养子女良好心理品质的先决条件。但父亲对儿童的发展特别是早期发展同样起着重要的作用，这一点是不容忽视的。有研究曾发现，父亲的惩罚对儿童的问题行为有较大影响。因此，教养好自己的孩子，不仅要重视母亲的作用，也应重视父亲的作用。

2. 父母应了解儿童的心理发展特点

当前，许多家长有一种错误的观念，以为家庭教育可以无师自通，是自发的、本能的，其实这是一个很大的误区。只有把现代心理学和教育学的一些基本的方法、理论掌握好，并灵活、具体地与儿童的教育实践结合起来，形成良好的教养方式，家庭教育才有可能成功。

3. 父母要保证与子女的沟通时间

尽管现在许多父母工作都很繁忙，但不应减少与子女的沟通时间，亲情关系毕竟是其他关系所无法替代的。只有营造出和睦的家庭气氛，彼此之间建立起一种亦尊亦友的关系，坦诚沟通，才能既让儿童感受到来自父母的真正的温暖和照顾，又能让他们更加信任父母，遇到问题能及时与父母沟通，父母也可以及时了解儿童的需求与感受。这样，父母就会自然而然地形成良好的教养方式。

4. 父母要以身作则

在每一个孩子身上都能看到父母的影子，这不但是遗传基因的作用，也是父母的性格、感情、行为、语言等多种因素相互影响、共同作用的结果。要培养儿童良好的个性与行为，父母必须先从自身做起，时时注意自己的言谈举止。父母的言谈和行为是心灵的声音和行动，儿童会在耳濡目染中引起思想和感情的共鸣。模仿是儿童的天性，父母应留意自己的一言一行，让儿童在自己良好行为的熏陶下健康成长。

知识拓展 3-3

第五代家庭教育模式

从“老教育——脑教育”到“新教育——心教育”，家庭教育是人类社会永恒的主题。随着时代的发展，家庭教育日渐成为一个备受关注的压在所有父母头上的沉甸甸的话题——物质条件越来越好，孩子却越来越难教育了。“到底有没有一种教育，能让父母和孩子像‘追蝴蝶’一样流连忘返呢？”中央教科所特聘家庭教育专家周弘用一个生动的比喻，为我们带来了第五代家庭教育模式。

回顾以往的家庭教育模式，我们发现，不管社会如何变迁，家庭教育模式不外乎以下五种。

第一代家庭教育模式——“放羊不管”式

就像过去的农民种庄稼——看天收，根本谈不上教育。

结果：虽然没有受到很好的教育，但孩子都成长得比较自然，没有受到爱心的摧残。

第二代家庭教育模式——“棍棒严管”式

在“棍棒底下出英才”这种观念的影响下，父母就像不会种庄稼的农民偏要种那样，不是拔苗助长，就是往庄稼地里面浇硫酸、盐酸，把一棵棵庄稼折磨得死去活来，奄奄一息……

结果：越管，问题越多；越骂，脾气越大；越打，越不像话；越逼，越势不两立。

第三代家庭教育模式——“恩威并用”式

父母恩威并用，一个唱红脸，一个唱黑脸，大拇指与二拇指轮番上阵，对孩子进行“大棒加胡萝卜”的夹心教育。

结果：为你好，受不了；啥都有，没自由。没有智慧的爱，是对孩子幼小心灵最大的伤害。

第四代家庭教育模式——“一味夸奖”式

随着社会的进步，在“好孩子是夸出来的”的影响下，有的父母走向另一个极端，对孩子进行“一味夸奖”的教育方式。

结果：手上有指，心中无指；方向不对，努力白费。导致孩子脆弱到不堪一击……

从以上四种教育模式中不难发现，家庭教育始终处在“不教育”或“脑教育”的状态，随着和谐社会的到来，“脑教育”已经跟不上时代，第五代家庭教育模式应运而生。

第五代家庭教育模式——“全新思维”式

父母重新回到教孩子学说话、学走路的状态——无条件的爱。这是一种智慧的爱、科学的爱、符合生命成长规律的爱；这是一种“花苞心态”，也是一种“全新思维”，是从传统的“脑教育”到“新教育——心教育”的伟大回归(详见《生命如水》一文)。

结果：父母和孩子一起回到“追蝴蝶”般流连忘返的状态。

生命像一条河，爱是有顺序的，只有父母好好学习，孩子才能天天向上。与其说救救孩子，不如说救救家长。新新人类呼唤父母早日步入心灵呵护的第五代家庭教育——赏识教育！

(资料来源：周弘．http://blog.sina.com.cn/ssiyzhouhong)

二、家庭关系和谐度

问题行为是学龄前儿童主要的心理健康问题，家庭生活方式和家庭内部的关系对儿童行为和心理健康有巨大影响。儿童呈现的问题行为是家庭关系(婚姻关系、亲子关系)受到扰乱的结果，父母关系及亲子关系差是儿童问题行为发生的诱因，父母关系不和谐的家庭儿童问题行为的检出率高。

(一)家庭关系和谐度与儿童问题行为的关系

家庭关系和谐度实质上就是婚姻质量问题。为了解儿童问题行为与其父母的婚姻质量、个性及应对方式的关系，为儿童问题行为的家庭治疗提供依据和指导，我国心理学工作者张柏芳等人对不同年龄阶段的儿童家长进行了大量的问卷调查，问卷所采用的量表包括：

阿肯拜茨(Achenbach)儿童行为量表(CBCL)、Olson 婚姻质量问卷、简易应对方式问卷、艾森克人格问卷(EPQ)。研究结果表明：儿童问题行为检出率为16.4%。通过对问题行为组与行为正常组儿童父母婚姻质量和应对方式、个性特征比较发现，问题行为组儿童父母婚姻质量各因子分均低于行为正常组，而消极应对方式因子神经质因子分均高于行为正常组，差异均有统计学意义(P<0.01)。见表3-2。

表3-2　问题行为组与正常组儿童父母各因子得分比较($\overline{X}$ ±s)

量表及因子	儿童问题行为组(n=168)	儿童行为正常组(n=854)	t值	p值
婚姻质量问卷				
过分理想化	38.51±4.57	39.90±4.33	−3.74	0.000
婚姻满意度	34.00±4.34	35.11±4.57	−2.90	0.004
性格相容性	29.33±5.98	32.32±6.53	−5.50	0.000
夫妻交流	31.80±5.32	33.93±5.71	−4.45	0.000
解决冲突的方式	31.70±5.64	33.67±5.91	−3.98	0.000
经济安排	35.57±5.66	36.76±5.48	−2.55	0.011
业余活动	33.08±6.03	35.34±5.82	−4.58	0.000
子女的婚姻	33.54±5.11	36.34±5.21	−6.38	0.000
与亲友的关系	34.95±5.79	36.59±6.11	−3.19	0.001
角色平等性	28.68±5.18	29.65±5.32	−2.19	0.029
总分	331.20±35.55	349.66±38.54	−5.74	0.000
应对方式问卷				
积极应对	1.88±0.50	1.90±0.56	−0.48	0.626
消极应对	1.21±0.49	1.01±0.53	4.27	0.000
艾森克人格问卷				
内外向	10.68±4.46	10.65±4.39	0.06	0.948
神经质	11.35±4.81	7.40±4.78	9.28	0.000
精神质	3.96±2.45	3.67±2.65	1.28	0.200
掩饰性	13.14±3.54	14.84±3.31	−5.72	0.000

大量研究表明，家庭关系的和谐与否，父母婚姻的质量与儿童的问题行为、心理健康密切相关。如果儿童处在和谐、欢乐、有秩序的家庭中，则较容易获得安全感，积极乐观向上，善于与人交往，易产生亲社会行为；如果父母婚姻关系不好，经常争吵、挑剔、冲突较多，亲子交往质量就差，儿童更易出现攻击性行为、多动不安、违纪等行为及心理问题。一般而言，孩子与父母的交往“模式”受家庭中交往模式潜移默化的影响，而且无声的交往行动远比有声的语言交往更有效。夫妻间的沟通模式和沟通状况为孩子提供了人际交往和人际关系如何处理的不同的典范。

另外，父母由于受到婚姻矛盾的困扰，往往忽视儿童或者想通过溺爱儿童来补偿对婚姻的遗憾，而无论是忽视还是溺爱都不利于儿童的健康发展。婚姻关系好的父母对孩子采用较为一致的交往方式，父子交往和母子交往不存在显著差异。婚姻关系不好的父亲对孩子的表扬、赞赏等积极反馈较少，而干扰孩子的活动较多(如打断孩子的活动，代替而不是帮助孩子完成任务)；婚姻关系不好的母亲不仅给孩子的消极反馈较多，而且更多地运用提问题、命令及强制性的建议来控制孩子的活动。

(二)创建和谐家庭，促进儿童健康发展

家庭是儿童接触社会的第一场所，也是他们认识社会的准则和建立行为规范的第一课堂。因此，要降低儿童问题行为的发生率，必须采取综合干预措施，把精力放在整个家庭上，而不仅仅是孤立的个体。对父母进行必要的心理指导和婚姻辅导，提高婚姻质量，改变不良的行为方式，从而预防儿童问题行为的发生，促进儿童心理健康发展。

首先，父母要学习掌握沟通的技巧，善于化解矛盾。研究证实，矛盾性是儿童问题行为产生的危险因素。所以，家庭成员运用合理的愤怒表达方式，正确处理内心的敌意，掌握有效的矛盾处理方法，对减少儿童问题行为(尤其是攻击性行为)是至关重要的。

其次，建立和睦平等、相互关心、相互爱护的家庭关系。为了履行好教育子女的义务，使孩子能够健康成长，夫妻之间必须互敬互爱、互谅互让，凡事都要互相支持和帮助。正常的家庭气氛要求家庭成员之间相互平等、团结一致，这种和谐的家庭氛围可以减少儿童的抑郁情绪及攻击性行为的发生。

再次，在家庭中培养和建立一定的道德价值观。每一对父母都希望自己的孩子是完美的，健康、聪明，有好的个性，与此同时，更希望自己的孩子能够明辨是非，遵守道德的准则与他人交往。道德是一个关于人类行为正确与否的信念、价值和深层判断系统。社会需要儿童发展成为一个有道德感，并遵循道德准则而行动的成人。所以，家长应在家庭中培养和建立一套合理的道德价值观念，引导儿童理解并掌握，这样可以使儿童约束自己的行为，降低攻击性行为的发生。

最后，搞好娱乐活动，丰富家庭生活。要合理地安排好休息，在闲暇时间一起外出参观游玩，走亲访友，看电影，看戏；在家里看电视，讲故事，相互交流信息，把家庭生活搞得和谐融洽，愉快幸福。这样，为儿童多创造适当的社交娱乐机会可降低社交行为问题出现的概率，有利于儿童健康成长。

三、父母不适当的行为

常言道：身教胜于言教。这句话是指我们怎么说并不重要，重要的是怎么做。其中蕴含的深刻意义是，人的行为常常比语言更有影响力。所以，在日常生活中父母的一些不恰当行为，在潜移默化中会给孩子起到示范作用。

(一)父母的攻击性行为

具有攻击性行为的父母，常常会养育出更加具有攻击性行为习惯的孩子。

案例 3-5

被学校拒之门外的孩子

鹏鹏是个 6 岁的男孩，他虽然刚刚上了不到一年的小学，却已经被三个小学校拒之门

外，他的学习成绩不但很糟糕，连行为表现也让老师很不满意。具体表现就是上课坐不住，无法集中精力听讲，课后从来无法独立地完成作业，跟同学的关系也很紧张，经常把别的孩子惹得哇哇大哭，他自己也很烦躁。

在家里，鹏鹏只跟妈妈的关系密切，对爸爸从来不理不睬，甚至有时说出“讨厌爸爸”这样的话。

经多方调查发现，原来鹏鹏妈妈怀孕时，她和丈夫两地分居，孕期的反应和工作的压力常常让她非常焦虑与不安，那时她希望丈夫能够常回来看望她，安抚她一下，可是，丈夫也是个工作狂，常年在外奔波，很少对怀孕的妻子表示问候与关心。鹏鹏妈妈一方面要自己承受怀孕带来的身体不适，另一方面还要独自面对生活中的许多琐事。出于对丈夫的不满，鹏鹏妈妈提出了离婚。夫妻俩在电话里经常争吵，偶尔丈夫回到家里，鹏鹏妈妈也不依不饶，互相指责，吵吵闹闹，有时还会动手，这样充满火药味的气氛笼罩了鹏鹏妈妈的整个孕期。后来，出于对孩子的考虑，鹏鹏妈妈才勉强维持婚姻。

孩子出生以后，鹏鹏妈妈把心思都用在了孩子身上，已经从外地调回北京的丈夫却因为在家里总感到受冷落而极为不满。夫妻俩磕磕绊绊，每天见了面就吵架，有时在餐桌上当着正在吃饭的鹏鹏就肝火十足地争吵。这样的场面见多了，鹏鹏妈妈发现儿子从小攻击性就特别强，在幼儿园里每天被告状最多的一定是他。所以，鹏鹏最不喜欢的就是爸爸去幼儿园接他。因为爸爸一听老师告状就火冒三丈，常常没出幼儿园大门，鹏鹏就会挨打。可是鹏鹏跟妈妈在一起却经常欺负妈妈，有时他做错事妈妈批评两句，他就会像爸爸一样大吼大叫，甚至还会说脏话，动手打妈妈。有时实在把妈妈气急了，妈妈也会打他两下。可鹏鹏妈妈发现，这样的教育根本不起作用，鹏鹏的攻击性行为不仅没有改掉，还越来越厉害。本指望孩子进小学会变得好一点，没想到一年级还没读完，已经没有老师肯带这个学生了。为此，鹏鹏妈妈非常无奈。6 岁的儿子成了她心头卸不掉的包袱。

从鹏鹏的成长经历，我们很容易看到这个 6 岁男孩成长的轨迹，其中，对他产生强烈影响的主要是他父母的行为，妈妈的焦虑与紧张、爸爸的粗暴与不负责任，都给了还是胎儿的鹏鹏巨大的影响。

可以说还在母亲腹中，鹏鹏就已经体验到了所谓的焦虑、紧张、悲伤和恐惧。父母的争吵，甚至大打出手，让本来应该处于安静甜蜜环境中的胎儿也经常烦躁不安，这对他后来的攻击性行为的形成起到了一定的作用。

出生以后，鹏鹏没有体验到家庭和谐安详的气氛，他的父母仍在争吵，仍在不停地打打闹闹。鹏鹏从父亲身上看到了许多充满了攻击性的行为，从母亲身上又看到了忍让与退缩，这使他的行为也充满了模仿与复制。例如他在幼儿园会打别的孩子，在学校会攻击别的同学，在妈妈惹他生气的时候，他会像爸爸一样说粗话，甚至动手打妈妈。在他的潜意识里，爸爸已成了他的行为榜样，妈妈也成了他可以欺负的对象，因为爸爸就是这么做的。

这个只有 6 岁的男孩已经完全被他父母的行为所操纵，因为家里的气氛总是吵吵闹闹的，所以他无法在任何一刻集中精力，更谈不上养成集中注意力做事情的习惯。所以，他的学习成绩一团糟，从来无法独立地完成作业。

由于中国的大多数父母并不懂得自己的行为会给孩子的成长带来什么样的影响，因而，许多父母在孩子变得无法让人接受时，只知道去抱怨孩子。其实，要解决孩子的问题，首先要解决家长的问题。

对于不少具备攻击性的孩子来说，父母可以从以下几方面入手，来帮助他改掉这些不良的行为习惯。

(1) 父母首先要改变自己的行为习惯。这样可以帮助孩子降低攻击性行为习惯发生的频率与程度。

(2) 营造温暖祥和的家庭氛围。作为父母，应该注意他们在孩子面前的形象，以及他们是否具备有利于孩子成长的行为习惯，孩子天生喜欢平静、祥和的家庭气氛，为人父母应该把是否能够为孩子营造这样一种安详的家庭氛围，让家里充满温暖与安全的感觉当作自己的首要选择。

(3) 允许孩子拥有一定程度上的“攻击性”。尤其是男孩，攻击性与侵略性常常是他本能的一种体现，只要合理引导，把孩子的攻击性用在好的方面上，有助于孩子建立自信心和征服能力。例如，让孩子在一些体育项目上发挥自己的攻击性，在球类运动中运用自己的攻击性，这都有助于孩子良好行为习惯的养成和自信心的提升。

(4) 帮助孩子养成礼貌的行为，建立与人友善的行为习惯。要告诉孩子在什么场合，用什么样的礼貌行为来与他人建立友善的关系，让孩子学会用微笑来面对陌生人，这比横眉冷对更能让他感受到别人的接纳与友善的对待。

(5) “攻击性”过强的行为虽然不是好的行为，但做父母的也一定不要因此而对孩子产生绝望情绪，甚至放弃。孩子在成长过程中是可塑的，他的每一个阶段都可能是有变化的，只要父母意识到了孩子的行为是需要改善的，就应该积极地想对策来帮助孩子进行改善。那些直到成年以后都遭受“攻击性”行为困扰的孩子，常常有一对不愿意为了孩子而改变，以及轻易放弃改变孩子的机会的父母，这样的父母的困扰也将是终生的。具有“攻击性”行为习惯的孩子是体验不到人生的幸福与温暖的。

案例 3-6

儿童攻击性行为个案研究

研究对象：熙熙

年龄：3 岁半

班级：小六班

个案情况简述：

熙熙生性活泼好动，独立性强，善于发现和观察事物，有一定解决问题的能力。

熙熙父母离异，从小由外公外婆带大，习惯指挥他人，脾气暴躁，比较任性，每次入园时都要闹情绪，说出各种不上幼儿园的理由，但家长一旦离开后就能很快融入集体生活中。

个案观察记录：

(1) 饭后看书。儿童主动选择了自己喜爱的区域进行活动。今天琪琪带来了新图书，正当他看得开心时，熙熙走过去抢琪琪的图书。因琪琪抓住图书不放，熙熙就在琪琪的脸上咬了一口，他最终抢到了图书。

(2) 集体活动。儿童自由坐在地上，熙熙坐在最后一排。老师引导幼儿观察图片后，让儿童自由讨论。熙熙一会儿拉拉前面小朋友的头发，一会儿抓旁边小朋友的衣领，还故意把别的小朋友绊倒。老师发现后，叫他起来回答问题，他回答正确。

(3) 表演游戏。儿童自由选择角色和材料，熙熙在第三组，他拿着一个小熊的头饰跑到第一组："你们看，我今天要当小熊。"这时，熙熙发现黄黄和春明为了争小熊角色互不相让，于是他说："你们用剪刀石头布。谁赢谁就来当小熊。"黄黄输了，但他不认输，要再来一次。熙熙上前一步去抢黄黄手中的头饰，黄黄不给他，他就用力一推，将黄黄推倒在地，并把头饰抢过来给了春明。

(4) 分组活动。老师引导儿童自由观察图片。熙熙站起来，四处走一走，看一看，与一位小朋友开玩笑。老师发现了，瞪他一眼，他回去看图片了，等老师不注意他了，他又到另一名小朋友后面，把那位小朋友绊倒在地，他很开心。

一、家园之间进行交流

教师：把熙熙在园中表现向家长反映(主要反映以上情况)。

家长：①工作较忙，很少有时间陪孩子玩：熙熙说自己一个人很无聊，经常提出要去小朋友家或邀小朋友到家里玩；②熙熙对老师布置的任务记得牢，很乐意完成，平时做事动作很慢，对事物难以保持较长时间的兴趣；③熙熙会主动关心妈妈，自己能做的事情就自己做，但没有耐心；④熙熙会自己想办法解决问题，但很爱发脾气，比较急躁。

二、家园共同分析原因

(1) 为了引起他人的注意。熙熙生性活泼好动，喜爱表现自己，往往寻找各种方式来引起他人的注意，但他选择的方式不当，无意中攻击了他人。这表明他的心理发展水平不高，没有掌握正确的交往方式，需要成人加以引导。

(2) 自我控制能力差。熙熙从小被外公外婆溺爱，养成不分场合、时间和对象，想说什么就说什么，想干什么就干什么，丝毫不顾及他人的习惯，再加上儿童的认知水平低，考虑问题往往以自我为中心，并没有真正理解大人所说的"打人不对"的道理。

三、幼儿园教育措施

(1) 疏导多余的精力。多给熙熙提供活动的机会，让他有事可做，使他多余的精力有"用武之地"。

(2) 加强注意力的训练。把熙熙安排在教师容易顾及到的地方，在各项活动中注意培养他的注意力并多表扬肯定。由于他接受能力较强，在学习活动内容上可适当增加难度，延长活动时间，逐步培养其耐心、专注的习惯。

(3) 在游戏中培养自制力。熙熙喜欢游戏，每次游戏他都非常兴奋，但他常常伴有破坏性、攻击性行为。教师有意让他在游戏中担当"重任"，如让他当组长、裁判或老师、警察的角色，从而逐渐让他学会约束自己，习得内隐的游戏规则。

四、家庭教育措施

(1) 创设适宜环境进行疏导。如在家里设置一个"美劳角"，提供彩笔、剪刀、颜料及各种结构的拼插玩具，这既能对儿童进行心理疏导又能转移儿童的注意力。

(2) 以榜样示范，指导儿童正确行为。家长在孩子犯错时要事先了解原因，不要用"打"来解决问题，家长自身更不要在儿童面前显现出攻击性行为。家长要教会儿童正确解决冲突的办法和技巧，引导儿童与他人相处时要和气、有礼貌等。

(3) 淡化不良社会因素的影响。儿童辨别能力差，模仿能力强，社会中的各种暴力行为、攻击性行为等不良行为都会影响到儿童的身心健康。家长要为儿童营造较为宽松、温馨的生活环境，尽量避免给儿童提供刀、枪等含有攻击因素的玩具；应避免让孩子看含有暴力行为、攻击性行为等不良行为的影视和图书；当儿童有这些不良行为时应马上制止，儿童有悔过之意时应给予表扬。

个案转化效果：

通过两个月的家园共同教育，熙熙在各方面都有了明显的进步：懂得与同伴友好地玩，懂得遵守规则，能较好地控制自己的行为。同伴对他也很认可，推荐他当组长、小老师等，这不断促使他努力改正自己的不良行为，取得更大的进步。

(二)父母的情绪化行为

父母的行为如果过于情绪化，孩子的行为就会处处充满情绪化。

案例 3-7

爱发脾气的妞妞

妞妞是一个 3 岁的小女孩，她有一双大大的眼睛，长得漂亮可爱，可就是脾气大得要命，经常摔东西，大哭大叫，每次发脾气不哭上一个小时结束不了。妞妞的妈妈不知道这孩子怎么了，如此地情绪化，高兴时乖巧得让人心疼，不高兴时却让全家人都受不了。

经了解发现：妞妞的父母都是特别情绪化的人。他们俩都是独生子女，在还没打算结婚时发现有了妞妞，只好奉子成婚。那时妞妞妈妈妊娠反应比较严重，还要筹备婚礼，很多事都要自己打理，妞妞爸爸根本就不插手，妞妞妈妈又着急又焦虑，搞得情绪不好，见到妞妞爸爸就跟他吵。所以，可能妞妞在妈妈怀着她的时候就受了不少刺激。

孩子出生以后，妞妞妈妈辞职在家带孩子，只有爸爸一个人赚钱，家里的经济很拮据。生了妞妞以后，妞妞妈妈体重增加了 30 多斤，原来苗条的身材再也找不回来了，她又生气又着急，情绪总处在波动之中，每天妞妞爸爸下班回来妞妞妈妈就找茬跟他吵架。后来，妞妞爸爸索性不混到半夜不回家。因为回家晚，夫妻俩经常吵架，而且越来越凶，好几次都谈到了离婚。

妞妞刚生下来时特别乖巧，很少哭闹，可因为夫妻两个老吵架，妞妞的脾气也变坏了，她的要求有一点没满足，马上就摔东西。妞妞妈妈知道这一点是跟她学的，她一发火就爱摔东西，手机都摔坏好几个了，可妞妞妈妈没想到妞妞这么小的孩子学得这么快。

因为孩子的事情夫妻俩也经常吵架，爸爸说这样的孩子就要打，妈妈绝对不允许他打，他们俩一吵，孩子就哇哇大叫。妈妈爸爸要是高兴起来，孩子怎么闹都可以，不高兴了，孩子一叫，妞妞妈妈就训她，或给她一巴掌。夫妻俩知道这样对孩子不好，可就是情绪来了，无法控制自己的行为。

从这个案例中我们不难看出，妞妞事实上就是父母的影子，她从父母身上习得了情绪化行为。美国的心理学家就曾经说过这样一句话："情绪化的行为就像瘟疫一样，具有传染力。"曾经有人在实验室里做过这样一项实验：在一个很大的房间里有十几个人在愉快地交谈。一对年轻的情侣走进这个房间，刚开始他们还在耳鬓厮磨，悄悄倾吐情话，可不一会儿，这一对情侣开始吵架，并且越吵越凶，两个人都变得很愤怒。正在愉快交谈的那十几个人开始停下来关注他们，只见那对情侣越吵越厉害，声音越来越大，这时心理学家发现，刚才还很愉快的那十几个人全部开始变得心情沮丧，并且有了想要吵架的冲动，甚至有的人心跳开始加速，情绪有些愤怒。

这便是情绪化的行为对周边人的心理影响，我们常说心理决定行为，当一个人心理沮丧，并且情绪开始冲动的时候，他的行为一定会失去控制，并且不加掩饰。

所以，心理学家说，情绪化的行为就像瘟疫一样，会使正常人的情绪变坏。从这一点来看，就很容易解释，为什么那个刚出生时如此乖巧可爱的妞妞，会在 3 岁时就变成一个“可怕的女孩”。

所以，在很多家庭问题个案中我们都会发现这样的轨迹：情绪化的父母养育的孩子会更加情绪化；从来不会控制自己情绪的妈妈，一定会有一个从来不计后果、只顾自己宣泄的孩子；经常发脾气、情绪不稳定的父亲，是每个家庭的灾难，它不仅会毁掉家庭的安宁，还让孩子也染上这种情绪不稳定的瘟疫。

建议有情绪化行为倾向的父母按以下方法改善自己的状况。

(1) 找到自己情绪化行为的周期。分析这些情绪化行为形成的时间或规律，例如说女性会有在经期前情绪特别波动、急躁的特点；男性会有在工作压力特别大、特别疲劳的情况下，有情绪冲动、行为失控的特点；爸爸妈妈在刚有了小宝宝时，会因为孩子哭闹，自己又缺乏处理这些问题的经验和能力而感到焦虑和紧张。这些都是容易造成父母情绪化行为爆发的原因。明白了自己的情绪因何波动，就要学会选择合适的方式来合理释放这些情绪。

(2) 夫妻双方要学习掌握释放不良情绪的方式。夫妻吵架是一种极为被动而不良的宣泄方式，会给孩子的心灵造成永久的伤害，经常处在父母“战争”中的孩子会有心跳加速、焦虑、烦躁、食欲不振、爱哭、入睡困难、惊觉、免疫力下降、爱生病等不良反应，建议年轻的父母尽量避免用这种方式来释放情绪。最好的办法是寻找一种双方都可以接受的方式来缓解情绪，或者避免在情绪高峰的时候正面接触。如果妈妈的情绪到了一触即发的时刻，可带孩子出门散散步，或到超市去买点儿东西，或去餐馆点一种喜欢的巧克力或甜品来安抚自己一下，要知道巧克力和甜品里面都有一种安抚情绪的物质，甜蜜的味道会让心情平静下来，情绪更加稳定。爸爸在情绪恶劣的时候，最好赶紧出门打会儿篮球，或去健身房运动一段时间，要知道运动会让人大量排汗，而汗水会带走身体里的毒素，增加身体里愉快激素的分泌。很多时候，你会发现，本来火冒三丈的你，运动几个小时以后会变得容光焕发、心情舒畅，很多麻烦都变得不重要了。

如果说出门散步与运动是一种情绪转好的方法，而你却不方便去做的话，还可以用一种自我放松法，即不断地通过深呼吸来放松自己全身的肌肉，暗示自己放松神经，放松情绪，最后再来听一段舒缓的音乐。在这样的调适下，你的身心会迅速从情绪的峰值上降下来，慢慢进入平静的状态。等你感觉完全可以控制自己的情绪和行为的时候，就可以开口跟你的另一半好好谈谈，要记住是“谈话”而不是“吵架”，因为吵架是吵不出什么眉目来的，而人在吵架的时候说的话常常是最伤人的，这对你们之间的关系没有任何好处。好好地谈一谈，才是真正解决问题的方法，而且这样做你会显得更有力量，让对方更加尊重你。

(3) 父母从改变自己入手，影响教育孩子。情绪化的行为常常是人的一种不自主的行为，有的父母通常会认为我并没有想这样做，可不知怎么就这样做了。实际上，这都是为了逃避改变而给自己找的一种借口。想要改变自己的确很难，有时还很痛苦，但要明白，你如果不想承受改变的痛苦，那么将来你就要承受你的孩子变得和你一样的痛苦，他为此而失去的幸福、为此而丢掉的机会，将使你的痛苦远远大于改变自己要承受的痛苦。所以，只要意识到了自己的行为对孩子成长不利，就应该尽量去改变。

情绪化的行为一般是因为心智不够成熟而引起的，我们建议父母在心智方面多给自己一些磨炼，通过承担责任而让自己不断地成熟起来。只要你有意识地去提醒自己，尽量以成熟的人格来要求自己，并且希望别人也把自己当作一个成熟的人来对待，你就会获得成长。关键是这种成长是不是自己想要的。

有这样的父母，他们很清楚自己情绪化的行为给孩子造成的影响，但他们就是拒绝改变，甚至固执地认为孩子的问题跟他们一点儿关系都没有，是孩子自身的个性有问题才造成的行为困扰。对于这样的父母，我们只能觉得很遗憾，对于他们的孩子，我们只有无比地惋惜，只希望他们的孩子在将来能够有更自主地选择，来脱离父母对他们的影响。但有时，这也只能是一种希望。

另外，父母在改变自己的同时，要注意引导教育孩子。很多父母会在孩子任性、哭闹的时候选择满足孩子，岂不知这正好纵容了孩子不良情绪的表达。对于孩子的哭闹行为，首先父母应该有足够的耐心去弄清楚他到底为什么哭闹，并且正确地判断这种哭闹是属于合理的还是孩子的情绪化表现。如果在这种时候，父母一味地斥责孩子甚至用武力来制止孩子哭闹，只会给孩子下一次更为严重的哭闹行为留下隐患，因此正确地判断孩子为什么哭闹是很重要的。其次，如果孩子真的是因为某种客观的原因，例如饿了、不舒服了、想要爱抚了而哭闹，就要尽量地满足孩子。如果孩子仅仅是情绪化的表现，则可以让他自己哭一会儿，不要急于去安抚他，在心理学上，这叫延迟满足。这会让孩子学会自律，如果他这次并没有因为哭闹而获得不合理的满足，下一次哭闹的时候，他就会考虑一下，这样做是不是能够让他达到目的。

孩子的哭闹情绪家长可以接纳并告知孩子每一种情绪的名称，但不合理的要求不接受，这是共情，可让孩子学习认识情绪、管理情绪。另外，孩子在情绪中是听不进去道理的，而幼儿园老师讲道理孩子之所以会听，大多数只是慑于权威，对于孩子情绪的成长没有促进作用。

不容忍孩子的负面情绪，会让孩子认为消极情绪是不好的，成人后便不会调节负面情绪，进而成为情绪的奴隶，且会有情绪随时失控的情况发生。

(三)父母的撒谎行为

不信守承诺、爱撒谎的行为会让孩子认为父母是不可信赖的人。他会认为父母对他的方式就是成人对世界的方式，他自己也会变成一个不值得别人信赖的人。

案例 3-8

撒谎的珊珊

珊珊是一个 9 岁的小女孩。她的妈妈介绍说，这孩子 3 岁时就学会了撒谎，从幼儿园到学校，所有教过珊珊的老师都向珊珊妈妈反映，这孩子撒谎成性，而且撒谎的技巧越来越高，有时连老师都分不清她说的是真话还是谎话。为此，珊珊妈妈想尽了办法让女儿改掉这个坏毛病，可尽管连毒打这样的手段都用上了，珊珊的谎言还是张口就来，这让珊珊妈妈几乎陷入绝望。

在一次亲子课堂上，珊珊回忆第一次说谎是 3 岁那年。因为不喜欢幼儿园的老师，她特别不想去幼儿园，她想起有一次妈妈不想去上班，想和小姨去逛街，就在家里打电话向单位领导请假，说珊珊发烧了，要带孩子去医院。单位领导相信了珊珊妈妈，让她赶快带孩子去看病，就不用去上班了。那一次，珊珊妈妈在家里休息了好几天，而珊珊根本就没发烧，还每天被妈妈送到幼儿园去。

从那时起珊珊就开始跟妈妈说谎，说自己肚子疼，不想去幼儿园。珊珊妈妈以为女儿真的肚子疼，又带她去医院检查，又带她去姥姥家让姥姥看看是怎么回事儿，去幼儿园的事儿妈妈再也不提了，珊珊自由自在地在家里玩了一天。

从此珊珊尝到了说谎的甜头，而且她发现妈妈根本就没有发觉她在说谎。这个 3 岁的小女孩从此在这个“游戏”中不能自拔。直到她上学以后，经常不完成作业，却对老师谎称妈妈病了，她在家照顾妈妈，所以没写作业。开始老师还表扬珊珊，说她这么小就知道关心、照顾妈妈，真是个好女孩。可后来，同样的谎言不断出现便引起了老师的怀疑，经过与珊珊妈妈沟通后，老师和珊珊妈妈发现，珊珊已经在说谎的路上越走越远了。

珊珊的回忆一定给了妈妈非常大的心灵震撼。珊珊妈妈没有意识到自己说谎的行为习惯会给女儿带来什么样的影响，直到她发现只有 9 岁的女儿，却俨然是一个说谎高手时，才意识到自己的行为直接影响到了女儿的行为方式。

在日常生活中，我们经常可以听到很多家长在为孩子爱说谎、擅长说谎的习惯抱怨、着急，如果我们反问是不是他们在生活中也经常会有说谎的行为时，不难想象很多家长会选择沉默。所有的人都知道，说谎是一种非常不好的行为习惯，但所有的人不可否认都曾经有过说谎的行为，这也就难免使孩子染上说谎的行为习惯。

还有一个问题是，有的父母有说谎的行为习惯，可他却不具备判断谎言的能力与经验，孩子有时说谎，他根本就无从察觉，因此，让孩子在谎言中达到了目的，获得了利益，这就无形中鼓励了孩子进一步说谎。我们常说谎言就是上一个谎言接下一个谎言，因为只有这样，谎言才不会被揭穿，许多孩子的说谎行为就是在这样一种情况下愈演愈烈，进而难以纠正。

父母爱说谎，孩子也会与谎言结缘，而父母如果很少信守承诺，那又会给孩子带来什么样的伤害呢？

有专家做过这样的调查，请孩子们列举父母最伤害他们的事情，绝大多数的孩子列举父母答应他们的、许诺他们的，最后却又未能兑现承诺或不了了之的事情。当专家向父母求证这些事情时，大多数父母含笑不语，几乎默认了孩子们的说法。

父母为什么会对孩子不讲信用？不重视对孩子的许诺？有的父母这样解释：“有时候为了哄孩子高兴，让他好好学习，随便就答应了他的要求，并没有想过真的兑现这些承诺。”有的父母这样说：“跟孩子讲什么信用啊，他懂什么。”

正是因为这些父母不把对孩子信守承诺当作一件很认真、很重要的事，才导致了太多的父母从来不兑现诺言，在孩子面前失去信用。

那么，父母不遵守承诺、不讲信用的行为习惯会给孩子带来哪些影响呢？

一方面，使孩子对父母产生过多的失望和反感，最终导致他对整个世界都感到失望和反感，而这种失望和反感将使他无法与人正常、友好地相处，因为他的内心充满了对抗，因此，将来在和那些对他的行为有约束或制约的人，例如老师、警察、老板等相处时必然会产生矛盾冲突，这种矛盾会让孩子更加坚定地认为世界上任何人都是不可信任的。

另一方面，使孩子养成了不讲信用、不遵守承诺、爱说谎的行为习惯。我们应该清楚地看到，爱说谎的父母只不过让他的孩子也习惯了与谎言为伴，而不讲信用、不遵守承诺的父母，却让他的孩子因为对父母的反感与失望而与整个世界对抗，这样的对抗将让孩子付出高昂甚至一生的代价。

所以，请别小看对孩子的许诺，有时这关系到孩子一生的命运；请别不在意你的行为对孩子的影响，有时候你就是孩子的世界，孩子是从你身上看到他是该如何做人的。

不信守承诺、爱说谎的行为习惯，是非常不利于孩子健康成长的，专家建议父母可以从以下几个方面入手，来改掉这些不良行为。

1．重视自己的承诺

很多父母认为孩子还小，没必要对他们信守承诺，这种观念是大错而特错的。不管你的孩子是1岁还是17岁，你都应该尊重对他的许诺，因为，孩子越小他就越在乎你的诺言，他的心灵像一张白纸，你描绘什么他显现的就是什么。你实现了你的诺言，他就会因为你重视他的存在而感到快乐；你失信于他，他也会因为你如此地不尊重他而感到愤怒和沮丧，同时在愤怒和沮丧中，他会扭曲对你和世界的看法。

2．不轻易许诺

有的父母很容易对孩子许下诺言，也很容易违背对孩子的诺言，这样的父母当然是在孩子面前最没有公信力的。没有公信力的父母无法让孩子信服你的每一个决定，因而跟孩子的沟通与交流就会困难重重，由此而产生的矛盾冲突也常常难以化解。

所以，做父母的不必有很多钱，也不必给孩子多丰厚的物质生活，只要你重视你的信用度，保留你的公信力，就会获得孩子的尊重与服从。想要实现对孩子的所有承诺，就要慎重地对待给孩子的每一个承诺。许诺孩子时要考虑这样几个问题。

(1) 不要夸海口，做不到的事情就不能答应孩子。

(2) 不要只在物质上承诺孩子。有的家长把孩子的学习成绩和物质奖励结合起来，表面上看孩子为了得到物质奖励而去努力学习了，但本质上会让孩子养成一种不好的行为习惯，这种物质奖励是一把双刃剑，能不用则不用，非用不可的话则要把握好度，而且答应孩子的一定要做到，否则，容易让孩子形成对抗情绪。

(3) 承诺常常是双向的，父母切忌孩子许诺的做到了，你许诺的却没有做到。失信于孩子是非常大的过失，不要不在意。而如果你许诺的做到了，孩子许诺的却没有做到，也千万不要迁就孩子，这是游戏规则的问题，是大家都要遵守的原则性问题。在这种情况下，一定要求孩子兑现他的承诺才可以实现你对他的许诺。

3．无法兑现承诺时的措施

在孩子修正错误行为期间，请尽量避免再让你的孩子看到你的这些行为。有些不得不说所谓善意的谎言，尽量不要当着孩子的面说。当真的因为客观原因无法兑现诺言时，第一，请在第一时间给孩子道歉，态度诚恳地告诉他，因为某种原因无法兑现诺言，请求孩子原谅，让他相信你会尽快地补偿他；第二，尽量在无法兑现承诺时少对孩子许诺，完全可以换一种口气："也许吧""差不多吧"这些模棱两可的语气，会让孩子的期待没有那么强烈，或者让孩子知道可能有两种结果。

(四)父母的自私行为

父母如果行为自私，孩子就会有更加自私的行为。

案例 3-9

自私的小玉

小玉的妈妈是某学校的研究人员，而小玉的爸爸是医院的外科大夫，平时工作特别繁忙，为了节省时间工作，小玉上寄宿幼儿园。6 岁的小玉外表清秀文静，可就是自私得要命，从来不肯跟任何人分享她的东西，包括她的内心世界。有一次，她的玩具被同宿舍的女生拿去玩了一会儿，小玉居然怒气冲冲地把那个女生的衣服扔了一地。平时她的床和桌子就像是不容侵犯的领地一样，谁要是碰一下，小玉就会哇哇大叫，不依不饶。小玉的状况让老师很担心，她建议小玉妈妈带小玉去看看心理医生。

心理医生了解得知，小玉妈妈来自北京的一个部队大院，属于那种典型的大院子女，她的父母都是军人，对她的要求非常严格，因为工作繁忙，很少去照顾她，尤其是小玉的姥姥。小玉妈妈的父母都属于那种典型的个人顾个人的人，小玉妈妈从小就学会了自己照顾自己。

小玉妈妈结婚以后，为了取得更多的科研成果，承担了非常多的研究课题，不是做实验，就是出去做学术交流，几乎所有的时间都用在了工作上。小玉爸爸也是医院里的技术骨干，经常被请到外地做手术。夫妻俩事业忙得有声有色，钱也赚了不少，可就是忽视了孩子的存在。

因为从小就养成了只顾自己的行为习惯，小玉妈妈在结婚后也照样延续着这种行为习惯。在她的两居室家里，她和丈夫每人一个房间。她的房间别人不可以随便进，因为有科研资料；她的东西别人也不可以随便碰，因为那都是她的。小玉父亲开始很不习惯妻子的做法，为此夫妻俩也吵闹过，最终，小玉父亲发现小玉妈妈的这种只顾自己的行为习惯根本是不可改变的，也只好对她妥协了。

后来，小玉家换了三居室，有了小玉的一个房间，小玉父亲惊讶地发现，女儿也开始像妈妈一样，把自己的房间当作一个阵地，爸爸妈妈要进去必须得到她的同意才行，而且她的东西也不允许别人乱动，谁动了她就跟谁急。

在对小玉的询问中，小玉讲述了一些让她伤心的事。有几次她把自己的课外读物借给了同学，结果却被妈妈狠狠地训斥了一番。妈妈的观点是小玉的同学都有爸爸妈妈，她们想看课外读物，应该让她们的父母去给她们买，不应该借小玉的，不应占小玉的便宜。在被妈妈骂了以后，小玉变得特别小气，她的东西谁也不借。

小玉的妈妈在生活中也很自私，经常在钱上跟爸爸斤斤计较。尽管爸爸妈妈收入都挺高，但小玉妈妈经常为了小玉爸爸给婆婆一点儿生活费而发脾气，小玉知道，妈妈即便跟姥姥也是如此计较。

但是，小玉知道妈妈在给自己花钱时却大手大脚，经常买最昂贵的化妆品、名牌衣服。开始小玉对妈妈的这种只顾自己的行为也颇为不满，可慢慢地她发现自己也是这样的人。逢年过节家人给的压岁钱，小玉全自己留起来，从来不会跟爸爸妈妈分享。爸爸妈妈只顾发展自己的事业，对小玉陪伴甚少，小玉就学会了自己一个人关在房间里玩儿，偶尔父母想要跟她聊聊天，她也会觉得很被打扰，不愿去理睬他们。

小玉家的周末常常是这样度过的：三口人每人一间房子，妈妈可能正在她的房间上网查资料，爸爸会在他的房间抽烟打电话，小玉则把房门关起来，跟她的玩偶们一起玩儿。妈妈一般在单位吃了晚餐回来，爸爸会在外边跟朋友喝酒，妈妈不喜欢做饭，嫌油烟会伤害皮肤和头发，小玉只好一个人叫麦当劳外卖吃。小玉说："妈妈不喜欢做饭，嫌油烟会伤害皮肤和头发；爸爸工作了一天很累，也喜欢在外边跟朋友喝喝酒放松一下。他们会给我钱，让我叫外卖吃，他们说这样很方便，不必为了做饭浪费时间。"

小玉妈妈在与心理医生的交谈中，她强调最多的就是一个"我"字。例如说 "我要工作，我要取得成就，我要赚钱，我要努力上进"等，平心而论，这些都不是坏事，但如果作为一个母亲、一个妻子，如此强调自我的价值体现，如此看重自我的目标实现，是不是对一个孩子、一个家庭有些不公平？应当说小玉妈妈的行为是非常具有代表性的，反映了许多年轻父母过度关注自我感受、自我需要的心态。

如何修正自私行为，家长可以参考以下几点建议。

(1) 尽量少强调"我"字。在一个家庭中，男人和女人都承担着双重角色(丈夫和父亲，妻子和母亲)，就不应该再过度强调自我的感受。因为这两种角色都必须具备一些包容与"忘我"的精神才可以胜任，否则，就无法给孩子和家庭带来快乐。

(2) 正确处理自己利益和家人利益的关系。夫妻不要在经济上过多地干涉对方，尤其是不要当着孩子的面儿与对方在金钱上斤斤计较，这会对孩子造成非常不好的影响。要学会在物质上大家共同分享，至少要让孩子感受你有这种分享精神，例如在过年过节或家人过生日的时候，带着孩子去给他们挑选礼物，也许买的东西并不贵重，但这是一种行为熏陶，它至少可以让孩子认识到，你是愿意跟别人分享的，也会在孩子心里留下烙印，那就是分享是一件令人愉快的事情，孩子会因为你愿意跟他人分享快乐而更加尊重你。

(3) 父母在改善自己行为的同时，也应该对孩子的行为有所引导。例如让孩子把自己的玩具借给小朋友，帮助有困难的小朋友，周末邀请小朋友来家里做客，通过这种方式引导孩子学会关心他人，学会分享，这将有利于孩子将来走向社会和在社会中生存。

在生活中我们常常会看到，只有在乎他人的存在，善于与他人分享与合作的人才会被大多数人所接纳。

总之一句话，改善自己的自私行为就是在成就孩子更美好的人生。

四、养育环境的变化

(一)父母离异

国家民政部门数据统计显示从 2002 年开始，中国的离婚率就一路走高。2002 年，中国粗离婚率仅有0.90‰，2003年达到1.05‰，到2010年突破2‰。当前数据显示，2015年依法办理离婚手续的共有384.1万对，比上年增长5.6%，其中：民政部门登记离婚314.9万对，法院办理离婚69.3万对。粗离婚率为2.8‰，比上年增加0.1个千分点。2016年上半年全国依法办理离婚手续的共有168.3万对，比上年增长11%。最新数据显示，2017年上半年全国各级民政部门和婚姻登记机构共依法办理结婚登记558万对，比2016年下降7.5%；依法办理离婚登记185.6万对，比去年同期上升10.3%。而在美国，有40%～50%的新婚夫妇最后会以离婚收场，每年受父母离婚影响的美国儿童都会增加100万人。

值得注意的是，离婚并不是单一的事情，对整个家庭而言，是极具压力的事件，夫妻在真正分离之前可能会有婚姻冲突，而分离之后则有许多生活上的变化。家庭还必须克服家庭资源的缩减、居住条件的改变、承担新的角色和责任、建立新的互动模式、重新安排日常事务等变化。

1．父母离异对儿童所造成的影响

案例3-10

问题女孩席拉

一个寒冷的夜晚，一名6岁的小女孩将邻居3岁的小男孩绑在树上，并放火烧他。小男孩在医院，情况很危急，而小女孩则被警方拘留。她叫席拉，她的母亲在她4岁时就离家出走了，父亲一直在监狱中。席拉辗转于亲戚、朋友的家中，后来被抛弃在高速公路的围墙下，被社会工作者带到救助中心时，她全身都是被虐待留下的伤痕。

父母离异是一种家庭危机，双方漫长的冲突过程对儿童而言也是一种伤害，进而影响孩子的生活适应与社会性、情绪及行为的发展。大量的研究发现，离异家庭中出现问题行为的儿童要明显多于完整家庭中的儿童。海斯灵顿等(Hetherington＆Kelly)的研究结果指出，对业已形成依恋关系的儿童而言，父母离异是一种痛苦的经验，最初他们感到愤怒、害怕与沮丧，具有强烈的罪恶感，其中以学前阶段儿童的情绪反应最为强烈。这是因为他们年龄较小，认知不成熟，难以理解父母离异的原因。他们会显得极度不安，倾向于自责，并且认为婚姻的破裂会导致父母抛弃他们。生活在这样单亲家庭中的儿童，无论在个人适应或社会适应方面都比健全家庭中的儿童差，表现出较多的犯罪行为、较差的自我概念，以及较多的依赖性、攻击性、抱怨、苛求及感情缺乏。父母离婚也会产生长期的影响，有的儿童在父母离异十年之后仍然心有余悸，对婚姻有所惧怕。当然父母离异对孩子来说也可以是生活磨炼的机会，处理得当也可促进儿童的早熟。

由于离异前的夫妻往往有一段持续时间较长、非常激烈的矛盾冲突，所以给儿童造成了长期的、严重的心理伤害。对此，帕特森(Patterson)提出了“压制性家庭环境”的概念。在这种家庭环境中，家庭成员之间充满争执，不愿意相互交谈，即使在谈话时，也多揶揄、威胁，都想占上风，而不是积极地交流。这种环境促进了儿童的好斗、攻击性行为和敌意性归因倾向(这时儿童的攻击性行为中有很大比例是对另一个首先发动攻击的成员的反击)，进而导致儿童受到他人的拒斥，无心于学业，这时的儿童就极易做出反社会行为或是走上犯罪道路。

2. 对父母离异儿童的辅导

传统观念认为，为了给孩子一个完整的家庭，貌合神离的夫妻应该勉强生活在一起。然而家庭内长期的紧张与冲突，使儿童生活在没有温暖与安全感的环境中，并不能给孩子带来幸福的生活，因此离异不失为生活的转机。父母离异应尽量避免将孩子拉入冲突之中，要在适当的时机向孩子说明与解释，让孩子在心理上有所准备，并让孩子了解父母离婚之后，仍然会关爱他们。最好是父母具有共同的监护权，给予对方探视孩子的权利，夫妻如能在离异后，继续给予孩子情感上与经济上的支持，则孩子受到的伤害就可能会降到最低程度，这样也能够帮助孩子很快地适应新的单亲家庭的生活模式。

学校教师与心理辅导工作人员应同时给予父母离异的儿童精神上的支持与心理上的辅导，帮助他们了解父母离异的真相，处理失落感，去除愤怒与自我谴责，接受父母离异的事实，建立对现实生活合理的期望，使父母离异的生活危机化为对生活挑战的机会，使其对孩子产生积极正面的力量。

离异总会对孩子造成一些消极的影响，为了帮助他们更好地适应，父母双方需要考虑以下因素。

(1) 足够的经济能力。家庭的经济状况若没有受到离婚事件的影响，则家人的状况就会好一些。

(2) 有监护权的父母能提供质量优良的教养。在家庭适应离异的过程中，有监护权的父母扮演着重要的角色。如果他们能以亲切、一致、有威信的方式来回应孩子，孩子就可能不会有严重的问题。当然，当一个人因生活的压力而憔悴时，要做一位有效能的父母是不容易的，外在的社会支持，将使有监护权的父母和儿童都受益无穷。

(3) 来自无监护权的父母的社会的与情感的支持。如果离异的父母继续争吵，彼此对对方仍怀有敌意，则双方都会感到沮丧，有监护权的父母的教养方式也会受到不良的影响，儿童会觉得自己的忠贞受到怀疑，也会有一些问题行为。儿童如果与无监护权的父母失去联系，他们也会受到伤害。在美国，有三分之一与父亲或母亲住在一起的儿童，失去了与另一方的所有联系。与支持母亲教养角色的父亲经常联络，可协助儿童适应单亲家庭的生活。允许儿童与双亲维持情感联系，保护他们不受父母之间任何持续冲突的干扰，对各个年龄段儿童的适应都是有利的。

(4) 联合监护权的问题。如果儿童轮流在父亲和母亲的家里居住，他们就能经常与父母双方接触，但这种“接触优势”可能会被新的不稳定(住处的改变，有时则是学校和同伴团体的改变)所抵消，而这种不稳定会让儿童觉得痛苦和迷惑。只有当两个有监护权的父母之间有和谐的关系时，联合监护权才有最佳的效果。如果父母之间的关系是充满敌意和冲突的，则有两个住处的儿童常会觉得自己被“夹在中间”——这种知觉是与高压力及很差的适应结果相关的。

(5) 额外的社会支持。社会支持系统丰富的人更能接受并适应离异，离异的成人若有知己可以倾诉心事，就容易排解忧愁，也更可能成为一个较敏感的父亲或母亲。而儿童也可从同伴的支持方案中获益，这种方案鼓励同为父母离异的儿童在一起说出他们的感受，纠正其错误的观念，并学习良好应对的技巧。如果家里有第二个成人(例如祖母)能肩负起一些儿童教养及行为监督的责任，则单亲家庭里的孩子就可能适应得更好。总之，朋友、同伴、学校教师及核心家庭外的其他社会支持都能协助家庭适应离婚这一事件。

(二)隔代教养

案例 3-11

爱哭害羞的玲玲

玲玲，女孩，4周岁。据教师讲，她刚入园时，在很长一段时间里总是不能离开妈妈，一旦离开就放声大哭，不肯进班。即使在妈妈走后很长时间，她还是在哭，直到哭累了，才看看别人，但一看到教师看她，就低下头，吮吸手指。其实，幼儿刚入园哭闹是正常的，但一般适应一段时间就会好转，像她这样持续时间较长的幼儿并不多见。老师对她进行了观察，发现她在幼儿园一天的活动中很少开口说话，也很少和其他小朋友一起玩，活动室的玩具和游戏也吸引不了她。这些说明她和其他幼儿不同，她的害羞、焦虑等表现反映出她具有一定的儿童社会退缩性行为特征。

通过了解其家庭状况，得知小女孩自小由爷爷奶奶带着住在乡下，接触的人较少，平时也很少和其他同伴交往，直到 3 岁多才回到父母身边，但其父母因为工作繁忙，接送小孩都是匆匆忙忙，没有太多的时间和孩子交流。

现代社会中，随着生活节奏的加快、工作压力的增加，双职工家庭在我国城市居多，这样，父母和儿童分离时间较长，在一起活动交流的时间较少，显然，隔代教养为年轻的父母们解决了一些现实问题。应当说，隔代教养是中国的一大特色，在较长时间内有其存在的必要。因此，有必要对隔代教养进行深入的研究，提高隔代教养的质量。

1. 隔代教养存在的问题

国内学者们认为隔代教养存在诸多问题，其弊大于利。产生这种问题的原因主要有以下几方面。

第一，祖辈家长的素质不高。调查表明，祖辈家长的家庭教育总体水平的平均值低于父母的家庭教育水平，两者的差别在统计上有显著性意义。许多祖辈对现代社会人才标准和要求缺乏了解，凭陈旧思想观念与过时套路来教育孙辈，在教育过程中以经验代替科学，导致隔代教养质量下降。

第二，有些祖辈出于补偿心理，一味满足孙辈要求而导致对孙辈的溺爱；许多祖辈担心对孙辈管教过严会使家庭失和，因而对孙辈采取放任不管的态度；有的祖辈家长认为孙子(女)年龄小，毛病小，树大自然直，对其错误采取忽视态度。因此，隔代教养中出现了溺爱、重养轻教育的现象。

国外学术界重视隔代教养对祖辈家长身心影响的研究，而国内重视隔代教养对儿童身心发展影响的研究。学者们认为，隔代教养对儿童身心发展产生的不利影响主要有下面几点：①祖辈过度迁就助长了儿童任性执拗的性格；②祖辈的越俎代庖削弱了孩子动手能力的培养；③祖辈的观念滞后，其世界观隔代传播，易导致孙辈与时代脱节，影响其创新意识的发展；④祖辈的教育不科学阻碍了儿童优秀品质的形成和智能的培养开发，是问题儿童产生的一个主要原因；⑤隔代教养有违儿童营养的科学与平衡；⑥隔代教养易引起家庭冲突，从而影响儿童的健康成长；⑦祖辈与父辈所创造的教育环境不一样，孩子比较容易形成两面人格；⑧祖辈常把孙辈封闭在小环境中，限制多于引导，孩子的主动交往意识弱。

国外研究表明，隔代教养会对儿童情绪、情感和行为产生不利影响。并认为隔代教养的女孩易有情感与情绪的问题，如隔代教养的儿童易有焦虑、不安全的情感问题，也较易产生发展迟缓及行为分裂问题。另外他们还发现，有 26%的隔代教养儿童有着行为问题，较一般儿童高出 10%之多。也有研究者认为，隔代教养中男孩最易有行为失序的问题及注意力不集中现象。

2. 提高隔代教养质量的对策

在隔代教养中，祖辈家长是重要的看护人，提高其科学育儿能力，对于提高隔代教养的质量意义重大。结合我国以往相关研究及相关实践经验，专家提出以下策略。

1) 创办隔代家长学校

充分利用已有的家长学校或利用社会各方面资源，创办隔代家长学校。从隔代教养问题的成因入手，向祖辈家长传授儿童的心理健康、儿童营养等方面的知识，改变他们的教育观念。

2) 利用幼儿园师资优势，给祖辈家长提供免费咨询和讲座

许多老人接触教育理论的机会不多，没有看过育儿方面的书籍，对儿童早期家庭教育内容不了解，遇到问题不会处理，基本上是根据自己的经验带孙辈，这是目前隔代教养弊端产生的主要原因之一。老人主要生活在社区，因此，幼儿园可利用自身师资优势，和社区合作，给附近社区的老人提供咨询，举行一些讲座，这样一方面使老人受益匪浅，另一方面能提高幼儿园的知名度，有助于保证幼儿园的生源和有利于幼儿园教师教育水平的提升。

3) 成立以“五老”为核心的祖辈家长委员会

社区可以组织一支高素质的专(兼)职指导员队伍，而活跃在社区的“五老”(离退休的老干部、老战士、老专家、老教师、老模范)较为适合做指导隔代教养的指导员。这是因为：第一，他们中的许多人是关心下一代工作委员会的骨干，是甘于奉献的老年志愿者；第二，他们中有些人带养过或正在带养 0～3 岁儿童，较为熟悉这个领域，能够用自己的亲身经历带动其他老年人学习科学育儿知识。

4) 父辈与祖辈优势互补，建立家庭教育中的“统一战线”

一般而言，祖辈有着丰富的生活阅历，养育经验丰富，而初为人父(母)的年轻一代则信息广，育儿理论知识多；祖辈喜好按经验行事，年轻人则较信奉书本知识，依葫芦画瓢；祖辈注重对孩子生活的照料，年轻父母则急于对孩子进行智力开发。

祖辈和父辈两代人各有所长，但其教育孩子的目的是一致的，即都是为了孩子健康成长。有学者提出，当祖父母或外祖父母参与孩子教育时，由于家庭关系复杂化，家庭内部的“统一战线”问题会变得较为复杂。但是当家庭内部的“统一战线”建立起来时，两代人的优势能较好地互补，隔代教养的质量就会提高。

案例 3-12

特殊的王子涵

王子涵，4 岁，男孩，他是从托儿班升班上来的孩子。在与家长的第一次碰面会上，子涵的妈妈就提出要每天给孩子带一袋奶来园喝，说是孩子特别喜欢喝奶；还跑到寝室给孩子找了一张在中间的床，说是孩子特别容易上火，不能睡在靠在暖气旁边的床上。作为老师对家长的这样要求，很是理解，但也因此要全面观察和了解这个孩子。

入园的第一天，子涵是老师从她妈妈的怀里接过来的，他边哭边说妈妈早来接，还一边用手不住地对着妈妈做出“飞吻”的动作。接下来就是不停地哭闹，并一直跟在保育老师的身后。一个星期下来，都是这样的情况。不管老师用什么方式来哄，他都像没听见一样，根本不理会。

吃饭时，他自己把馒头掰碎泡在菜汤里，拿着小勺舀菜吃，老师不喂，自己不能吃完一份饭菜，还要弄得满桌满地全是饭粒。

活动的时间，子涵都是独来独往，好不容易能坐在小椅子上了，起初，是自己坐在那里不动也不说，后来就是用手指碰这个小朋友脸一下，再用脚踢那个小朋友一下，旁边的小朋友总来告他的状。老师很想跟他聊一聊，是怎么一回事，他的表情却告诉你：我不跟你谈，不关我的事。

午睡时，自己在床上忙很长一段时间，先是把袜子脱下来，藏在被子里，然后把枕巾放在嘴边上，有老师来陪才能睡着。

出勤：一个学期下来，子涵就要请上两个月的病假。日常的习惯刚刚有点儿起色，就又不来园了。孩子来园的每一天，总要吃药，吃完药还要吃上一块糖，不吃药也吵着嚷着吃糖，不吃就不高兴。

据了解，子涵 3 岁前一直住在奶奶家，因为奶奶退休后又返聘回本单位上班，于是家里另外请了一位王奶奶照顾孩子和家务。子涵的妈妈接回孩子时都是在王奶奶家里吃完晚饭后才回自己小家的。爸爸工作忙，基本上不回家吃饭。再说，子涵的妈妈在这个大家里几乎什么家务也不做，唯一的任务就是陪儿子。孩子对母亲的过度依恋，也是与这样的环境有关系的。孩子上了幼儿园，一有点小感冒，马上留在家里，由王奶奶照顾着，一百个放心。

出现这种问题的主要原因如下。

(1) 祖辈的过度包办。子涵的奶奶过度的溺爱，有老一辈教育的共性：就这么一个孙子，唯恐孙子冻着、吃不饱。照顾孩子的王奶奶，可以说是责任更大，又要做饭还要照顾孩子。孩子想做什么就做什么，一切都是顺着孩子的意愿。还有一点就是大人满屋子追着喂饭，孩子在家根本不自己拿勺吃饭，这样很自然就有了孩子刚入园时进餐的情景。

(2) 父母教育的不协调。子涵的妈妈有教育孩子的意识和方法，善于跟孩子交流，遇到问题采取商量的办法，讲道理，孩子的语言发展还是可以的。但是，在对待孩子的生活习惯培养上，包办代替的太多，与老人的教育也没有协调一致；对于孩子交往方面的需求不重视，没有给孩子创设必要的同伴交往环境，只有单一地与大人交往的环境，使得孩子入园后不知道怎么跟小朋友交流和游戏。

孩子 3 岁前的教育，子涵的爸爸基本上没有参与。研究指出，孩子的成长，缺乏父亲的参与，过度的母子情感联结会使孩子变得幼稚和依赖。作为父亲的作用表现为把依恋中的母子分开，以促进孩子独立性的形成，并形成平衡的家庭情感关系。

对策：

针对涵涵的情况，在家访的基础上，又专门找孩子的父亲交谈了几次，明确了教育引导的方向：家园一致要求，父母协调教育，家庭成员达成共识，并坚持循序渐进的原则，从日常的生活习惯开始培养。

首先解决“吃泡饭的问题”。利用园保健医生巡回观看幼儿进餐的时间，请大夫给子涵讲为什么不要吃泡饭的原因，然后每次进餐前老师还要提出要求，其中有一个老师有意识地个别指导子涵，并且连续指导一周。在这一周里，家长也要跟上。最后老师与家长一起讨论交流，子涵的爸爸说：“我们明显感觉出了孩子的进步，体会到家园一致教育的效果。”

其次是坚持送孩子来园。子涵从小体质不好，一感冒就咳嗽。但是据老师观察，平时家长给孩子穿得太多，上操时家长还要叮嘱要给孩子穿上外套，实际上孩子并不冷，只是个人主观上的判断而已。我们就从试试看开始，逐渐地让子涵跟大家一样，终于有一天子涵的爸爸来说：“老师，我总算明白了一个道理：孩子老是感冒，是因为我们保护的太厉害了。从小就是车接车送，经风雨少了。”孩子入园的第一个学期已经过了近两个月了，子涵一直坚持来园，虽然还是不间断地吃药，但这已经非常不容易了。

最后是融入集体中。子涵能坚持来园了，跟小伙伴的关系越来越熟悉了。但是还有一个问题，就是以前下午妈妈总是提前来接，子涵每到这个时间就盼着妈妈来，精神总不在自选活动中。其实，下午的自选活动时间，同伴之间的交往更随意，更容易使孩子自由选择同伴来活动。于是，我们向家长提出逐渐晚一些接孩子。家长非常配合老师的建议，子涵也在老师和爸爸妈妈的共同努力下，逐渐地融入班集体。现在经常见到的是，子涵爸爸妈妈一起来接孩子，每一次都能跟老师交流一下孩子近期的表现，以便教育起来更有的放矢。

从一个孩子的成长中，我们深深地感受到：家庭环境是孩子养成良好行为习惯的基地，家长是孩子的第一任老师；幼儿园使一个从单一的交往环境中走出来的孩子有了一片满足交往需要、感受同伴关系的快乐的天空；老师就是牵着孩子们的手，是引着他们走向灿烂未来的“一根绳”。

五、关于全面二孩政策下家庭教育的思考

随着国家政策的逐渐放开，很多家庭想要生养第二个孩子，但是这些家庭的父母大多数是 20 世纪 80 年代独生子女政策下的“独生”父母，作为独生子女一代的的父母如何迎接二孩的到来，如何解决二孩所带来的一系列变化和家庭教育的新矛盾、新问题，可谓是一个千头万绪的话题。家长的初衷都是好的，无非是想让老大有个伴不那么孤单，两个孩子之间相互照顾相互陪伴，自己老了也能多一个依靠。但是，家里突然多了一个新生命，对于家中老大的挑战也是非常大的。首先，原先集万千宠爱于一身的老大面对所有人突然转移的一大部分精力之后的适应问题；其次，父母尤其是母亲由于精力有限，对老大的爱骤然减少，引发孩子恐惧、失衡的心理状态；再次，在不良情绪作用下引发老大的一系列

恶性表现，例如对弟弟妹妹的报复对待等；最后，随着家长对其要求的增多和他们自己占有权的减少的巨大落差对于孩子一生性格的形成的重要影响等。这些问题看似是潜在的，但是如果处理不好，情况却是非常严峻的，是不容忽视的家庭教育面临的新的问题和挑战。如何平衡好两个孩子的关系，如何让老大的心态健康，是很多家长们所忧虑的问题，这些问题如果不引起家长的足够重视，不受到家长的认真对待，那么孩子的问题就会越来越突出，可能会影响孩子一生性格的形成。

(一)二孩家庭出现教育问题的成因

1. 家庭模式改变引发家庭成员关注度的减少

传统的独生子女政策下的家庭结构多为“2+2+1”模式的主干家庭(即由祖父母、父母和子女三代人构成的家庭)或者是“2+1”模式的核心家庭(即由父母和子女两代人构成的家庭)。这种家庭模式下，孩子得到了来自所有家庭成员的爱，所有的成员围着一个孩子转，他永远是众人的焦点，因此也比较容易形成自我为中心，对父母强烈的依赖性以及责任感缺失等一系列问题。唯一的孩子就成为了家中的“小霸王”“小公主”，性格上也相对蛮横、任性，叛逆心理比较强。但是，从家庭氛围看，单个孩子家庭气氛是相对民主和宽松的，父母往往更为尊重孩子的意见，在孩子犯错误时，一般会采用比较温和的方法教育子女，除非孩子犯了不可原谅的错误，一般情况下是不使用严厉的手段的，亲子关系相对比较融洽。

然而，有了二孩之后，这种情况将会被打破，孩子越小越可爱，这往往是很多家长的观点，也因此开始偏心小的，老大受到的关注度明显减少，放在老大身上的精力开始逐渐转移，突如其来的失落感和落寞感包围着他，让他脆弱又敏感，而在孩子的世界当中，有没有被关注、是否被忽视和冷落是比天还要大的事。久而久之，他的内心必定会产生对家庭成员的隔阂、抵触并由此引发系列连锁反应。家长的厚此薄彼、亲小疏大，看似是某一特殊时期特殊需要的产物，但是孩子的神经是脆弱的，心思是单纯的，他们会想父母是不是不爱我了？他们是不是嫌弃我了？我的存在是不是多余的？在这些本不属于他们思考的问题的压迫之下，老大的心理发生扭曲并出现问题不足为怪。而且，二孩和多孩家庭的气氛相比一个孩子的家庭要紧凑一些，家庭氛围的民主程度也要差一些，父母的宠爱减少，家庭氛围也变得不如之前宽松，对于老大的要求也显然多于独生子女家庭中对于孩子的要求，当老大犯错误时，家长往往缺乏耐心，用较为严厉的方式教育孩子，过于严格和苛刻。在这种种改变和压力的催化下，亲子关系出现了紧张的局面，孩子的心灵在紧张的家庭关系的作用下，承受太多不能承受的压力，往往容易出现问题行为。

2.精力不足导致父母对大孩要求的增多

之前家中只有一个孩子，他们对父母的依赖性比较强，自理能力也比较差。但是新成员的到来，家庭的事务突然多了起来，原本时间充裕的父母可支配的时间减少，繁多的家务和工作量可能会让父母措手不及，对于第一个已经长大了一些的孩子，父母自然会减少照顾的精力，这时候就出现了老大被要求长大的现象，这种要求是无声的强制的，老大快速地长成让父母不再操心独立自主的乖孩子，而腾出时间来照顾小的，但是往往因为迅速长大而被父母忽视，他们表面上听话，而内心十分偏执、愤懑不快乐，而一个孩子长时间的不快乐是会导致某些心理障碍的。

(二)解决“二孩时代”家庭教育问题的对策

皮亚杰指出“人作为主体都具有可塑性，而青少年尤其大，青少年时期受到的教育特别是家庭教育等外界刺激，往往会形成相对稳定的行为模式”。面对越来越多的家庭当中出现的二孩甚至多孩现象，孩子的教育问题不容忽视，为此，家长应该引起足够的重视，把家庭教育方式的改变和完善作为自己的新功课。为了达到良好家庭教育的目标，家长面对孩子的教育问题时，应该做到以下几点。

1. 谨防比较心理

孩子是平等的，这一点在两个或多个孩子的家庭显得尤为重要。不论家长对于第二个孩子是如何的疼爱与呵护，第一个孩子在自己心里的位置其实是没有改变的，只是因为二孩的可爱让这种爱暂时搁置了。但是孩子的内心是敏感的，父母暂时减少的爱会让孩子产生不安的心理，并引发他们的恐惧。不管家庭格局发生怎样的改变，孩子在家长心目中的位置是不曾改变的，爱不具有唯一性，父母可以爱很多人，也可以爱自己的两个甚至多个孩子，这种意识不会因为被爱对象的增多而发生改变。这就要求做家长的首先要端正态度，一碗水要端平，保证遇到问题发生矛盾时保持公正的态度，不偏颇，不倾向于较小的孩子。不强制老大作不必要的忍让，家长的态度保持平等、公正，孩子的内心是可以感受得到的，这种感觉给老大带来的是一种心理上的安全感和父母的爱的平等感，体会到这种感觉，孩子的内心便会是安定的和健康的。在两个孩子之间，家长的比较心理是不可取的，比较之下必然会产生对老大的要求，而这些要求就是苛刻的和无理的，长期如此就会给孩子带来自卑心理。

2. 给予老大更多的爱和关注

爱是所有父母最需要做的功课。二孩的出生占用了相当大一部分的时间这是肯定的，原本属于老大和父母相处的欢乐时光骤然减少，孩子就有可能产生一个心理不适应期。这时候家长要试着给予老大和以前一样多的甚至比以前还要多的爱，周国平曾说“任何一个孩子都绝不会因为被爱的太多而变坏，相反，得到的爱越多，就一定会变得越好”。父母给予的爱的等量让老大内心产生一种平衡的感觉，在这种平衡感觉的支配下，才更容易激发孩子的责任心，而这种责任心是一个孩子在有了弟弟妹妹之后本能地应该形成的。如果家长善于保护，可以最大限度地培养孩子的责任感，发挥他们对于弟弟妹妹的爱和价值。与此同时，家长要保证与老大的相处时间，孩子的一切问题，都能用深度陪伴治愈。陪伴是最好的良药，是发现问题解决问题的最有效途径。在这些单独的相处时间里，父母可以向孩子表达爱意，可以和孩子一起做他们感兴趣的事情，可以与孩子说知心话等一切有利于发展良好关系的事情。“在这个关键的时刻，我们要爱护儿童，和他们做游戏，让孩子的童年充满欢乐，千万不要让他的童年充满惩罚、恐吓和奴役”。爱弥尔的这句话正彰显了父母的陪伴对于孩子的重要性。

3. 给予孩子一定的“退行空间”

退行是指人们在受到挫折或面临焦虑、应激等状态时放弃已经学到的比较成熟的适应技巧或方式，而退行到使用早期生活阶段的某种行为方式，以原始、幼稚的方法来应付当前情景，降低自己的焦虑。与之相似的倒退行为是指孩子在某一时期所表现出的小于其年龄阶段的行为表现，这种表现往往是孩子有意为之的，它是儿童期的一种特殊的心理状态。出现倒退表现的原因往往是家长对于孩子的关注让他们对父母产生过度依赖，而这种依赖一旦得不到满足或者家长的关注一旦有所减少，他们就会产生不安全感，从而用倒退行为寻找安全感。但是，一旦这种行为成为习惯，就会妨碍孩子的心理健康发展，影响孩子性格的形成。二孩的到来会让老大的心理在没有做好充分思想准备的情况下出现不适应，并由此引发一定的退行行为，这种情况下，家长应该给予孩子一定的退行空间，允许他们用自己的方法向父母表示抗议，并由此引起父母的重视。但是，长期的倒退行为却可以影响甚至破坏一个孩子的正常发展，不利于孩子的成长。一个孩子性格的养成不是一朝一夕的，而是在生活中无数件小事的影响下形成的，不好的心理体验可能会加快孩子形成不良的性格。家长要谨防自己的行为偏失给孩子带来不好的性格影响。

4. 培养孩子学会关怀、懂得分享

二孩的降生使原本集万千宠爱于一身的老大成为了哥哥姐姐，虽然他们的占有权减少，自我中心地位有所改变，但是面对小生命，他们还是会有初为哥哥姐姐的喜悦感，父母要利用好孩子纯洁善良的心理，及时培养他们的关怀能力、给予能力、分享能力。适时地给老大灌输弟弟妹妹的到来让你拥有了一个小伙伴，他可以陪伴你，有什么事情你们两个人可以一起做一起发现乐趣，从此以后你的人生便不再孤单了。但是，成为哥哥姐姐之后，要有责任感，学会付出、学会分享，不光是分享日常生活中的吃的、用的，还要分享爸爸妈妈的爱。你就是他的榜样，他会模仿你的行为，所以你要给弟弟妹妹做一个很棒的哥哥姐姐，让他们学习。

5. 对于争吵，用“隐性教育”代替“显性教育”

二孩家庭往往大孩的年龄也不是特别大，两个孩子发生争吵、纠纷，产生小矛盾是在所难免的，家长处理这类矛盾要本着平息而不是激化的观念，慢慢引导孩子自我发现，认识自己的不足之处，而不是只对老大一味地训斥和强迫。然而，大多数父母习惯用的“大的让着小的”的观点，但这绝对不是平息矛盾的最好方法，这种教育观念只能让孩子变得顺从，不会让他们变得懂事，只能让孩子变得听话，不会让他们变得自觉。被要求忍让的孩子确实可以表现出暂时的服从和安静，但却是以内心的抗拒、对家长的憎恨和对弟弟妹妹的厌恶为代价的。所以，面对争吵要选择合适的方式对孩子进行教育，显然，隐性教育对于维护孩子的自尊心和增强教育效果更加有用。把渗透教育贯彻到孩子的日常生活中，以一种不知不觉的方法，达到润物细无声的效果。关于这一点，内尔·诺丁斯曾说过“教师关怀的最好表现方式是看似无心实则有意的包容式引导”。一位教育专家也曾经说过最好的教育是无痕的教育，即在孩子没有感受到教育的时候教育已经发生了。那么，将这里的主体教师换成家长也是同样适用的，家长看似无心的隐形教育，实际上包含着对孩子的尊重、宽容和爱护。周国平也曾谈到“熏陶是不教之教，是最省力也是最有效的教育。好的素质是熏陶出来的”，卢梭也做过类似的阐述，“当他犯了错，不要责备他，这会让他产生逆反的心理，你对他的安慰，本身就是一种教训，这种教育方法能收到意想不到的效果”。

知识拓展 3-4

电视剧《二胎时代》对中国家庭的启示

2016 年初，随着“二孩政策”的颁布实施，媒体对二孩的关注度也持续走高，二孩成为社会热点话题。在此背景下，电视剧《二胎时代》在东方卫视开播。该剧讲述了一对都市小夫妻面对“中国式”二胎生活的种种窘境，关注了二胎来临前后家庭的变化和冲突，折射出二孩政策实行后一些家庭所面临的矛盾及家庭教育存在的问题。

一、“老大”的烦恼

在二孩政策之前，我国长期实行计划生育政策，一个家庭只有一个孩子的现象普遍存在。独生子女有着明显的性格特征，在电视剧《二胎时代》中，陆馨儿的父母对此作出了较为客观的评价：这在每一个独生子女身上存在普遍性，独生子女大多比较孤单，不善于与人交流，自私，占有欲强等。

在《二胎时代》中，长子对老幺的态度具有多面性，当长子面对不同人的提问时，会给出不同的回答。陆馨儿在被问到是否能够接受父母再生一个弟弟妹妹时，陆馨儿回答“愿意”，其他孩子也多数会回答愿意。但是，在幼儿园里，陆馨儿与其他小孩子讨论弟弟妹妹问题的时候，多数孩子都会抱怨弟弟妹妹抢走了爸爸妈妈的爱。在新生儿出现后，父母的宠爱势必会分给年幼的弟弟妹妹，这无疑剥夺了长子独享父母宠爱的可能。集结在长子身上的注意力将被弟弟妹妹夺走，父母对弟弟妹妹的疼爱甚至超过了长子。面对种种变化，长子内心又会产生怎样的想法？陆馨儿在得知爸爸妈妈准备要第二个孩子时，虽然表面装得若无其事，心里却十分难受，经常委屈地偷偷哭泣，“老大”十分烦恼。

每个独生子女独享着爸爸妈妈百分百的爱，直到某天弟弟妹妹出现。在孩子们天真无邪的世界里，他们偶尔也会“小大人”似的隐藏情绪。在《二胎时代》第 13 集中，由于金灿灿常常将注意力转移到第二个孩子身上，大女儿陆馨儿遇到冷落后，虽心怀不满却不肯向父母诉说。很快，金灿灿发现女儿比原来更难调教。数日以来，陆馨儿总在耍小性子，甚至在学校与小伙伴吵架，弄坏小伙伴的玩具还不肯道歉，种种现象使金灿灿开始怀疑女儿是否心理出现问题，所以才将不满发泄到小伙伴身上。由此可见，人小鬼大的老大看到爸爸妈妈关爱弟弟妹妹时，会不停地用各种方式求证自己在父母心中的重要性。

《二胎时代》真实地反映了二孩到来对家庭生活的种种影响，也对父母提出了更高的要求。父母需要帮助长子做好接纳弟妹的心理准备，让长子能够拥有健康的心态，积极接纳幼子，进而帮助两个孩子更好地成长。此外，该剧也为想要二孩的观众提供了面对孩子教育问题时应当遵守的原则，以及平衡两个孩子关系的“教育经”。

二、父母教育的天平

人们接受教育来自三个渠道——家庭教育、学校教育和社会教育，而家庭教育对孩子成长所产生的影响最大，且持续时间最长。在《二胎时代》中，除了陪伴外，陆晓东和金灿灿更从生活的点点滴滴中关心陆馨儿的身心健康，从平视的角度给予孩子行为举止方面的建议，像朋友一样引导陆馨儿健康成长。

现实生活中，孩子之间很容易产生嫉妒等不良心理情绪。因为在家庭中，长子最初享受父母与长辈满满的宠爱，早已习惯了独享与独占，当家庭新成员威胁到自己的地位时，他们内心会产生嫉妒的情绪。避免嫉妒的最好方法就是父母的公平对待，主要体现在两个方面:“避免袒护弱者”和“男女平等”。同情弱者是人的天性,父母及长辈都习惯于“包庇”老幺,将更多的关心与注意力集中到老幺身上。在《二胎时代》第14集中,金灿灿、婆婆、陆晓东开家庭会议,其主题是如何教育陆馨儿。经过激烈的讨论得出结论加倍疼爱女儿陆馨儿。次日清晨,陆晓东准备上班,却将答应送女儿陆馨儿上学的事情抛到脑后,陆馨儿因此心情失落、声泪俱下,控诉家人将所有的爱转移到弟弟身上,而一再忽略自己,坚决不肯在陆母的陪同下出门上学。

《二胎时代》在摆出问题的同时,也对二孩父母提出了警告:家长要留心克服“袒护幼子”的自然反应,无论是长子还是幼子,都应该得到等量的爱。若是一味地让爱的天平倾斜,则不利于家庭的和谐与孩子的身心健康。

当孩子中的一方犯错时,都应该接受父母的批评或惩罚,只有平等地对待每个孩子,才能让孩子觉得即使自己有了弟弟妹妹,爸爸妈妈还是爱自己的,才能使孩子时刻感受到家庭的温暖,才能避免孩子抵触情绪的出现。例如在《二胎时代》第15集中,陆馨儿在家与弟弟争抢塑料剪刀,陆母闻讯从厨房冲出来,迅速抱起躺在小床上的孙子,责怪陆馨儿平白无故玩弄塑料剪刀,这种危险的行为极有可能伤害弟弟。陆母抱着孙子连声斥责陆馨儿,在她的责备声中,陆馨儿失声痛哭,称自己想用塑料剪刀剪一个纸花送给弟弟,她的哭诉获得了母亲金灿灿的信任。由此可见,父母及长辈不公平的处事方式、不分青红皂白地横加指责的行为对孩子内心的伤害是非常大的。

独生子女不懂得如何去分享、如何与别人进行交流,也不懂得如何去照顾他人、设身处地地为别人着想。在《二胎时代》第17集中,金灿灿意识到母女两人的感情出现了裂痕,本想早早回到家中陪女儿陆馨儿玩耍,陆馨儿却对母亲充满敌意,不肯在其帮助下拆开玩具盒,非得要求父亲陆晓东帮忙;金灿灿想陪女儿一起玩游戏,却被女儿无情推倒。女儿忽然性格大变,极有可能是因为金灿灿忙于工作,冷落了女儿。

金灿灿和陆馨儿之间的冲突不是特例,杜鹃也遇到同样的问题。杜鹃的儿子安安在家吵闹不停,不允许相伴多年的保姆戴姐照顾妹妹。杜鹃耐心做儿子的思想工作,提醒儿子已经是小小男子汉,应该独自一人睡觉。不料,儿子非但不听话,反而闹得更凶。剧中这些矛盾、摩擦不断,也提醒父母应当尽可能抽出多的时间陪伴孩子,并耐心引导孩子。找到正确的教育方式,与孩子进行心灵沟通,那么生活中所遇到的这些问题才会迎刃而解。

三、分享意识的缺失与建立

独生子女现象直接导致了家庭成员对孩子的过度溺爱,以及社会对下一代的过度关注,容易使孩子潜意识里产生一种错误的认识:父母爱自己就是无条件地顺从自己,满足自己的一切需求,否则就是不爱自己。

《二胎时代》第17集中,杜鹃的儿子安安突然行为反常,仇视父母,杜鹃无计可施之下只得求助心理医生。心理医生了解杜鹃的家庭情况后,一针见血地指出杜鹃养育二孩冷落了儿子安安,才导致孩子的情绪反常。在年纪尚小的安安眼中,谁对他好他就亲近谁,戴姐照顾安安多年,两人的关系形同母子,这也是为什么他更愿意亲近保姆,甚至超过了对父母的感情,相比之下,杜鹃反而成了局外人。

孩子的世界是简单、直接、单纯的。在缺乏安全感的时候,孩子会不断地向别人确认才能使自己安心,同时这种情形的出现也是当今独生子女缺少分享意识的集中体现。没有弟弟妹妹时,自己的一切要求都会得到满足,他们不懂得什么是分享。面对这种状况,父母需要耐心地开导孩子，不能用严厉的话语责备孩子，要想办法帮助孩子重新建立分享意识。金灿灿和杜鹃采用了最直接的方式，就是让两个孩子更多地交流与接触，让孩子将自己喜欢的东西与别人一同分享，在交流和交换中体会快乐，慢慢成长。

在二孩时代来临时，孩子也要学会如何扮演好姐姐或哥哥的角色。陆馨儿和安安习惯占有爸爸妈妈的一切，对自己的弟弟妹妹不懂得谦让，对别人也不知道合作和分享，以至于产生不知道该怎么办才好的迷茫心理。在《二胎时代》第20集中，金灿灿到幼儿园接女儿陆馨儿，一个小男生胡宇轩称被陆馨儿推倒，要求陆馨儿将玩具熊赠送给他，双方僵持之际，最终胡宇轩说出了真话，说看上了陆馨儿手中的玩具熊，在母亲教唆下谎称被陆馨儿推倒。因为儿子胡宇轩说出真话，胡母无地自容，陆馨儿不计前嫌把玩具熊送给胡宇轩。在妈妈金灿灿的耐心开导下，陆馨儿克服并改正了自己的缺点。二孩的到来，正是让孩子学习交流、分享的好机会，可以帮助孩子建立起分享意识。

我们常说陪伴是最长情的告白，这句话同样适用于亲情。独生子女在习惯了独享之后，即使内心感到孤单，也会在长时间的独处状态下习惯孤独。但是，当有弟弟妹妹闯入他们的世界后，即便会与他们分享爸爸妈妈的宠爱、会夺走自己喜欢的玩具，但是亲情的纽带始终将他们紧紧地联系在一起。对于拥有两个孩子的父母而言，他们所要学习的还有很多。在未来孩子的成长道路上，父母只要真真正正地陪伴孩子就已经足够了，因为陪伴胜过世间最好的礼物，陪伴也足以教会孩子如何去爱。

(资料来源：杂志《当代电视》2017年第2期 刘晓燕)

第四节 幼儿园教育因素

世界卫生组织专家委员会曾指出："与人生命的其他时期相比较，儿童时期的心理健康问题与周围环境有着更为直接的联系。关于这方面，在人的一生中占据重要位置的是学校，学校在人的心理健康形成和发展中起着十分重要的作用。"幼儿园是儿童步入社会的第一个场所，如果儿童在幼儿园出现了心理健康方面的问题，幼儿园不能说是没有责任的。幼儿园的教育理念、教师和幼儿园的气氛，特别是办园的目的和目标，都与儿童的心理健康的维护和增进有关。

一、教师教育观念及教育方式

观念是行为内在的支柱，行为是观念的外在表现。教师的每种行为背后都包含着对儿童教育及儿童发展等基本问题的认识。要想有针对性地对教师行为进行研究和指导，必须首先了解教师教育观念状况。

(一)教师教育观念存在的问题

有调查表明，教师教育观念在以下几方面存在着明显冲突。

(1) 在对儿童的认识上。教师对"儿童有自己的独特人格和需要"和"儿童是有自己意愿、想法的个体"的观点持基本赞同态度，也表示会"注意儿童的心理需求、情感感受"。但在活动中，教师对"不能让儿童完全自选、自主活动"表示"基本符合"，说明教师对儿童的能力仍持怀疑、不信任的态度，没有真正做到尊重、信任儿童。

(2) 在教与学关系的认识上。教师虽认为儿童有能力进行学习，对“教师不应对儿童的活动限制过多，管得过死”等观点接近“有点符合”，但却对儿童能力有些质疑，表现为“当让儿童自由选择活动时，常担心儿童能否选择对自己发展有益的活动”和“当儿童自由活动时，常担心幼儿是否能顺利地进行”。此外，教师在“孩子毕竟是孩子，在教育教学中应以教师为主”这一观点的认识上有较大分歧，可以看出，部分教师头脑中仍是非常赞同这一观点的。

(3) 在对幼儿园主要教育任务的认识上。教师们对幼儿园的主要任务是“教给儿童多方面的知识，开发智力”表示“有点不符合”自己意愿，对“培养儿童好的个性、行为习惯”趋向于“有点符合”，在教师头脑中知识技能的传授、智力开发的意识程度远远高于个性培养。在谈起儿童的教育培养方面和内容时，教师首先想到的是智力发展，而个性培养未被提起，这与前面认为“培养儿童个性、行为习惯而非知识教育和智力发展是幼儿园教育的主要任务”的调查结果相矛盾。

(4) 在对教学与游戏的认识上。教师认识到游戏是儿童一日生活中不可缺少的对儿童发展有重要意义的活动，完全不赞同“游戏只是让儿童高兴、玩、锻炼身体，对孩子的教育没太大意义”的观点。但在后面回答“如果临时有事会占用哪部分时间”这一问题时，教师却多表示会占用游戏的时间，体现出在实践中忽视游戏的倾向。

正因为在教育观念上存在不正确的认识，所以教师在教育实践中经常表现出不恰当的行为。

一是威胁。对孩子进行威胁会无意地激起孩子的逆反心理。如一儿童不顾多次警告在排队时总爱打打闹闹，老师最后警告说：“如果你再不排好队，我就马上把你拎出来。”不一会儿，此儿童又故技重演。为什么会这样呢？因为威胁是对孩子自发行为的挑战，孩子为了向自己和别人表明他并不胆小，所以他会再次抗拒警告。

二是引诱。这一行为不同于威胁，它可分为两种情况：一是用话语引诱幼儿做某件事情。“如果你在上课时能多举手回答问题，那么我就奖励你一朵小红花”和“如果……那么……”类似这样或不这样做，就会得到好处的说话方式，可能会刺激孩子实现眼前的目标，却不能鼓励孩子持续不断地努力，“如果……那么……”的方式必然会导致孩子们讨价还价，有的还会不断抬高价码。二是用话语引诱孩子说真话后，却又对他进行批评。当一玩具被破坏了，要找出破坏者时，老师往往笑眯眯地说：“是谁弄坏的，快点起来承认。老师不会批评你们的。”可事实上呢？当肇事者站起来承认时，那笑脸马上晴转多云，板着脸说：“你真是坏孩子，一点儿也不爱惜玩具，现在玩具坏了，怎么办？你赔吧！”这一顿批评，使孩子久久不能忘怀，于是在孩子幼小的心灵中便认为以后不能说真话，说真话老师还是会批评的，只好说假话以自卫。

三是乱许诺。老师同孩子的关系应建立在相互信赖的基础上，既不应向孩子乱许诺，也不应随便要求孩子作出许诺。如果一位老师必须以许诺来强调他说的话是算数的，那么等于给孩子增加了不现实的期待。教学中，特别是转入延伸活动时，老师常给孩子许诺：改天和孩子一起去做某个孩子感兴趣的游戏，孩子就把它当作一定能办到的事来期待。但在实际生活中，很多事并不是都可以预料的。改天会不会有新的安排，老师会不会太忙而忘了等。如果玩不成游戏，孩子就会认为受骗，认为老师说话不算数，不可信任。因此，对孩子的许诺要留有余地。当然，老师也同样不应随便要求孩子许诺，更不应该强迫孩子作出许诺，保证将来行为良好，或者停止以往的不良行为。如果孩子作出的保证不是出自内心，他等于签署了一张空头支票，老师不应该鼓励孩子的这种虚假做法。

四是讥讽。“这件事我已讲了许多次了，你就是听不进去，你是不是傻子，真是笨透了，将来肯定没出息!”我们也常听到老师这样的冷嘲热讽。这些讥讽会严重地伤害孩子的精神健康，这样说话的老师，既不懂得他的话是一种攻击，会引起孩子内心世界的强烈反应，也不明白他的话会激起孩子的报复心理，从而封锁了双方沟通感情的渠道。尖刻的讥讽及刻薄的言语无论是有意还是无意的，都可能会使孩子产生自卑、退缩、攻击、报复等问题行为，影响孩子的心理健康。

(二)转变教师观念与行为的策略

教师的教育观念是一种主体性、个人化的认识，即内隐于教师头脑深处的个人对有关教育问题的看法，是在社会文化与教师个体生活经验的双重制约与影响下形成的。此外，教育观念具有较强的情境性，即相对于特定的教育情境而存在。转变教师的教育观念，进而改善教师教育行为，要关注每一位教师个体，而不是抽象的教师群体，要密切联系当前的时代背景、社会文化以及每一位教师个人不同的生活经历与经验背景，要在实际的教育情境中，结合具体教育问题进行。为此，在研究过程中，我们可以采取以下策略。

1. 研究性学习

传统的教师学习常常脱离具体的教育情境，脱离教师实际需求，向教师灌输空洞、抽象的理论，因此，不能调动教师的主体性，难以收到理想的效果。研究性学习以教师的教育实践为背景，以教师工作中的问题为对象，运用相关教育理论，对教育现象进行分析、概括与总结，在解决问题的过程中使教师的认识水平和解决问题的能力得到提高。这种性质的学习具有较强的针对性，以教师为主体，理论与实际紧密结合，因此，研究性学习最易调动教师的积极性，并收到良好的效果。

2. 理论联系实际

将教师教育观念和教育行为的实际表现进行整理，以其中反映的有代表性的问题编制成教育情境，作为案例，组织教师对行为的适宜性以及行为背后所反映的教育观念进行分析，以此转变教师的教育观念，效果显著。

案例 3-13

教师教育技能培训案例分析(一)

一天，王老师正带大一班小朋友玩音乐游戏——套花瓶。突然，传来一声喊叫：“老师，陶陶打我。”原来是平日攻击性行为较强的陶陶打了洋洋。王老师走过去问陶陶：“你为什么又打人了，你知道被打的小朋友有多疼吗？”而陶陶小下巴一扬，一副满不在乎的样子。于是，王老师就叫洋洋过去打了他一下。当园长得知此事，问王老师为何如此做？王老师回答道：“陶陶是故意打人，而且屡教不改，我让洋洋打他一下，是为让他体验到被打的痛苦，以后他就不会再打别人了。”

分析的问题：

① 你同意王老师的这种做法吗？为什么？

② 你觉得应该怎样处理、解决这样的问题更好呢？

教师的不同观点如下。

第一种观点：认为王老师的行为是正确的，因为“王老师说陶陶是故意打人，而且屡教不改”，在这种特殊情况下可采取叫幼儿还手的做法，尤其是中、大班孩子有时的确是故意打人，这不是有损师德，而是让该幼儿感受一下被打的痛苦，减少此类行为的发生。

第二种观点：认为王老师的行为不适宜，原因是如果教师让被打的孩子去打打人的孩子，被打的孩子可能会渐渐形成“他打我，我就要打他”的思想，以后更多地会考虑用拳头解决问题，违背了正面、正向教育的原则。

幼儿攻击性行为的产生有多种原因，应具体问题具体分析。有的幼儿不懂得如何处理问题才会动辄出手打人，有的幼儿打人是为了引起别人的关注，有的幼儿的攻击性行为的形成与家长的教育方式有关，对这些孩子更重要的是要教给其交往和处理问题的方法和技巧，多给其一些关爱，或从家长工作入手对其进行教育，而不是简单地以暴制暴。这样才能体现出尊重幼儿，坚持教育原则，正向引导幼儿的正确教育理念。还有的教师认为教师是儿童心目中的权威，要给幼儿树立正确的是非观念。可以默许被打幼儿正当的反抗行为，但不能违背教育原则，对幼儿说出“你打他”之类的话，否则不但打人的孩子没有改正，被打的孩子也形成了攻击性行为。

建议在处理此类事件时，教师要考虑如何把孩子向正确的方向引导。可首先教导被打的孩子学会反抗，让弱者强起来，如抓住打人孩子的手质问他“为什么要打人”“凭什么打人”，然后视不同情况采取多种方法帮助打人的幼儿改正错误。如在日常生活中表扬他的点滴进步，使其良好行为出现频率增加，进而逐渐消减不良行为出现的次数。或将其座位安排在懂道理、纪律好的幼儿旁边，利用同伴资源对其施加影响……

案例 3-14

教师教育技能培训案例分析(二)

明明小朋友做了错事，老师非常生气，把他送到别的班吃饭、睡觉，说：“你去学习学习，看看人家小朋友是怎么做的，学会了你再回班里。”

分析的问题：

① 如果我是孩子会怎样呢？

② 这样做对孩子改正缺点有帮助吗？

③ 这样可能对幼儿造成伤害吗？

教师的讨论如下：

教师甲：“如果我是孩子，我宁可让老师在班上管我。因为脱离班级会感到特别孤独害怕，如果把我送到别的班，而且半天不来接我，让我在那个班吃饭、睡觉，我会不吃、不喝、不睡，觉得很委屈。”

教师乙：“如果孩子被送到别的班，他会记着这件事，并会因为这件事和老师形成一种隔阂。我就记得自己小时候上幼儿园不睡午觉，躺在床上摸摸这儿、摸摸那儿，老师把我弄到一个小黑屋里待着，结果我吓得尿裤子了。从那以后，我再也不去幼儿园了，一想到幼儿园的小黑屋，心里特别压抑。”

教师丙：“我在幼儿园的时候，有一次吃包子，我不爱吃胡萝卜馅，把包子馅扔了，老师看见了，就把我送到别的班去了。那个班的老师很好，问我为什么不吃，我说不爱吃，老师说那也不能浪费粮食啊，而且快到接孩子时间让小朋友把我送回去了。回家我就对妈妈说了这件事，第二天就不愿意去幼儿园了，到了幼儿园看见老师一下子就吓哭了，但我却很喜欢‘那个班’的老师。”

教师丁：“如果我被老师送到别的班‘学习’，我会害怕别的班上的孩子笑话我，用奇怪的眼神看着我。听到他们小声议论我时，我会想，我真笨，一定是个坏孩子……”

教师的分析：

案例中教师的做法是极端错误的，是不尊重幼儿的表现。教师所谓的“到别的班学习”会令幼儿感到害怕、伤心、委曲、自卑，这些消极的情感体验，不仅会对孩子幼小的心灵造成极大的伤害，同时也影响幼儿一生的健康成长。

此做法对孩子改正缺点没有任何帮助，幼儿即使当时“认错”，表示“改正”，也只是屈服于教师的威严和不正确的做法，想尽快摆脱当前陌生得令他害怕的处境，而非真正认识到自己的错误。此外，教师的做法会疏远师生之间的情感，幼儿由此对教师产生不信任感，会抵消教育效果。

案例中“送孩子去别的班学习”的做法，也是教师缺乏教育技能的表现。一位教师谈道：“大班孩子被送走几次之后就会知道：一会儿老师就来接我，会问我改不改，我只要说改了，老师就会带我回去。虽然也害怕，但我知道老师不会把我怎么样。”可见，连孩子都认识到：“这是老师没办法了，才这样做的。”而善于针对幼儿特点、问题，采取适当正确的方式进行教育，是教师在工作中应该掌握的重要教育技能。

二、师幼关系

不少研究表明，儿童与托幼机构教师之间的关系日益成为一个重要的预测指标，它可以预测儿童的同伴关系、行为问题和日后的学业成绩，同时，师幼关系质量对课堂管理和幼儿的学习均有重要影响。“早期儿童研究文献中最为一致的观点之一就是，学习环境中富有情感并且是正面引导的方法能培养儿童的建设性行为。如教师使用良好的语气以及运用正面引导的方法来鼓励预期的行为，仅这两种方法，就构成了几乎所有学前教育方法所提倡的教师策略的关键。”为什么师幼关系在幼儿的发展中会有如此重要的作用？其原因主要有三个方面。

首先，认知和情感是幼儿发展不可分割的两个方面，建立安全融洽关系的过程既是师幼情感交流的过程，也是幼儿发展认知能力的保证。

其次，幼儿从家庭进入幼儿园，他们与成人的关系从亲子关系过渡到师幼关系，师幼关系的品质决定了幼儿对他人和世界的基本认识。安全融洽的师幼关系使幼儿产生安全感，可以帮助幼儿形成乐群、合作、友爱的良好个性，这一过程也正是幼儿社会化的过程。

最后，幼儿在教师那里获得的安全感，有助于幼儿好奇心和求知欲的发展，使他们能够积极自在地投入学习活动中。可见，良好的师幼关系不仅对幼儿的社会化和个性发展至关重要，而且是幼儿开展有效学习的保证。一般而言，师幼关系的淡漠和恶化预示着幼儿发展过程中可能出现各种问题。

所以，关注师幼关系，把建立融洽的师幼关系作为一种策略而不仅仅是原则和理念，这是预防和应对幼儿问题行为的关键。这与罗杰斯的教育思想和心理治疗的宗旨是一脉相承的。我们可以借鉴罗杰斯关于关系建立的原则和策略来审视现有的师幼关系，建立融洽的师幼关系。教师应注意以下几点。

(1) 以发展的观点认识幼儿的行为问题，将幼儿的行为问题视为发展过程中的问题来应对。

(2) 坚信所有的幼儿都具备自我发展的能力和责任。

(3) 尊重所有幼儿的选择和需要。

(4) 将教育的责任定位于“引导”而不是“教导”。

(5) 能够设身处地地理解幼儿的行为及其意义并给予适宜的引导。

(6) 重视良好关系的建立，将良好关系的建立视为教育者的重要责任。

知识拓展 3-5

罗森塔尔效应

美国心理学家罗森塔尔和雅各布森(R.Rosenthal & L.Jacobson)在 1968 年通过教育实验研究发现，教师期望对儿童发展具有直接、重大的影响，证明在教育过程中也存在“皮格马利翁效应”，即教师期望效应。1968 年，罗森塔尔和雅各布森等人对 18 个班的一至六年级小学生进行了一项“预测未来发展”的测验。在运用智力测验对他们进行能力鉴定后，研究者给这些学生的教师们提供了一份名单，告诉他们，鉴定测验结果显示名单上的学生具有极大的发展潜力，在学业上会有“迅猛发展”，是“行将开放的花朵”，而实际上，这份名单中的学生都是随机选择的。8 个月后，研究者对 18 个实验班的小学生进行了复测。结果发现，与没有被列入名单的其他学生相比，那些被教师认为学业会有“迅猛发展”的学生其智力水平有了显著提高，尤其是一二年级学生的提高更为明显，约有一半的学生智力提高了 20 分以上。被列入名单的学生完全是随机的，因此，这些“具有极大的发展潜力”的学生与其他学生在智力发展上出现的差异，只能用教师的不同期望来解释。

(资料来源：http://baike.daidu.com/view/41398.htm)

三、同伴因素

(一)同伴交往的重要性

对儿童来说，亲子交往和师生交往是一种不平等的交往，并且具有一种不可选择的强制性，而同伴交往是一种平等的交往。随着儿童年龄的增长和认知能力的提高，其活动范围逐渐扩大到家庭以外，同伴交往逐渐成为儿童交往的主要方面。同伴关系比起亲子关系和师生关系来，更直接、更真实、更丰富、更平等也更复杂，它对于儿童社会价值的获得、社会能力的培养以及认知和健康人格的发展都是绝对必需的，具有独特而无法替代的作用。

1. 同伴交往有助于儿童社会化发展

儿童在与同伴交往中不仅需要自己去引发和维持，而且他从同伴那里得到的反应远比从父母那里得到的反应要模糊和缺乏指导性，因此，儿童必须提高自己的社交技能，使其信号和行为反应更富有表现性，以便交往活动得以顺利进行。与亲子交往相比，同伴交往中同伴反馈更真实、自然和及时。儿童积极、友好的行为，如分享、微笑等能马上引发另一儿童的积极反应，得到肯定性的反馈；消极、不友好的行为则正好相反，如抢夺、抓人等会马上引发其他儿童的反感，或引起相应性的行为。儿童正是在与同伴的交往中通过不断地调整、修正自己的行为方式，掌握、巩固较为适宜的交往方式。皮亚杰特别强调了同伴间的讨论和争论是道德判断能力所必需的。沙利文在阐述友谊的功能时，也认为友谊促进了人际敏感性的发展，并为以后恋爱、婚姻和亲子关系的建立提供了原型。没有与同伴交往的机会，儿童将不能学习有效的交往技能，不能获得控制攻击性行为所需要的能力，也不利于性别社会化和道德价值的形成。

2．同伴交往有助于儿童积极情感的发展

儿童与儿童之间良好的交往关系，使儿童产生安全感和归属感，满足其归属、爱、尊重的需要，从而使情绪经常处于愉悦、稳定的状态中。幼儿如果长时间独处，会产生莫名其妙的孤独感，渴望交流又得不到交流的状况可能会导致孩子慢性情绪压抑。积极与同伴交往不仅可以愉悦孩子的身心，也为孩子提供了实践情绪调控的机会。同伴是孩子最有效的榜样，同伴的榜样对孩子有较强的吸引力和感染力，易于孩子接受和模仿。儿童可以从同伴身上学习如何调控自己的情绪，尽管儿童在同伴交往中不可避免地要与别人发生一些冲突，但正是这些“茶壶里的风波”，使孩子学会如何与别人协调，如何抑制自己不合理的愿望，如何处理同伴关系等。孩子有喜爱游戏的天性，游戏的趣味性与吸引力促使孩子愉快地、心甘情愿地接受角色分配，服从规则要求，要想参与就必须约束自己的行为，否则会遭到排斥，失去参与活动的机会，这有助于训练儿童的情绪调控机制。另外，游戏本身就是幼儿松弛紧张情绪、宣泄消极情绪的有效方式，在游戏中，幼儿借助于动作、语言、角色扮演来宣泄消极情绪，体验积极情绪，使内心产生满足和快乐的感受。

3．同伴交往有助于儿童社会适应以及心理健康的发展

早期同伴交往不良将导致儿童以后的社会适应困难。关于灵长类动物的实验研究和人类的相关研究支持了这一假设。如哈罗的恒河猴实验结果表明，完全隔离条件下长大的幼猴心理发展失常是最严重的，被剥夺了同伴只与母亲接触的幼猴，游戏行为和情感发展都受到影响，对同伴的警觉性和攻击性相当明显，而较长时间的同伴隔离(尤其是在生活早期)，易产生较严重的社会适应不良。在二战期间，6 个儿童的父母都被纳粹分子杀害，他们被关在集中营内长到 3 岁，这期间他们很少得到成人的照顾，他们几乎是彼此之间互相照顾着长大的。在获得解放前的两年左右，这 6 个儿童紧密地团结在一起，相互之间形成了强烈的忠诚和依恋。正是这种依恋感情，才促使他们相互依赖、相互支持，最终都发展成为身心健康的人。

4．同伴交往有助于儿童认知能力的发展

在与同伴交往中，不同的孩子带着各自不同的生活经验和认知基础，他们在共同活动中也会做出各不相同的具体表现，即使面对同样的玩具，也可能玩出不一样的花样。因此同伴交往可为儿童提供分享知识经验、互相模仿、互相学习的重要机会。他们在活动中不断地重新操作、组合玩具，从不同角度去使用活动材料、建构物体。同时，同伴交往也为儿童提供了大量的同伴交流、直接教导、协商、讨论的机会，儿童常在一起探究物体的多种用途和问题的多种解决方式。这些都非常有利于儿童扩展知识、丰富认知，发展自己思考、操作、解决问题的能力。

5. 同伴交往有助于儿童自我意识的发展

首先，同伴交往为儿童进行自我评价提供了有效的对照标准。4 岁左右的幼儿已经能够将自己与同伴作简单的对比，他们常常会对另一个幼儿说“我比你快”“你没有我乖”或者“我做得比你好”等。同伴的行为和活动就像一面“镜子”，为儿童提供自我评价的参照，使儿童能够通过对照更好地认识自己。这是儿童最初的社会比较，它为儿童形成自我概念打下最初的基础。

同时，与同伴的交往为儿童对行为的自我调控提供着丰富的信息和参照标准。儿童在交往中做出的不同行为，往往招致同伴不同的反应，如打人常招来同伴的拒绝或逃避，而微笑则换回的是友好和合作，从同伴的不同反应中，儿童既可以了解自己行为的后果与性质，又可以了解是否为他人所接受，并认识到调整自己行为的必要性与哪些行为必须调节、控制，从而进一步调控自己的有关行为。因此，同伴交往，特别是同伴的反馈，对儿童自我意识尤其是自我调控系统的发展具有非常积极的意义。

(二)幼儿同伴交往的类型

学前期幼儿社会交往的经典研究是帕顿对 40 个孩子所进行的游戏观察研究。她提出了六种类型的社会性参与活动，代表着幼儿发展的不同水平。按照儿童的发展水平，这六种类型依次为无所事事、旁观、独自游戏、平行游戏、协同游戏和合作游戏。帕顿的研究数据表明：儿童从 2～5 岁，协同、合作游戏的数量在上升，而独自游戏、旁观和无所事事的行为在下降。

庞丽娟的研究结论如下。

1. 同伴交往类型的研究方法

研究幼儿的同伴交往类型，主要用“同伴现场提名法”，也就是通过同伴对儿童的提名情况，了解某一儿童在同伴社交中的地位。就是在儿童集体活动的现场，挑选一处既能使儿童看到班上其他所有同伴，又不至于使儿童为别人所干扰、分心的地方，逐个向每一儿童提问：“你最喜欢班上哪三个小朋友？”(正提名)和“你最不喜欢班上哪三个小朋友？”(负提名)，详细记录儿童的提名情况。如果某一儿童被提名为“最喜欢的小朋友”，他就被在正提名上记 1 分，相反，如果被提名为“最不喜欢的小朋友”，则在负提名上记 1 分。综合全班儿童的回答，便可以得出每个儿童的正、负提名总分。据此可以判断某个儿童被同伴接纳的程度，从而判断其同伴社交地位的类型。

2. 同伴交往的类型

采用上述的方法对儿童的同伴社交类型进行研究，结果表明，儿童的社交地位已经分化，主要有受欢迎型、被拒绝型、被忽视型和一般型。四种类型的基本特征如下。

1) 受欢迎型

受欢迎型儿童喜欢与人交往，在交往中积极主动，且常常表现出友好、积极的交往行为，因而受到大多数同伴的接纳、喜爱，在同伴中享有较高的地位，具有较强的影响力。从同伴提名分上看，他们的正提名分很高而负提名分很低。

2) 被拒绝型

被拒绝型儿童和受欢迎型儿童一样，喜欢交往，在交往中活跃、主动，但常常采取不友好的交往方式，如强行加入其他小朋友的活动、抢夺玩具、大声叫喊、推打小朋友等，攻击性行为较多，友好行为较少，因而常常被多数儿童所排斥、拒绝，在同伴中地位低，关系紧张。从同伴提名分上看，他们一般正提名分很低而负提名分很高。

3) 被忽视型

与前两类儿童不同的是，被忽视型儿童不喜欢交往，他们常常独处或一人活动，在交往中表现得退缩或畏缩，他们既很少对同伴做出友好、合作的行为，也很少表现出不友好、侵犯性行为，因此既没有多少同伴主动喜欢他们，也没有多少同伴主动排斥他们，他们在同伴心目中似乎是不存在的，被大多数同伴所忽视和冷落。这类儿童的正、负提名分都很低。

4) 一般型

一般型儿童在同伴交往中行为表现一般，既不是特别主动、友好，也不是特别不主动或不友好；同伴有的喜欢他们，有的不喜欢他们，他们既非为同伴所特别的喜爱、接纳，也非特别的忽视、拒绝，因而在同伴心目中的地位一般。从提名分上看，这类儿童的正、负提名分都有一定的得分，两者都处于居中的水平。

以上四类儿童中，对受欢迎的、被忽视的、被拒绝的儿童研究得最多。同伴接纳可以有效地预测当前和未来的心理适应。被拒绝的儿童一般情绪都比较低落，有较强的孤独感，并且自尊水平较低。在老师和同学眼中，被拒绝的儿童往往被认为具有较多的社会和情感问题。被拒绝的儿童入学后，学业成绩往往比较差，青少年期出现反社会行为和犯罪倾向的概率较高。这些儿童的人格与行为特点见表 3-3。

表 3-3　受欢迎的、被拒绝的和被忽略的儿童的特征

儿童类型	特　征
受欢迎的儿童	积极的、快乐的天性；外表上吸引人；很多两人之间的交往；高水平的合作性游戏；愿意分享；被认为是好领导；很少有攻击性
被拒绝的儿童	很多破坏性的行为；好争辩和反社会；极其活跃；好说话；经常试图接近他人；很少有合作性的游戏，不愿意分享；很多单独的行为；不适宜的行为
被忽略的儿童	害羞；极少有攻击性，在别人的攻击面前退缩；很少有反社会行为；不果断；很多单独的活动；避免两人之间的交往，更多和一大群人在一起

(三)同伴对儿童行为的影响

同伴关系为儿童社会性行为的培养提供了一个更广阔的背景。儿童通过观察、模仿、认同和强化等方式，向同伴学习。帕特森(Patterson)等人训练一组学生观察幼儿园儿童互相攻击的情况，研究发现：当一个儿童猛冲过去抢另一个儿童的玩具时，若受害者做出哭、退缩或沉默的反应，那么这个攻击者以后还会以同样的方式去对付别的儿童，也就是说，消极的反应会强化儿童的攻击性行为。如果一个儿童受到攻击时立即给予反击，或者老师

立即制止攻击者的行为，批评攻击者，那么，这个攻击者的攻击性行为就可能要收敛一些，或者改变这种行为，去另觅新的攻击对象。

同伴不仅是一种强化物，而且更作为一种社会模式或榜样影响儿童的行为发展。如果让儿童和那些更为成熟的儿童在一起玩，他们就会变得更加合作，更多地采用建议或请求的方式，而不是用武力来对付别人。如果经常跟那些慷慨的儿童在一起，儿童也会变得大方。儿童还没有足够的评定自己行为的能力，于是就常把同伴的行为作为衡量自己的标尺。这种社会比较过程是儿童建立自我形象与自我尊重的基础。

(四)提高儿童在同伴中的地位，培养其亲社会行为

1. 早期良好的亲子交往经验

早期亲子之间的依恋关系对今后的同伴关系有预告和定型的作用，而更近一些的观点则认为二者是相互影响的。

西方大量的研究证明了这一观点。研究认为：通过儿童与母亲依恋关系的特质和由此形成的“内部工作模式”可以预见儿童与同伴的社会交往方式。与母亲依恋安全性高的儿童，那么他与同伴也容易建立具有相同特质的依恋关系；而与母亲依恋关系安全性较低的儿童，与同伴交往则会困难。由此可见良好的亲子关系对儿童与同伴的社会交往能力有积极的影响。而安全性高的依恋关系是建立在成人对儿童良好行为反应的基础上的，儿童在与成人交往的过程中，习得成人对待自己的方式，在与同伴的交往中，他会以同样的方式去对待同伴，就会获得同伴的喜爱。

在与孩子的交往过程中，父母应多用积极的语言或表情，对孩子做出积极的评价。孩子有不良行为，家长不能随意训斥、责骂甚至体罚孩子，简单粗暴的做法不但无助于事情的解决，而且对孩子的身心健康有很大的负面影响，对亲子关系也十分有害。在这种情况下，家长应“晓之以理”，帮助孩子分析不良行为产生的原因，然后和孩子讨论这种行为错在哪里，并指导孩子选择正确的行为。同时，还应“动之以情”，给予他们更多的关心、体贴、理解和宽容，使他们感受到亲子间的真情与家庭的温暖。

2. 传授儿童社交技能与策略

儿童的社交技能与策略对儿童同伴交往也有重要的影响。在儿童同伴交往过程中，当儿童掌握运用一定的有效的社交技能与策略时，他的行为才能很好地被同伴认可和接纳，才能与同伴相处融洽。

交往技能的训练首先要使孩子学会正确识别交往中的问题的原因和特点，例如为什么别人不和我玩，为什么我的要求得不到满足。虽然对较小的儿童来说这种训练有点复杂，但对年龄较大的儿童来说，教会他们根据交往的具体情境和问题的具体情况来选择合适的反应是完全可能和必要的。技能训练应该使孩子认识到，解决某个问题可以采用很多种方式，但每种方式的效果是不一样的，我们要选择最适合的方式。例如，当一个小朋友来抢你手中的玩具时，你可以用武力将其推开，也可以去找老师帮助解决，还可以逃避、胆怯、放弃，或者很友好地对对方说：“你别抢，咱们可以一起玩。”老师和家长应该帮助儿童认识到，最后一种方式是最理想的方式。在日常生活中用移情训练、角色扮演等行之有效的方法来培养儿童良好的交往技能，如分享、合作、谦让、助人、抚慰等，辅导儿童使用

礼貌用语，使儿童在与人、事、物的相互作用中逐步提高交往能力。当儿童发生争执时，尽量不充当“裁决者”，而是参与到儿童中寻找争执的原因。

3. 营造良好的家庭氛围

儿童个体在社会化过程中，经历了一个交往重心由家庭向同辈群体转移的时期，家庭是儿童社会化的重要场所。儿童如果生活的家庭温馨、和睦，家庭气氛和谐民主，家庭成员之间相互关心，家庭成员之间的良好关系会对儿童产生很大的影响，在家庭中能够感受到爱并学会爱是儿童与他人建立良好关系的基础。相反，如果儿童生活在一个敌对的家庭氛围中，家庭成员之间冷漠，甚至相互仇视，儿童在这样的家庭中就学会争吵、打架等，儿童与同伴的关系也就很难协调。

四、电视因素

电视的出现影响了儿童的生活形态及家庭生活的特色。大多数的家庭在购买了电视后，在睡眠及一日三餐的时间上都有了改变。儿童每天看电视的时间几乎是儿童在家时的任何单项活动中最长的。即使家长只将看电视作为一种娱乐，电视也会成为对儿童社会性发展和认知发展有重要影响的社会化动因之一。

儿童在婴儿时期就开始看电视。许多父母报告，如果让婴儿坐在电视机前，他们就会变得安宁并对电视感兴趣。6 个月的婴儿在声音或影像转播变形时，会显出苦恼的样子，这说明婴儿已注意到由电视发出的刺激变化。在两到两岁半时，儿童开始能连续地注视电视节目，好像已意识到电视里描绘的人或事。到四五岁时，儿童每天看电视的时间延长到两小时左右。电视对儿童的影响表现在儿童的语言、绘画以及行为模式等的变化中。大量接触电子媒体显然会对儿童产生各种影响，看电视太多的儿童可能会更退缩、对学校不感兴趣吗？电视暴力对儿童会有怎样的影响？下面我们将讨论这些问题。

(一)媒体暴力的影响

早在 20 世纪中期，电视节目中的暴力镜头对儿童产生的消极影响就引起美国父母、教师及人类发展学者的广泛关注。美国国会议员也因此提出了控制暴力镜头的提案。在美国，有将近 80%黄金时段的电视节目中至少有一件与暴力有关的剧情；在我国少有这方面的统计数据，但在儿童节目中，也有很多儿童非常喜欢的有暴力倾向的电视，如《变形金刚》《圣斗士》以及《狮子王》《蝙蝠侠》《蜘蛛人》《超人》《奥特曼》等。看了这些节目之后，孩子们至少会在动作和表情甚至行为方式上模仿这些节目中的主人公。有些成人节目，如《案件聚焦》等对儿童也可能有消极影响。

虽然一些社会心理学家认为，媒体暴力可以通过提供一些幻想的影视材料使人的潜在的攻击倾向得以宣泄，以减少攻击冲动的发生。但社会学习论者，如班杜拉则列出了一些理由来说明，媒体暴力会增强收看电视的儿童的攻击性或反社会倾向。第一，儿童的情绪很容易受到情境的刺激而引发某种兴奋状态。即使当他们只是看到有人在打架时，情绪也会受到激发。如果此时儿童面临一个可能需要攻击反应的情境，则这种被解释为生气的激发将会增强儿童的攻击性行为。第二，电视上的攻击人物可能会扮演着攻击楷模的角色，经过观察学习，儿童很容易学会许多他不知道的或没有想要表现的暴力动作，尤其是当电视中的主人公的暴力行为受到社会认可时。即使主人公的行为受到惩罚，儿童也可能会只是出于好奇来尝试这些暴力动作。而且，儿童有限的记忆能力和理解能力，可能使他们难以理解电视节目中先前攻击别人的人与他们后来所受到的惩罚之间的关系——在电视节目中，攻击者并不一定会立即受到惩罚。

对攻击行为的研究，引发了西方学者的广泛兴趣。在一个对幼儿园的儿童进行的现场研究中，研究者先观察儿童，以建立每位儿童攻击性水平的基本资料。然后将儿童随机分成两组，让一组儿童每天观看一段时间的暴力性电视节目(如《蝙蝠侠》和《超人》)，让另一组儿童观看非暴力性电视节目(如《罗杰先生的邻居》)，一个月后，再观察这些儿童两周。结果发现：观看暴力性节目的儿童在与其他儿童互动时，比观看非暴力性节目的儿童更具有攻击性。观看攻击性节目对攻击性水平在中等以上的儿童有更显著的影响。研究者认为，在自然情境下也会产生这些效应，长时间的接触即使是少量的攻击性镜头，也可能会诱发儿童的攻击性行为，而且，这种效果是长期的，即便是电视节目中的攻击者受到了惩罚，其榜样作用仍很明显。

媒体暴力还会降低儿童对暴力事件的敏感性。经常接触电视暴力除了会促进攻击性行为外，也可能使儿童对暴力情境不敏感——对暴力行为不会觉得悲伤、难过或沮丧，在真实生活中对暴力事件的容忍度和接受度也会提高。在一项研究中，研究者验证了这个假说。他们让部分儿童观看一部有枪战及火并的影片，其他儿童则没有看任何影片。然后实验者让每个儿童通过一个电视屏幕监视在隔壁房间玩耍的两个儿童，以确保他们的安全。每个儿童都看到两个儿童一起玩耍，然后开始争吵，最后还听到了一声巨大的响声。结果，看过暴力影片的儿童对两个儿童争吵的反应比没有看过暴力影片的儿童慢。研究者认为，接触媒体暴力会减弱儿童对以后攻击事件的情绪反应强度，甚至有可能使他们觉得攻击性行为是日常生活的一部分，没有必要加以理会。这些情绪不敏感的人对攻击性行为的受害者也不会产生情绪上的移情反应或苦恼的体验，所以他们可能很少会去帮助那些因为受到攻击而需要帮助的人。

总之，媒体暴力会对儿童产生深远的影响，儿童可能因此变得对暴力产生“免疫”，在暴力场景中变得更不敏感甚至无动于衷；他们会逐渐接受这种观念，即暴力是解决问题的途径之一；儿童也可能会模仿他们在电视节目中看到的暴力动作，并认可某个角色，该角色可能是受害者也可能是侵害者。

为保护孩子不受电视暴力的影响，父母要做好以下几个方面的工作：①注意儿童正在观看的节目，以及他们在和谁一起观看；②限制孩子看电视的时间；③考虑把电视机从孩子的卧室中搬出；④与孩子讨论电视中的情节，向孩子指出，虽然节目中的角色并没有真正受伤或被杀，但在实际生活中那样的暴力却会造成伤害或死亡；⑤拒绝让孩子观看父母已知(如某些枪战片)的暴力节目，在暴力镜头出现时换频道或关掉电视机；⑥向孩子解释，有暴力情节的电视节目不好在什么地方；⑦在孩子面前表示对暴力场景的不赞同和厌恶，并向孩子强调这样一种信念——暴力行为并不是解决问题的最好方法；⑧为了减轻孩子在朋友面前，因谈论到某些他们没有观看过的“流行的”暴力节目时而感受到的隐约压力，父母要与其他孩子的父母保持联系，就孩子看电视的时间长短和看哪种类型的节目达成一致。

父母也可以用以上手段防止儿童在其他方面受到电视的不利影响，例如电视节目中的种族歧视、性爱场面等。无论电视节目的内容是什么，儿童看电视的时间都应该受到控制，因为看电视减少了儿童从事其他有益活动的时间，例如阅读、与朋友玩耍、发展兴趣和爱好等。

(二)电视商业信息的影响

调查发现，一般儿童每年收看将近两万个电视购物广告。在这些广告所宣传的商品中，有很多是成人不愿意购买的玩具、快餐、甜点等。年幼的儿童往往渴求得到他们在电视上看到的商品，当父母拒绝的时候，矛盾便不可避免的产生了。在大部分情况下，儿童还不是成熟的、独立的消费者，他们很难意识到广告真正的促销意图，很难客观地辨别自己的实际需要和考虑家庭的财务状况，他们太容易受广告的影响，在传媒的误导下，他们只是想通过消费满足自己的愿望，提高自己在同伴中的地位、威信。例如，国外有研究发现，糖果广告有 80%是针对儿童的。父母往往会屈服于孩子的要求而为他们购买这些零食，而这些小观众也会根据广告而坚信这些食品是健康的。

除此之外，电视广告中存在一些消极不良的儿童形象，这些形象很有可能成为儿童模仿的对象。研究发现，我国电视节目中存在的不良儿童形象包括：①自私。儿童有好东西不知道分给家人和朋友，只知道独占，如广告中的孩子紧紧抱着自己喜欢的食品或物品，生怕别人来分享。②霸道。如广告中孩子扮演小皇帝。③任性。如广告中孩子为了向家长索要食品，坐在地上耍赖、哭闹、来回踹腿。④贪吃、贪财。广告总喜欢将儿童表现为贪吃贪喝贪财的形象。⑤逃避现实。当孩子在生活中遇到挫折时，有的广告利用食品、饮料等引诱孩子们逃避现实：你吃下这个，或喝下那个，你就没有烦恼了。⑥成人化。有的儿童广告将儿童做成人化描述。

针对上述的研究结果，美国国家改进电视基金会得出的结论是，电视广告对儿童潜在的负面影响甚至超过了暴力节目。

纵观国内外的相关研究，我们得到的结论是，电视就像一把双刃剑，既能促进儿童健康发展，也能妨碍儿童身心发展并导致各种“电视病”，关键在于儿童收看什么样的电视节目和如何收看电视节目。一方面，好的电视节目能够出色地胜任寓教于乐的教育功能，让儿童在笑声中学习知识和增长智慧。这其中最成功的范例当属美国电视制作中心(CTW)制作的“芝麻街”“电子公司”等节目，这些节目不仅能吸引儿童，而且能使儿童的阅读力、想象力、创造力等认知能力得到发展，还能促进儿童形成良好的个性，因而深受各国儿童的喜爱。另一方面，不健康的电视节目却能导致儿童产生各种心理和行为问题，并有可能诱使儿童犯罪。从看电视的时间来看，长时间地收看电视，并为此牺牲了学习和其他活动时间，对儿童的发展不利；而适当地收看电视，既可以作为一种娱乐手段来缓解学习的压力，又可以在欢乐中获得许多信息和知识，从而促进儿童的发展。

本章小结

问题行为是学前儿童容易出现的心理问题，也是每一位家长和幼教工作者必须了解的内容。本章从生物因素入手，对影响学前儿童问题行为的因素进行了详细的分析，并结合具体问题提出了相应的对策，对了解学前儿童心理，提高幼儿教育技能具有重要意义。

思考与练习

1．请结合本章内容综合分析学前儿童攻击性行为产生的原因。

2．假如你是一名幼教工作者，你在工作中如何运用本章相关理论帮助儿童形成良好的行为习惯？

3．请从家庭教育角度来分析学前儿童问题行为产生的原因。

推荐阅读

[1] [美]Shaffer，D.R.，等，著．发展心理学[M]．北京：中国轻工业出版社，2016.

[2] [美]威特默，彼得森，帕克特著．何洁等译．儿童心理学[M]．北京：机械工业出版社，2015.

[3] 沈德立．实验儿童心理学[M]．北京：北京师范大学出版社，2013.

[4] 谷传华．儿童心理学[M]．北京：中国轻工业出版社，2010.

[5] [法]安妮夏莱-德布雷．儿童心理学[M]．北京：中央编译出版社，2013.

[6] 刘文．创造性人格与儿童气质研究[M]．北京：中国大陆出版社，2010.

人的行为是指具有认知、思维能力、情感、意志等心理活动的人，对内外环境因素作出的能动反应。行为的健康是个体心理健康的外在表现。学前儿童正处于身心发展的关键期，关注其行为健康至关重要！

——题记

第四章 学前儿童问题行为预防及矫正

本章学习内容

- 学前儿童问题行为矫正的概念。
- 学前儿童问题行为矫正的发展历史。
- 学前儿童问题行为矫正的理论模式。
- 学前儿童问题行为的预防及矫正原则。
- 学前儿童问题行为的常用矫正方法。

核心概念

行为矫正(behavior modification) 系统脱敏法(system elimination sensitivity method) 强化疗法(intensive therapy) 行为塑造法(behavior molding) 模仿法(mimetic therapy) 游戏疗法(play therapy) 社会技能训练(social skills training) 代币制疗法(currency therapy) 涂鸦疗法(graffiti therapy) 催眠疗法(hypnosis)

幼儿园中的两个问题幼儿

东东，男孩，6岁，是他所在班级中年龄最小的两个儿童之一。在幼儿园一整天的活动中，他基本上不爱开口说话，课堂上，他从不主动举手发言，即使老师提问他，并对问题答案给予许多明显的语言和动作提示，他也一声不吭；游戏活动从不参与，你再怎么说他也不会理你；课间，很少离开自己的座位到外面玩；在活动中，有时表现得比较霸道，会跟其他儿童抢玩具，难以协调与其他儿童的合作，手脚协作能力也较差。

来幼儿园的第一天，锴锴就显示出他的与众不同来，别的孩子在因为父母的离开而哭闹时，他尤其活跃，一会儿跑到玩具角玩玩玩具，一会儿左冲右撞、跑来跑去，他特别高兴和兴奋。正当老师为他的出色表现和他那高兴劲儿而表扬他时，情况不妙了，锴锴手舞足蹈得忘了形，将坐在旁边的小朋友撞翻在地，被撞翻在地的孩子号啕大哭，老师拉着他叫他给小朋友道歉，他挣脱了老师的手，跑到一边玩玩具去了，一副若无其事的样子。才短短的半天工夫，前后就有 6 名孩子告他的状，都是反映锴锴打到他了或是推倒他了。此后，锴锴经常无缘无故地打人、抢玩具、欺负同伴、搞破坏，对于老师的制止，他一点儿反应也没有。

以上两个案例尽管从两个不同角度反映了幼儿的不适当行为，但不难看出，这些行为均给幼儿自身和周围人带来了麻烦。其实，幼儿群体中存在上述问题的不在少数，除以上案例描述的现象以外，例如胆小、挑食、乱发脾气等问题行为更是让家长乃至幼儿园教师头痛的问题。幼儿所表现出的问题行为如不及时加以教育和纠正，会严重影响幼儿身心的健康成长，甚至会形成很多心理及发育障碍问题。

有关心理学研究表明，儿童 6 岁以前出现问题行为要比青春期出现问题行为更易导致成年的反社会行为。此外，青春期及成年期的问题行为与学龄前问题行为密切相关。因此进行早期干预对促进个体身心健康发展，形成良好行为，预防成人期适应不良、违法犯罪和精神障碍具有重要意义。

第一节　学前儿童问题行为矫正概述

一、学前儿童问题行为矫正的一般概念

行为矫正一词最初源于心理学的一个重要流派——行为主义，是根据行为主义的学习理论的基本原理所发展出来的一些行为改变的技术。该流派强调的是刺激-反应，技术的特点在于着眼于异常行为本身的改变，既不关注导致行为异常的心理原因(如认识问题)，也不关注导致行为异常的内心冲突，这是由行为主义的基本理论立场所决定的。所以行为矫正就是运用一些外部刺激来矫正自身不良行为。例如，家长希望孩子改掉吮吸手指的毛病，但幼儿不能按照成人的意愿很快改正这个不良习惯，这时就可以运用行为主义的方法，在幼儿想吸吮手指时采用某种方法来惩罚他，久而久之让他把吸吮手指和这种惩罚所带来的痛苦建立条件反射，从而在他想吸吮手指时就想到那种痛苦，来达到改掉不良行为的目的。

心理科学发展到今天，许多针对学前儿童问题行为的矫正方法应运而生，关于行为矫正的概念我们也可以理解为运用一定的心理学和教育学的方法对学前儿童在成长过程中出现的问题行为进行有效矫正和治疗的过程，即是一门研究如何利用心理学的方法来处理心理和行为异常问题的学科。因此在本书中所提到的行为矫正指的是后者，即一些针对学前儿童存在的问题行为而普遍适用的治疗方法。

二、行为矫正的发展简史

(一)国外行为矫正的发展

行为矫正的治疗方法起源于 20 世纪 50 年代末 60 年代初，同时崛起于美国、英国等地，偏离当时人们所认可的精神分析理论的观点与原则。该疗法发展的最初阶段，主要是应用

经典操作条件反射原理治疗问题行为，在此基础之上，斯金纳(Skinner)及班杜拉(Albert Bandura)又分别建立了操作性条件反射理论及社会学习理论。这三个理论都关注有机体行为的习得与改变，都认为有机体(人与动物)的大部分行为是后天习得的，但这些理论对行为是如何习得的又有不同的解释。因此，根据不同的行为主义理论所发展出来的行为治疗技术或行为治疗方法，既有许多相似之处，又有许多不同之处。这种相似与不同会在后面的具体治疗案例中有所体现。巴甫洛夫(Ivan Petronch Parlov)的经典条件反射理论和斯金纳的操作性条件反射理论是行为矫正理论的主流，这两个理论奠定了行为矫正理论的基础，行为治疗或行为矫正的方法策略大多是根据这两个理论发展起来的。社会学习理论是班杜拉在20世纪60年代才发展出来的，但其在行为治疗中的影响越来越大。由于巴甫洛夫的经典条件反射理论、斯金纳的操作性条件反射理论和班杜拉的社会学习理论都认为人类的大部分行为是学习得来的(习得的)，也就是说，无论是正常的行为，还是变态的行为都是习得的，神经症在本质上是由于错误的学习而导致的失调行为，失调行为是通过学习得来的，因此也能够通过学习消除。

行为矫正的目的在于消除个体某些不适当的行为，形成适当的行为。行为主义创始人华生(sahB.Waston)和琼妮运用巴甫洛夫条件反射原理对婴儿进行了形成惧怕白兔和消除这种惧怕心理的著名情绪实验研究；威特曼(M.Veltman)等在美国宾夕法尼亚建立了第一家心理诊所，他在1907年通过对学习困难儿童的体检和视力测验，就儿童学习困难的原因进行了分析，并通过训练减轻了患儿的视觉障碍。尽管这些行为主义心理学家及精神科医学专家运用条件反射原理对行为矫正进行了实验研究并加以应用，但行为矫正技术却并没有得到迅速发展。首先，因为在20世纪30年代以后，西方的精神分析疗法正处于鼎盛时期，而这些刚刚产生的行为矫正理论与精神分析法正好对立，因而不能引起人们的重视；其次，由于许多条件反射的原理开始大都来自动物实验，故不易被人们所接受；最后，那些已在应用的行为矫正原理，没有足够的临床上的资料支持，其疗效和成绩也不显著，但这些工作都对行为矫正的发展产生了很大影响。

20世纪60年代起，行为矫正开始得到应用并迅速发展。它首先在成人疾病的治疗上受到重视，以后又用于矫正儿童的问题行为，有关的研究报告日益增多。20世纪80年代以后，行为矫正的发展更为迅速，表现在不仅出版了许多有关儿童行为的新杂志及专著，还召开了各种行为治疗的学术会议。如根据美国行为治疗促进会的统计，1980年该会会员已超过3500人，该会还举办过两届世界行为治疗会议，有34个国家派遣了2000多名会员参加，可见其影响之大。据统计，20世纪80年代以后，世界各国行为矫正的研究报告竟成为心理学者用来处理儿童和成人问题行为的主要理论基础。例如，在美国心理健康研究所的有关心理社会研究论文中，约有70%属于行为矫正，同时约有59%的临床心理学家采用行为矫正来处理儿童问题行为。目前，行为矫正具体方法的种类繁多，虽然它们强调的角度不同，但行为矫正已被公认为是一种客观的科学方法，是一种十分有效的治疗技术。

(二)行为矫正发展史上的三大杰出人物

20世纪50年代，在行为矫正的发展过程中出现过三位典型的代表人物，他们在三个国家率先创建起行为矫正治疗所，将行为矫正应用于临床并作出了巨大贡献。

1．沃尔普

出生于南非的沃尔普(Joseph Wolpe)在20世纪50年代将条件反射理论应用于临床。他的理论是从巴甫洛夫和赫尔(ClarkL.Hall)的理论中引申出来的，华生的早期著作对他亦有影响。他受谢灵顿(Charles Slot Sherrington)的影响颇深。谢灵顿在实验中注意到一种现象：即如果一组肌肉受到刺激，则其对抗性的肌肉会受到抑制，相反亦然。谢灵顿把这种现象称为“交互抑制”，这是神经系统的一个特征。沃尔普用谢灵顿的神经特征理论来解释心理现象，认为当出现惧怕或焦虑情绪时，会产生一种相反的反应，从而抑制这种惧怕或焦虑情绪。他将这一原理应用于行为矫正，于1958年出版了《交互抑制的心理治疗》一书，此书为现代行为矫正理论及其应用和发展作出了巨大贡献。

2．艾森克

艾森克(Hans J.Eysenck)出生于1916年，英国人。他在临床上创立了抗条件反射法和厌恶条件反射法。艾森克主要运用巴甫洛夫和赫尔的理论，但比巴甫洛夫更多地将先天气质类型应用到病理心理学领域。艾森克在1963年创办了有关行为矫正的第一种科学杂志——《行为研究和治疗》。该杂志对行为矫正的传播和发展起到了很大的推动作用。

【二维码1】艾森克人格测验(EPQ)

3．斯金纳

著名的美国心理学家斯金纳是新行为主义的代表人物之一。他开创性地把操作性条件反射原理应用于临床，认为异常行为可以通过发现和改变那些强化这种异常行为的环境和刺激而得到治疗，指出要形成儿童或成人符合社会要求的良好行为，最重要的方法是奖励和积极强化法。他在《科学和人类行为》一书中批评了心理分析疗法的思想，并运用“行为”一词来论述心理治疗的概念。他对行为矫正的主要贡献有两方面：一是提出了操作性条件反射的基本原理；二是创造了行为分析的科学方法，即所谓的“行为实验分析法”。斯金纳在这两方面的贡献，对行为矫正理论和实验研究的发展产生了相当深远的历史影响。

(三)我国行为矫正的发展

从整个世界来看，行为矫正是从心理治疗发展而来的，并成为心理治疗的一种主要手段。在我国，行为矫正也一直融合在心理治疗内。根据《中国神经精神疾病杂志》《中国心理卫生杂志》《心理学报》所统计的我国学者发表的有关心理治疗的论文数据，可以把我国心理治疗与咨询的工作分为三个阶段：1949—1978年的空白阶段；1978—1985年的准备阶段；1985年以后的开展阶段。

我国在1949年以前，无人开展系统的研究工作，只有以解释和安慰为主的支持性治疗。

从1949年到1978年的29年间，我国受苏联影响，主要以保护性医疗治疗为主，但这些疗法不属于世界公认的心理治疗派别的三大系统。1978年以后，我国开始引进行为疗法及精神分析疗法，但公开发表的论文并不多。1986年以后，公开发表的论文逐渐增多，治疗与咨询工作也逐步得到开展，并受到了学术界与社会的重视。

目前，行为矫正正广泛地应用于心理疾病和精神疾病的治疗。从公开发表的论文看，1985年以后，行为矫正的有关论文33篇，占心理治疗与咨询论文总数的51%，其中行为矫正法应用得最多；进行诊治的病种有十多种，如强迫症、恐惧症、儿童心理障碍、儿童行为问题以及精神分裂症恢复期和慢性精神分裂症的矫治等。除了在临床医学上应用外，行为矫正在教学上也得到了重视。20世纪60年代，中国心理学家对建构在强化反馈概念上的程序教学给予了高度重视，并作了大规模的实验验证。在20世纪70年代，中国科学院心理研究所吸收了教学程序的长处，设计出了一种自学辅导的新教学体系，同时华生、斯金纳、班杜拉的理论在我国得到了重视，加涅的学习理论也在20世纪80年代被介绍到中国。近些年，行为矫正的目标越来越接近学前儿童阶段，并取得了明显的效果。

综上所述，不论国内还是国外，行为矫正主要产生于教育和医学的临床治疗需要，它在教育、医学及其他一些领域已得到广泛的应用。目前，行为矫正已经成为现代家庭生活中教育孩子不可或缺的重要手段。

第二节　学前儿童问题行为矫正理论模式

行为矫正的理论基础包括三个方面，即行为主义理论、认知行为矫正理论及社会学习理论。

一、行为主义理论

行为矫正的行为主义理论主要包括巴甫洛夫的经典条件反射理论及斯金纳的操作性条件反射理论。

(一)经典条件反射

1. 实验程序

经典条件反射学说是由巴甫洛夫提出来的，巴甫洛夫从1902年起一直研究条件反射，并取得了丰硕的成果，于1903年获得诺贝尔生理学或医学奖。经典条件反射又称巴甫洛夫条件反射，是指一个刺激和另一个带有奖赏或惩罚的无条件刺激多次联结，可使个体学会在单独呈现该刺激时，也能引发类似无条件反应的条件反应。经典条件反射最著名的例子是巴甫洛夫的狗的唾液条件反射实验。

巴甫洛夫有关经典条件反射的研究是这样的：在喂狗食前几秒钟，发出铃声或节拍器的响声，接着再将肉末送入狗的口中。开始时狗听到铃声只是加以注视，并不流口水，只有在吃到食物时，才淌口水。但这种操作经过若干次以后，只要一发出铃声或节拍器的声音，狗就立刻分泌唾液。这种本来与唾液分泌无关的铃声和节拍器声音，由于它们和食物出现的时间接近，则可以引起唾液的分泌。狗之所以会对铃声或节拍器声音这样的条件刺激产生唾液分泌的反应，主要是由于在铃声或节拍器声响之后，马上会有食物这种无条件刺激出现。在给予条件刺激之后，立刻给予无条件刺激，就是所谓强化。这个条件反射的形成过程称为强化过程，或称习得过程。如图 4-1 所示。

图 4-1　巴甫洛夫经典条件反射实验

狗能够对食物自然而然地分泌唾液，此时巴甫洛夫将食物看作非条件刺激(US)，唾液分泌看作非条件反应(UR)，并将两者的关系称为非条件反射。而如果在提供食物之前的几秒钟发出一些作为中性刺激(NS)的声响，将会使得这个声响转变为条件刺激(CS)，能够单独在没有食物的状况下引起作为条件反应(CR)的唾液分泌，两者的关系则被称做条件反射。

本实验简化如下。

食物(US) ≥ 唾液分泌(UR)

食物(US)+声音(US) ≥ 唾液分泌(UR)

声音(CS) ≥ 唾液分泌(CR)

巴甫洛夫的这个实验很成功，对学习理论及行为矫正技术的发展影响很大。尤其是巴甫洛夫着重刺激，依靠刺激来控制行为的研究，为以后刺激反应的研究提供了借鉴。因此，将巴甫洛夫发现的条件反射称为经典条件反射。经典条件反射作用的五条定律如下。

1) 习得律

条件反射是由一系列条件刺激(铃声或节拍器声)和条件反应(由铃声或节拍器声引起的唾液分泌的反应)邻近配对建立起来的。一方面，条件刺激和起强化作用的无条件刺激必须同时或近乎于同时呈现，间隔时间太久则难以建立联系；另一方面，条件刺激作为无条件刺激即将出现的信号，必须先于无条件刺激呈现，否则，也将难以建立联系。

2) 实验性消退律

如果条件刺激重复出现多次，而没有无条件刺激的强化，则条件反应将逐渐减弱并消失。但这种消失一开始不是永久性的，它只是一种习惯的钝化，经过一段时间的间歇之后，又会自发地恢复。只有当几次自发地恢复都没有得到强化后，条件反应才会真正地消退。

3) 泛化律

条件反射一经确立之后，其他类似最初条件刺激的刺激也可以引起条件反射，此谓泛化。例如，实验开始时以铜铃声作为条件刺激，条件反射形成之后，若呈现一个蜂鸣器的声音，也将引发条件反射，因为蜂鸣器与铜铃声很相似。泛化的例子很多，一个害怕蛇的人，会害怕许多像蛇一样的东西，如也会害怕鳝鱼、蜥蜴等与蛇相似的动物。泛化条件反射的强度与充当条件刺激的事物之间的相似程度有关，如果两者越相似，那么，反应的强度就越高；如果相似的程度越低，则反应也就越弱。

4) 分化律

分化律是指条件反射的分化可由差异强化建立。如果狗已经建立对铜铃声的条件反射，并产生了对蜂鸣器的泛化反应，如果使对铜铃声的反应得到强化(即在铜铃声之后马上给予食物)，对蜂鸣器的反应不予强化(即在蜂鸣器声之后不给食物)，则对蜂鸣器的反射也将消退。受强化的刺激与不受强化的刺激相继呈现的程序，能有效地使实验动物完成分辨学习。

5) 次级条件作用律

一个条件反应建立以后，可以通过刺激替代建立二级条件反应。如果狗已经对铃声建立了条件反应，再将铃声同闪光一起配对呈现，经过几次实验之后，闪光便会单独诱发唾液的分泌，这说明狗已经建立更高一级条件作用。但在动物身上，高级条件作用的建立是比较困难的，而且也很不稳定。因为高级条件作用的建立，本身就有一个对最初形成的条件反应的消退过程。但巴甫洛夫认为，人的学习已经较多地脱离了直接的生理性强化，高级条件反应的建立是占主导地位的，特别是语言作为第二信号系统起着较为重要的作用。

由巴甫洛夫的经典条件反射实验可总结出四种特征，并在行为疗法中得到了广泛应用。

获得：将条件刺激与无条件刺激多次结合呈现，可以获得条件反射和加强条件反射。如将声音刺激与喂食结合呈现给狗，狗便会获得对声音的唾液分泌反应。

消退：对出现的条件刺激不再重复呈现无条件刺激，即不予强化，反复多次后，已习惯的反应就会逐渐消失，如学会对铃声产生唾液分泌的狗，在一段时间听到铃声而不喂食之后，可能对铃声不再产生唾液分泌反应。

恢复：消退了的条件反射，即使不再给予强化训练，也可能重新被激发，再次出现，这被称为自然恢复作用。

泛化：指某种特定条件刺激反射形成后，与之类似的刺激也能激发相同的条件反射，如狗对铃声产生唾液分泌反射后，对近似铃声的声音也会产生反射。“一朝被蛇咬，十年怕井绳”便是获得与泛化的最好例证。

2．经典条件作用与治疗恐惧

1) 通过经典条件反射形成恐惧

行为主义心理学家华生和巴甫洛夫一样，也认为人类的行为除了先天的无条件反射之外，都是通过条件反射习得的。华生与巴甫洛夫各自独立地发现了经典条件反射的原理。华生同他的研究生蕾娜(Rosalie Rayner)共同发表了一篇很有影响的实验报告《制约情绪反应》，在这个实验中，他成功地用经典条件反射的方法使儿童习得了对老鼠的恐惧。实验对象是只有 11 个月大的男孩阿尔伯特。阿尔伯特原先并不害怕动物，但刺耳的铁锤敲击钢条的声音能引起他强烈的情绪反应，如哭叫、发抖等。华生认为，儿童生来有三种基本的情绪，即爱、愤怒和恐惧。华生用行为主义刺激-反应的术语来描述情绪，而不涉及情绪的主观感受，这是由他的行为主义立场决定的。哭叫、发抖等是与恐惧有关的基本的模式反应，而引起恐惧模式反应的最原始刺激是巨大的声响。

华生和蕾娜的实验过程是这样的：实验者先呈现一只小白鼠，当阿尔伯特要去摸小白鼠时，在他背后出现用铁锤敲打钢条的尖锐噪音。一听到尖锐的噪音，阿尔伯特立即表现出惧怕反应，他先是猛地跳起来，向前跌去，把脸埋在床垫里面(注意：这些外显表现实际上就是恐惧反应)。一开始没有哭。在一个星期中，连续七次这样使小白鼠同这怕人的铁锤敲击钢条的噪音配对呈现，阿尔伯特就对原先他并不害怕的小白鼠产生了恐惧反应。只要小白鼠一出现，即使没有刺耳的噪音，阿尔伯特也会害怕得哭起来，爬离现场(小白鼠+巨响=恐惧小白鼠)。

在实验的后期，阿尔伯特出现了泛化现象，在看到其他白色的东西时，如白棉花、白猫甚至老人的白发时，都会表现出惧怕的反应，这种恐惧也泛化到其他有毛皮的动物身上，甚至泛化到毛皮上衣和圣诞老人的连鬓胡子上。对刺耳声音的恐惧反应是先天的无条件反射，而对小白鼠的恐惧是在这种先天的无条件反射的基础上形成的。华生认为，不单是简单的运动习惯，而且重要的人格特征，如情绪倾向等都可以通过条件反射在孩子身上培养起来。

2) 通过经典条件反射消除恐惧

情绪反应既然可以通过条件反射形成，也可以通过条件反射的方法和其他方法予以消除。琼妮做了一个反制约实验，这一实验是受到华生的制约情绪实验的启发，并受到了华生的指导。实验对象是一个三四个月大的男孩彼得，彼得害怕许多小动物如白鼠、兔子等，尤其害怕兔子。在实验开始时，研究者安排彼得和三个不怕兔子的孩子在一只兔子前面玩，这种社会模仿很有成效。正在这时，彼得由于生病，偶然和一只大狗相遇，使惧怕毛皮动物地旧病复发，实验中断了两个月。在实验的第二阶段，实验改用“引导制约法”，即运用巴甫洛夫的经典条件反射原理，每当彼得在吃其喜欢吃的食物的时候，将他所害怕的兔子放在笼子内，从远到近，一步一步地向彼得靠近。这样终于使彼得逐渐喜欢兔子，消除了对兔子的恐惧(兔子+食物=对兔子的恐惧消失)。

由此可见，恐惧的情绪既可以通过条件反射这一机制形成，也可以通过社会模仿和条件反射予以消除。琼妮的这一反制约情绪反应的研究报告影响很大，是学前儿童行为矫正的经典案例，尤其是引导制约法，后来经过沃尔普等人的实际运用和改良，成为行为矫正的两项基本原理：交互抑制原理和渐进的系统脱敏原理。利用这两个原理能够有效地治疗各种恐惧症和焦虑症。

【二维码 2】厌恶疗法和系统脱敏疗法

(二)操作性条件反射

1. 实验程序

操作性条件反射不是由外界刺激引起的，而是由主体行为触发的。只要出现相应的条件，即强化物和行为之间形成了明显的相倚关系，那么，相应的行为就会出现。斯金纳的操作性反射是针对人的行为的控制而提出的，他认为个体之所以产生某一行为，是由于想得到过去同类行为所产生的某种结果，而不能说是由于想得到该行为将要产生的结果。人的行为总有它产生的原因，通过发现和分析这些原因，就可以在一定程度上预测和控制人的行为。因此，只有了解和掌握影响行为的所有变量和原因，才能形成对行为的有效控制。斯金纳认为，任何行为的因果链都包括三个环节：①从外部对有机体进行的操作，如剥夺饮食；②内部状态，如饥饿；③行为，如觅食。斯金纳认为，当时的心理学试图从内部状态即心理感受上寻找行为原因，但是，这种内部状态是无法用科学加以测量和验证的，而内部状态依赖于外部操作，所以，科学的心理学应该避开无法测量验证的第二环节，直接建立起第一环节和第三环节之间的函数关系。从这种科学思维出发，斯金纳强调人的行为是环境的产物，人的行为取决于环境所给予的强化，人们完全可以通过改变环境和运用各种强化手段来改造和控制人的行为。正是在这种科学信念上，斯金纳继承了华生的“要彻底摒弃意识、意志之类词汇，放弃一切对内在心理的猜测，而只对可测量的外显行为进行研究”的观点，并用“斯金纳箱”进行白鼠实验，证实了行为可以由外界因素加以塑造。

所谓“斯金纳箱”是一个高约 1 尺的长方形箱子。它的一面是单向玻璃，用来观察动物而不惊扰它。箱内有照明小灯，并有一根连接着食物台的杠杆或踏板，当动物按压杠杆时，它可以得到食物，里面的记录装置可以把动物的按压反应记录下来。该实验要求排除一切外来刺激，让动物自由活动。如图 4-2 所示。

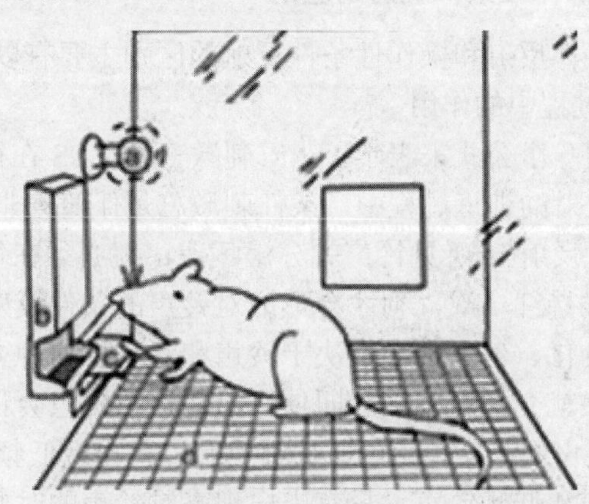

图 4-2 斯金纳箱

斯金纳箱的实验，与巴甫洛夫的有着明显不同，它可以全面显示出动物的学习行为(斯金纳自己很少使用“学习”这一词汇，因为他反感这一词汇含有的内在性，通常他只用“强化”来表达人们常说的“学习”)。白鼠在箱子内自由活动，会偶然发现按压杠杆能得到食物，于是，白鼠就可能调整或改变自己的行为，它会再次按压杠杆，试图获得更多的食物。有意思的是，如果调整强化物的提供方式，白鼠的行为也会产生“聪明”的变化。例如，如果按压杠杆后必须间隔 1 分钟才再次供给食物，那么，白鼠在多次重复之后，会把自己的行为调整为间隔 1 分钟左右才再次按压杠杆；如果每按压 10 次才掉下来一次食物，那么，白鼠也会逐步摸索，形成 10 次按压后停下来去取食物的行为惯性。由此可以说明，学习的本质不是刺激的替代或内心的追求，而是反应的改变。显然，斯金纳已经超越了巴甫洛夫的应答式条件反射，进而提出了操作性条件反射。归根到底，操作性行为最明显的特征是自发的，而不是诱发的。

那么，这种操作性行为能否得到维持，以及维持的时间长短就成为激励的重要内容。斯金纳认为，这取决于行为结果。想要一种行为长久地维持下去，就必须给这个行为予以强化。换句话说，就是要使行为者感觉到这个行为是与一定的强化物相联系的。如果自己想要得到这种强化物，或者通过这种强化物来获得别的东西，从而使自己的需求得到满足，就必须做出这种行为；反之，则要避免这种行为。可见，只有把行为与一定的强化物联系起来，才能达到预定的目的。这种联系就是强化物与反应之间的相倚性联系。

对行为的强化是通过强化物来起作用的，要选择适当的强化物就需要辨明哪种事物能对行为产生有效的作用。如果某种东西在使用前和使用后能够观察到反应频率的变化，这种东西就具有强化作用。人的行为是一个“习得”的过程，在这个过程中，如果没有一定的强化激励来暗示或明示这种行为是否正确，那么行为者就没有评判标准。当某种强化物在行为者行为发生后给予相应的激励刺激，那么行为者就会认识到自己的行为能带来什么样的后果，进而决定是否需要维持下去。偶然一次的激励，不能形成相倚性联系，只有行为结果出现后能得到持续(或递增、或递减、或随机、或间隔，随机和间隔也是持续的表现方式)的强化，如此反复，行为才会与强化物形成紧密的相倚性联系。这种联系的强弱会影响以后行为维持的程度和时间的长短。相倚性联系越强，则行为维持的程度越强，时间越长；相倚性联系越弱，则行为维持的程度越弱，时间越短。

2. 经典条件反射与操作性条件反射的区别

斯金纳认为，经典条件反射和操作性条件反射的区别主要有以下两点。

1) 刺激在反射形成过程中的作用

经典条件反射可以用一个公式来表示：S-R(刺激-反应)。S在行为的形成中扮演至关重要的决定作用，在条件反射的训练过程中，条件刺激总是伴随着非条件刺激而出现。例如，要想让狗对铃声形成条件反射(一听见铃声就分泌唾液)，就必须在每次出现铃声之后紧接着向食桶中倾倒食物，这样持续多次，狗才会形成对铃声的条件反射，一听见铃声就分泌唾液。另外，条件反射的分化、消退也都取决于铃声和食物以何种方式结合，如果只给铃声不给食物，条件反射很快就会消退，以后即使再给铃声，狗也会认为是在欺骗它，不会再分泌唾液了；同样，如果出现高频铃声的时候给狗食物，出现低频铃声的时候不给狗食物，狗就学会了区分高频铃声和低频铃声，只有当出现高频铃声的时候才分泌唾液。巴甫洛夫认为，非条件刺激物必须紧接着条件刺激物出现，而不能在反射行为作出之后才出现，在反射行为之后出现的非条件刺激物根本不起任何作用。

然而，在斯金纳的操作性条件反射行为的形成过程中，刺激几乎不起任何作用，操作性条件反射也可以用一个公式来表述，但不是S-R(刺激-反应)，而是“反应-强化”，在行为形成过程中起重要作用的不是反应前出现何种刺激，而是反应后得到何种强化。

2) 强化在反射形成过程中的作用

在经典条件反射中，人们重视的是反应前的刺激而不是反应后的结果，没有人关心反应以后会得到何种结果，因此“强化”在这类反射行为中没有任何意义；但在操作性条件反射行为中，强化才是最重要的。斯金纳认为，如果人们在无意中作出某种行为之后得到了奖赏，人们以后就会多作出这类行为；如果人们无意中作出的某种行为导致了惩罚，则以后会回避这种行为，会尽可能少做这种行为。这是行为的后果而不是行为前的刺激导致决定了行为的保持或消退。

在斯金纳看来，人和动物并没有两样，在人的各种行为中，哪些行为会得以保持，哪些行为最终会消失，都取决于这些行为的后果，取决于人们做出这些行为之后是受到了奖励还是惩罚。因此，培养人们的行为习惯只需要不断地应用奖励和惩罚进行控制就足够了。

在行为塑造过程中，实验者首先观察被试者的全部行为反应，然后对其中的部分行为反应进行奖励，忽视其中那些实验者不希望保留的行为反应，通过不断的奖励、强化而塑造出一种基本上是全新的行为模式。利用这种方式，斯金纳曾经成功地教会了鸽子打乒乓球，甚至还教会鸽子在一架玩具钢琴上弹一支曲子。

【二维码 3】“鸽子学开收音机”试验

二、认知行为矫正理论

1. 托尔曼的整体行为学说

托尔曼(Edward C.Tolman)认为心理学应研究行为，但他与华生不同的是，他把行为划分为两种，一种是分子行为(或局部行为)(molecular behavior)，是指个体所表现的局部性动作，如声、光、电等刺激所引起的肌肉收缩和腺体分泌的反应；另一种是整体行为(molar behavior)，是指个体所表现的大单元或整体性行为，如动物走迷津、小孩上学、踢球等都是对一个包含了许多不同刺激组合的复杂情境的反应，很难将它们分解为一系列单个的物理刺激和生理运动，即使能够分解，也不能准确地描述整体行为。因为这些整体行为并不是各部分之和，它有自己的描述性和规定性，有它自身的特征。托尔曼认为整体行为主要有四个特征。

(1) 行为总是指向一定的目标——对象，如白鼠走迷津总是奔向食物，目的性是行为的最重要的特征。

(2) 行为为实现指向目标——对象，总是选择一定的途径和方式。所以，整体行为还具有认知的特性。如白鼠总是选择一定的通道而非另外的通道通过迷津。

(3) 行为在指向特定的目标——对象时，总是选择那些最短的路径或较容易的手段，托尔曼把它称为最小努力原则(principle of least effort)。如我们总是要选择一种较为简单而又快速的方法去解数学题。

(4) 整体行为不是机械的、固定的，而是可以通过教育变化的，说明它有可接受教育的特征。

托尔曼认为，行为产生的原因主要有物理的和生理的两类，分别称之为环境变量和个别差异变量。环境变量包括：补给时间表(M)、目标对象的适度性(G)、刺激物的类型及其所提供的方式(S)、所要求的运动反应类型(R)、先行的或后继的迷津单元模式(P)。个别差异变量包括：遗传特征(H)、年龄(A)、先前所受的训练(T)、特殊的激素和药物所维持的生理状态(E)。有机体的行为随着这些环境变量和个别差异变量的变化而变化。但是托尔曼认为这些变量(或自变量)与行为变量(或因变量)之间的关系并不像华生等行为主义者所说的刺激

-反应(S-R)那么简单，他要求注意有机体的内部因素在行为中的作用，要从整体上对行为进行心理分析。在此基础上，托尔曼提出了中介变量(intervening variable)，即介于刺激与反应之间因外在刺激而引起的内在变化过程。中介变量是行为的实际决定因子。因此，必须把S-R理解为S-O-R，中介变量就是在O(有机体)内正在进行的活动，只有弄清中介变量，才能回答一定刺激情境为何会引起一定反应的问题。

托尔曼早期认为中介变量有两种，即需求变量和认知变量。前者本质上就是动机，包括饥渴、性欲、安全、休息等需求，后者指对情境、目标的认知，包括动作、技能等。后来，他受完形学派的影响，把原先提出的两种中介变量进行了修改，认为有三种主要的中介变量。

(1) 需要系统(need system)，指生理需要和内驱力等。

(2) 行为空间(behavior space)，指机体在某一时刻内感知到的，具有不同地点、距离和方向的客体。

(3) 信念价值动机(belief-value motivation)，指选择某种目的物在满足需要中的相对力量。

同时，托尔曼分别给以上的中介变量予以操作性的定义和说明，再次表明了他客观的行为主义者的立场。

2. 理性情绪治疗模式理论

理性情绪治疗模式(Rational-Emotive Therapy，简称RET)是20世纪50年代由阿尔伯特·艾里斯(A.ElliS)在美国创立的。理性情绪治疗是认知心理治疗中的一种疗法，因该疗法也采用行为疗法的一些方法，故被称为认知-行为疗法。理性情绪疗法的基本理论主要是ABC理论。在模式中，A(activating events)是指诱发性事件；B(beliefs)是指个体在遇到诱发事件之后相应而生的信念，即他对这一事件的看法、解释和评价；C(emotional and behavioral consequences)是指特定情景下，个体的情绪及行为结果。完整的治疗模式由A、B、C、D、E、F 6个部分组成，除以上提出的A、B、C之外，还有D(disputing irrational beliefs)指劝导干预；E(effect)指治疗或咨询效果；F(new feeling)指治疗或咨询后的新感觉。

人们面对外界发生的负性事件时，为什么会产生消极的、不愉快的情绪体验呢？人们常常认为罪魁祸首是外界的负性事件A。但ABC理论指出，诱发性事件A只是引起情绪及行为反应的间接原因，而人们对诱发性事件所持的信念、看法、理解B才是引起情绪及行为反应的直接原因。所以艾里斯认为每个人都要对自己的情绪负责，当人们陷入情绪障碍之中时，是他们使自己感到不愉快的，是他们自己选择了这样的情绪取向的。

不过有一点要强调的是，理性情绪治疗并非一般性地反对人们具有负性情绪。例如一件事失败了，感到懊恼，有受挫感是适当的情绪反应，而抑郁不堪、一蹶不振则是所谓不适当的情绪反应。例如两个同事一起上街，碰到他们的总经理，但对方没有与他们打招呼，径直走过去了。这两个同事中的一个认为："他可能正在想别的事情，没有注意到我们。即使是看到我们而没理睬，也可能有什么特殊的原因。"而另一个却可能有不同的想法："是不是上次顶撞了老总一句，他就故意不理我了，下一步可能就要故意找我的茬了。"两种不同的想法就会导致两种不同的情绪和行为反应。前者可能觉得无所谓；而后者可能忧心忡忡，以致无法平静下来干好自己的工作。从这个简单的例子中可以看出，人的情绪及行为反应与人们对事物的想法、看法有直接的关系。在这些想法和看法背后，有着人们对一类事物的共同看法，这就是信念，前者在合理情绪疗法中称之为合理的信念，而后者则称之为不合理的信念。合理的信念会引起人们对事物适当、适度的情绪和行为反应；而不合理的信念则相反，往往会致不适当的情绪和行为反应。人们坚持某些不合理的信念，长期处于不良的情绪状态之中，最终将导致情绪障碍也就是 C 的产生。

总之，艾里斯认为，事件(A)本身并非是引起情绪反应或行为后果(C)的原因，而人们对事件的不合理信念(B)(想法、看法或解释)才是真正的原因所在。因此，要改善人们的不良情绪及行为，就要劝导干预(D)非理性观念的发生与存在，而代之以理性的观念。等到劝导干预产生了效果(E)，人们就会产生积极的情绪及行为，心里的困扰就此消除或减弱，人们也就会有愉悦充实的新感觉(F)产生。

韦斯勒(R.A.Wessler)经过归纳研究，总结出了不合理信念的几个特征。

1) 绝对化要求

绝对化要求是指人们以自己的意愿为出发点，对某一事物怀有认为其必定会发生或不会发生的信念，它通常与“必须”“应该”这类字眼连在一起。例如：“我必须获得成功”“别人必须很好地对待我”“生活应该是很容易的”等。怀有这样信念的人极易陷入情绪困扰中，因为客观事物的发生、发展都有其规律，是不以人的意志为转移的。

2) 过分概括化

过分概括化是一种以偏概全、以一概十的不合理思维方式的表现。艾里斯曾说过，过分概括化是不合逻辑的，就好像以一本书的封面来判定其内容的好坏一样。过分概括化一方面是人们对其自身的不合理的评价。如当面对失败就是极坏的结果时，往往会认为自己“一无是处”“一文不值”，是“废物”等。以自己做的某一件事或某几件事的结果来评价自己整个人、评价自己作为人的价值，其结果常常会导致自责自罪、自卑自弃的心理及焦虑和抑郁情绪的产生。另一方面是对他人的不合理评价，即别人稍有差错就认为他很坏、一无是处等，这会导致一味地责备他人，以致产生敌意和愤怒等情绪。

3) 糟糕至极

糟糕至极是一种认为如果一件不好的事情发生了，将是非常可怕、非常糟糕，甚至是一场灾难的想法。这将导致个体陷入极端不良的情绪体验，如耻辱、自责自罪、焦虑、悲观、抑郁的恶性循环之中，而难以自拔。当一个人讲什么事情都糟透了、糟极了的时候，对他来说往往意味着碰到的是最坏的事情，是一种灭顶之灾。艾里斯指出这是一种不合理的信念，因为对任何一件事情来说，都有可能发生比这更坏的情形，没有任何一件事情可以定义为是百分之百糟透了的。当一个人沿着这条思路想下去，认为遇到了百分之百的糟糕的事或比百分之百还糟的事情时，他就是把自己引向了极端的、负面的不良情绪状态之中。糟糕至极常常是与人们对自己、对他人及对周围环境的绝对化要求相联系而出现的，即在人们的绝对化要求中认为的“必须”和“应该”的事情并非像他们所想的那样发生时，他们就会感到无法接受这种现实，因而就会走向极端，认为事情已经糟到了极点。

3. 贝克的认知疗法理论

贝克(A.T. Beck)的认知疗法是在研究抑郁症治疗的临床实践中逐步创建的。他认为，是认知产生了情绪及行为，异常的认知产生了异常的情绪及行为。认知是情感和行为的中介，情感问题和行为问题与歪曲的认知有关。贝克指出认知疗法主要目标是协助当事人克服认知的盲点、模糊的知觉、自我欺骗、不正确的判断，及改变其认知中对现实的直接扭曲或不合逻辑的思考方式。治疗者透过接纳、温暖、同理的态度，避免采用权威的治疗方式，引导当事人以尝试错误的态度，逐步进入问题解决的进程中。

认知治疗的基础理论来自于信息加工理论模式，认为人们的行为、感情是由对事物的认知所影响和决定的。例如，如果人们认为环境中有危险，他们便会感到紧张并想逃避，说明人们的认知是建立在自己对以往经验的态度和假设基础之上的。贝克指出，心理障碍的产生并不是激发事件或有良刺激的直接后果，而是通过了认知加工，在歪曲或错误的思维影响下促成的。歪曲和错误的思维包括主观臆测，即在缺乏事实或根据时的推断；夸大，即过分夸大某一事情(事件)的意义；牵连个人，即倾向将与己无关的事联系到自己身上；走极端，认为凡事只有好和坏，不好即坏，不白即黑。贝克还指出，错误思想常以“自动思维”的形式出现，即这些错误思想常是不知不觉地、习惯地进行，因而不易被认识到，不同的心理障碍有不同内容的认知歪曲。例如抑郁症大多对自己、对现实和将来都持消极态度，抱有偏见，认为自己是失败者，对事事都不如意，认为将来毫无希望；焦虑症则对现实中的威胁持有偏见，过分夸大事情的后果，面对问题，只强调不利因素，而忽视有利因素。因此认知治疗重点在于矫正患者的思维歪曲。

贝克总结出认知歪曲的几种形式。

(1) 独断地推论(arbitrary inference)：指没有充足而相关的证据便下结论。

(2) 选择性的偏差推论(selective abstration)：指以整个事件中的单一细节下结论，而失去整个内容的重要性。

(3) 过度类化(overgeneralization)：指把某件意外事件产生的极端信念不恰当地应用在不相似的事件或环境中。

(4) 扩大与夸张(magnification and exaggeration)：指过度强调负向事件的重要性。

(5) 个人化(personalization)：是一种使外在事件与自己发生关联的倾向，即使没有任何理由做这种连接。

(6) 极端化的思考(polarized thinking)：指思考或解释事情时用全有或全无的方式，或用“不是……就是……”极端地将经验分类，这种二分法的思考把事情都分为“好”或“坏”。

三、社会学习理论

社会学习理论是由美国心理学家阿尔伯特·班杜拉(Albert Bandura)于1977年提出的。它着眼于观察学习和自我调节在引发人的行为中的作用，重视人的行为和环境的相互作用。是探讨个人的认知、行为与环境因素三者及其交互作用对人类行为的影响。按照班杜拉的观点，以往的学习理论家一般都忽视了社会变量对人类行为的制约作用，他们通常是用物理的方法对动物进行实验，并以此来建构他们的理论体系，这对于研究生活于社会之中的人的行为来说，似乎不具有科学的说服力。由于人总是生活在一定的社会条件下的，所以班杜拉主张要在自然的社会情境中而不是在实验室里研究人的行为。

班杜拉指出，行为主义的刺激-反应理论无法解释人类的观察学习现象。因为刺激-反应理论不能解释为什么个体会表现出新的行为，以及为什么个体在观察榜样行为后，这种已获得的行为可能在数天、数周甚至数月之后才出现的现象。所以，如果社会学习完全是建立在奖励和惩罚的结果基础上的话，那么大多数人都无法在社会化过程中生存下去。为了证明自己的观点，班杜拉进行了一系列实验，并在科学的实验基础上建立起了他的社会学习理论。

1．关于行为的习得过程

班杜拉认为，人的行为，特别是人的复杂行为主要是后天习得的。行为的习得既受遗传因素和生理因素的制约，又受后天经验环境的影响。生理因素的影响和后天经验的影响在决定行为上微妙地交织在一起，很难将两者分开。班杜拉认为行为习得有两种不同的过程：一种是通过直接经验获得行为反应模式的过程，班杜拉把这种行为习得过程称为“通过反应的结果所进行的学习”，即我们所说的直接经验的学习；另一种是通过观察示范者的行为而习得行为的过程，班杜拉将它称之为“通过示范所进行的学习”，即我们所说的间接经验的学习。

班杜拉的社会学习理论所强调的是这种观察学习或模仿学习。在观察学习的过程中，人们获得了示范活动的象征性表象，并引导适当的操作。观察学习的全过程由四个阶段(或四个子过程)构成。注意过程是观察学习的起始阶段，在注意过程中，示范者行动本身的特征、观察者本人的认知特征以及观察者和示范者之间的关系等诸多因素影响着学习的效果。在观察学习的保持阶段(第二个阶段)，示范者虽然不再出现，但他的行为仍给观察者以影响。要使示范行为在观察者记忆中保持，需要把示范行为以符号的形式表象化。通过符号这一媒介，短暂的榜样示范就能够长时间保持在记忆中。观察学习的第三个阶段是把记忆中的符号和表象转换成适当的行为，即再现以前所观察到的示范行为。这一过程涉及运动再生的认知组织和根据信息反馈对行为的调整等一系列认知的和行为的操作。第四个阶段能够再现示范行为之后，观察学习者(或模仿者)是否能够经常表现出示范行为，受到行为结果因素的影响。行为结果包括外部强化、自我强化和替代性强化。班杜拉把这三种强化作用看成是学习者再现示范行为的动机力量。

2．交互决定理论

班杜拉的社会学习理论还详细论述了决定人类行为的诸多因素。班杜拉将这些决定人类行为的因素概括为两大类：决定行为的先行因素和决定行为的结果因素。

决定行为的先行因素包括学习的遗传机制、以环境刺激信息为基础的对行为的预期、社会的预兆性线索等。决定行为的结果因素包括替代性强化(观察者看到榜样或他人受到强化，从而使自己也倾向于做出榜样的行为)和自我强化(当人们达到了自己制订的标准时，他们以自己能够控制的奖赏来加强和维持自己行动的过程)。

为了解释说明人类行为，心理学家提出了各种理论。班杜拉对其中的环境决定论和个人决定论提出了批判，并提出了自己的交互决定理论，即强调在社会学习过程中行为、认知和环境三者的交互作用。该理论认为行为(B)是由作用于有机体的环境刺激(E)决定的，即$B=f(E)$；个人决定论认为环境取决于个体如何对其发生作用，即$E=f(B)$；班杜拉认为行为、环境与个体的认知(P)之间的影响是相互的，但他同时反驳了“单向的相互作用”即行为是个体变量与环境变量的函数，即$B=f(P, E)$，认为行为本身是个体认知与环境相互作用的一种副产品，即 $B=f(P \times E)$。班杜拉指出，行为、个体和环境是“你中有我，我中有你”的，不能把某一个因素放在比其他因素重要的位置，尽管在有些情境中，某一个因素可能起支配作用。他把这种观点称为“交互决定论”。

3．自我调节理论

班杜拉认为自我调节是个人的内在强化过程，是个体通过将自己对行为的计划和预期与行为的现实成果加以对比和评价，来调节自己行为的过程。人能依照自我确立的内部标准来调节自己的行为。按照班杜拉的观点，自我具备提供参照机制的认知框架和知觉、评价及调节行为等能力。他认为人的行为不仅要受外在因素的影响，也受通过自我生成的内在因素的调节。自我调节由自我观察、自我判断和自我反应三个过程组成，经过上述三个过程，个体完成内在因素对行为的调节。

4．自我效能理论

自我效能是指个体对自己能否在一定水平上完成某一活动所具有的能力判断、信念或自我把握与感受，也就是个体在面临某一任务活动时的胜任感及其自信、自尊等方面的感受。自我效能也可称作“自我效能感”“自我信念”“自我效能期待”等。班杜拉指出：“效能预期不只影响活动和场合的选择，也对努力程度产生影响。被知觉到的效能预期是人们遇到应激情况时选择什么活动、花费多大力气、支持多长时间的努力的主要决定者。”班杜拉对自我效能的形成条件及其对行为的影响进行了大量的研究，指出自我效能的形成主要受五种因素的影响，包括行为的成败经验、替代性经验、言语劝说、情绪的唤起以及情境条件。

第一，行为的成败经验指经由操作所获得的信息或直接经验。成功的经验可以提高自我效能感，使个体对自己的能力充满信心；反之，多次的失败会降低对自己能力的评估，使人丧失信心。

第二，替代性经验指个体能够通过观察他人的行为获得关于自我可能性的认识。

第三，言语劝说包括他人的暗示、说服性告诫、建议、劝告以及自我规劝。

第四，情绪和生理状态也影响自我效能的形成。在充满紧张、危险的场合或负荷较大的情况下，情绪易被唤起，高度的情绪唤起和紧张的生理状态会降低对成功的预期水准。

第五，情境条件对自我效能的形成也有一定的影响，某些情境比其他情境更难以适应与控制。当个体进入一个陌生而易引起焦虑的情境中时，会降低自我效能的水平与强度。

【二维码4】替代强化

第三节　学前儿童问题行为的预防及矫正原则

案例 4-1

关爱儿童心理健康

据世界卫生组织预计，到 2020 年，全球儿童精神障碍率可能会增长 50%，成为最主要的致病、致死和致残原因之一。此前，英国儿童协会发起了“幸福童年”的调查。研究者调查了1.5万名民众，其中包括1万名儿童，调查结果显示，约8.4%的孩子存在不同程度的心理及行为问题。英国现有1200万名少年儿童，按此比例推算，遭受心理问题的孩子超过百万人。该报告指出，越来越多的英国儿童患有心理疾病，主要包括抑郁、焦虑、厌食、暴力倾向等。而在中国，青少年儿童的心理卫生状况也非常令人担忧。北京大学精神卫生研究所曾对北京市某些城区的小学生做过儿童问题行为患病率调查，1984年为8.3%，1993年为10.9%，1998年为13.4%，2001年则增长到18.2%。而上海市妇联2005年公布的一项调查数据显示，上海市中小学生的心理障碍发生率已达32%。另有研究指出，我国17岁以下的青少年儿童中，至少有3000万人受到各种情绪障碍和问题行为的困扰。其中，中小学生精神障碍患病率为21.6%～32%，突出表现为人际关系、情绪稳定性和学习适应方面的问题。具体到学前儿童，其心理问题主要有：由于营养摄入不足或不平衡造成的大脑和心理发育障碍，不良的进食习惯，睡眠习惯和大小便习惯，言语障碍，负性情感(如忌妒、恐惧、分离焦虑)以及某些不良的问题行为(如吮吸手指、咬指甲、遗尿等)。1岁以上学前儿童心理障碍主要是三大方面的问题：注意力不集中，学习能力障碍，情绪性格问题。研究表明，中小学阶段所显露出的心理问题，许多是源于学前期，而由于儿童精神疾病比较难以发现和诊断，国际上大约只有20%的“小病号”得到了正确的诊断和治疗，我国就有九成以上的“问题孩子”是被误诊和错诊的，很多家长和老师都不知道孩子可能存在心理问题。

(资料来源：http://blog.sina.com.cn/slblog_5f83653e0100mpvl.html)

上述案例带给我们诸多思考：为什么学前儿童表现出如此反常的心理和行为？我们该如何预防这些问题的产生？该遵循哪些原则使学前儿童的心理及行为获得健康的成长？

问题行为会妨碍学前儿童的情感发展、社会交往的学习能力，情况严重的甚至会影响幼儿未来的发展和一生的幸福，而且一个幼儿的问题行为也会影响到同伴群体中其他幼儿的健康发展。目前，问题行为在我国幼儿中的检出率为10%左右，且这一数字正呈现出不断增长的趋势。可见，对学前儿童问题行为的及时预防和干预是必须要面对的难题。

一、问题行为的预防

预防和干预学前儿童问题行为的措施从下到上分为四级水平：最底层两级水平的措施适用于所有学前儿童，能够促进所有学前儿童社会和情感能力的发展；第三级水平则是为风险幼儿的问题行为提供广泛和特别的服务措施；第四级顶端水平的措施主要针对一小部分发展落后的幼儿、具有持续性问题行为的幼儿或两种状况兼有的幼儿。

(一)对所有学前儿童的干预

最底层两级水平的措施主要是为了预防学前儿童问题行为的出现，这也是对风险幼儿进行干预的基础，有利于第三级水平中社会-情感学习策略的实施。家长、教师和幼儿之间建立积极的关系，对于预防问题行为非常有效。通过这两级水平的预防措施要达到的基本要求是：努力减少问题行为出现的可能性，降低问题行为出现的频率。

1. 建立积极的关系

学前儿童主要生活在与父母、教师以及同伴形成的关系中，各种积极的人际关系已被证明是促进学前儿童发展的有利因素，并能有效预防和减少问题行为的出现。

1) 父母与学前儿童的关系

学前儿童与父母之间建立的依恋、信任、亲密等关系是其形成自我概念、大胆探索世界的基础，也是以后与教师、同伴建立积极关系的基础。其中，安全性依恋关系会促进学前儿童心理和行为健康，父母的积极照料、养育和教育对学前儿童建立饮食、睡眠等健康的生活习惯作用重大，同时也能有效地预防问题行为的出现。

2) 教师与学前儿童的关系

教师与学前儿童之间如果能够形成健康良好的关系，会促进学前儿童社会和情感能力的发展，形成良好的学习习惯并促进学习，有利于问题行为的预防。

3) 父母和教师的关系

父母和教师之间的关系在预防学前儿童的问题行为上，也同样扮演着重要角色，当父母和教师之间形成相互尊重、融洽的关系时，他们就能对幼儿的需要和行为开展开放式的交流。在互相支持的关系下，父母会与教师分享有关家庭环境、幼儿行为表现及其发展的重要信息，教师能更进一步地了解幼儿所在家庭的文化价值观和家庭养育的方法等，而家长也能从教师那里吸收更多有关家庭教养方面的建议。

2. 家庭中的预防措施

家庭是预防学前儿童问题行为的重要场所，父母在家庭中采取的预防措施主要体现在培养幼儿良好的行为习惯，以降低问题行为出现的可能性。当然，充分了解幼儿是父母在家庭中采取预防措施的前提。

父母要了解幼儿的发展规律，教会幼儿自助技能，如吃饭、如厕和促进幼儿语言发展等技巧，学习如何推动幼儿社会性情感的健康发展。另外，父母还可以从社区卫生保健人员或教师那里学习一些有关科学养育方面的知识，如睡眠常规、环境安全、科学喂食、玩具选择等，并接受相应的教养指导和培训课程。

一些良好的行为习惯有助于预防问题行为的发生，如从小培养幼儿的劳动习惯，鼓励幼儿做一些力所能及的事情。支持幼儿积极参与社会交往活动，鼓励幼儿多与同伴接触，这样不但可以提高幼儿的社会交往能力，而且有助于形成幼儿活泼、开朗的性格。家长还可以通过讲故事等方法对幼儿进行挫折教育，培养幼儿的心理承受能力，使他们认识到人生道路不是一帆风顺的，鼓励幼儿勇于面对困难，形成乐观、向上的性格。

此外，家长还要注意及时排解幼儿产生的不良情绪。父母可以通过示范的方法告诉幼儿如何进行情绪的自我调节。每个幼儿在特定的时候都需要发泄情绪，父母平时要通过沟通及时了解幼儿情绪背后的缘由，根据具体情况给予幼儿合理的反馈，使幼儿有向大人倾诉的欲望，促进幼儿形成健康的心理。

3. 教室中的预防措施

教师应利用环境因素预防问题行为的发生，并促进幼儿亲社会行为的学习。具体而言，教师要对物理环境(主要是教室)进行合理的布置，安排好常规活动，制订合适的教学进度表。物理环境包括活动区的设计和划分，在教室中的行走线路，材料的选择和呈现等。教室的合理布置应包括两个方面：一方面有利于培养幼儿之间积极的创造性互动，另一方面能提供给幼儿较安静和舒适的空间环境。

另外，教学进度表、各种常规活动的合理安排也可以预防问题行为的出现和发展。进度表应包括小组和大组活动、结构性和非结构性活动等。固定的进度表能使幼儿预见下一步要发生的事情，并按照清晰的规则进行活动，获得固定的结果，有利于幼儿形成自我调节的技巧。开展适合幼儿发展水平的、各种有趣又有创造性的活动，既有利于幼儿的发展，也可以较好地防止问题行为的发生。

教师还可以通过与幼儿的积极互动，促使幼儿积极行为的出现。对幼儿偶然出现的问题行为，教师应避免过多强调“问题”，而是尽量对其行为中的积极部分给予鼓励和表扬。教师还应给幼儿明确的、可理解的行动方向，如告诉幼儿做什么，而不是仅仅告诉他们不要做什么，为他们的积极行为提供参考。对于幼儿出现的逐步增强的不良行为，教师要及时进行监控。

(二)对风险幼儿的干预

该措施的第三级水平提出了对于风险幼儿所采取的干预，即社会-情感学习策略，这是在幼儿逐渐接近更加严重的问题行为水平之前，对他们的社会交往与情感问题进行补救的一种特殊工具。

1. 以父母为中心的干预

在家中对处于风险阶段的幼儿进行干预就对父母提出了较高的要求。一般来说，父母应该在家长学校或者其他培训机构接受一定的训练，这些训练项目强调父母的教育技巧，如给予有效的指令、关注有效的运用、设置合理的限制、赞扬和奖赏的运用等。这些训练项目还可以包括与幼儿玩耍的技巧、培养幼儿社会交往能力的技巧等。另外，一些已被证明有效的家庭干预计划的内容和技巧，可以在团体性的父母训练中进行尝试，这样不仅可以改善高风险家庭孤立无援的现状，同时也可以使父母之间彼此提供支持。

父母还可以在专门负责干预的教师的指导下，在家中对幼儿进行干预训练，如通过示范、角色扮演和真实情境训练等方法与幼儿互动，在这一过程中，负责干预的教师进行观察并提供反馈和指导。根据幼儿的特定行为和家庭的需要，父母可以和教师一起讨论、制订和运用减少或消除问题行为的具体方法。

2. 幼儿园中的社会-情感课程

社会-情感学习策略经常被用在幼儿园中，通过设计社会-情感课程传授给幼儿一定的社交技巧，以此来减少幼儿的问题行为。幼儿园的社会-情感课程包括合作性玩耍、交友技巧、理解和表达情感、自我调节和自我管理的技巧、在冲突情境中解决问题等内容；同时使用有吸引力的教学材料和方法，如故事、木偶、简单的游戏、角色扮演等来组织该课程的活动。这些课程中一部分可作为幼儿问题行为的普遍预防方法，另一部分可用来对处于风险中的幼儿或者已经表现出问题行为的幼儿进行干预。幼儿园教师必须经过训练后才能开展该类课程的活动。

3. 多方面的综合干预

对已经处于问题行为发展风险中的幼儿来说，父母、教师等多方面联合起来进行综合干预最为有效。在幼儿园和家庭中，分别由教师和父母进行连续的恰当干预，可以在最大程度上发挥干预和训练的作用，使幼儿尽快脱离问题行为的发展风险。

(三)对具有持续性问题行为幼儿的干预

当幼儿已经具有持续性的问题行为时，使用前三级水平的干预措施已经难以取得较好的效果时，就需要进行全面的个体干预了。该措施的第四级水平提出了对已经具有持续性问题行为的幼儿采取加强的个体干预。

目前，在美国一般主张使用积极行为支持来处理幼儿的持续性问题行为。有一篇文章对美国在1985—1996年期间进行的109项有关积极行为支持的研究进行了回顾，文章指出有68%的研究表明幼儿的问题行为在原来的基础上减少了80%，甚至更多。这说明，积极行为支持对幼儿的持续性问题行为取得了很好的干预效果。当前，我国有关幼儿问题行为干预的研究中较少运用这种方法，下面介绍这种非常有效的干预方法。

在确定一个幼儿已经具有持续性问题行为的情况下，就可使用积极行为支持进行干预。确定好实施者后，积极行为支持主要由功能性评估、行为支持计划的制订及其构成、实施及评估几个环节构成。

1) 实施者

积极行为支持由家长、幼儿园教师和相关专业人士组成的干预小组来实施。干预小组是积极行为支持的基本组成部分，一旦行为支持计划确定下来，干预小组中的所有成员就要使用该计划进行干预。

2) 功能性评估

功能性评估是干预开始之前的重要环节。相关研究表明，任何问题行为的出现都具有一定的功能或目的，如，问题行为的功能可分为引起社会性注意、逃避不喜欢的环境以及获得想要的刺激三大类，在弄清问题行为的功能或目的的前提下，可以寻找一些替代性的良好行为来实现这些功能或目的。

功能性评估就是在充分获得与问题行为有关的各种信息资料的基础上，确定幼儿问题行为的功能或目的。一旦问题行为的功能确定，干预问题行为发生的行为支持计划就可以据此制订，以便指导幼儿使用替代性良好行为而非问题行为实现功能或达到目的。

3) 行为支持计划的制订及其构成

行为支持计划在功能性评估的基础上，由干预小组成员讨论制订。一个行为支持计划通常包括以下组成部分：问题行为功能的假设、使幼儿问题行为最小化的预防策略、教给幼儿能够代替问题行为的新技能、确定问题行为不再持续的行为反应以及对行为支持实施结果的测量和评估。其中，测量和评估的内容包括问题行为的改变、替代行为使用的变化、更广范围内的结果变化，如家庭压力下的表现、幼儿交友能力的发展等。另外，大多数的行为支持计划还包括一些促进幼儿交往、情感和行为发展并形成良好生活方式的长期支持策略。

4) 行为支持计划的实施及评估

行为支持计划制订后主要由幼儿园教师在自然情境中实施，如通过幼儿的日常活动、游戏等来实施行为支持计划。而在家庭干预的过程中，父母可在教师的指导下来实施行为支持计划。干预小组的成员应定期对幼儿的行为进展进行检查并监控计划的实施，发现问题及时进行适当的调整。在一个行为支持计划实施完毕后，小组成员应评估该计划的实施效果，并根据幼儿问题行为的变化，制订下一步的行为支持计划。

二、问题行为的矫正原则

(一)预防性原则

预防性原则是指问题行为预防的各项措施要走在学前儿童问题行为发生和变化的前面，防止学前儿童问题行为的发生。实施预防性原则，相关人员要做到以下几方面。

(1) 开展心理及行为测验，对学前儿童心理及行为健康状况进行了解，对具有某些问题倾向或已经产生问题行为的学前儿童进行监控和辅导。

(2) 针对学前儿童在某一阶段容易出现的心理行为问题，开展普遍的心理健康教育和辅导。

(3) 与幼儿园教师配合，及早发现学前儿童行为的不良动向，及时对有问题行为的幼儿进行教育和辅导。

(4) 培训家长和幼儿园教师了解学前儿童的心理及行为发展的规律，掌握科学的教育方法，为幼儿创造良好的成长环境。

(二)主体性原则

主体性原则的提出，是基于承认和尊重每个幼儿都具有独立的价值和个人的尊严与权利之上的。行为矫正不同于一般教育手段，其最突出的特点就是强调在矫正过程中，治疗者不能替代幼儿解决他们的问题，而是承认幼儿的主体地位，每个幼儿都具有独立的价值和个人的尊严与权利，从而促进幼儿的自我成长。咨询效果的好坏也是以主体参与的积极性和自觉性水平为转移的，矫正不能采取强制手段使幼儿参与。

坚持主体性原则，要求治疗者在矫正问题行为过程中，必须给幼儿以选择和决定的自由，协助幼儿认清自己的问题，了解客观环境的障碍，从而参与解决自己的问题。这样，幼儿才能在咨询过程中逐步成长。

(三)发展性原则

发展性原则指的是行为矫正要立足于学前儿童的心理及行为的健康发展，其目的是有利于学前儿童的健康成长。学前儿童行为矫正的对象是正在成长的幼儿，因此对他们的教育和辅导不能仅仅着眼于幼儿现有心理问题的解决，而是要着眼于他们未来的发展，在解决他们目前问题行为的同时，重点培养他们正确的习惯、认知、健康的人格、坚强的意志品质，从而培养他们形成优良的品格。

(四)操作性原则

运用行为矫正技术处理学前儿童问题行为时必须遵循一定的操作性原则，既要注意临床方法上的原则，又要考虑伦理道德的尺度。

1) 临床方法上的原则

在行为矫正时应注意以下问题：①应对矫正方法及其效果有正确的认识，任何行为矫正的效果都同时受制于方法本身的因素、存在问题行为的当事人的因素和治疗者自身的因素，理想的行为矫正效果是这三种因素的最佳配合；②考虑行为矫正的对象，个体的心理和问题行为很多，但不是每一种心理和问题行为都可以采用行为矫正的方法，行为矫正通常用于幼儿社交行为障碍、语言障碍、挑食、偏食等问题行为；③应确立现实目标，一般地，行为矫正是以消除不良行为，培养良好行为为主要目的；④应制订周密的矫正计划；⑤坚持多种方法综合使用，任何一种问题行为的消除都是有困难的，单一的方法往往难以奏效。因此，在面对问题时要综合考虑生理、心理、社会诸方面的因素，在解决某一问题行为时要全面考虑各种方法的综合运用。

2) 伦理道德的尺度

在考虑伦理道德的尺度时应注意：①考虑文化社会背景，重视价值分析；②行为矫正必须以当事人自愿为前提；③保护当事人的权利；④必须坦率真诚，即使是面对一个幼儿。

(五)超前的社会适应性原则

学前儿童处于个体发展的初级阶段，完善的人格、健康的心理及良好的行为习惯均在这一时期发生、发展。因此，学前阶段的行为矫正不仅在于帮助幼儿消除不良的行为表现，更大的目标是促进幼儿建立良好的行为习惯，从而能够适应未来的社会与生活。基于这一目标，行为矫正的原则要体现出超前的社会适应性，就要在矫正过程中培养幼儿的多方面品质。

1) 培养幼儿参与活动的主动性

治疗者或家长应为幼儿营造一个轻松、和谐、民主、宽松的氛围，做幼儿的朋友，了解幼儿的性格特征及发展水平。让幼儿学会在学习中如何寻求帮助、如何解决与他人的纠纷及礼仪方面的知识，提高幼儿人际交往能力，养成幼儿参与活动的主动性，让幼儿体验到参加活动后的满足快乐、成功后的喜悦。

2) 培养幼儿的独立性

让幼儿独自完成各种适当任务是培养幼儿独立能力的好形式。治疗者或家长要学会在提出要求后，让幼儿自己去完成任务内容，如在学习过程中，鼓励幼儿独立思考、克服困难完成学习任务，引导幼儿互相讨论不懂的地方，得出结论。

3) 培养幼儿的规则意识

规则意识的建立表明幼儿能够按照规范自觉行动，这对幼儿形成良好的自我控制能力，获得基本的社会技能具有举足轻重的作用。治疗者或家长在矫正幼儿行为时要重视幼儿规则意识的培养。例如，使幼儿懂得与小朋友合作、外出坐车要先下后上、回答问题要举手、别人发言不插嘴等。久而久之规则会在幼儿的内心深深扎根，从而使其形成良好的行为习惯。

4) 培养幼儿的良好情绪

情绪决定行为，在幼儿中表现尤为突出，良好的情绪不仅能使幼儿愉快地成长，更是幼儿良好性格与行为的根基。因此，治疗者或家长应为幼儿营造良好的生活环境，同时给予幼儿耐心、爱心与尊重，使其获得良好的情绪、情感体验。

(六)协同性原则

协同性原则是指要通过家庭、幼儿园、社会机构的协同合作，共同帮助学前儿童矫正问题行为。幼儿生活的环境不仅仅是家庭、幼儿园，或是单纯的外界环境，而是三者合为一体的大环境。幼儿问题行为的产生不能简单视为某一个不良环境的结果，要综合分析各种环境因素，找出问题背后的真正原因。例如，一个存在社交退缩性行为的幼儿，由于在家庭中受到过度保护，缺乏独立社交的能力，胆小、害羞等行为，在家长眼中是可以理解和接受的，甚至认为是孩子听话的优秀品质，但这样的幼儿在幼儿园里却得不到同伴甚至是教师的关注，更加引发其退缩性行为的产生。由此可见，家长眼中“单纯”的胆小、害羞行为却给幼儿带来一定程度的伤害。这一问题的解决需要教师与家长积极沟通，将问题分析清楚，给幼儿提供改变行为的机会。

【二维码 5】家园合作保持家园教育一致性的有效方式

第四节　学前儿童问题行为的常用矫正方法

一、系统脱敏法

案例 4-2

系统脱敏的运用

刘某，5 岁，女孩。母亲孕期正常，孩子足月顺产，生长发育正常，但较胆小。偶然一次看了“古堡幽灵”的电视后，不敢自己一个人睡，要妈妈陪睡。母亲心疼孩子，也就心软了，结果孩子一直到现在都要妈妈陪着睡觉。有时候，妈妈等孩子睡着后偷偷走开，不一会儿孩子就醒了，跑到父母床上睡，要不然就睡不着。家长为了鼓励孩子，只要她自己睡，奖励什么都行，可是孩子就是不答应。

体格检查：智力正常，生长发育正常，各系统检查无异常发现。

精神检查：意识清晰，接触被动，对答切题，无幻视、幻听，知道自己大了应该独自睡，但怕夜间有鬼怪、幽灵，如果父母不在，会伤害自己，所以自己一个人睡不着。

诊断：幼儿患有黑暗恐惧症。

治疗方法：系统脱敏法。

美国学者沃尔普创立和发展的系统脱敏法(Systematic Desensitization)又称交互抑制法，是指通过系统训练，采取一定步骤，按照敏感事物将刺激强度由弱到强、由小到大排列，逐渐训练个体心理承受力，增强适应力，从而最后达到对敏感事物不产生“过敏”反应的目的。这种方法主要是诱导求治者缓慢地暴露出导致神经症焦虑、恐惧的情境，并通过心理的放松状态来对抗这种焦虑情绪，从而达到消除焦虑或恐惧的目的。

(一)基本原理

20世纪40年代末期，精神病学家沃尔普(J.Wolpe)在实验室中电击小铁笼中的猫，每次电击之前先制造一阵强烈的声响。多次实验之后，只要听到强烈的响声或看见那只铁笼，即使不受电击，猫都会出现明显的植物神经反应。他将这只猫禁食几天，然后送回放着鲜鱼的铁笼。虽然猫极度饥饿，却不肯食用鲜鱼。在铁笼外面甚至是在实验室隔壁的房间里，猫的进食仍受到不同程度的抑制。沃尔普认为，这是猫对实验环境产生了泛化的防御性条件反射的缘故，即产生了实验性神经症。沃尔普想了个办法来克服猫的这些“症状”。他先将猫放在离实验室很远的地方，此时在猫的眼里实验室只是依稀可见，因而猫只出现轻微的焦虑恐惧反应。这时给猫喂食，猫虽能进食但起初并不十分自然，不过过了一会儿便能恢复常态，自如地进食了。到了下次该进食的时候，沃尔普把猫向实验室的方向挪近一段，这时猫又会出现一些轻微的焦虑恐惧，沃尔普立即给猫喂食。同第一次一样，猫起初进食时不太自然，但不久便适应了。之后每次进食，沃尔普都让猫渐渐接近实验室，最后，猫回到铁笼里也能平静生活了。换句话说，猫的焦虑和恐惧已被“治愈”了。沃尔普认为，这是交互抑制的作用。饥饿的猫进食后得到一种满足和快意，这种满足和快意可以抑制焦虑紧张反应。不过这种抑制能力是非常有限的，通常只能对付比较轻微的焦虑。所以沃尔普是由远及近，循序渐进，每次只增加一点儿焦虑，逐步增加，最终达到最严重的程度。对于人类来说，肌肉松弛技术就有对抗焦虑的作用，于是沃尔普以全身肌肉松弛代替食物作用，以想象自己暴露于可怕的刺激物面前(imaginary expo-sure)代替实际暴露，创建了系统脱敏法。他认为运用反应竞争方法同样可以治疗人的恐惧症，即人为引起与恐惧相矛盾的情绪反应(如放松、安静)时通过逐步递增引起恐惧的情境，增加耐受性，从而逐渐消除恐惧反应，即所谓“系统脱敏法”。

追本溯源，类似系统脱敏法的心理治疗方法在中国古代也有运用。据《儒门事亲》记载：王德新的妻子旅途中，在旅舍的楼上住宿，夜逢盗贼烧房子，因受惊而坠下床来。自此以后，每听到声响，便会受惊昏倒不省人事。家人也只得蹑足而行，不敢贸然弄出声响，逾年不愈。医师戴人诊断后即让二侍女执其两手，按于高椅之上，在面前放一张小桌儿。戴人说：“娘子，请看这木头！”便猛击桌，其妇大惊。戴人说：“我用木头击桌，有何可惊呢？”妇人听后稍显安定，戴人又击桌，惊已显然减缓。又过一会儿，连击三五次，又用木杖击门，又暗中令人击背后的窗子。妇人慢慢从惊恐中平定下来。晚上又叫击其卧房的门窗，接连数日，从天黑直到天亮，一两个月后，虽听雷鸣也不惊恐了。

沃尔普的这一理论假设及原理早在20世纪20年代初期便已具雏形。华生等通过条件反射实验成功地使得11个月的婴儿艾伯特对白鼠产生了恐惧症，并提出了条件性恐怖(如艾伯特的恐惧行为)的减轻和消除办法，认为有四种可能的策略来克服这种条件反射：①通过实验性消退方法；②通过在引起恐惧的客体周围进行“建设性”活动的方法；③在感到恐惧的客体存在的条件下，通过给儿童吃糖的方式“重建反射”；④在恐惧客体存在时刺激催情带的方法。1924年他提出了一个能减轻或消除条件性恐惧的最有效办法——“去条件化技术”，即在恐怖物体出现的同时伴随产生一个愉快事情使之发生竞争反应。琼妮在1924年采用去条件化技术成功地治疗一名3岁儿童彼特的动物恐惧症(他恐惧兔子、老鼠等多种物体)。琼妮的方法是给彼特吃东西时，将放着兔子的笼子逐渐移近，然后把笼子放到彼特座位旁的桌子上，随着耐受性增大，最后彼特能够抚摸和抱着兔子而没有一丝恐惧，与此同时他也逐步消除了对棉花、毛皮大衣、羽毛和老鼠的恐惧。

由于在系统脱敏治疗过程中，医师的鼓励、赞许对幼儿的操作训练起着强化作用，使幼儿在恐怖情境下仍保持放松，不再引起焦虑，恐惧行为自然消退。因此，系统脱敏法不仅以经典条件反射学习理论为基础，而且也融合了操作条件反射的部分理论，即斯金纳的正性强化和自然消退原则。

(二)基本步骤

系统脱敏法包括三个步骤：放松训练、建立焦虑事件等级、实施脱敏。

1．放松训练

放松训练是指使幼儿从紧张状态松弛下来的一种练习过程。放松有两层意思，一是指肌肉松弛，二是指消除紧张。放松训练的直接目的是使肌肉放松，最终目的是使整个机体活动水平降低，达到心理上的松弛，从而使幼儿保持内环境平衡与稳定。肌肉放松的一般程序如下。

1) 准备动作

在一般情况下，放松训练程序要求患者先自行紧张身体的某一部位，如用力握紧手掌10秒钟，使之有紧张感，然后放松约5～10秒，这样经过紧张和放松多次交互练习，个体在需要时，便能随心所欲地充分放松自己的身体。通常施行紧张松弛训练的身体部位是手、手臂、脸部、颈部、躯干以及腿部等肌肉。针对幼儿来讲，治疗者可以采用游戏的方式帮助幼儿进行机体的放松训练。

2) 正式训练

肌肉放松训练时，要使患者尽量保持心情轻松，并舒适地坐在椅子上，训练最好在遮光且隔音设备较佳的房间内进行，并让患者拿掉眼镜、手表、腰带、领带等容易妨碍身体充分放松的物品。大约休息二三十分钟后，治疗者用平稳、镇静、低沉的声调对患者说：“从事这项放松训练，可以帮助你完全地放松身体。你必须根据下列步骤耐心进行，当你操作紧张活动时，如果感到紧张，必须再持续操作5秒钟，直到感觉到紧张到达极点，方可完全松弛下来，让有关部位的肌肉显示出十分无力，特别要用心体验放松后的一种快乐感。现在请跟着(我)的指示做。”

指示语的内容一般为：紧握你的左拳——注意手和前臂的紧张，5秒钟后放松；紧握右拳——注意手和臂部的紧张感，(5秒钟后)放松；自左腕关节向上弯曲你的左手，尽量使手指指着肩部——注意手背和前臂肌肉的紧张，5秒钟后放松；自右腕关节向上弯曲你的右手，尽量使手指指着肩部——注意手背和前臂肌肉的紧张，5秒钟后放松；举起双手臂，用力将手指触至双肩——注意双臂肌肉的紧张，5秒钟后放松；耸起肩膀，越高越好——注意肩膀的紧张，5秒钟后放松；皱起额头——注意紧张，然后放松，并略微闭上眼睛；紧紧地合上双眼，试探紧张与放松的感觉；再轻轻闭着眼睛，用力将舌头抵住口腔上部——注意口腔内肌肉紧张，5秒钟后放松；紧闭双唇——注意口腔与下颚的紧张，5秒钟后放松；用力向后仰起头部——注意背部、肩膀以及颈部的紧张，5 秒钟后放松；用力低头，尽量将下巴靠住胸部——注意颈部与肩膀的紧张，5 秒钟后放松；作弓形弯曲背部，并离开椅背，双臂向后推——注意背部和肩膀的紧张，5 秒钟后放松；做一次深呼吸，并持续一段时间——注意背部和胸部的紧张——吐出空气，5 秒钟后放松；做两次深呼吸，持续一段时间——吐出空气，5 秒钟后放松；用胃部吸入空气，尽量使其膨胀——注意腹部的紧张，5 秒钟后的放松；感觉到你的呼吸更加稳定；抽紧腹部肌肉——注意到腹部肌肉紧张，5 秒钟后放松；臂部用力并压住椅座——注意到臂部紧张，5 秒钟后放松；抽紧腿部肌肉，伸直双腿——注意到腿部肌肉的紧张——将双腿放回原姿势，5 秒钟后放松；双脚脚趾向上，并逐渐抬起双脚——注意双脚和小腿肌肉的紧张，5 秒钟后放松；向下弓起脚趾，犹如要将脚趾埋入沙土一般——注意双脚弯曲时的紧张，5 秒钟后放松。

按照上述方法做，患者经过 1～2 周时间就能在几分钟内让自己全部放松，在达到全身放松的目标后，就可以进入系统脱敏训练程序了。必须注意，在还没有达到放松目标以前，不要试着用放松法来抵制恐惧感，以免发生意外。当然，放松的程序很多，这里介绍的只是其中的一种，但各种形式的放松程序的基本精神是一样的，即放松和紧张交替进行，放松时运用深呼吸，紧张后休息一段时间，按照一定的部位和顺序进行训练等。

【二维码 6】沃尔普的经典案例

对于学前儿童来说，让他们理解放松的含义不太容易，因此常常根据其心理发展特点，采用游戏、音乐、奖励等阳性刺激法放松他们的心情，从而达到消除紧张的目的。例如，治疗师可以与幼儿一起进行放松肢体的游戏活动，在游戏过程中建立良好的治疗关系，同时消除了幼儿的警戒心理。当治疗者与幼儿关系融洽时可以为其做全身的抚触按摩，以达到消除幼儿肌肉紧张的目的。肌肉松弛训练以达到全身肌肉迅速进入松弛状态为合格，一般需 6～10 次练习，每次历时半小时，每天 1～2 次。治疗时先让幼儿收紧身体各部分的肌肉，然后逐渐放松下来，一直到全身完全放松为止(放松的顺序是先从手臂开始，然后是头部、颈部、肩部、背部、腰部，最后是大腿和下肢)。为了放松，治疗者可以给幼儿讲情节愉快、故事场景令人轻松的故事，让幼儿想象故事中的情境，帮助其顺利进入放松状态。

2. 建立焦虑事件等级

实施系统脱敏法的关键是治疗者要对幼儿建立焦虑(或恐惧)等级表。建立焦虑等级表所需要的原始资料，不能单凭主观想象。治疗者需通过访问、观察、收集与幼儿有关的家庭生活史、教育背景、现有社会关系等方面的信息，从而了解形成幼儿问题行为的情景以及产生焦虑的主要原因。同时，让幼儿依据自己感到害怕的程度，对各种刺激情景排序，产生一份焦虑等级量表。例如，在治疗者全面采集患病幼儿病史资料的基础上，根据其实际情况设计出一个科学、合理的焦虑事件等级表。其途径有与幼儿家长的面谈、让幼儿家长填写问卷调查、给幼儿做相应的量表测试等，目的就是要尽可能完整地找出使幼儿感到焦虑的一系列事件或观念。焦虑程度为零的事件称作控制事件，通常以“在游乐园里玩耍”“听轻松愉快的儿童歌曲”等来作为控制事件，在幼儿出现紧张或不适时引用，以帮助放松。一个害怕进黑屋幼儿的等级量表，见表 4-1。

表 4-1　幼儿恐惧等级量表

等　级	情境体验
八级	黑屋里只有 1 个人
七级	黑屋里只有 2 个人
六级	黑屋里有 4 个人
五级	黑屋里有很多人
四级	打开黑屋门
三级	走到黑屋门口
二级	走到离黑屋数米远处
一级	走向黑暗的房屋

3. 实施脱敏

实施脱敏可分为两种：一是想象脱敏，二是现实系统脱敏。

想象脱敏法是治疗者向来访者口头描述其焦虑等级的某一事件，让来访者进入想象中的情境并体验焦虑，同时配合全身放松训练，逐级抑制由弱到强的不同等级的焦虑，直到最后完全消除焦虑。现实系统脱敏法是让来访者直接接触或进入导致焦虑的现实刺激或情境中，体验焦虑，反复多次以后，来访者逐渐适应该情境，不再害怕；然后再将来访者引入下一焦虑等级的现实情境。如此逐级反复进行，直到每一等级的焦虑被消除为止。

由于学前儿童想象力的发展较不完善，因此在实施脱敏过程中，一般采用的是现实系统脱敏法，使幼儿在亲身体验中克服焦虑或恐怖的情绪。在实施脱敏过程中，每次脱敏的时间不能过长，一般为 30 分钟左右；每次脱敏的事件也不能过多，最多不超过 4 个。治疗中，不能操之过急，一定要确认一个事件已经不再产生紧张才能进行下一事件的脱敏。同时，为巩固疗效，还需幼儿做一些家庭作业。

(三)适用于学前儿童行为矫正的变式

早在 1924 年，琼斯就用系统脱敏法治疗了一例害怕白兔、老鼠和皮大衣的 3 岁男孩。他采用的方法是，在该男孩吃饭时，将装着兔子的笼子分几次逐渐地移近他，使其逐渐地对兔子不再产生惧怕或焦虑情绪，这就是所谓的脱敏。蒙坦尼格罗(Monteaegro)曾用此法治愈了两例幼儿。治疗前，他们的分离焦虑已经到了病理程度。治疗时所采用的具体办法是让幼儿与母亲的分离在时间上越拉越长，在距离上越拉越远，同时让幼儿进食，以产生一种与焦虑相对抗的心理状态，在分别经过 15 次和 16 次的系统脱敏以后，两名幼儿都被治愈。

随着人们对系统脱敏法的逐渐认识和接受，心理学家们在原有基本原理及方法的基础上对该疗法进行了深入的探索，形成了针对无法学会自我松弛，也不能对自己所恐惧的场景进行想象的学前儿童行之有效的变式方法。对于治疗幼儿由于某些条件性情绪反应而引起的问题行为和心理障碍有较好疗效。

用系统脱敏法的变式对幼儿进行治疗时，同样先将幼儿感到恐惧或焦虑的场景分为若干等级，由轻至重分级地将可引起幼儿恐惧或焦虑的刺激物呈现在幼儿面前，并在呈现刺激物之前或同时，给予幼儿较强的阳性刺激物(如给予幼儿喜爱的糖果等)。具体方法如下。

1．实践脱敏法

对于学前儿童而言，既无法学会自我松弛，也不可能对焦虑(或恐怖)场景进行想象，因此，治疗应采用一些与年龄相符的方法，如游戏、音乐、人与人关系的实际表现。实践脱敏法(invivo desensitization)是将幼儿的不良情绪分为若干等级，让幼儿由轻至重逐渐暴露于能引起不良情绪的场景，在暴露之前或同时给予阳性刺激(如给予喜爱的糖果或玩具等)，使两者产生对抗，逐步达到脱敏目的。如怕狗的幼儿，开始让他在吃糖果时，看到远远地关在笼中的小狗，以后逐渐将狗笼移近，直至完全脱敏。这种方法可用于不会自我松弛，或靠想象的场景不能引起不良情绪的幼儿。该疗法适用于学前儿童焦虑症与恐惧症的治疗。

2．冲击治疗法

冲击治疗法(Implosive Therapy)又称以恐治恐疗法，或暴露疗法(Flooding Therapy)，均属于系统脱敏治疗的一种变式。这两种疗法在治疗时，不进行任何放松训练，而一下子让个体处于最强烈的恐惧、焦虑刺激(冲击)情境中，以迅速纠正患病幼儿对恐惧、焦虑刺激的错误认知，并消除由这种刺激引发的习惯性恐惧、焦虑反应。二者均基于经典的消退抑制理论。据此理论，当幼儿较长期暴露在假想(冲击治疗)或真实(暴露疗法)的可导致焦虑恐惧的场景之中，使他产生最大的焦虑或恐惧感，此时只要不伴有疼痛或其他躯体的嫌恶性刺激，就不中止这种暴露。经过反复地、长期地暴露于刺激中之后，幼儿对相应情境的不良情绪反应就会逐渐消退。

3．接触脱敏法

接触脱敏法也采用按焦虑等次进行的真实生活暴露方法，与其他脱敏方法的不同之处是增加了两项技术——示范和接触。这种方法特别适用于特殊物体恐惧症，例如，对带皮毛动物的恐惧症。接触脱敏法让幼儿首先观看治疗者或其他人处理引起其恐惧的情境或物体，而后让幼儿一步一步地照着做。如果幼儿害怕的是一种物体，如小猫，那就让他观看过治疗者触摸、拿起和放下猫的示范后，先从事一些与接近、触摸猫有关的活动，而后逐渐接近猫、触摸它，直到敢于拿起它而无紧张感为止。

4．情绪性意象法

由拉扎勒斯(Lazarus)和亚伯拉莫维茨(Abramowicz)创建的一种系统脱敏法变式。这种脱敏法与经典的系统脱敏法的区别在于，它不要求对病人首先进行放松训练，而是要求治疗者诱发病人积极的情绪以对抗焦虑和恐惧反应。其主要特点是通过形象化的描述，诱发病人兴奋、骄傲和欢乐等积极的情绪情感活动。这些积极的情绪情感活动显然与由恐惧刺激物所引起的焦虑反应互不相容，从而就可以逐渐抑制和消除恐惧的心理。在实施治疗过程中，治疗者一边让病人按焦虑等次依次接触令他感到恐惧的事物或情境，一边通过形象化的语言或视听手段描述那些令病人感到愉快、轻松、骄傲和喜爱的事物与情境。这些描述所激发出的积极情绪情感可以抑制或消除恐惧的意象，从而瓦解恐惧刺激物同恐惧反应间的联系。因为学前儿童不易掌握放松技巧，因此这种方法最适用于学前儿童病人。

(四)有效运用系统脱敏法原则

在系统脱敏法开始前，必须保证做到：①病人受过充分的肌肉放松训练，能随心所欲地放松全身肌肉；②所有足以引发患者焦虑的刺激，已予以排队，构成“××焦虑(如登高焦虑、考试焦虑等)等级表”；③病人对情境能形成清晰的表象，如果不能，则在治疗前应给予特定的训练，使其能形成较清晰的表象。

在实施系统脱敏过程中，应注意以下事项：①必须非常小心地按照所设计的等级表呈现有关刺激物，或是引导病人想象有关刺激，每一阶段只能让病人产生最低限度的焦虑，如果病人面临的刺激强度改变太快，或者面对所呈现的刺激不能放松，那就很难收到效果，而且还有可能产生相反效果，使病人更加惧怕此项焦虑刺激；②当病人在想象该项目刺激情境而尚未报告有焦虑感出现时，必须注意不要给予任何语言的或物质的强化，因为此时这样的强化，会阻碍病人说出自己所体验到的焦虑状况。

在病人成功地通过全部等级或层次程序后，如果可能，治疗者应对病人良好行为的表现给予适当的正强化。

必须有一个追踪阶段，保证治疗能维持一个较长的有效时间，如果病人旧病复发，则要施行辅助性的训练和治疗。

(五)对系统脱敏法的评价

在实施系统脱敏法时，治疗者需要具备相当的观察能力和分析能力，才能正确地掌握刺激和反应之间的关系，并根据幼儿的实际问题和障碍，制订合适的治疗方案。有人批评该疗法不能消除幼儿内在的冲突或焦虑，而这可能正是幼儿问题行为和心理障碍的根本原因。行为治疗者根据他们所信奉的理论，认为幼儿存在的问题只在于外在的行为，而不在于内在的冲突或焦虑，因此在治疗时无需顾及除外在行为外的其他东西。但问题并没有解决，因这只是行为治疗者所持的观点。还有人批评，行为治疗对幼儿来说是一种冷酷的、毫无感情的，甚至不人道的方法。事实上，与其他心理治疗一样，如果治疗者与幼儿没有形成一种友好的和相互信任的关系，那么治疗的效果就会受到影响。因此，治疗者对幼儿的态度以及在治疗过程中治疗者的语言和行为对行为治疗都至关重要。当然，在系统脱敏的治疗过程中，幼儿的有些表现是退缩、不合作的，因此治疗者一定要避免惩罚等手段的使用，这样可能带来一些不良的甚至具有破坏性的后果。

(六)适用人群

系统脱敏法的基本思想是，使一个原可以引起微弱焦虑的刺激，在处于全身松弛状态下的病人面前重复暴露，从而逐渐失去这一刺激引起焦虑的作用。沃尔普认为恐惧或焦虑不可能与松弛同时并存，它们相互抑制或排斥，而克制焦虑(或恐惧)最有效的反应是肌肉松弛，故以逐步松弛肌肉作为阳性刺激，用于对抗焦虑(或恐惧)情绪，建立系统脱敏技术。因此，系统脱敏法对学前儿童焦虑症、恐惧症、神经性厌食等病症的治疗具有一定效果。

二、强化疗法

案例 4-3

强化疗法的妙用

母亲在厨房忙于家务，3 岁的女儿在哭叫，试图得到妈妈的注意。5 分钟后，孩子停止哭叫，并开始与布娃娃玩。此刻，妈妈立即坐下和女儿一起玩一小会儿，那么以后该女孩就可能与布娃娃玩而不打扰妈妈。因为在她看来，当她开始与布娃娃玩时才会得到妈妈的注意，而不是哭叫。如果妈妈对孩子的哭闹的反应不是忽视，而是马上给予关注，那么女孩下次想得到妈妈关注时很可能仍然选择这样的方式。

强化疗法(intensive therapy)又称操作条件疗法，是指系统地应用强化手段去增加某些适应性行为，以减弱或消除某些不适应行为的心理治疗方法，具体包括正强化、负强化、消退及惩罚四种类型。日常生活中人们往往不假思索地、不知不觉地在进行各种强化活动，如表扬、关注等，行为矫正中的强化法却与之不同。

(一)基本原理

强化疗法是以操作学习理论为基础的。有机体自发做出的操作性行为与其随后出现的行为结果之间的相倚关系，控制着该行为在以后的发生概率。也就是说，个体自发做出一个行为后如果得到强化，这个行为在以后就有可能再次发生；如果未得到强化或得到惩罚，那该行为发生的概率就会减少。强化疗法涉及四个重要概念，即强化、强化物、消退及惩罚。

斯金纳(skinner)在其理论中将强化作为一个中性词使用(而不是指奖励)，可简单定义为“能增强反应率的效果，所扮演的角色发生了重大的变化”。同时，他区分了两种强化类型：正强化(positive reinforcement，又称积极强化)和负强化(negative reinforcement，又称消极强化)。当在环境中增加某种刺激，有机体反应概率增加，这种刺激就是正强化物。例如，白鼠按开关时给食物，食物就是正强化；当某种刺激在有机体环境中消失时，反应概率增加，这种刺激就是负强化物。也就是说，负强化物是厌恶刺激，是有机体力图避开的那种刺激。例如，当处于电击状态下的白鼠按开关时停止电击，停止电击就是负强化物。

强化物是指使反应发生概率增加，或维持某种反应水平的任何刺激。这也就是说，斯金纳认为凡是强化，其结果都是行为概率的增加；反之，提高反应概率的任何事件都可以起强化作用，强化物也就不一定是一种令人愉快的刺激。而且，在一种情境中起强化作用的刺激，在另一种情境中并不一定起强化作用。同样，对某一对象起强化作用的刺激，对另一对象并不一定起强化作用。由此可见，是刺激对反应的结果，而不是刺激本身的性质决定某种刺激是否为一种强化物。

消退是指有机体作出以前曾被强化过的反应，如果在这一反应之后不再有强化物相伴，那么这一反应在今后发生的概率便会降低。在强化中，无论是正强化的奖赏还是负强化的回避，其作用都在于增加某种反应在将来发生的概率，以达到塑造行为的目的，而消退则不然。消退是一种无强化的过程，其作用在于当有机体自发地做出某种反应以后，不对其施予任何强化，从而降低该反应在将来发生的概率，以达到消除某种行为的目的。在不施予任何强化时的消退早期，行为频率会在短时间内忽然增加，之后频率减少，才是真正的消退。早期频率的增加很好理解，例如，白鼠之前按开关就得到食物，后来消退开始，按开关不给食物了，白鼠就会更用力更频繁地按开关，为的是确认是否是因为自己按得不够大力或是其他什么偶然的原因使食物不出现，等到它确信再怎么按也不会有食物的时候，它按开关的行为才开始真正地减少，最后消退。

惩罚是指当有机体作出某种反应以后，呈现一个厌恶刺激或不愉快刺激，以消除或抑制此类反应的过程。惩罚分为正惩罚与负惩罚。当不适当的行为出现时施加一个坏刺激，即为正惩罚，如随地吐痰，当即罚款。在实行这种处罚方式时必须注意，意义要明确，时间要适当。当不适当的行为出现时，去掉一个好刺激，即为负惩罚，例如当幼儿再次发生攻击性行为时，不再给予其原有的奖励。

但是，动物实验表明，惩罚对于消除行为来说并不一定十分有效。厌恶刺激停止作用以后，原先建立的反应仍会逐渐恢复，个体会将不良行为记在脑子里，只是由于惩罚而暂时不做而已，只要惩罚撤销，个体还有可能再做。因此，惩罚的效果一般不好，它并不能使行为发生永久性的改变，而只能暂时抑制行为。与此同时，惩罚也可能会引起副效应，例如攻击性行为。因此，惩罚要慎用，消退才是减少不良行为、消除坏习惯的有效方法。

四种强化类型的使用情况见表 4-2。

表 4-2 四种强化类型的使用情况

类型 / 组别	正强化	负强化	消退	惩罚
刺激	增加奖励刺激	减少厌恶刺激	不施予	呈现厌恶刺激
目的	增加反应概率	增加反应概率	减少反应概率	减少反应概率
应用	塑造良好行为	塑造良好行为	消除不良行为	消除不良行为

(二)基本步骤

行为矫正方法由于其主要产生于教育和医学的临床治疗需要，因此在教育、医学及其他一些领域得到了广泛应用。强化法是一种运用较多、较广的行为矫正方法。目前，强化法已进入现代家庭生活中，被作为教育学前儿童不可或缺的重要手段。强化法有一定的操作步骤，如图 4-3 所示从宏观角度阐述了该方法的运用情况。

确定目标行为
(即要塑造什么行为，如从此不再动手打人)

↓

建立目标行为的基线水平
(即目前要被消除的行为水平，如目前每天打人多少次)

↓

选择强化物
(如去游乐场玩。要多用正强化，除了强化目标行为外，还可以强化亲社会行为或其他良好行为，理由前面已经分析，不再赘述)

↓

必要时，确定惩罚与惩罚的标准
(惩罚要慎重使用，理由前面已分析，不再赘述)

↓

实施行为矫正程序，观察目标行为并与基线水平作比较

↓

减少强化频率
(最好用自然强化物，如“个体不再随便动手打人了，因而在学校渐渐得到同学的认可和欢迎”，代替人为强化物如“出去玩”。因为人为强化习得速度快，当强化消失时，行为消退也快，这点前面已分析，不再赘述)

图 4-3　强化法程序

【二维码 7】行为塑造技术治疗缄默儿童症的实例

(三)基本方法

针对学前儿童自身的心理发展特点，下面具体介绍四种国内外常用的强化法。

1. 正强化

正强化法也称阳性强化法或积极强化法，是指当一操作性行为在某种情境或刺激下出现后，即得到一种正强化物，如果这种正强化物能够满足行为者的需要，则以后在那种情境或刺激下，这一特定的操作性行为的出现概率会升高。心理学家用强化来解释特定事件能够增强条件刺激引发条件反应的趋势这一事实，这些事件就叫强化物。强化物在强化过程中具有举足轻重的作用，例如培养幼儿兴趣与爱好，促进幼儿主动学习及建立积极的行为等。

1) 强化物的分类

强化物一般可分为五类。

(1) 消费性强化物，如糖果、饼干、饮料、水果等一次性消费物。

(2) 活动性强化物，如看电影(电视)、看画册(小书)、过生日、郊游等活动。

(3) 操作性强化物，如玩球、涂颜色、绘画、跳绳、骑小车、游戏等。

(4) 拥有性强化物，指在一段时间内孩子可拥有享受的东西，如有机会坐自己喜爱的椅子，穿上自己喜欢的衣服，有一块属于自己的“小天地”以及其他像小红旗、花纸等个人拥有物。

(5) 社会性强化物，指个体喜欢接受的语言刺激或身体刺激，如口头赞扬、温情的轻拍、拥抱或点头、微笑，甚至仅仅是注视一下等。

2) 强化物等级划分

对强化物等级的分析有助于进一步理解强化物。一般地，事件可分为强化事件与非强化事件，强化事件又可根据个体的喜好程度不同进一步区分出不同的等级。任何强化物都不是超情境的，具有相对性，因此医生或教师在进行行为矫正时，要学会根据不同的需要利用各种各样的活动作为强化物。人们通常比较喜欢某些东西，却更喜欢另一些东西，即人们对事物的喜好有等级、程度的不同。例如，在一个实验中，要求小朋友们将玩滚球游戏(简称 PB)，看唐老鸭、米老鼠的卡通片(简称 M)，吃巧克力(简称 C)，用锤子敲东西(简称 H)这四类活动或事物，根据自己的喜欢程度排出一个次序。某幼儿的排列结果是 PB>H>C>M，即最喜欢玩滚球游戏，喜欢最少的是看唐老鸭、米老鼠的卡通片。当然不同的幼儿有不同的喜爱次序。

将各个幼儿对各种活动或事物的态度从喜欢到不喜欢排成序列，则排在前面的事物或活动可强化排在后面的事物或活动，即：

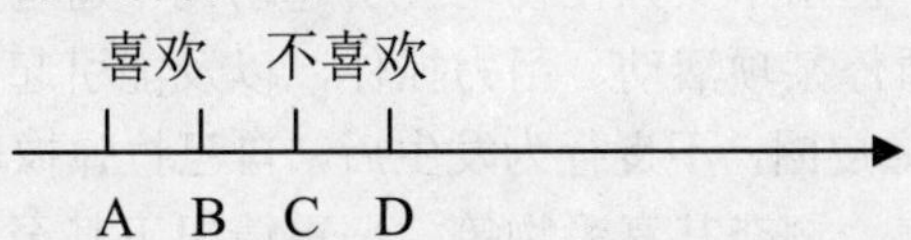

此处 A 可强化 B、C、D，B 可强化 C 和 D， C 可强化 D。即强化价值较高的对强化价值较低的起强化作用。

3) 正强化法的基本方法

正强化法是行为矫正技术中一种最基本的方法，其操作程序如下。

(1) 正确选择要强化的行为。所选择的要强化的行为应该是具体的、可观察的、可控的、可评价的行为，而不是一般的行为(如微笑)，或一般的社会化行为。

(2) 正确选择正强化物。选择正强化物要因人而异，每个个体对待强化物的喜爱情况不同，因此在选择正强化物时要将个体差异考虑进去。一般来讲，用来增强行为的正强化物必须强力有效，它应该具备几个主要特点：易用，即便于操作；易现，即能立即呈现在所需要的行为发生之后；不易满足，即多次使用不至于引起迅速的满足；省时，即不需要花费大量时间。

(3) 正确实施正强化。首先，在正强化实施前，教师或治疗者应该把计划告诉被矫正者，以期取得积极配合。幼儿对语言的理解能力有限，这需要教师或治疗者尽量采用简单、生动的语言解释。其次，在所需要的行为出现后立即予以强化，不要拖延很长时间。再次，给予强化物时，要向幼儿描述被强化的具体行为。例如，表扬幼儿时应说“你把玩具整理得真整齐”，而不是说“你是一个听话的孩子”，这样能使幼儿明确今后该怎么做。最后，分配强化物时，最好能结合其他奖励，如口头赞扬、拥抱、微笑等。此外，值得注意的是，为了防止饱厌情况的出现，教师或治疗者要有效控制每次正强化物的呈现量，以确保正强化物在整个治疗过程中的最大有效性的发挥。

(4) 逐渐脱离强化程序。当目标行为发生频率达到预期目标时，应逐渐减少可见强化物的使用情况，而采用社会性强化物来继续维持这个行为，从而帮助幼儿逐渐脱离强化物的使用，而真正建立良好积极的目标行为。

【二维码 8】朋友家的鞋子

2．负强化

负强化法是指幼儿发生某一种行为，结果可避免厌恶刺激(或称负强化物)，则以后在同样情境下，该行为的出现率会提高。例如，某一幼儿有吮大拇指的不良行为，老师征得了家长的同意，在其拇指上涂上黄连粉，当幼儿一吮拇指就会产生苦的感觉，为了逃避这个厌恶刺激，幼儿就不把大拇指含在嘴里，若干次以后，幼儿知道不吮拇指可避免苦的感觉，并形成了回避条件反射，从而改掉了吮拇指的习惯。由此可见，负强化法对于消除幼儿不良行为表现具有一定效果，但由于负强化物均会引起幼儿不适宜感的刺激，包括强烈的否定性言语、警告、瞪眼、暂停某项活动、用力抓住，以及能引起被试者不适感的刺激，如弹橡皮圈(被试者手腕上套橡皮圈，不良行为发生后，自己拉弹橡皮圈)、刺耳的声音、难闻的气味、轻微的电击、噪声、剥夺其喜爱物等，严重情况下甚至危害幼儿的心理健康，因此，在使用负强化法时要考虑到幼儿安全和可承受范围。

负强化的基本原理就是惩罚那些不符合组织目标的行为，以使这些行为削弱甚至消失，从而保证目标的实现不受干扰。斯金纳提出的强化理论分为两种类型：正强化和负强化。斯金纳认为，人或动物为了达到某种目的，会采取一定的行为作用于环境，当这种行为的后果对他有利时，这种行为就会在以后重复出现；当这种行为的后果不利时，这种行为就减弱或消失。人们可以用这种正强化或负强化的办法来影响行为的后果，从而修正其行为。负强化法就是通过幼儿对即将出现的负强化物的逃避和回避两个过程来实现的。逃避是指幼儿承受厌恶刺激后，只有从事某种特定的良好行为，该厌恶刺激才能终止。经过逃避过程，幼儿逐渐知道当某种厌恶刺激的信号出现后，必须立即从事某种特定的良好行为，方能免受厌恶刺激的袭击，这即是回避反应。可见，逃避是手段，目的是为了建立回避反应。

运用负强化法矫正幼儿的不良行为需要遵循以下程序。

1) 确立目标行为

确立的目标行为必须明确具体，要说明用何种良好行为来替代不良行为，不良行为最好是可观察或可测量的。

2) 选择适当的厌恶刺激

选择的厌恶刺激必须能使幼儿产生极大的不适感，如难受的苦味、难忍的强热、强冷、电击等。选择的厌恶刺激应该是一种在满意行为出现时能立即终止的刺激物。例如上例中的不吮拇指就不会尝到黄连粉。选择的厌恶刺激应是学校教育和社会道德所能容忍的，不会影响幼儿的身心健康和安全。

3) 选定警告刺激

警告刺激又可称为条件厌恶刺激，它是几秒钟后厌恶刺激到来的信号。铃的响声、灯泡发光乃至教师注视的目光、皱眉、口语都可作为警告刺激。警告刺激以备回避程序之用。但最终警告刺激是要被去掉的。

4) 尽量减少不良行为产生的诱因

矫正初期要尽量控制不满意行为的刺激，要尽量消除对不满意行为的可能的强化。

一般来说，负强化法比惩罚法更具有积极作用，而且当正强化物强度不够，无法吸引幼儿从事所期望的行为以改正不良行为时，就需要利用厌恶刺激，用负强化法来矫正不良行为，例如幼儿的自伤行为、咬指甲、吮吸手指以及爱哭等坏习惯。

【二维码 9】负强化实施案例

3．消退

消退法就是通过停止对某种行为的强化从而使该行为逐渐消失的一种行为矫正方法。这种方法采用的方式是对不适应的行为不予注意，不给予强化，使之渐趋减弱以致消失。例如，幼儿借哭闹的方式引起大人注意，若大人对此不予理会，幼儿哭得没意思了，就会自行停止此行为。曾有这样一个案例，一位母亲认为自己 4 岁的女儿患有“多动症”，因为她总是在家里乱跑乱跳。治疗者经了解发现，这个女孩虽然活动过多，但并非多动症患者。探其始末，这位母亲说，起初家里人(父母、爷爷、奶奶)认为小孩子这样跑跑跳跳很可爱，大家都很高兴地看着她笑，后来，次数多了，大家都厌烦了，于是就批评她，并都以不满的神色看着她。治疗者帮助这位母亲分析：她的女儿并没有患多动症，由于家里的大人起初给女孩子又跑又跳的行为以鼓励式的正强化，后来又给予了惩罚，所以才会有现在这种情况的出现。女孩这样做的目的是要引起大人的注意，正强化也好，惩罚也好，她都达到了自己的目的，因此行为受到强化而固定了下来。消除这一行为的最好方法是当女孩再次这样做时，大人不再去注意她，让她的这种行为自行停止。这就是采用了消退的方法。

实施消退法的具体步骤如下。

1) 确定消退行为

在确定消退行为时要注意：①选择行为要具体，遵循逐个解决的原则，矫治时不要企图一次解决掉幼儿所有的不良行为，而只选择其中一个特定的行为，如咬指甲行为；②由于情感抵触性行为及攻击性行为在消退期间时有发生，因此行为在开始变好之前可能会变得更坏；③尽可能选择一个能人为控制强化物的行为。

2) 准备阶段应该考虑的问题

准备阶段应该考虑：①了解幼儿不良行为在消退之前的发生频率，即建立一个行为基线；②确定强化不良行为的强化物，以便能在处理期间撤销这一强化物；③找出个体能从事的良好的替代行为；④确定良好行为的有效强化物；⑤在程序开始之前，确保所有的有关人员都知道什么行为正在被消退或什么行为正在被强化。

3) 程序实施过程中的注意事项

应注意促进替代行为的泛化和维持。在使用消退法时，注意要同时强化幼儿出现的适应性行为，而且一定要坚持住，因为在开始时，情况可能比以往更糟。例如，案例中的女孩，在大人不予注意时，可能会以更激烈的行为来吸引大人关注，此时，一定要坚持这样做下去，若稍有动摇去注意她，这种行为对女孩来说就会变成一种不定期的强化而使其不良行为不易消退。

4) 逐渐脱离消退程序

幼儿在消退程序内完全减少的行为可在另一种情境里再现，例如，在幼儿园中不良的攻击性行为消失了，但当幼儿在小区中与幼儿玩耍时有可能会出现攻击性行为。因此，对于幼儿类似攻击性行为的不良行为的自动恢复现象，治疗者应有所准备。

【二维码 10】消退法实施案例

4．惩罚

惩罚法是指幼儿在一定情景或刺激下产生某一不良行为后，及时使之承受厌恶刺激(又称惩罚物)或损失正在享用的正强化物，也就是将幼儿的不良行为与某种不愉快的或惩罚性的刺激结合起来，多次重复配对出现，使幼儿以后在类似情境或刺激下，该不良行为的发生频率降低，甚至消除。惩罚法的使用要慎重，一般在正强化法、消退法等方法无效的前提下，迫不得已时才采用。单一使用具有局限性，大多数情况要与其他强化法结合运用。

首先，从教育的角度出发，大多数学者和专家都认为惩罚法是比较严厉的，强烈的惩罚会引起幼儿不良的情绪反应，或导致幼儿模仿成人的惩罚行为来对付别人；使用不当易对幼儿造成一定伤害或不良影响。因此，惩罚法的使用以穷尽其他方法为前提，不能轻易使用。

其次，单独使用惩罚法容易产生一些伦理道德问题。例如，以幼儿上课玩东西为例，教师将幼儿所玩东西没收以后，如果没有相应的处理结果，尤其是一些贵重的玩具等，那么，就会让家长对教师产生不必要的误解。

再次，使用惩罚法容易让人上瘾，对幼儿的身心健康带来危害。研究表明，经常使用惩罚法会让施罚者获得一些快感，从而造成惩罚法的滥用，使幼儿产生较强的恐惧心理，从而对幼儿的身心健康带来危害。

惩罚有三种类型：体罚、谴责和暂停。

1) 体罚

体罚是指随着幼儿不良行为的出现，及时施予一种厌恶刺激或惩罚物，以收到阻止或消除这种不良行为发生的功效。体罚程序对幼儿和家长而言，都会感到不愉快，应尽量避免使用。一旦不得不使用时要注意两点，一是对幼儿的身体无严重性伤害，二是事先征得幼儿家长的同意。

2) 谴责

谴责是指当幼儿出现不良行为时，及时给予强烈的否定的言语刺激或警告语句，以阻止或消除不良行为出现。谴责也可以采用肢体语言，如瞪眼睛、用力把他抓住等动作。值得注意的是，谴责行为或语句的后面必须偶尔地跟随别的惩罚刺激，否则谴责会失去其惩罚的作用。

3) 暂停

暂停是指当幼儿表现出某种不良行为时，及时暂停其正在享用的正强化物以阻止或削弱这种不良行为的再现，或把幼儿移到正强化物较少的情境中去。例如，幼儿正在参与有兴趣的活动时，若表现出不良行为，教师可及时停止其活动，等到幼儿表现良好时，再让他继续参加。

运用惩罚法矫正不良行为必须遵循以下程序。

(1) 选择被惩罚行为。

选择的被惩罚行为应为具体行为，而非一般行为，如出现吸吮手指行为。

(2) 选择好惩罚物。

为了使惩罚有效，选择的惩罚物必须有适当的强度。一般说来，被惩罚个体对惩罚物的厌恶程度存在着个别差异。例如有的幼儿特别是女孩子，只要给予训斥就能令其改变错误行为，而有的幼儿特别是调皮的男孩子对训斥根本不当一回事，此时就必须有较强的惩罚物跟上，惩罚才会有效果。

(3) 惩罚程序实施前的注意事项。

惩罚程序实施前必须确保以下几点：①尽量为替代反应的产生创造条件，即要最大限度地引导和强化替代行为产生。②尽量控制产生不良行为的情境出现。环境常常是诱发不良行为产生的一个重要因素，因此要消除或避免引起不良行为的情境出现，使不良行为的诱发因素降低到最小程度。③成人执行惩罚的态度必须一致。家庭教育中常常出现教育观念不一致现象，常见的情况是父严母慈，这种不一致态度和标准的后果是幼儿对长辈的态度不一致(如只怕父亲，不怕其他人)，这将导致其不良行为不能真正得到改变。

(4) 正式实施惩罚程序时的注意事项。

正式实施惩罚程序时要做到：①惩罚必须及时。不当行为发生后，惩罚与之的间隔时间越短，效果越大，而拖延惩罚的时间常常会使惩罚效果减弱，甚至产生不良影响。②施行惩罚时必须保持平静。在实施惩罚时，惩罚者易产生激动情绪，这可能会加重惩罚的强度。因此惩罚者必须保持平静地面对事实的态度，这样可减少惩罚者由于情绪激动而造成的危害。③惩罚应和替代行为的强化相结合。例如有一个幼儿平时喜欢在水泥地上打滚或撞头，家长或教师除了要对该幼儿在水泥地上打滚或撞头的反应给予惩罚外，还要设法强化他坐在椅子上听故事、参加游戏和搭积木等良好行为。

(5) 收集资料。

所有包含惩罚的程序，都应当仔细收集有关程序效果的资料，以备分析使用。

(四)对于强化法的评价

在行为矫正中，不但能通过强化来塑造幼儿良好的行为，还可以通过消退甚至惩罚来消除幼儿不良的行为。使用强化疗法可以增加幼儿适应性行为，提高期望行为发生的可能性以及降低过剩行为。但在使用强化法时应注意以下几点。

1) 强化物的影响

给幼儿某种强化时，要注意强化物对对方的影响。如对成年人有效的强化物对待幼儿就很不适宜。幼儿的喜好与成人有明显区别，玩具、游戏、故事、家长的关注等都是能够引起他们动机的强化物。因此，在给幼儿布置家庭作业时，也要注意有针对性地适应幼儿的兴趣与需要。

2) 强化物的呈现

强化物的呈现要及时，意义要明确。由于幼儿的理解能力有限，对语言的接受能力不及成人，因此，给予其奖励什么、惩罚什么，治疗者一定要做到心中有数，且表达要明确。例如，表扬一名幼儿说 “你这个星期很乖”，意思就含糊不清。什么事情表现的乖？是今天表现好？还是指昨天的表现？此时，治疗者的表扬一定要指出具体的事件。批评也是一样，要指出具体的事情。此外，强化物亦可由实物渐渐变为言语，可先采用效果明显的强化物,再逐步改为言语的强化。

3) 强化物的标准

强化物的标准可逐渐提高，强化的次数要逐渐减少。这更多的是对正强化而言。正强化的目的是要使幼儿的适应性行为出现，不适应行为减少或消除。当幼儿的适应性行为稳定出现时，即可逐步减少正强化的次数，或只在其又有进步时才给予强化。

此外，当矫正幼儿一个不良行为时，在矫正程序开始实施时就要严格按程序进行，否则，不但这次的矫正不起作用，对于以后的矫正也很可能没效果。因此，这不仅需要家长积极配合治疗者完成治疗方案，同时还要家长在日常生活中将强化的思想贯穿于家庭教育中，使教育既科学有效，又能配合治疗。

(五)适用人群

强化法强调行为的改变是依据行为后果而定的，其目的在于运用正强化、负强化、消退及惩罚的方法矫正幼儿的不良行为，训练与建立某种良好行为。即每当幼儿出现所期望的心理与目标行为，或者一种符合要求的良好行为之后，例如主动把自己的玩具与其他小朋友分享，治疗者便采取奖励办法，立刻强化幼儿的这种行为，以增强此种行为出现的频率。因此，强化法适用于幼儿的多种行为问题的矫正，例如注意力缺陷、多动障碍、孤独症、神经性厌食以及新行为的塑造等。

三、行为塑造法

案例 4-4

行为塑造的反面运用

李某，男，6 岁，进入幼儿园大班后开始讲脏话，李老师对此开始的反应是吃惊、生气和担心，然后要求该学生不准讲。可是孩子讲的脏话越来越多，惩罚他抄书、责骂,都无济于事。老师越骂他，他越不听话；老师越是禁止他讲脏话，他讲的就越来越多，最后，李老师拿他没有一点办法。其实，这就是行为塑造的反面运用。最好的方法是不予理睬，采用消退法给予行为上的矫正。喜欢讲脏话的幼儿，在他讲脏话时，教师或家长给予的任何反应都可能成为对他讲脏话的一种奖励，使脏话发挥了它的魅力。幼儿讲脏话的目的无非是想引人注意或令人生气，因此我们千万不要上当。如果我们不理会，幼儿讲脏话时假装没有听到，不去看幼儿，甚至离开现场,只要没有人有任何反应，不为所动，幼儿就会发现自己的这种行为根本无法为自己赢得任何关注，就会觉得自讨没趣，讲脏话的愿望就会减弱。

行为塑造法(Behavior shaping method)是根据斯金纳的操作性条件反射原理设计出来的，目的在于通过强化(即奖励)而造成某种期望出现的良好行为的一项行为治疗技术，是操作条件作用法强化原则的有力应用之一。一般采用逐步升级的作业，并在完成作业时按情况给予奖励(即强化)，以促使增加期望获得的良好行为出现的次数。

(一)基本原理

行为塑造法在人类、动物身上应用很多。许多人都从电视上或亲眼观看过动物表演，许多动物的精湛表演令人惊叹不已。例如海豚钻火圈，鸽子会按观众的要求啄击写有相应文字的木牌，黑猩猩能在电子计算机的面板上回答提问者提出的简单问题，并能用聋哑人的手势语表达自己的要求、判断和情绪体验等。这些复杂的行为反应并不表明这些动物真正懂得人类语言，更不意味着这些动物生来就有或可以在其生活中自然形成语言，而是在特殊环境中经过人的精心训练而学习得来的。训练这些动物所采用的基本方法便是行为塑造法，或称作“连续逼近法”。

人类具有比动物高得多的学习能力。就人类的学习能力来说，许多新行为甚至无需通过复杂的行为塑造过程即可直接掌握。然而具有高度的学习能力不等于就一定能掌握新的行为模式。关于人类学习的许多研究表明，学习的效果是受许多因素影响的。例如，动机便是一个很重要的因素。即使一个人具有学习能力和适当的动机，也不是想学什么就能学会什么。掌握新的行为模式还需要一定的客观条件，何况人的许多新行为模式的建立往往意味着必须破除旧有的、习惯的行为模式。学前阶段是人生的起步阶段，很多行为习惯都是在这一时期形成并逐渐发展起来的，一个人的行为习惯，作为他的生活方式或风格的一个组成部分，是在长期的生活中逐渐形成的。因此，不良的习惯行为是不易一下子消除的；新的健康的行为模式也不可能在一夜之间形成；更不可能一经出现便巩固下来，成为个体生活风格的一部分。在临床上，病人的新的健康行为必须在逐渐摆脱不健康行为(疾病行为)

的同时一步步地加以培育和巩固，这就需要采取许多措施以促进这一过程，行为塑造法便是其中的一种重要措施。

在斯金纳看来，人和动物并没有两样，在人的各种行为中，哪些行为会得以保持，哪些行为最终会消失，都取决于这些行为的后果，取决于人们做出这些行为之后是受到了奖励还是惩罚。因此，培养人们的行为习惯只需要不断地应用奖励和惩罚来进行控制就足够了。在行为塑造过程中，实验者首先观察被试者的全部行为反应，然后对其中的部分行为反应进行奖励，忽视其中那些实验者不希望保留的行为反应，通过不断的奖励、强化而塑造出一种基本上是全新的行为模式。

现以斯金纳教鸽子啄彩色圆盘为例来说明具体的操作过程：在一只斯金纳箱里，在一面箱壁上某个地方嵌上一个与箱壁平齐的彩色小塑料圆盘，训练的目的是让鸽子啄这个彩色圆盘而不是箱壁上的其他任何地方。一开始，只要鸽子在箱子中的任何地方朝盘子这个方向稍微转动身体就给鸽子喂食，这样多次强化以后，鸽子朝这个方向转动的频率就会提高，到鸽子经常做出这一行为时就提高要求，不再满足于这一行为，而只对鸽子转向圆盘这个方向时才予以强化，给鸽子喂食，由此强化鸽子的行为，等鸽子达到要求后再提高要求，最后，只有当鸽子啄向圆盘时才予以强化，多次强化以后，鸽子就学会了啄圆盘，行为塑造就完成了。按照这个方法，可以塑造很多更加复杂的行为反应，马戏团的动物就是用这种方式训练成功的，还有人利用这一方法教会一只兔子捡起一枚硬币含在嘴里，然后扔进一只小猪储蓄罐里；也有人教会了一头猪打开电视，捡起脏衣服扔进一只大篮子里，以及使用吸尘器打扫房间。

行为塑造法的应用不仅要求病人的积极参与，而且也需要所有有关医务人员和病人家属的密切配合。只有这样才能使病人在接近或朝着最终目标的变化时能得到及时而又适当的强化，并使病人的行为越来越逼近最终的目标。关于人和动物的实验研究表明，那些被部分强化的行为比连续得到强化的行为更难以消退。另外，也需要注意避免强化原则的无意误用。

(二)塑造过程的实施

1．行为塑造法的实施原则

行为塑造法在治疗精神病人及在家庭教育中具有较为明显的效果，这缘于该疗法具有明确的、可操作的实施方法。在家庭教育中针对塑造学前儿童良好行为的过程中，应注意以下几个原则。

(1) 必须一步一步地来实现目标，不可操之过急，不可一下子把目标定得太大，让幼儿望而却步，或者不符合幼儿心理和行为的基础。

(2) 前一阶段目标成功之后才可进入下一阶段。

(3) 如果无法进行下一个目标行为时，必须退回到前一目标行为，让前一目标行为成为比较强有力的连接。

(4) 进展太缓慢也不太适合，这样对最终的目标行为的实现影响很大，拖延训练的效率。

2．行为塑造法的实施步骤

用行为塑造法培养个体社会行为的过程是比较复杂的，一般来说，包括以下步骤。

1) 定义目标行为

只有定义了目标行为之后，才能确定行为培养的目标，才有了行为培养是否成功的判断标准。例如，针对有攻击性行为的幼儿，我们希望个体在交往过程中攻击性行为减少几至消失，而合作、等待等亲社会行为出现的次数增加，因此，确定的目标行为是亲社会行为的发生。此外，在确定目标行为的同时还应了解清楚幼儿现在的行为特点和行为基础，了解出现这些行为的情境及原因，为塑造打好基础。

2) 确定初始行为

初始行为必须是个体已经在做的动作，至少是偶尔做过。另外，初始行为必须和目标行为有些关联。例如，幼儿偶尔发生过的亲社会行为——能够从其他小朋友的手里接过玩具，而不是之前常常出现的攻击性行为——抢玩具，这种表现已经渐渐与目标行为建立一定的联系。

3) 选择塑造步骤

所选择的每一个更接近目标行为的步骤不能过于细小，否则会进展缓慢，过于费时；但每个步骤所体现的变化不能过大，否则个体的进展会停止。因此，每次所选择的步骤必须适中，即该步骤经努力能完成。例如，制定的目标一，幼儿能够不出现攻击性行为，目标二，幼儿能够用平和的态度与人交往，而不是马上要求幼儿能够用友好、礼貌的亲社会行为与人交往、交流。让孩子在每个小的行为基础上积累自己的能力和自信，最终达到目标行为。

4) 确定塑造程序中使用的强化物

为幼儿选定一个强化物，只要幼儿做出正确的行为，指导者就马上提供强化物。强化物的选取必须建立在幼儿的脾气、个性、气质、喜好、情趣之上，这样，才能对幼儿的行为进行一步步塑造。强化物的量要适度，以免幼儿很容易就得到满足，指导者可以考虑采用小奖品、表扬等强化物。幼儿的欲望远远不及成人，因此在设定强化物时要从幼儿的角度出发，例如成人眼中微不足道的小贴画，在幼儿眼中却是不错的奖励。

5) 对各个连续的趋进行为实施差别强化

从初始行为开始时，要对行为的每个过程加以强化，直到确保该行为能够出现。然后再强化下一步骤的行为，而对前一步骤的行为则停止强化。一旦该步骤的行为能够保持一贯出现后，就可以停止对它的强化而继续下一步骤。按照这样的程序进行下去，直到目标行为出现为止。

行为塑造法主要涉及强化原则的应用，强化原则在新行为习惯的培育中的作用是肯定的。有时候治疗者可能希望同时采用惩罚的方法处理幼儿在新行为塑造中出现的退步，如果用得适当，这也未尝不可。例如，让幼儿想象自己被其他小朋友排除在外的恶果，这样做时，要注意同时给幼儿以鼓励，防止一退再退。许多研究表明，对于消除幼儿的不良行为或退步，惩罚的效果是不肯定的。有时，幼儿的终点行为，也就是最终要改变或建立的行为对于幼儿来说非常困难，不能一下子就达到目标。这时，就必须在初始行为与目标行为之间做出很多个分割，制定出一个个小的目标行为，让幼儿在逐渐地改变和成长中得到最终的改变。在整个过程中，要遵循循序渐进的方法，不断提高对幼儿的要求，不断提高目标行为，逐渐达到幼儿行为塑造的目的。临床上行为塑造法的采用，要求治疗者与病人一起首先确定最终要达到的目标，而后选好为实现此最终目标所需要塑造的靶行为、选好塑造的起点和逐渐逼近最终目标应采取的步骤与每一步骤的子目标。此外，还需要确定达到每一个子目标的有效强化物或奖励。

有人认为最有效的强化因子(即奖励方法)之一是行为记录表，如治疗者把幼儿每次所取得的进展正确记录下来，并画成图表，这样做本身就是对行为改善的一种强大推动力。根据图表所记录的进展，治疗者还可应用其他强化因子，当作业成绩超过一定的指标时即给予表扬或奖励。此外，还可采用让幼儿得到喜爱的食物或玩具等办法，通过这种方式来塑造新的行为，以取代旧的、异常的行为。

【二维码 11】行为塑造法实施的注意事项

(三)评价及适用人群

斯金纳将行为塑造法用于人类行为的研究，对一些精神和情感疾病的治疗起到过不小的作用。他在波士顿附近的州立医院进行实验，如果病人做出合适的行为，例如自愿进食、自我修整或者协助整理房间等，就会得到一些奖励，如糖果和香烟，或者得到一些特权，如自由选择进餐地点、与医生交谈、看电视等。行为塑造法后来传播到了许多精神病院和感化院，现在在家庭教育方面也被广泛应用。但是，精神病医生们认为，这种方法虽然是一种比较有效的方法，对严重的精神病人来说尤其如此，但是，这是一种昂贵的方法，需要花费大量的时间和精力；而在家庭教育中，虽然对于塑造幼儿的行为很有效，但却显得过于严格，没有人情味，很多家长并不能真正严格按照行为塑造法的步骤来实施对孩子行为的控制，因此，它只能作为多种手段中的一种，而不是唯一。

为了使治疗效果得以保持和巩固，在应用这一治疗方法时，需要特别注意如何帮助幼儿把在特定治疗情境中学会的行为转换到家庭或日常生活现实环境中来。此法的适用范围包括训练孤独症儿童说话、改善或消除恐惧症、神经性厌食症、攻击性行为及其他神经症的行为，在特殊教育中可用于对低能幼儿的训练等。

四、模仿法

案例 4-5

模仿法解决幼儿社交问题

黎黎，女孩，5岁半，上幼儿园大班。黎黎自出生后一直由其奶奶抚养，直到入园前不久才由父母领回家中。黎黎刚入园时较胆小、性情比较孤僻、不合群，经过一段时间后，能在老师及同伴的带动和鼓励下参加一些活动，在语言方面，黎黎基础较好，对音乐也较感兴趣，但是近来经常哭泣或不肯来园，有时不知在想些什么，坐在座位上一动也不动。根据黎黎的生活背景分析，她出生后一直和奶奶生活在一起，母亲不太关心自己的女儿，极少带孩子出去玩，更难与其他幼儿交朋友。现在虽然和父母住在一起，但是父母关系不和，母亲经常在外面玩，父亲较孤僻，不爱讲话，这就造成了家庭气氛沉闷，缺少轻松、愉快的氛围。通过一段时间的模仿法的矫正，黎黎情绪已经稳定，乐观积极，能主动来幼儿园，上课积极，乐于和同伴交往，在同伴中也有一定的地位。

模仿法又叫示范法，是指基于观察学习的原理，通过观察学习来增加、获得良好行为，减少、消除不良行为的一种行为矫正方法。该疗法是班杜拉1967年创立的。他认为儿童的许多行为并非通过直接实践或受到强化形成的，而是通过观察、学习产生共鸣，从而增加良好行为的获得或减少、削弱不良行为。因此，模仿与强化一样，是学习的一种基本形式。

(一)基本原理

从学习者的立场来说，凡是以某一个人或某一团体的行为为榜样，通过观察、收听、阅读等过程而改变自己的行为，以期形成与榜样相同的思维、态度、动作或语言表达等特性的过程，均可称为模仿学习。在行为改变策略上，通过观察他人的行为来改变个体自己的行为是相当有效的。一个具有高度吸引力的“楷模”可以提供学习者所需要的信息，让学习者能够很快地获得一种新行为，而不一定要亲身经历。模仿的效果取决于楷模的特性和观察者的认知活动，楷模的影响力则取决于他本身的特性(如地位、身份)及其和学习者的相似之处。

过去，心理学家一直比较忽视模仿的作用。事实上，整个人类社会就像一个互相模仿的乐园，成人模仿明星的行动、举止、打扮以及精练的技艺，儿童更是天天从生活中、电视节目里自觉或不自觉地模仿各种人物的言行。在家庭里，子女经常模仿父母的声调、动作以及待人接物的态度；在学校，学生则模仿教师的言谈举止，甚至其治学与处世的方式和信念。研究表明，一切描述个人行为的图画、文章或语言，亦均可成为一种特别的信息，足以引导个人的模仿行为，通过模仿，能够使人增加或减弱某种特定行为的出现频率。

班杜拉认为，以往的学习理论家一般都忽视了社会变量。他们通常是用物理的方法来进行动物实验，以此来构建他们的理论体系。他们观察动物是如何走迷津或逃出迷津的，这对于研究作为社会成员的人的行为来说，没有很大的研究价值。班杜拉强调要以人作为基本研究对象，而不是从动物那里获得第一手材料。由于人总是生活在一定的社会条件下的，所以他主张要在自然的社会情境中而不是在实验室里研究人的行为。事实上，人们在社会情境中，透过观察和模仿学到很多行为。在班杜拉看来，任何一种合适的学习理论，都要回答这样的问题：“个体是怎样在社会情境中习得一种新的反应？”行为主义者认为，是由于个体在作出反应时得到了奖励。尽管有证据表明，通过操作性条件作用的塑造程序，可以形成各种社会行为，但研究也表明，个体也可以只是透过观察他人的行为而习得新的反应。用班杜拉的术语来说，这些他人即楷模或称榜样，透过这种观察而习得反应，即称为楷模作用。

为了说明楷模作用的效果，班杜拉进行了一系列实验。在一项典型观察学习的实验中，班杜拉分别就现实、电影和卡通片中的成人榜样(攻击性行为)对儿童行为的影响进行了研究，结果发现，所有这三类成人榜样都同样会导致儿童的模仿这种攻击性行为。在另一项实验中，班杜拉对上述研究作了进一步延伸。他要了解两个主要问题：第一，儿童是否不管榜样是受到奖励还是惩罚，总是会从榜样那里习得攻击性行为？第二，儿童看到榜样受到奖励是否比看到榜样受到惩罚，会更多地自发模仿所看到的攻击性行为？

在实验中，实验者把4～6岁的儿童分成两组。儿童在电影中看到一个成年男子演示四种不同攻击性行为，但在影片快结束时，一组儿童看到的是这个成人榜样受到另一个成人的奖励——那个人说："你是一个强壮的冠军。"而另一组儿童看到的是这个成人榜样受到惩罚——另一个成人说："喂，住手！我以后再看到你这样欺负弱者就给你一巴掌！"接下来，就让儿童进入一间游戏室，里面放有一个同样的充气人以及这个成人榜样使用过的其他物体。结果发现，电影里榜样的攻击性行为所导致的结果(奖励或惩罚)是儿童是否自发地模仿这种行为的决定因素。也就是说，看到榜样受奖励的那一组儿童，比看到榜样受惩罚的另一组儿童，表现出更多的攻击性行为。

但这是否意味着看到榜样受奖励的儿童比看到榜样受惩罚的儿童习得更多攻击性行为呢？为了回答这个问题，班杜拉在这两组儿童看完电影回到游戏室时，以提供糖果作为奖励，要求儿童尽可能地回想起榜样的行为，并付诸行动。结果表明，这两组儿童在模仿攻击性行为方面没有任何差异，即都能同样精确地显示出榜样的四种攻击性行为的顺序。这说明，榜样行为所得到的不同结果，只是影响到儿童模仿的表现，而对学习几乎没有什么影响。因为在榜样受到惩罚的条件下，儿童同样也习得了这种行为反应，只不过没有同样地表现出来罢了。

根据这些实验的结果，班杜拉提出三个最基本的模仿学习的机制：替代过程、认知过程、自我调节过程。

1. 替代过程

班杜拉认为由直接经验导致的所有学习现象，都可以在替代的基础上发生，即都可以通过观察他人行为及其结果而发生。这就是说，学习者可以透过观察他人的行为及行为的结果是受到奖励还是惩罚，来建立自身的行为反应，并获得行为的规则，从而不必经过漫长的试误来逐渐形成这类规则。这是在替代基础上的学习模式，是人类学习的一个重要形式。例如，我们不可能通过试误学习来掌握开车、动手术之类的技能。人类的许多社会行为，如利他主义或暴力，也只有用观察学习过程来解释，才能得到最好的理解。总之，人类善于透过社会榜样的作用，吸取他人显示出来及创造出来的信息源，以此丰富和提高自己的知识、技能。例如儿童游泳、学开汽车、医学院学生开刀等都是通过替代过程来学习，从而减少错误，避免危险。

2. 认知过程

班杜拉强调，那些通过工具性条件作用、经典性条件作用、消退和惩罚引起的行为变化，有许多是透过认知来调节的。这里的认知，主要是指使用符号和预见结果的能力。首先，使用符号的能力为人类提供了一种创造和调整各种环境事件的有力工具；其次，人们并不是简单地对环境作出反应，或被环境事件所左右，人类的行为大多是有目的、有预见性的，即人类可以预见到各种行动可能导致自己的行动。所以，班杜拉认为，人类的行为在很大程度上是以认知为媒介的。

3. 自我调节过程

班杜拉认为，个体可以通过观察到自己行为的后果来调节自己的行为。所以人的许多行为变化不能用刺激——反应联结来解释，而应该用自我调节过程来解释，即人的行为大部分是根据自己的内在准则和对自己行动所作的自我评价来调节反应的。例如，人们可能会对自己所做的某件错事(尽管其他人都不知道)而自责，因为这种行为违反了他们的行为准则。

在一项实验中，让7～9岁儿童观看榜样滚木球，第一组儿童看到的是榜样采用自我奖励的高标准——只有当他得到高分时才用糖果来奖励自己，并且说这样的话："因为我得了高分，我应该得到奖励。"否则，他会作自我批评："这样的分数不应该得到奖励。"第二组儿童看到的榜样是采取自我奖励的低标准——只要得了几分就吃糖。第三组为控制组，即儿童没有看到榜样是如何自我奖励的。结果表明，前两组儿童在独自玩滚木球游戏时，采用与榜样自我奖励相类似的标准，而第三组儿童采用的标准上下浮动，他们不管在什么时候，想得到奖励时就自己去拿糖吃，可见，榜样的行为也会影响到儿童自我评价的标准。

班杜拉的许多研究都集中地说明替代过程、认知过程和自我调节过程在形成人类社会行为中的作用。但相比之下，他对替代过程，或者说观察学习研究得更透彻些。

【二维码12】班杜拉的社会学习理论

(二)基本方法及步骤

1. 模仿法的效果

模仿法在矫正幼儿不良行为时具有一定的效果，具体表现为增进行为效果和减弱行为效果。

1) 增进行为效果

增进行为效果是指通过模仿疗法可以增加幼儿预期行为的发生。其效果具体表现为：获得效果、解除效果及促进效果。

模仿的获得效果指学习者通过观察"楷模"，学习到一系列新的行为。例如，凯依(Kay)的实验说明了婴儿如何习得一种新行为。实验者让6个月大的婴儿隔着透明帐幕看到所陈列的玩具，但婴儿想要拿玩具时却拿不到。然而在实验者做了一个绕道取玩具的示范动作后，每位婴儿都毫无困难地模仿实验者的动作，经绕道而取得了玩具。

卢发(Rufo)等人发展了一套治疗孤独症儿童的方案。这些儿童的特性是缺乏说话能力，声音综合能力受到损伤，情感表现闭塞。治疗方案强调模仿在语言发展中的重要作用，其训练步骤如下。

(1) 治疗者先用食物作奖励以强化被矫正者的任何发音。

(2) 被矫正者发音只有在治疗者发音后的5秒钟内进行，才得到食物的奖励。

(3) 被矫正儿童必须尽量模仿治疗者说话的声音，才能得到奖励。也就是说，当治疗者说"a"的音时，被矫正儿童必须发和"a"相似的音。

(4) 被矫正儿童必须尽量模仿治疗者的发音并说出一些有关的字，才能得到奖励。

治疗结果显示，孤独症患儿在学习第一个声音、说出第一个字时很慢，但到后来，其模仿技巧提高很快。例如一位被矫正者，花费了12天时间学会说出“baby”；花费8天发出“ou”的音；学习5天后能发出“tee”的音；学习4天后会说“we”；再以后，经过上述音或字的综合训练，每天均能说出一些新的字和词。

众多研究表明，许多幼儿早已在家庭或其他社会场合学到若干攻击性行为，只是表现攻击性行为的时机及对象往往因人因时因地而异。相关研究表明，儿童在观看带有攻击性行为的电影6个月或8个月以后，仍然可以表现出自影片中学到的攻击性行为。因此许多教育专家及心理学家特别强调，不良的电视节目或影片对于儿童或青少年的心理健康具有极其不良的影响。

模仿的解除效果，是指若观察者看到一位楷模作出某一种言行之后，并没有受到任何相应的不愉快的惩罚时，观察者以往表现同一类行为时所受到抑制的效果将被解除，致使该行为的表现愈加频繁。如交通违章事件的比率之增减，明显受到交通警察对不遵守交通规则的人所做违章示范的惩罚程度的影响。例如，绿灯行、红灯停，但若有一辆车闯了红灯，却没有受罚，则其后必有更多的车辆闯红灯。

模仿所具有的解除效果也在行为治疗上得到了验证。例如，如何接近害怕的东西(如蛇)，怎样培养儿童的社交行为以及养成成人的果断行为等，都可借助模仿而增进。有研究表明，许多患怕蛇症的儿童和成人，在看过一段逐渐接近蛇的影片之后，能够学得如何接近蛇、捉住蛇。如果一个怕蛇的人能够进一步实地观察一位示范者如何捉蛇，帮助示范者捉蛇，并向观察者提供有关蛇的资料，则这位怕蛇的患者将比其他只看影片的怕蛇者更容易去接近蛇。

以往研究曾选择了一群极为害羞而不善于与其他儿童交往的幼儿，将其分为实验组和比较组进行研究。让实验组的儿童观看一部介绍儿童如何交往的影片，再从事一段安静的活动(如一起看书)，然后让其竭尽所能去参加许多正常儿童都有兴趣的活动。比较组儿童只观看海豚表演的影片。前后活动结果的测定表明，实验组儿童在教室中的社交行为有显著进步，比较组儿童的社交行为无任何改进。

模仿的促进效果是指通过观察他人的行为结果，而使观察者增进了社会上可接受的行为。促进效果与获得效果、解除效果的不同之处是，它不必先学习一连串的新行为或是改进社会上不能接受的行为，只需要表现已有的行为。例如经常捐献金钱给社会福利机构的人，每当看到别人夸奖这方面的行为时，他将会借此机会详细讲述自己过去的经验而觉得很高兴。

以往实验研究表明：幼儿的互助行为也可以通过观看有关轮流玩的示范影片而获得增进。影片的内容是叙述一个男孩和一个女孩最初为了争抢秋千而吵闹，后来一个孩子建议大家轮流玩。结果表明，看过这段影片的实验组幼儿比观看商业广告影片的比较组幼儿更能表现出互助、合作的良好行为。

另一个自然情境的实验也显示了同样的促进效果。实验开始的情境是一位妇女站在一辆车旁，车子的一个轮胎漏了气。实验阶段，在离这辆车很近的地方，一位男人(示范者)正在替一位妇女换漏气的轮胎。实验结果指出，示范助人行为的实验者的出现，使得过路人停下来帮助妇女换轮胎的人数增加了许多。

2) 减弱行为效果

减弱行为效果是指运用模仿原理来减弱某些不良行为。具体有以下两种效果：抑制效果和不相容行为效果。

导致抑制效果的情境有三种：第一种情境是一位学习者若看到一位示范者因表现某种行为而受惩罚，则学习者本来常表现的这种行为必将越来越少。例如，上课讲话的幼儿受到教师的批评，其他小朋友会减少这一行为的发生。第二种情境是由于学习者观察示范者所表现的行为没有受到增强，所以本想表现的行为也受到抑制。例如，一个人看到同伴使用自己惯用的办法去解决问题失败以后，他便不会再用此种方法解决这类问题。第三种情境是由于学习者观察示范者表现较为低频率的某种行为，学习者也受其影响而减少这种行为的出现率。例如，一位烟瘾很重的人看到自己所敬重的亲友或来宾不常抽烟的事实后，他自己也会自省而少抽一些烟。

不相容行为效果是指如果学习者要模仿的良好行为与其原来就有的不良行为不能相容时，势必放弃原有的不良行为，选择新的良好行为。例如，一位极端怕老鼠的被矫正者，看到示范者很开心地玩老鼠，若自己也要仿效示范者很开心地玩老鼠，则其惧怕老鼠的情绪自然无法继续存在。因为“惧怕”老鼠与“开心玩”两者是不相容的行为，让被矫正者观察示范者那样开心地玩老鼠，其目的就是减弱被矫正者对于老鼠的恐惧感。

2．模仿法的基本程序

要有效地运用模仿法，还需遵循以下程序和原则。

1) 选择好要改变的行为

所确定的模仿行为必须是可观察和测量的；必须是幼儿有能力模仿的；必须是可以并已清楚地分解为一个个小步骤的行为。例如针对以往怕狗的幼儿，让其学习如何与狗玩耍。

2) 确定学习、模仿的楷模

楷模的特性对模仿效果的影响很大。因此，确定的楷模应与幼儿的年龄、性别相似，越相似就越容易引起模仿效果；或者，确定幼儿熟悉的名人、心目中的崇拜者，如教师等为楷模，就更易引起模仿效果。

3) 吸引幼儿注意力

在示范某种特定行为时，最好能给幼儿语言暗示，以引起其注意观察要模仿的行为。一般应在幼儿专心注意示范者时，紧接着立即示范欲要模仿的行为。

4) 增加示范行为呈现的时间

示范行为不仅要清楚明确地展示，而且应缓慢地展示或者在示范中止前要暂停一会儿，以增加示范行为呈现的时间，让幼儿可多一点儿时间观看示范行为。

5) 模仿行为产生后要给予强化

被矫正幼儿每一次正确模仿或有与示范行为大致类似的模仿之后都要立即给予强化。同时，要用口头赞赏的口吻说明行为与强化之间的关系，让幼儿明白他的行为对在哪里。但当行为已学会以后，要改用间歇强化方式，以使幼儿持续表现此行为。

6) 确切记录模仿情况

记录时，只需在每次示范后记录幼儿的模仿行为正确与否。必要时，可改进整个行为矫正方案，但切忌发火训斥幼儿。

3. 模仿法的基本类型

模仿法的基本类型包括以下几种。

1) 电影、电视或录像模仿法

让幼儿反复地观看有关的或特意录制的录像或影视片，使之逐渐学会影视片中示范者的行为。

2) 现场模仿法

让幼儿在现实环境中观察示范者的言行，从而改变幼儿的行为。

3) 参与模仿法

让幼儿一方面观察示范者的言行，一方面在教师的指导下逐步参与活动，实际演练有关动作的方法。此治疗方法较优于前两种方法。

4) 想象模仿法

让幼儿借想象来模仿某一位楷模的行为，以达到改变行为的目的，即借想象来效仿示范者的行为方式。

(三)评价

观察和模仿是人类个体在社会生活中学习他人的行为方式、人际交往、生活习惯、态度作风、审美情趣、文化娱乐和体育运动等诸多内容的主要学习方式。这种学习不需要特定的场合地点，不需要听课看书做作业，而是随时随地在人们的相互接触中潜移默化地进行着。俗话说，身教胜于言教。所以，这种观察和模仿学习对于幼儿的个性形成，良好习惯的养成，道德品质和社会性行为的塑造起着十分重要的作用。社会就是教育人的一个大课堂，而观察学习就是人类个体在这个大课堂里进行有意或无意学习的主要方式。一个社会要学会利用这种课堂影响和塑造社会中的每个成员，就要运用班杜拉社会学习理论的基本原理，提供良好的、有影响力的、能被大众普遍接受的榜样或示范性行为，为每个社会成员的社会性学习提供良好的“教材”。但是，模仿法的局限性在于它不适合于解释和说明陈述性知识的学习和复杂的、高难度的技能训练的过程，而仅适于解释和说明观察、模仿等社会性学习的过程。

(四)适用人群

学前儿童的许多行为并非通过直接实践或受到强化形成的，而是通过对周围环境的观察、学习，从而增加良好行为的获得或减少、削弱不良行为。因此，模仿法有许多优点，如成效快、适用情境广泛，还可与其他行为治疗方法结合使用，特别适合于集体心理治疗时应用。据洛瓦斯(Lovaas)1977年报道，已经开始将示范法与强化相结合，促进孤独症儿童的语言与行为的发展。此外，模仿法对于治疗幼儿的恐惧症、社会退缩、精神发育迟滞与孤独症等问题行为都具有明显效果。

五、游戏疗法

案例 4-6

游戏解决安妮的大问题

安妮，女孩，4 岁，主要问题表现为强迫，对毛发表现出躁狂，会强迫性地拉扯和撕咬头发。她的伙伴们和其他家长都注意到她的头部出现了一小块秃顶。除了过度的毛发关注外，她每天还有其他的轻度仪式化行为。在学校中，老师反映她有时会用毛绒玩具打其他小朋友的头。父母并未回忆起在其行为出现时有任何创伤性事件发生。

安妮的家庭背景除父母外，还有一个 6 个月大的妹妹，据父母反映，对于新成员的加入，安妮并没有表现出在接受上的困难。安妮的父母对她的“古怪行为”十分关注，尤其是她的母亲，不断表示可能是由于自己疏于照顾导致了女儿的行为。听完这对夫妻的叙述后，治疗师发现在这个家庭中，对于“混乱”的容忍度是很低的。这在安妮的初诊时亦有表现，当被问及是否知道为何来见治疗师时，安妮问道：“是不是因为我的房间不够干净？”虽然对于整洁的强调并无什么不适宜，但咨询师推测这可能在一定程度上强化了安妮对自己认为的“混乱”的不适感。

在经过初次评估后，治疗师认为采用结构化的行为矫正与儿童精神分析游戏疗法相结合比较合适。行为矫正主要用于设定目标行为，而游戏疗法则用于克服她对于改变和改善自我概念的阻抗，处理她对于强迫行为的羞耻感，增加对于负面情绪的忍耐度。

游戏疗法是指采用游戏的手段来矫正儿童心理行为异常的一种治疗方法，是一种利用非语言媒介手段来实现心理健康教育的心理学治疗技术。学前儿童的言语表达能力有限，对自身感受的理解和解释能力都远远不及成人，因此，面对疏导内心困惑、悲愤、抑郁等心理问题时都有很大的困难。而游戏是幼儿的主要活动，是他们认识世界和自己的重要途径，是自我表达的有效手段，在游戏中的幼儿是自由天性的表现，不受约束、充满创造性。

(一)基本原理

游戏在儿童心理发展的各方面起着重要的作用。这正如凯洛夫(Kanpob)所指出的那样：游戏对于学前儿童发育上的作用，在于游戏能够触及幼儿整个心理发展的各个重要方面。当代一些理论家试图对正在成长中的幼儿的游戏内容进行分析，并且把它与更为基本的、儿童总体的发展问题联系起来。

学前儿童在游戏中编织了假想的世界，却在心理方面实现了真实的成长。对于年龄幼小的儿童来说，“我游戏，故我在”，游戏是构建其“精神大厦”的“砖瓦”。因此，游戏是进入幼儿精神世界的“通行证”和“桥梁”。

1．游戏的种类

到目前为止，国内外心理学家从不同角度出发，对游戏进行了多种类型的划分。根据游戏功能的不同，将儿童的游戏分为四类。

(1) 机能性游戏。该游戏着重于身体机能的发展，其中包括大肌肉运动，如跳舞、捉迷藏、跳绳等；促进认知发展的运动，如唱儿歌、讲故事等。

(2) 体验性游戏。该游戏是一种虚拟的游戏，一般以在现实生活中不能实现的事为主要形式，通过幼儿的想象、操作来进行，其中包括角色扮演游戏，如过家家。

(3) 获得性游戏。该游戏也是一种艺术性的游戏，可使幼儿的艺术能力得到发展。如听故事、看书、看动画、演戏、演木偶剧等。

(4) 创造性游戏。该游戏指在大人的指导下，由幼儿自己动手进行创造，如进行工艺品(如陶器、雕塑)制作、剪纸、搭积木等。

巴塔思根据游戏进行方式的不同，将游戏分为四类。

(1) 单独游戏，指幼儿独自进行的游戏。

(2) 旁观游戏，指幼儿在一旁观看别人做游戏。

(3) 并行游戏，指幼儿在别的幼儿做游戏时在一旁做自己的游戏，各做各的，但同步进行。

(4) 协调联合游戏，指幼儿在一起通过互相协助做同一项游戏。

皮亚杰根据儿童认知发展特点将游戏划分为三种。

(1) 实践的游戏。该游戏发生于 0～2 岁，幼儿游戏时无规则，而是通过摆弄自己的身体和有形的物体来游戏，以达到身心快乐。这种游戏可以为学前儿童日后运动技能的形成作准备。

(2) 象征性的游戏。该游戏发生于 2～7 岁，幼儿通过有内容、有形式的假想性游戏，把眼前并不存在的东西假想为存在的，可以在想象中游戏，而不必借用身体动作来游戏。他们通过这种游戏学到各种知识。

(3) 规则的游戏。该游戏发生于 7～11 岁，学前儿童的这种游戏具有社会或集体的规则，无规律冲动性活动减少，而体现社会性、教育性的活动逐渐增加。例如幼儿之间的体育竞赛、合唱、戏剧演出等。

2. 游戏的产生

游戏对于人的一生来说是必不可少的活动，特别是对于年龄幼小的学前儿童来说，游戏更是有其特殊的意义。如果把生活视为一个活动系统，那么，在学前期，游戏在活动系统中起着主导作用。主导活动是指“最适合”儿童发展水平，并最能满足儿童需要的活动，是推动儿童实现最佳发展的活动。那么，游戏是如何产生的？这一问题在心理学家之间有着不同的理论说明。

1) 剩余能量说

儿童在日常的生活或学习中，在释放了所规定的活动量后，其剩余能量便在自我游戏活动的“排泄口”得到发泄。儿童在生活中，常有剩余的活动量需要消耗，结果产生了游戏活动。但现代儿童的精神能量已被某种学习生活消耗殆尽，对于身心发展不利，极需要用游戏活动来加以调节。

2) 休养说

针对剩余能量说，休养说则认为游戏不单纯是为了排遣和消耗能量，还是儿童对学习生活的调剂，对紧张、压力的缓解和放松，是儿童为身心休养而进行的活动。从人类进化和儿童身心健康来看，游戏疗法并非只是一种身体的休息，而是让儿童从心理、身体肌肉的紧张中解放出来的一种积极的身心调整活动。

3) 生活准备说与反复说

生活准备说是指儿童通过游戏预演在将来的生活中如何成长为一个成熟的人，而现在则是通过游戏来适应社会生活，是为发展身心机能所进行的一种生活准备的学习。反复说是指人类是从原始社会进化而来的生物，在文明的进化过程中，会举行各种游戏活动。通过游戏，人类的这种文明发展活动的基因在儿童的身上不自觉地反映出来。

4) 游戏生物学说

游戏生物学说认为，儿童游戏是为了发展身心，满足生理的需要。当儿童欲求急剧增加，而身体与生理器质的发展或成熟跟不上时，便通过游戏来满足生理的需要。也即儿童的情绪欲求发展快，身体机能发展慢，两者产生不平衡，于是以游戏的形式进行生物学、生理学的调节。

儿童的游戏与其发展之间的关系是错综复杂的，儿童游戏的不同方面及不同种类的游戏对于儿童心理发展的不同侧面具有不同的意义和作用。总的来说，通过游戏儿童能够获得情感、认知、社会性、意志、人格等方面的发展。在早期儿童的生活中，没有什么活动比游戏能提供更丰富的内容和经验了。游戏可以说是儿童精神成长的沃土。游戏对于儿童的心理发展的价值，并不仅仅局限在儿童时期，还表现在儿童成人以后的生活中。也就是说，游戏对于儿童心理的发展，不仅具有重要的近期效果，而且还具有深远的后期效果。如利伯曼(Lieberman)在1967年研究发现，“游戏性”在儿童时期是游戏的一种精神态度，而从发展的角度来看，它在日后会转化为游戏者青年乃至成年时期的“人格特性”。

(二)基本步骤

依据指导思想和治疗方案不同，目前游戏治疗主要分为两大类，即指导性(结构性)游戏治疗和非指导性(儿童中心)游戏治疗。前者主张针对不同的心理行为问题设计不同的游戏方案，强调在治疗前对幼儿心理问题的诊断；而后者强调充分地相信幼儿的内在能力，深信幼儿有能力自我指导和走向成熟，如同他们有能力学会走和跑一样。因而主张由幼儿主导治疗过程而无需事先选择治疗方案。

1. 游戏治疗室的设计

1) 游戏治疗室的面积

游戏治疗室面积以25～30m^2较为适宜，一般不超过40m^2。若治疗室太小，孩子的活动被束缚；若治疗室太大，则可能使孩子产生恐惧与不安的心理。治疗室内四壁色彩与装饰要柔和，不宜太刺激。

2) 游戏治疗室的设施与器具的布置

沙坑(包括沙子、铁锹、小翻斗车)：用于进行创造性活动。

打击乐器：如鼓、铃等，让幼儿在游戏活动中发泄攻击性和其他情绪。

一些身心运动平衡的游戏器具：如滑梯、蹦蹦床。

各种玩具：适合各年龄阶段幼儿的玩具，见表4-3。

绘画工具：用于幼儿对自我情感的表现。

镜子：用于自我镇静和调整。

水龙头：用于幼儿的清洁和洗手。

表 4-3　3～6 岁幼儿玩具的选择特点

3～4 岁幼儿		5～6 岁幼儿	
美术用品	(C)	艺术学习用品	(C)
球和豆子袋	(A)	自行车	(A)
珠子	(E)	书籍	(E)
积木	(A)	建造玩具	(E)
书籍	(E)	娃娃、玩具屋、玩具人物、玩具士兵	(E)
建筑构造玩具	(A)	电子游戏机	(E)
娃娃和玩具士兵	(E)	跳绳	(E)
家务玩具	(E)	风筝	(A)
音乐和乐器	(C)	乐器	(A)
成套微型玩具人	(E)	非电子类游戏	(C)
智力拼图	(E)	木偶和牵线木偶	(C)
沙箱和户外玩具	(A)	智力拼图	(E)
长毛绒玩具动物	(C)	电脑软件	(E)
运输玩具	(E)	工具	(A)
三轮自行车	(A)	运输玩具	(E)

注：A 指活动性玩具——促进手眼协调、肌肉发育、力气增大；C 指创造性玩具——鼓励自主活动、自我表达；E 指教育性玩具——鼓励思考，促进智力发展。

2. 游戏程序的设计

玩电动火车可观察幼儿的手指协调能力及创造能力；弹钢琴可观察幼儿的手指、大脑、身体配合的协调性；玩弹子游戏机可观察幼儿注意力和操纵能力。每一次治疗中进行什么游戏，每一游戏进行多长时间，治疗者都要预先安排和设计妥当。

治疗时间：每次 50 分钟，但一般按 1 小时计算，剩余 10 分钟用于整理治疗室。

3. 观察与记录

进入治疗室之前，观察母子分离的状态，记录幼儿的不安程度。若第一次母子分离时，幼儿表现极度不安，则采取系统脱敏法。第一次，可允许母亲和幼儿一同进入治疗室参加游戏，但在游戏过程中母亲应逐渐退出游戏。第二次，母亲在治疗室中陪同 30 分钟，后 20 分钟母亲退出治疗室。第三次，母亲不进入治疗室，站在治疗室门口。第四次，母亲远离治疗室。

在游戏过程中，要观察幼儿是否主动接触玩具。若幼儿不主动拿玩具，则表明其较内向，治疗者应积极主动引导幼儿进入游戏；若幼儿较外向，其行为则有时表现出冲动性、攻击性，治疗者应进行适当的调控。对于自闭症儿童，则不要破坏其自闭的空间，要与他并行做同样的活动，与其建立相互信赖的关系。此外，要观察游戏过程中幼儿的游戏种类及次数，若游戏种类丰富多彩，则说明该幼儿智力发展较正常；若幼儿只反复玩一种玩具，则说明该幼儿具有强迫倾向、智力发展、兴趣爱好问题。

在游戏中，还要观察幼儿的语言表述是否清楚，以及幼儿在不同情绪状态下的不同语言表现，观察其与治疗师有无对话，对话有多少，有无自言自语等。

记录的主要内容有 10 个方面。

(1) 幼儿参加游戏的兴趣、动机的强弱变化，以便治疗师及时调整计划和游戏内容。

(2) 母子分离状况：逐渐完成、一次完成或不能完成。

(3) 游戏疗法的构造：自由分散、有主题的活动或两者兼有。

(4) 幼儿在活动中表现出的能力高低的变化。

(5) 幼儿与治疗师的关系：拒绝、接受、过度服从、良好或冷淡等。

(6) 攻击性：破坏玩具的倾向高(强)或低(弱)。

(7) 心理治疗师对幼儿活动有否限制及幼儿对这些限制是否理解。

(8) 幼儿的感情、情绪的表现：压抑、过激、悲哀或喜悦。

(9) 幼儿的自我控制力和注意力：适当或过度(多动者控制力弱，具有注意力不集中倾向等)。

(10) 适当的语言表现：多、少、有、无意义(记录孩子的语言用“”、/、()等记号，记录治疗师的语言用＜＞、／、[ ]等记号)。

【二维码 13】幼儿问题在游戏中的呈现

4．治疗者的技术运用与基本态度

游戏疗法的目的是对幼儿的内心世界进行再整理，通过游戏活动对幼儿智力进行开发和培养，并对幼儿在日常生活中的适应构成起到整合作用。在游戏疗法中，治疗者的基本态度和原则是让幼儿自由表现内心深处的世界。

(1) 在游戏治疗的早期阶段，要尽快与幼儿建立良好关系(亲和感、信任感)和温暖的伙伴关系。

(2) 尊重幼儿的个性和特点。

(3) 让幼儿有自由表现情感的机会，使幼儿受压抑的情绪在游戏活动中得到宣泄或净化。

(4) 善于观察幼儿的行为变化及心理状态，不倦怠地、敏锐地把握幼儿的行为表现。

(5) 以幼儿为主体，相信幼儿有发展的潜力，相信幼儿有自我认知的潜力，并能通过游戏发现问题、解决问题。

(6) 不轻易对幼儿进行训斥、说教，采用循循善诱的辅导方式，遵循幼儿先行、治疗者随后的原则。

(7) 不单方面终止治疗，治疗者要培养自己的耐心，应看到幼儿的治疗过程是较长的。

(8) 有现实的眼光和头脑，只有当幼儿走向非现实时(如有破坏、病理表现时)，治疗者才实施限制。

5. 游戏疗法的观察与记录

心理咨询工作者和专职教师，要在每次游戏心理辅导活动结束后认真做好记录。这是接受专业训练和督导的第一步。有些记忆力好的专业人员常常在一天工作完成后，才开始记录。但是对于记忆力一般的人员和初入这一领域的人员来说，需趁热打铁，尽快在事后做好记录。

一般说来，幼儿游戏心理辅导的时间设定长度不超过1小时。其中50分钟是幼儿游戏活动的开始、展开和结束过程。剩下的10分钟是教师和心理咨询人员的记录时间。根据这一记录，此后还可以做进一步的补充和整理。及时做好记录，可以迅速地把握个案的变化发展，为下一次的辅导活动提供应变和解决的对策。记录要注意以下几方面的内容。

(1) 游戏心理辅导活动的内容设计和展开的过程、变化等。

(2) 游戏活动的用具和每一活动内容的时间分配。

(3) 对幼儿行为、语言和情绪等在游戏活动中的表现所做的观察。

(4) 整体的印象或感受。

(5) 下一次辅导活动内容的设想。

在幼儿游戏心理辅导过程中，心理咨询师和有关教师应该从心理学角度观察幼儿的性格特征。见表4-4。

表4-4 游戏疗法过程中对儿童性格特征的观察

观察内容	表现特征
参加游戏活动的动机和兴趣	强弱变化
独立活动的能力	大小或有序、无序
活动过程中的紧张度	逐步消解或增强
游戏活动的水准	分散的或有主题的
与教师或咨询师的关系	拒绝、依存或信赖的关系
与其他幼儿的关系	鼓励的、拒绝的或攻击的
攻击性或破坏性	高、低或渐变
有无限制	不受限制或不理解、理解
情绪表现	无、激烈或适当等
自我控制程度	无、过度或适当等
语言表现	声调、音量及情感等
游戏活动结束时的状况	能否有序、控制、整理等

6. 对幼儿游戏疗法案例的督导

在游戏心理辅导活动和教育实践中，为了保护幼儿的身心健康，克服心理学知识和技术在运用中出现的盲目性和偏差性等问题，对于刚刚从事心理咨询的人员和学校心理辅导教师必须实行心理辅导和咨询的督导制度。督导的内容主要有以下几个方面。

(1) 心理咨询人员或教师在游戏活动中与幼儿相互关系的形成及其人际交往方式。

(2) 对游戏活动内容和过程的技术设计，以及在实际过程中对活动场面、状况的把握。

(3) 对幼儿情绪和问题的理解和洞察(例如肯定的、拒绝的、攻击的、安心的、回避的、孤立的等情绪和行为表现)的把握和分析程度。

(4) 评价游戏心理辅导的结果，分析幼儿的行为、情绪和认知是否相互适应。

(5) 下一步辅导活动的方针或解决对策。

标准的游戏心理辅导的带教和督导时间，与心理咨询案例的面接时间单位相似，每次约50分钟到1小时。接受督导的方式分个别督导与小组和团体督导两种。督导开始前，被督导者要将准备好的有关资料(对游戏心理辅导每一次过程的记录和分析等)提交给督导教师，并在督导过程中要认真做好学习记录。

(三)评价

游戏疗法在西方国家已有数十年的历史，近20年来，游戏疗法在美国、加拿大等国家得到了迅速发展。1986年国际儿童游戏治疗学会成立，到2000年该学会已有会员2000多名，来自包括我国台湾和香港两地的数十个国家和地区。对于游戏疗法的心理治疗与教育效果，各国的心理学家也提出了不同的观点或学说。

1. 净化说和补偿说

“净化说”认为，儿童在日常生活、学习中常常会产生不安和紧张，但他们的不安、紧张和被压抑的情绪、欲求以及内心的矛盾和冲突，通过游戏可以达到消解和净化。“净化”也是精神分析学的重要概念之一，主要是指通过宣泄以达到思想、观念的安定和调控。“补偿说”则认为，幼儿在日常生活中具有某种痛苦、苦恼以及失败的焦虑，作为解决的办法，幼儿用游戏作为补偿失败和欲求的手段。这两种学说的共同点在于，认为游戏对幼儿的紧张、冲动以及不适应行为具有心理调节作用。

2. 自我表现说

“自我表现说”认为，儿童的游戏不仅仅具有消极的净化、矫治作用，还具有积极的创造作用。游戏能给幼儿以自我创造的机会，即幼儿在日常生活和学校学习中的某种不能保证、不能实现的成功感和创造欲望，可以在游戏中获得满足。幼儿经常想显示自己具有攻击及保护的力量，但在现实生活中往往是被保护的对象；而幼儿游戏有其自身的规则，不被大人操纵，他们可以通过游戏把自我的欲望创造性地表现出来。游戏成了幼儿从非现实到现实的桥梁，对幼儿的发展有积极作用。

3. 儿童力学说

“儿童力学说”认为，游戏活动是儿童与环境之间存在一种动力学的关系，即幼儿的自我身心发展与环境是相互作用的，通过游戏幼儿才能更好地学习新知，促进自我发展。这种发展和促进作用体现在以下四个方面。

(1) 使幼儿感觉到的运动环境和精神环境达到统一。

(2) 使幼儿的情绪冲动得到控制。

(3) 使幼儿的智力、情趣得到某种程度的发展。

(4) 使幼儿的行为发展从不适应走向适应。

幼儿游戏通常有两面性，即自由攻击性与协作性、紧张性与松弛性等。因此，从精神发展动力学的角度来研究幼儿的游戏活动具有重要的理论意义。

【二维码 14】游戏疗法的必要性

(四)适用人群

半个多世纪的实践表明，游戏疗法可广泛用于各类幼儿心理与行为异常的治疗。对许多幼儿心理障碍有明显疗效，如遗尿症、焦虑症、恐惧症、孤独症、选择性失语、抑郁症、退缩性行为、攻击性行为、性虐待和家庭暴力、各种精神创伤和被忽视、学习困难、多动症、口吃、各种生活适应问题、情绪调整障碍及离异家庭子女的心理调适不良、智能不足儿童的情绪及智力问题、自我意识不良、酗酒和吸毒等问题。

六、社会技能训练

案例 4-7

攻击型幼儿与退缩型幼儿

明明，男孩，5岁半，在幼儿园中常常被老师描述为“爱打架的”“坏脾气的”“好争斗的”“经常惹别人恼怒的”和“反叛的”。这样的不良行为成了班级里小朋友的噩梦，也是老师头疼的对象，更是家长心中的痛。明明的智力无任何异常，认知情况良好，但在人际交往方面存在严重的问题。他不知道该如何表达自己的情绪，只是在着急时发起攻击——扔东西、推搡小朋友、搞恶作剧成了他日常生活的主题。

蛋蛋，男孩，5岁，就像他的名字一样，蛋蛋的性格表现得脆弱、易受伤害，在幼儿园里常常表现为孤立、害羞、被动、冷淡。这些被动的行为导致了其对自身权利的忽视，不能表达自己的需要和观点，从而成为别人忽视的对象。

由上面案例中两个幼儿的表现可知，明明与蛋蛋的行为恰恰相反，心理学称他们为攻击型幼儿与退缩型幼儿，均是幼儿群体中的不受欢迎者。生物因素、家庭因素、同伴因素以及学校和社区因素等是这两种不良行为产生的主要原因。关于如何矫正幼儿攻击性行为和退缩性行为，社会技能训练法是到目前为止较为行之有效的措施和方法。

社会技能(social skill)是指个体经过学习获得的、在特定社会情境中有效而适当地与他人进行相互交往的活动方式，是人的社会能力的重要组成部分。自 20 世纪 70 年代以来，社会技能逐步成为儿童社会化研究的重要领域。作为一种技能，它不是一种普遍性的人格特质，而是一系列在成长过程中从外界习得的行为方式。社会技能在很大程度上决定了个体的人际关系的好坏、事业的成功与否或社会生活的满意度。大量研究显示，学前期儿童的社会技能水平的高低有着显著的短期和长期的后效。一方面，社会技能好的幼儿自我感受好，在幼儿园表现好，容易成为适应良好的人；另一方面，社会技能缺陷的幼儿经常出现学业困难或行为问题，并可能更多地在成年期出现不良行为。正是在这样一些研究结果的基础上，人们认识到了社会技能的重要性，许多研究者开始探索幼儿社会技能训练的方法(Social Skill Training，SST)，并且在教育实践过程中取得明显的效果。

(一)基本原理

社会技能的获得对于幼儿的心理、行为的发展具有举足轻重的作用。个体无时无刻不与周围生活着的世界发生联系，处理个体与周围环境的关系时恰恰需要社会技能的展开。幼儿期攻击与退缩等问题行为都与社会技能的有效获得与否有直接关系。可以根据社会技能的构成成分鉴别社会技能的缺失情况，主要包括社会技能的认知缺陷、社会技能的行为缺陷、社会技能的情绪缺陷。

1. 社会技能的认知缺陷

社会技能的认知缺陷主要表现为幼儿缺乏解决人际问题所需要的知识，主要包括：①理解人际交往情境的能力，即幼儿对人际交往的关系和情境线索的知觉能力和社会观点采择能力，它是进行成功的人际交往的前提。如果幼儿缺乏理解人际交往情境的能力，他就不可能做出恰当的行为，例如案例中的明明在想与小朋友进行合作游戏时总是以自我为中心，不考虑他人的感受，不会认为自己的抢夺行为会给同伴带来不愉快的感受，更不会理解游戏时同伴之间应该友好互助，要学会合作、等待；②提出恰当交往目标的能力，幼儿的交往目标与他们在同伴中的交往地位密切相关，有研究结果发现，在自发产生的目标中，受欢迎幼儿提出的目标更积极友好，不受欢迎幼儿自发产生的目标不友好；③使用恰当策略的能力，如果幼儿没有积极恰当的策略达到其社会目标，或者只有消极的、不恰当的策略达到其社会目标，均说明他们存在策略上的缺陷。有研究表明，有社会技能认知缺陷的幼儿在人际交往情境中使用的消极的、不恰当的策略多，而积极的、恰当的策略较少；④社会交往的控制能力，即监控人际交往过程和预测人际交往结果的技能，主要是指幼儿能否选择最佳解决办法并及时调节自己行为的能力，如当幼儿被拒绝交换玩具时，攻击型幼儿便会难以控制自己的消极情绪，而多采取消极行为解决——抢夺与破坏便会发生，社会技能水平高的幼儿则会调节自己的行为，多采取协调、沟通的方式解决问题。

2. 社会技能的行为缺陷

社会技能的行为缺陷是指幼儿在社会交往过程中表现出来的行为存在缺陷，主要包括以下两点。

1) 同伴交往行为缺陷

同伴交往行为缺陷即幼儿在与同伴交往过程中表现出来的行为缺陷。许多研究表明，不受欢迎的幼儿缺乏与同伴交往的亲社会技能，存在交往行为上的缺陷。案例中的明明、蛋蛋不能在与同伴交往中发起适当的交往行为，因此均属于同伴中不受欢迎群体。

2) 活动行为缺陷

活动行为缺陷即幼儿在从事各种活动时存在的缺陷。在从事游戏活动中，不受欢迎的幼儿更有可能表现出杂乱无章、独自一人的不成熟游戏形式或破坏性活动，而受欢迎幼儿更有可能从事有结构的游戏活动，参与群体表演性游戏和规则性游戏。

3．社会技能的情绪缺陷

情绪情感是人对事物是否满足自身需要的一种体验，社会交往中的情绪情感则是对社会交往行为所产生的体验，它是产生交往行为的内在动力。存在社会技能情绪缺陷的幼儿在人际交往过程中存在一些问题：首先，情绪识别和表达能力存在困难，不能准确描述引发特定情绪的社会或人际原因，不能准确领会他人的情感，从而不能对他人的情感做出恰当反应，也不会使用恰当的行为和语言表达自己的情感；其次，研究表明，存在社会技能情绪缺陷的幼儿常常表现出过多的消极情绪，如焦虑、恐惧、退缩，而很少有积极的情感体验，因此，这类幼儿在与同伴交往中没有合作助人的快乐感，没有捣乱别人的内疚感，没有参与的满足感，没有成功的自信感。

综上所述，根据幼儿存在的社会技能缺陷的情况，采用有针对性的社会技能训练是解决幼儿问题行为的关键。

(二)训练方法

许多研究表明，在幼儿期就开始培养其社会技能，对于幼儿良好行为的塑造具有重要的作用。首先，幼儿的社会能力能够显著地预测其小学阶段的学业成就。其次，幼儿的社会生活范围不断扩大，其社会交往逐渐增多，社会交往的复杂性也在逐渐提高。把自己的注意指向要求的活动，遵从老师的多种要求，在多种任务和情境中与同伴合作，成功地处理与同伴的冲突，参与同伴的游戏等都成为这一时期幼儿所要面对的社会性问题。再次，幼儿园生活是幼儿集体生活的开始，他们可能相对缺乏幼儿园生活的经验和很好地适应集体生活所需的社会技能。最后，在幼儿期培养儿童的社会技能不仅是必要的，而且是可行的。研究发现，通过社会技能的指导和训练，4～5 岁幼儿不仅学会了识别问题解决的不同方法、预期行为的后果，而且能够在实际生活中运用所学的社会技能解决一些人际问题。

综上所述，一些研究人员对幼儿社会技能的培养工作进行了深入的理论探讨，并设计了一系列训练方法。

1．初步社会技能训练

初步社会技能是幼儿社会技能培训的第一步，是幼儿学习其他社会技能的基础，而且也容易为幼儿所掌握，内容涉及范围较广，需要在日常生活中潜移默化地影响幼儿。主要包括以下几方面。

1) 学会倾听与表达

倾听：学会关注别人的谈话，能够理解他人的语言表达，学会按要求做事。

语言表达：学会使用礼貌用语；学会说话不急、不乱；学会说“不”，自信地表达自己的感受。

非言语表达：学会使用积极的表情，如微笑、同情；学会使用积极的肢体行为，如拥抱、亲吻、握手。

2) 学会交往

寻求帮助：当自己面临困难时学会用恰当的方法寻求帮助。

学会忽视：不理会那些欺负自己的人和令自己不开心的事。

3) 学会认识自己、接纳自己

自我奖赏：学会表扬自己，自信、自尊。

认识自己：客观地、现实地认识自己；辨认出自己的个性特征；辨别出自己的优点。

接纳自己：认识并接受自己的缺点；给自己犯错误的机会。

4) 学会控制情绪

表达情绪：学会用言语和非言语方式表达情绪情感；根据情境要求改变情绪表达。

情绪控制：学会处理消极情绪，接受并建设性地处理消极经历，如失败、被他人拒绝等；学会建立积极情绪，在面对外界的不同反馈(如批评、责备、表扬)时，保持积极的自我概念。

识别情绪：能够认识他人的情绪表情，包括从他人的言语交流中推断其情绪，如他人说话的声调、用词等；从他人的非言语行为中推断其情绪，如面部表情、手势、身体姿势等；认识到情绪会随时间和情境的变化而变化。

【二维码 15】社会技能训练的注意事项

2．社会情绪训练

移情(empathy)是指幼儿体验他人情绪的能力，即幼儿设身处地地站在别人的位置上，从别人的角度去体验别人的情感。移情在幼儿建立和维持友谊、处理人际冲突中起着重要作用。研究发现，幼儿的移情能力与其亲社会行为(如合作、利他等)之间存在显著的正相关，表现为移情能力高的幼儿，亲社会行为水平也较高。移情训练法包括认知提示、情绪追忆、情感换位、情境表演等方法，其主要作用如下。

认知提示：是通过成人的言语提示，组织幼儿讨论、绘画、唱歌、游戏、表演等形式，帮助幼儿辨别各种不同的情感及其面部表情，理解不同的人在不同的情境中的想法、观点和情感，促进幼儿辨别他人情感、设想他人观点及进入他人角色能力的发展，进而促进幼儿认知水平和社会理解水平的提高，为产生移情奠定认知基础。

情绪追忆：是运用言语提示唤醒幼儿在过去生活经历中亲身感受到的最强烈的情绪体验，引起他们对情绪体验产生的情境、原因和事件的联想，加强情绪体验与特定社会情境之间建立的联系。

【二维码 16】婴儿期、儿童期和青少年期常见的害怕情绪对象

情感换位：是提供一系列由近及远的社会情境(家庭、父母、老人、邻居、幼儿园、同伴、老师等)，让幼儿进行分析讨论和角色扮演，从而使幼儿转换到他人的位置去体验某种情绪、情感状态，并促进其角色转换能力的发展。通过情绪追忆和情感换位，幼儿得以把过去的情绪、情感体验迁移到相应的社会情境之中，使自己置身于其中，设身处地地为他人着想，体验或设想他人正在体验的情绪、情感，从而产生移情。

情境表演：包括事例分析和行为练习，即先举出假设的各种典型的社会情境或事例，让幼儿分析出在该种情形下怎样做才能给别人带来欢乐，并根据幼儿的提议，让大家轮流扮演不同的角色进行表演，从中体会不同的情感；或通过欣赏、表演儿歌等，让幼儿扮演不同的角色，体验不同的情感，并鼓励情感反应。其作用在于强化幼儿积极的情绪、情感，使之正确地把握积极的行为方式，并进一步促进幼儿设想他人观点和进入他人角色能力的发展。

对幼儿进行移情训练的具体步骤如下。第一步，主要是运用认知提示和情绪追忆技术，组织幼儿回忆、联想、讨论自己在过去的生活经历中亲身感受过的情绪、情感体验，并鼓励其产生相应的情感反应。如上述活动中首先要求幼儿先想一想：自己生病时是什么样子的？心情怎样？会想些什么？引导幼儿追忆自己的体验，从而为下一步理解他人心情打下认知和情感上的基础。第二步，主要是运用认知提示情感换位、巩固深化、情境表演等基本训练技术，促进幼儿设想他人观点、进入他人角色能力的发展。上述活动要求幼儿进一步考虑：某某小朋友生病在家会怎样？会怎么想？等等，从而促使幼儿设身处地地替“生病的小朋友”着想，并鼓励幼儿产生相应的情感反应。第三步，向幼儿展示假设的社会性情感情境，让幼儿转换到他人的位置去体验特定的社会性情感和事件并产生移情，同时，教师运用巩固深化的技术，让幼儿把想法付诸实践，强化行为练习，使幼儿正确对待情境中他人的情绪反应并采取积极的行动。

角色扮演：是一种使幼儿暂时置身于他人的社会角色，并按这一角色所要求的方式和态度行事，以增进幼儿对他人社会角色及自身原有角色的理解，从而更有效地履行自己的角色。研究表明，较长时间的角色扮演经验可以改变人们的心理结构。当幼儿内心有了与他人相同(或类似)的体验时，他才知道在与别人发生相互联系时该怎样行动和采取怎样的态度。因此，角色扮演在发展幼儿的社会理解力和改善其社会技能方面有着尤其重要的作用。

角色扮演一般分为固定模式的角色扮演训练和开放模式的角色扮演训练。幼儿普遍活泼好动、缺乏耐心、怕吃苦、畏难，老师就可以让幼儿扮演哨兵，而且可以跟他比赛，“看看谁是个好哨兵”。当然，一定要强调好哨兵的标准，即保持固定动作越久越好。一开始，老师最好故意“输”给幼儿几次，以激发其兴趣和勇气，等幼儿接受了，习惯了玩这个游戏以后，就可以把这种要求迁移到幼儿的日常生活中去，鼓励幼儿时刻以哨兵自居。久而久之，幼儿就会在无意中习得哨兵所具有的良好行为规范(如坚守岗位、一丝不苟)和道德要求(如坚韧不拔、不怕吃苦、不畏艰难等)，这是固定模式的角色扮演训练。开放模式的角色扮演训练一般是给幼儿提供一个故事情境，故事没有结尾，这时让幼儿扮演情境中的主人公并尝试以自己的行为给故事一个完美的结局。例如：“早晨，小朋友在排队做操，小明往后退时不小心踩了小海一脚。做操结束了，小海趁小明不注意，也狠狠地踩了他一脚，并转身就跑。小明愣了愣，赶紧去追小海。”老师可以让孩子扮演故事中的“小明”并设身处地地想一想，然后把结局表演出来。老师可以协助扮演，并启发幼儿想出一个好的结尾。幼儿亲自“表演”出来，才不易忘记，而且以后可以落实到行动上。

【二维码 17】角色扮演提高儿童的社会交往能力

此外，移情训练也可以通过故事及日常交谈等简单形式进行，使幼儿理解、分享别人的情绪情感体验，使幼儿在日后生活中对他人类似的情绪、情感产生习惯性的理解和分享。

讲故事：选择一些优秀的儿童文学作品讲给幼儿听，把文学作品中人物的喜、怒、哀、乐，成功失败等转化成自己的情感，使幼儿能更好地投入角色。在角色转换中，引导幼儿注意倾听他人的讲话，理解别人说话的意思，理解故事情节中的人物个性，学习优秀的品质，改掉不良的行为。

编故事：针对获得语言能力的幼儿可以采用看图编故事或续编故事的形式帮助幼儿建立良好的社会认知。在看图编故事时，成人可以引导幼儿有序地观察图片，在理解图片内容的基础上鼓励幼儿用自己的话语进行表述。在编故事的过程中，成人要注意引导幼儿用生动有趣的情节描述图片内容，内容要积极、健康。在续编故事时，首先要让幼儿知道故事中的人物有谁，他们之间是什么样的关系，他们正在什么地方干什么，他们为什么要这样做等，在讲故事时交代清楚，在重要的地方可以重复几次，以示强调，然后再让幼儿根据提供的线索去续编故事的结尾。还可以适当地给幼儿一些关键的词，引导他编下去。这个结尾要求合乎故事情节发展的趋势，也允许幼儿发挥自己的想象力编出多种结局。幼儿往往联想起过去的故事来编结尾，如果离题太远，可以帮助幼儿分析结局的合理性，让他自己明白为什么要这样而不能那样的道理。

3. 社会认知训练

大多数认知过程是言语抽象性的而不是视觉形象性的，学前儿童已经获得一定的语言表达能力，因此，将语言作为幼儿从社会技能训练情境带到任何概化情境中的一个共同刺激是可以实现的，下面介绍几种训练幼儿社会认知的方法。

1) 自我报告训练

自我报告训练即为在幼儿社会技能训练中，让幼儿说出自己做了什么，把幼儿的行为和言语紧密地联系起来，使幼儿的行为在具体情境中处于言语的监控或指导之下，从而促进幼儿社会技能的概化。首先要训练幼儿的交往性言语能力，即能准确说出自己的感受，其次要将幼儿对自己感受的表达与实际情境相结合，即在游戏、活动等具体情境中说出自己的感受。例如，在竞争性的游戏活动中，可以让那些赢了游戏后表现出恰当行为的幼儿说出自己的表现，如游戏伙伴对我表示祝贺后，我将微笑着说“谢谢”；我将赞扬他游戏玩得很好；接下来，问他是否想再玩别的游戏，如果他回答“好”，我将让他先玩。同时，可以让那些输了游戏后表现出恰当行为的儿童说出或写出自己的所作所为，如我笑着说“祝贺你”，并赞扬他游戏玩得很好；游戏伙伴说“谢谢”，并问我是否想再玩别的游戏时，我说“好”。

应该指出的是，只有幼儿用语言表达的确实是他的所作所为时，自我陈述才能够有效地发挥其认知中介的作用，否则，自我陈述并不能发挥其认知中介作用。

2) 自我指导训练

自我指导训练就是成人引导幼儿认识到自己不恰当的行为是受不恰当的自我言语的指导，并教会幼儿用恰当的自我言语指导自己的行为的方法。幼儿的社会行为受其内部认知的调节。例如，在受到同伴的嘲弄时，幼儿心里想“我没有惹他，他为什么要骂我”，于是他就感到愤怒，并开始咒骂这名同伴，甚至动手打架。但同样是受到同伴的嘲弄，另一名幼儿心想“我不理会他，看他能怎样”或者“不能跟他一样做坏孩子”等，于是他很平静地走开。面对相同的被嘲弄情境，两名幼儿做出了截然不同的反应，原因在于指导其外部行为的内部言语不同。自我指导分为外部语言的自我指导与内部语言的自我指导。梅臣鲍的研究表明，在要求儿童进行出声的自我指导而不是无声的自我指导，而且是在较长的时间里进行自我指导训练时，儿童获得的社会技能可以更好地概化迁移到其他不同情境中，并较为长久地保持下去。学前初级阶段的幼儿常常在具体情境中表现为外部语言，如在游戏中经常有自言自语现象，这是为了调节自己的注意力在目前所从事的活动中，也表现为一种思考的过程，因此对幼儿进行外部语言的自我指导对于其社会技能的训练具有良好的效果。

3) 社会认知冲突训练法

社会认知冲突理论认为，幼儿在相互作用时由于动作或观点不同而争论，导致社会认知上的冲突。在解决冲突时，幼儿不仅要考虑自己，而且还得考虑同伴的动作、观点。这样，冲突解决的过程实质上就是导致幼儿认知结构改变的过程，也是使幼儿去自我中心化的过程。根据这一理论，徐彩华、李辉设计了“有教师指导的社会认知冲突训练”这种旨在使幼儿在活动中发生认知上的冲突的教育模式，并将它们与传统的教师说教分析法进行实验对比研究。结果发现，这种模式的教育训练能使幼儿正确而牢固地掌握社会概念，而说教分析法则做不到这一点。这一方法若和角色扮演法等常见的德育方法结合起来运用，则效果会更佳。如《小羊过桥》教育活动，就是通过讲故事创设一个冲突的情境——“两只小羊同时都要过桥”，然后通过角色扮演(情境表演)和讨论等活动，让幼儿寻求正确的解决冲突的办法，并付诸实践。有教师指导的社会认知冲突训练法这一模式的关键在于，教师要努力创设能够诱发社会认知冲突的客观情境，并且不急于向幼儿陈述正确的道德规范和要求，这样可以使幼儿在争论、辩解和表演(即社会认知冲突)中去主动探索，并寻求解决办法。在经历了冲突和解决冲突之后，教师的总结概括会给幼儿留下深刻的印象，取得良好的效果。我们可以让幼儿考虑一些常见的社会认知冲突情境：只有一个苹果时是给爷爷吃还是给自己吃？车上只有一个空座，是自己坐呢还是给抱孩子的阿姨坐？只有一台电视机，自己想看动画片，爸爸想看足球，到底该怎么办？等等，让幼儿来演一演、扮一扮，促使他们思考解决问题的办法。等到幼儿得出正确的结论后，再及时给予肯定和表扬，并让他们付诸行动，使之留下深刻的印象。

4) 价值澄清法

价值澄清法是指让幼儿在活动中直接思考一些价值选择的途径，使他们对社会活动和周围人产生积极的态度。其实质就是让幼儿利用“理性思考”和情绪体验来“审查”自己的行动，“分析”并实现自己的价值观念，揭露并解决自己的价值冲突，和别人进行价值观念的交流并根据自己的价值选择行事。该方法结合幼儿道德发展的阶段特征，具有简单、灵活、生动、有趣的特点。1995 年，冯文革根据价值澄清法的基本原理设计了一套适合我国幼儿特点的“幼儿价值澄清训练方案”，实验研究证实，该方案能够明显地提高幼儿价值观的认知——情感水平，改善幼儿道德行为，提高其道德认知——情感与道德行为的一致性。该方案围绕《幼儿园品德教育大纲》，确定了“一是帮助幼儿澄清价值观；二是帮助幼儿建立起符合社会道德要求的价值观”这两个活动目标。根据这两个活动目标，每一主题教育活动分两个阶段进行。第一阶段：诱发幼儿的态度和价值陈述。教师就幼儿日常生活中常见的问题或班里常出现的问题向幼儿提问，调动幼儿的积极性，让幼儿充分陈述自己的看法和意见，使他们充分参与到教育活动中。在这一阶段，教师可以使用一些价值澄清策略，如价值表决、公开提问、愿望表达、自我展示等。第二阶段：从认知、情感、行为上对幼儿进行价值观的澄清教育。根据价值观形成所经历的四个步骤的标准，对幼儿实施价值澄清训练。教师利用故事、图片、幻灯、电影片断或情境表演等形式向幼儿提供一些生活中常遇到而又感到困惑的较为典型的道德情境，引发幼儿的思考，组织他们对此进行讨论和评价。活动按以下步骤进行：①列举选择途径。针对所提供的情境提问：“如果你遇到这种情况会怎么做？”“还有什么别的方法？”鼓励幼儿充分思考，尽可能多地列出解决问题的途径和方法(教师也可以说出自己的观点)，注意强调各种不同的意见，而且要让幼儿意识到这种种不同，但教师对所有答案并不作出或“好”或“坏”的判断。②想象后果。提问：“这样做最后会怎样呢？”“那样做会有什么结果呢？”让幼儿充分考虑到每一种途径可能会引起的后果，然后加以比较。如有的方法可能会顺利地解决问题；有的方法虽然解决了问题却会引起冲突；有的方法不但没有解决问题还会造成不良后果。③自由选择。

(三)评价

大多数研究者将社会技能训练看作一种改变或增强各种社会交往能力的手段，并根据广义的教育或学习原则对各种干预方法做了区分。例如，鼓励幼儿观察成人或同伴展示的某种社会行为，并让幼儿学习的方法，被称为“榜样策略”；让幼儿与同伴从事某种活动，当表现出某种社会行为时便给予社会的或物质的奖励的训练方法，被称为“行为塑造法”；第三类被称为“训练”的方法是一种将概念指导与行为训练相结合的方法，这种社会技能训练模式的依据是行为改变的社会认知学习理论。其基本假设是同伴中有效的社会功能依赖于儿童以下几方面：关于特殊人际交往行为和他们在人际交往情境中的作用的知识；将社会知识转化为交往情境中的社会行为的能力；准确评价技能操作和与操作有关的结果，保持或调整行为的能力。

按照这一模式，社会技能训练的主要目标如下。

(1) 增加幼儿的社会技能的知识或概念。

(2) 帮助幼儿将概念转化为熟练的行为。

(3) 促进技能的保持和概化到社会情境中去。

在此基础上设计的干预方案包括以下几个方面。

(1) 让幼儿学习有关交往的新的原则和概念(如合作、参与等)。

(2) 帮助幼儿将原则和概念转化为可操作的特殊的行为技能(如某种亲社会行为)。

(3) 在同伴交往活动中树立新的目标(如交朋友)。

(4) 促使已获得的社会技能进一步发展。

(四)适用人群

社会技能训练的对象是与同伴关系不良的幼儿。一些研究者选择那些社会性退缩或孤立的幼儿，与同伴交往频率低常被作为依据；还有一些研究者以社会测量所反映的同伴低接纳或不受欢迎作为选择对象的标准。近年来新的分类标准进一步区分了两类不受欢迎的幼儿，即被拒绝幼儿和被忽视幼儿。研究认为被拒绝幼儿在以后将比被忽视幼儿面临更多的社会适应问题，因此，应以被拒绝幼儿作为干预的对象。除此之外，有人认为那些可能被普遍接受却没有一个最好的朋友的幼儿也应当是社会技能训练的对象，因为有证据表明没有朋友的成人更易出现心理健康问题。

七、代币制疗法

案例 4-8

淘气的贝贝

贝贝，男孩，5 岁，刚上幼儿园，有些淘气，从小在姥姥家长大，整天由姥姥姥爷陪着，像个小皇帝。父母工作很忙，希望贝贝上幼儿园，但姥姥姥爷舍不得。眼看就要到上小学的年龄，父母要贝贝学习如何与同龄小朋友相处，姥姥姥爷只得放手，贝贝得以走进幼儿园。贝贝其实一直很渴望与同龄孩子玩，但过去总是没有机会，姥姥 24 小时贴身看护，小朋友都不怎么爱理他，让他很郁闷。到了幼儿园，贝贝一下子见到二十来个同学，真使他心里乐开了花。没有姥姥的控制，贝贝满以为可以随心所欲，但小朋友还是不怎么理他，因为他是个插班生，大家对他很陌生。贝贝不管这些，见一个就缠着一个玩，更糟糕的是不管对方是男孩还是女孩，他都喜欢去搂对方的脖子，要不就用手摸对方的脸，或者用手指戳戳对方的身体，让其他的孩子很不开心。老师当然要来制止，但贝贝满不在乎，在他看来，妈妈姥姥喜欢他，会搂他摸他，他喜欢别的孩子，自然也是可以搂的、摸的。

慢慢地孩子们都躲着他，女孩子们的家长都认为贝贝有点“色”，是班上不可救药的捣蛋鬼。家长到老师那儿告状，要求幼儿园拒绝贝贝插班，幼儿园感到很为难，让贝贝父母带贝贝去看心理医生。针对这样的“小顽童”，医生在治疗中使用代币疗法，一段时间后收到了良好的效果。

代币制疗法是指一种用代币强化物来进行行为矫正的方法。由于用代币作强化物，可以在任何场合下使用，只要满意行为一发生即可发放；可以根据行为质量的好坏差别，对代币进行增减；可以利用兑换的时间差，使反应与支持强化物之间建立一个长时间延缓的桥梁；可以避免单一强化物易引起的饱厌现象。因此代币制疗法能使强化作用更加有效，尤其是对某个问题行为进行矫正时，采用代币制疗法，管理更实用、更方便，能保证矫正计划一致、有效。

(一)基本原理

代币制的理论依据来自动物实验，研究人员曾以猩猩为研究对象探讨行为学习问题。实验时，先教一只猩猩学会使用一架自动售卖机，让它学会投入一枚代币，启动按钮，而后获得葡萄。接着教它使用另一种机器，即拉动一条附有强力弹簧的拉杆，拉杆的另一端放有葡萄，猩猩必须用力拉动，才能获得葡萄。等这个动作熟练后，拉杆的另一端放置代币来代替葡萄，结果猩猩用先前那样的力量拉动弹簧获得代币，然后用代币从自动售卖机中取得葡萄。后来兑换的标准提高了，需用两枚，甚至三枚以上代币，才能获得葡萄。渐渐地，猩猩学会在换取葡萄之前，将代币储藏起来的行为。在上述实验中，猩猩所获得的是一种代币，代币是一种次级强化物，其价值不在于它本身，而在于能用它来换取葡萄，因而产生了一种“代酬”作用，从而对猩猩具有了强化价值。

(二)基本步骤

1. 明确目标行为

目标行为的确定在很大程度上取决于矫正对象的类型，取决于希望完成的短期目标和长期目标，取决于干扰目标实现的具体行为问题。

确定目标行为最终要把焦点放在一个或一个以上所希望增加的良好行为上，并加以明确的界定，避免使用“不合作”“捣乱”“无恒心”等抽象和含糊的词语。例如，不要笼统地提 “上课认真”“养成卫生习惯”，而要指出“当教师讲课时，必须安静地坐好”“饭前要洗手”等具体的肯定行为。

2. 建立基线

实施代币制疗法前，必须根据特定的目标行为的反应特点，选择合适的方法，测定基线数据，为矫正程序正式开始后观察行为的变化提供一个比较基础。

3. 确定代币

代币必须是马上可以利用的实物或象征性的东西；必须是可以计数，具有吸引力，并且简单、轻便可携的；必须是能够随时都可以方便发放的；必须是幼儿不容易复制的；必须是不具备其他实用功能的，也不易与别的物体相混淆的东西。例如，可以是塑料棋子，或者教师可以在口袋里放一支特别颜色的笔在记录表上做记点或做记号。

4. 选定支持强化物

幼儿在领取代币以后，必定会拿它来交换作为报酬的支持强化物。选择支持强化物的方法与选择强化物的方法基本一致(详见正强化法)。选择时既要考虑其强化价值，又要考虑到购置这些强化物的经济价值。其实，自由支配时间、玩玩具或看读物、骑一下小车，甚至帮助教师做事的机会都是常见的、容易的、可供选择的强化物。应尽可能广泛地使用不同的强化物，特别是在代币制程序执行的初期，可以使用一些可以发放和很快消费的支持强化物(如糖果等)，这两点很重要。

5. 拟订代币交换系统

代币交换系统应指出何种行为可以获得一个代币或几个代币(代币必须在期望行为发生

后立即给予)；应给所有选定的有效支持强化物确定一个价值，让幼儿知道积累多少代币才能换得相应的支持强化物；规定交换的时间、地点，并监督其交换。

一般可以根据下列问题来检查是否已正确地组合了一个代币系统。

(1) 是否界定了全部个体的目标行为。

(2) 描述的特定行为是否可以观察到它的变化。

(3) 是否把注意力集中在所要增加的良好行为上，同时避免了消极行为。

(4) 所确定的逆向强化物是否可以强化所有的个体。

(5) 当个体出现目标行为时，所确定的代币是否能够立即使用。

(6) 所确定的代币是否容易管理。

(7) 所确定的代币是否不易复制。

(8) 所确定的代币是否无法转为他用。

(9) 所确定的代币是否容易记录。

如果所有的问题都回答“是”，则可以进入以下步骤(否则还要重新修改)，即拟定代币交换系统。此时，代币系统的组合才算完成。

可以根据下列事项来拟订代币交换系统。

(1) 指出何种行为可以获得一个代币或数个代币。

(2) 代币必须在期望行为之后立即给予。

(3) 给所有逆向强化物确定一个价值，让个体知道赚取多少代币才能换得相应的逆向强化物。

(4) 指定交换的时间和地点，并监督其交换。

张先生为 6 岁的儿子小华设计了一个代币制。小华平时很少干家务事。张先生告诉小华，每当他完成一件工作之后，就可以获得一定的点数。张先生在冰箱门上贴着一张说明，上面列出所有期待的行为、这些行为的价值和每日可以购买的逆向强化物。小华每完成一项工作就在表上画上记号，并且告诉父亲他想要交换的点数及内容。张先生每天傍晚回家后都会检查工作表和已完成的工作。见表 4-5。

表 4-5　小华的代币制内容表

内　容	点　数
1. 我的日常工作表：	
整理我的床铺	1
把玩具放在架子上	2
清除垃圾	1
晚餐后清理桌子	2
饲养小动物	2
2. 我的报酬表(我赚到的点数可以交换下列强化物)：	
选择所有最喜欢的电视节目	3
可以迟一个小时上床	3
一整天在家里招待小朋友	30
选择我最喜爱的事物	2
去最喜欢的快餐厅	40
买新玩具	120

小华每天可以用点数交换逆向强化物，也可累积起来用以交换更大的逆向强化物。一般小华喜欢每晚使用三点来交换有趣的电视节目，也会将点数积累起来以便有一天可以整天在家里招待小朋友。

支持强化物的价值，一般很难确定，要通过多次尝试、修正。支持强化物的种类要多，并要定时进行改变，使其不至于引起幼儿饱厌而失去功效。

6. 严格具体操作

把计划告诉儿童，让他了解操作的内容和要领。设计一个适当的储存柜，陈列支持强化物。在一特定的时间内，应指派专人来强化某一特定行为。代币总在满意反应出现后立即以积极的且明显的方式发给。在发给代币时，友好的、微笑的赞许也应同时出现，且应告知幼儿为什么得到代币。代币换取支持强化物的次数，开始时，次数应多一些，然后逐渐减少。在履行职责时，应始终保持适当和稳定的情绪，以及操作的一致性。

7. 把代币制泛化到自然环境中去

当儿童的目标行为反应达到期望的满意程度后，还应帮助儿童脱离代币制，以适应自然环境。其常用的方法有两种：一种方法是逐渐地取消代币，即通过逐渐减少赢得代币的数量，或逐渐延长目标行为和代币发放之间的时间来实现；另一种方法是逐渐降低其价值，即通过逐渐减少一定量的代币可兑换到支持强化物的数量，或逐渐延长获得代币和兑换支持强化物之间的时间来实现。具体采用何种方法更有效，要因人而异。

【二维码 18】代币系统的消除

(三)评价

代币制的应用范围很广，它既可用于正常学校儿童及各年龄青少年的不良行为的矫正；也可用于治疗精神病患者、弱智儿童和其他残疾人甚至少年犯的不良行为，建立患者所缺乏的良好行为。显然，对行为矫正者来说，在多种多样的情境中，设计并且实施代币制是一项很有用的技巧。代币制的主要优点表现在以下几方面。

1. 使强化作用更加有效

(1) 代币能在所要求的行为发生后立即发放，并且能在以后适当的时候兑换。这样代币便在反应与强化物之间建立了一个长时间延缓的桥梁。当一个所要求的行为发生以后，有时人们无法立即予以强化，这时代币的这种替代作用便显得特别重要。

(2) 使用代币后，任何场合下强化都显而易见，而且可以根据所要求行为的重要性、被试者所花的努力的大小以及行为质量的好坏等差别，对代币进行增减。

(3) 使用代币，可避免由原级强化物所引起的饱厌现象。饱厌现象指的是行为者不断地消费某一强化物所引起的对该强化物需要的降低。在代币制中，一块代币意味着各种各样不同的原级强化物，并且行为者可以把代币储存起来，到需要时再兑换自己所喜欢的原级强化物。这样，代币制的引进就避免了由单一强化物所引起的饱厌现象。

(4) 代币可以使人们明确地看到自己的进步。如果程序设计得好，个人所收集到的代币数是与行为的改进相关的，这样就可以促进行为改变的速度。

(5) 代币的价值不会因为发放代币者的情绪变化而变化，即代币的强化作用具有较强的客观性。

2. 对教师行为的有效控制

代币在行为矫正者或者教师手中起着一种辨别刺激的作用。所谓辨别刺激，就是在正确的刺激呈现时而不是在错误的刺激呈现时产生的恰当行为。因此代币的存在可提醒教师去强化幼儿的良好行为，同时对幼儿的良好行为进行记录。

3. 有效的教学工具

代币除了能有效地激发幼儿的行为动机之外，还是一种良好的教学工具。代币的应用有助于简单的算术教学，它可以教会幼儿如何计算代币，如何用代币换取等价原级强化物。幼儿由此可学会简单的加减运算，并学会与用钱有关的一些行为。此外，通过代币还可教会幼儿有效地使用自己的代币，通过这一点，幼儿更有可能学会重要的自我管理技能。

4. 对不良行为的控制

代币的使用，使对不良行为的惩罚提供了可能性(从伦理学的角度来看)。由于代币的存在，人们可以用罚代币的方法来代替惩罚个体，这就比身体惩罚与隔离等直接与身心伤害有关的惩罚要优越得多。

在涉及群体的情境中，代币的上述优点比单个人的情境更能充分地显示出来。当矫治对象人数增多时，用一般的强化物程序来管理好所有的矫正对象，并且保证矫正计划能一致有效地实施就显得比较困难，而采用代币制来管理就很实用，也方便得多。

代币制的实施也有很大的弊端，主要表现在代币制处理起来不方便，在代币制上花费的时间和精力使被矫正者和工作人员双方都不能专心于学习工作的重要方面。另外，大多数自然环境不能为所需求的良好行为提供代币。因此，当一个塑造起来的行为迁移到自然情境时通常要戒掉代币，这就给代币制的使用造成了局限性。

(四)适用人群

许多研究者采用代币制成功地培养和保持幼儿的社会技能。因此，代币制已经成为培养幼儿社会行为技能的重要方法之一。在采用代币制培养幼儿的社会技能时，需要认真遵循代币制的实施步骤，以确保社会技能培养工作取得预期的效果。此外，代币制疗法的应用范围很广泛，它可矫正幼儿的多动、攻击行为、胆怯等多种问题行为，既可用于个别矫正，又可用于群体矫正。

八、涂鸦疗法

案例 4-9

凯西的画

凯西是一个 6 岁的女孩，她对妈妈滥用药物的事情很担心。她画了一幅画，画面上有一个山洞，蝙蝠挂在洞壁上。画很有艺术感，但画面所表现的氛围却带来不祥之兆。当治疗师听过凯西讲了山洞和住在山洞里的蝙蝠的故事之后，治疗师明白这幅画就是孩子把对夜晚和妈妈在一起生活的危险环境的恐惧内化后的结果。

涂鸦疗法也叫绘画疗法，是指借助于绘画及其创造性的自由表现活动，使绘画者将潜意识内压抑的感情与冲突呈现出来，并且在绘画过程中获得纾解与满足，从而达到诊断与治疗效果的方法。与传统的心理治疗相比，涂鸦疗法是运用非语言的象征方式表达出潜意识中隐藏的内容，阻抗较小，有利于真实信息的收集，同时受来访者语言、年龄、认知能力及绘画技巧等限制也较少。学前儿童语言能力及认知能力有限，因此，在心理治疗过程中会遇到语言表达方面的困难，适当地选择涂鸦疗法对幼儿进行治疗，不仅能够在治疗过程中尽量让幼儿放松情绪，自由地表达真实情感，同时能通过幼儿的绘画内容反映其内心思想。

(一)基本原理

绘画可以作为一种智力测验和人格测验的工具。早在百余年前就有这样的观点：艺术创造者的艺术表现与其人格之间是有联系的。18 世纪末和 19 世纪初期，欧洲精神病院中住院患者的艺术作品引起了很多人的兴趣。很多人都认为，病人的绘画可以用于心理病理学诊断。例如，西蒙(HerbertA.Simon)在“想象与精神病”一文中讨论了对精神病人绘画作品进行的一系列研究。现代心理学的先驱弗洛伊德(Sigmund Freud)和荣格(CanG.Jung)都对艺术作品、象征物和人格之间的内部联系表现出极大的兴趣。弗洛伊德注意到，代表着一个人遗忘或者压抑记忆的表象和象征，都会从这个人的梦中或者艺术作品中流露出来。荣格的观点与弗洛伊德的有所不同，他更强调表象的普遍性意义，更注重艺术作品所表现的心理内容。

尽管人们对幼儿绘画一直有着浓厚的兴趣，但对幼儿绘画真正的研究出现在 19 世纪末和 20 世纪初。许多心理学家对幼儿绘画发展水平和对幼儿艺术行为发展不同阶段作出了不同的描述。伯特(Bert)把“画人”作为一项智力测查方法，试图对幼儿的智力发展进行测量；古德伊纳芙(F.L.Goodenough)的“画人测验”评价指标包括了幼儿画出人物形象的细节数量、身体各个部分比例的正确性、线条的流畅性、身体各部位整合所表现出的动作的协调性等，通过综合评价来确定幼儿的智力发展水平。埃斯克勒(Alschuler)和海提威克(Hattwich)研究了幼儿的绘画过程与其人格之间的联系，将学前儿童使用画笔、颜料和画架纸的经验与自我情绪控制、人际交往技能、忧虑和情感表达能力联系在一起。

幼儿大约从 14 个月开始就会自发性地乱涂乱画，这种行为一般要维持到 3～4 岁。由于幼儿此时的“绘画”行为表现得不系统、无秩序，我们把它称为涂鸦。有研究表明，儿童涂鸦行为的出现具有跨种族与跨文化的普遍性。幼儿的绘画反映出其肌肉的协调性、认知、情感等方面的发展。通过对幼儿绘画的内容与行为方式的深入观察，能更好地了解幼儿。

1. 幼儿绘画的发展

幼儿的绘画发展具有阶段性，涂鸦行为是幼儿绘画发展的第一个阶段。在研究几百甚至几十万、几百万张幼儿绘画的基础上，许多研究者提出了幼儿绘画发展阶段理论。这些理论详细地说明了幼儿出现涂鸦行为的年龄特点、涂鸦的主要内容以及涂鸦的动作方式。

1) 幼儿涂鸦发展的年龄特点

幼儿开始涂鸦的年龄表现出一定的差异性。罗恩菲尔德(Lowenfeld)认为儿童绘画能力的成长与其思维的组织能力及认知能力的发展相对应，他描述了绘画发展的六个阶段。

第一阶段：涂鸦期(2～4岁)，基于肌肉运动的最早图画，随后成为心理活动的表征；各种各样的涂鸦包括无序乱涂、纵向乱涂和画圈。这个时期的后期，幼儿可为自己的涂鸦命名。

第二阶段：图式前期(4～7岁)，符号表征早期发展，特别是出现表现人物的基本造型。

第三阶段：图式期(7～9岁)，符号表征继续发展，特别是出现人物、事物、构图和颜色方面的图式，会使用基底线。

第四阶段：写实主义绘画期(9～11岁)，以事物本来的空间深度和颜色来绘画的能力不断增强，同时也越来越表现出刻板性。

第五阶段：假现实主义期(11～13岁)，对人物和环境更具批判意识，更注重细节描画；美术表现中的刻板性增强；画漫画。

第六阶段：决定期(青少年期)，绘画表现得更为复杂和细致。

2) 幼儿涂鸦的主要内容

根据幼儿涂鸦内容的不同以及动作的灵活程度，研究者们对幼儿从一开始有涂鸦行为到基本有能力绘图之间划分了更为细致的阶段。

第一阶段：涂鸦。这一绘画发生的最初阶段为幼儿期，大约从18个月开始到3岁。18个月到2岁幼儿的第一张涂鸦画是自发出现的，没有教师教儿童也可以画出这样的作品，3岁时，幼儿的符号思维开始出现，能够从形状、颜色和大小等方面将他们看到的环境中的事物分类。不同幼儿早期图画中的线条有很大的不同，如图4-4、图4-5所示。这与幼儿的大肌肉整合运动及精细动作控制的发展有直接关系，此外也与其视觉的发展及视动经验有关。对于幼儿来说，尽管幼儿的涂鸦不是图形表征，但却表征了一些事物。例如，看上去很随意的一条线，可能代表着狗在奔跑或者气球在飞。涂鸦是一种动过的表征，而不是对物体的细致描绘。涂鸦是幼儿一种意识的觉醒，这种意识就是幼儿认为画在纸上的线条和形状也可以代表他们周围环境中的事物。观察幼儿

图4-4 一个2岁女孩的涂鸦

涂鸦的成人在幼儿早期绘画意义的发展中也具有重要的作用。成人常常会问幼儿画中的形象代表什么，例如：“你画的是爸爸吗？”“这个是你的猫咪吗？”在成人的提问下，幼儿开始认识到，别人希望他的画能代表一些事物，或者说涂鸦的图形看上去像人、动物或树。随后，幼儿就把思想与绘画联系在一起了，如图 4-6 所示。

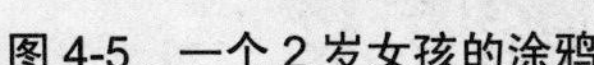

图 4-5 一个 2 岁女孩的涂鸦

图 4-6 一个 3 岁男孩的涂鸦

凯洛格(Rhoda kellogg)通过分析 2～3 岁幼儿的涂鸦作品，得出了幼儿涂鸦绘画的渐进发展过程，提出 20 种作为后期绘画发展基础的基本涂鸦形式，如图 4-7 所示。

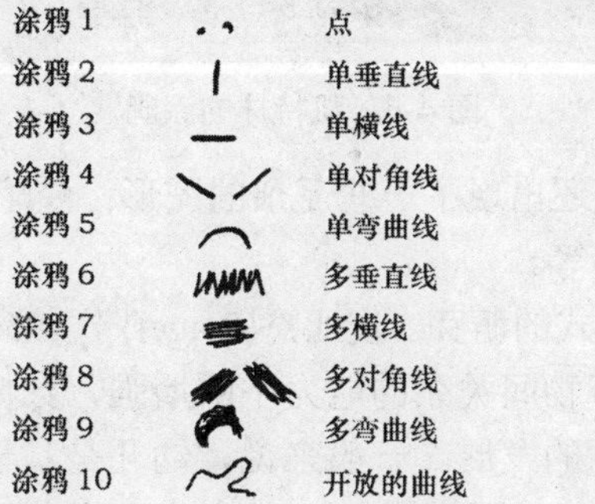

涂鸦 1	点
涂鸦 2	单垂直线
涂鸦 3	单横线
涂鸦 4	单对角线
涂鸦 5	单弯曲线
涂鸦 6	多垂直线
涂鸦 7	多横线
涂鸦 8	多对角线
涂鸦 9	多弯曲线
涂鸦 10	开放的曲线
涂鸦 11	封闭的曲线
涂鸦 12	之字形线和波浪线
涂鸦 13	单环形线
涂鸦 14	多环形线
涂鸦 15	螺旋线
涂鸦 16	有多线条覆盖的圆形
涂鸦 17	圆周为多线条的圆形
涂鸦 18	平铺的圆形曲线
涂鸦 19	单线交叉的圆形
涂鸦 20	不太圆的圆形

图 4-7 凯洛格提出的 20 个基本的涂鸦形式

第二阶段：基本形式。从 3 岁到 4 岁幼儿还会有涂鸦的表现，但是他们已经能够命名涂鸦图形，开始根据涂鸦图形讲故事。这一时期出现的涂鸦以及其他表现形式是幼儿绘画发展中的里程碑。这一阶段的绘画可以将他们自己的动作、画面上的形式与他们周围的世界联系在一起。因此对图画的讲述在这一阶段变得越来越重要。所以对心理医生来说，即使幼儿画出成人不能辨认的涂鸦，了解幼儿是否愿意积极谈论自己的作品也是很有价值的。但是成人作为一个观察者，当幼儿小心翼翼地向你讲述他们的故事时，可能会看到幼儿的绘画很少具有相似性。

例如，凯特林，一个 3 岁半的女孩，在她的奶奶训斥她把果汁和点心撒到美工室和游戏室外的地板上几分钟之后，用毛笔画了一幅涂鸦，如图 4-8 所示。当凯特林被问到这幅画的题目是什么的时候，她说："由于做错了事，一个黑色的臭虫妖怪在冲着她叫。"可以看出，凯特林对图画的讲述，明显受到了绘画前事件的影响，很可能是她受到责备和惩罚的那一时刻的影响。这幅涂鸦作品采用了很多有控制的重复短线，线条的大幅度运动覆盖了画纸的一半，还有一些由宽线条组成的图形。

图 4-8 凯特林的涂鸦

除了涂鸦之外，这一时期还出现了一些复杂的图形：曼陀罗式的圆形、图案或者模式、长方形、圆圈、方形和三角形等。

第三阶段：人物形式和图式的萌芽。皮亚杰(Piaget)于 1959 年提出这一阶段幼儿的符号思维不断发展，分类与明确事物间关系的能力不断增强，数概念也开始发展起来。这一时期最重要的发展就是空间概念的发展。一般来说，幼儿是基于他们自己和自己的身体来进行方位判断的。事实上，幼儿对环境的认识与他们自身有着非常紧密的联系。幼儿的思维和情感会因周围的人或者事物而困惑。例如，如果一盏灯掉下来，摔碎了，幼儿就会联想到灯受伤了，好像他自己是那盏灯一样。因此，这一阶段很重要的发展就是基本人物形象的出现。这种人物形象常被称作蝌蚪人，因为他们像青蛙生长的第一个阶段。蝌蚪人通常是由基本的头形(一个圆圈)和两条腿(从圆圈中伸出的两条线)组成，通常没有胳膊(分别从圆圈的两侧伸出的两条线)。头上有时包括了脸部的特征(眼睛、鼻子和嘴)，偶尔还会在中间画上肚脐眼，如图 4-9 所示。无论从细节还是省略的角度来看幼儿的人物画，治疗者都应该明白儿童实际知道的要比画出来的蝌蚪人多，他们常常可以指出在成人眼里看不到的人物画中的细节，因此，治疗者要提供给幼儿讨论他们人物画的机会。

渐渐地，幼儿能够画出人与人之间的差别。最初用一个圆代表头和躯干，现在就变成了两个圆，或者用其他形状来代表躯干。同时，幼儿开始注意画出人物的细节，如手指、脚趾、牙齿、眉毛、头发和耳朵。

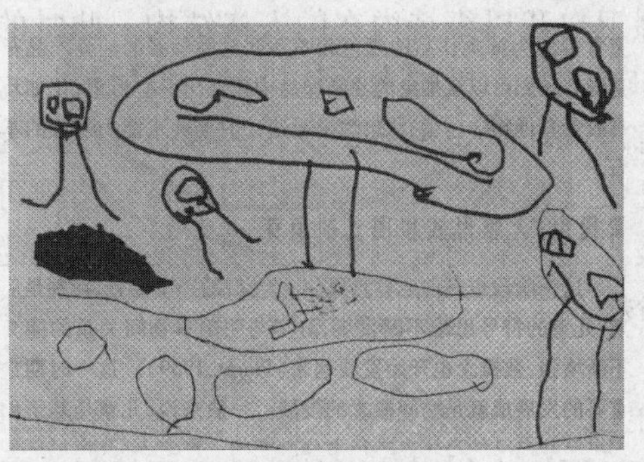

图 4-9 4 岁男孩画的蝌蚪人

3) 幼儿涂鸦的动作方式

幼儿涂鸦动作的进行依赖于幼儿握笔与运笔的过程，所以从握笔与运笔两方面可以了解幼儿涂鸦的特点。从幼儿握笔的手姿势的发展来看，最早握笔的动作包括整个手和手臂的运动，表现出“手掌向上的抓握动作”，即幼儿在握笔的时候，手心向上，手掌和手指一起活动来抓握笔。用这种笨拙的握笔动作形式，幼儿很难进行有目的的绘画动作。随着在绘画活动中偶然的尝试以及在家长与教师的指导下不断学习调整握笔动作，幼儿“手掌向上抓握”的握笔动作逐渐被“手掌向下抓握”的动作所代替，拇指和其他四指开始在绘画技能中起到越来越重要的作用。

从幼儿运笔姿势所调整的部位来看，刚开始学会握笔的儿童一般会通过手臂和肘部的运动来调整笔的位置。在手指的协调运动能力发展以后，幼儿逐渐习惯于用手指来调整握笔姿势和笔的位置，手臂和肘部的运动频率下降。赫伯特·里德(Herbert Read)分析 4 岁以前幼儿绘画时运笔的情况：一是无目的的笔画，通常由左至右、由上而下，依赖肩部的肌肉动作；二是有目的的笔画，依赖肘部与手臂的运动，能说出所画线的名称；三是模仿的笔画，手腕的动作代替了手臂的动作，手指的活动代替手腕的动作，通常努力模仿成人作画的动作。幼儿涂鸦时，无论是握笔还是运笔，都遵循从大肌肉到精细肌肉的过渡，从躯干中心运动到远离躯干的肢体运动，遵循“经济性原则”。研究表明，2～3 岁幼儿就可以握住靠近笔尖的部位，主要运用肩关节的活动来进行绘画，然后逐渐发展为用肘部来控制笔的运动，最后发展为用手指的活动来控制笔的运动。

【二维码 19】幼儿快乐度过涂鸦期的方法

2．心理学基础

涂鸦疗法的发生、发展具有一定的心理理论基础，具体理论如下。

1) 投射理论

涂鸦疗法主要是以分析心理学中的心理投射理论为基础。它是一种心理防御机制，作用是减轻焦虑的压力及保卫自我以维持内在的人格结构，此时的投射是个体将自己的过失或不为社会认可的欲念加诸他人，又称为否认投射。投射被认为是无意识主动表现自身的活动，是一种类似自由意志物在意识中的反映。艺术心理学认为绘画天然就是表达自我的工具，是用非语言的象征性工具表达自我潜意识的内容。绘画可以作为心理投射的一种技术。而同样是心理投射技术的罗夏墨迹测验、主题统觉测验已经被证明是有效的、科学的心理测验及心理咨询和治疗的工具，因此绘画也应该具有该功能。

2) 作用机制

绘画作为情感表达的工具，能够反映出人们内在的、潜意识层面的信息(心理意象)，是将潜意识的内容视觉化的过程。人们对绘画的防御心理较低，不知不觉中就会把内心深层次的动机、情绪、焦虑、冲突、价值观和愿望等投射在绘画作品中，有时也可以将早期记忆中被隐藏或被压抑的内容更快地释放出来，并且开始重建过去。而且在绘画过程中，个体可以进一步理清自己的思路，把无形的东西有形化，把抽象的东西具体化为心理意象。这样就能为治疗师提供足够多的真实信息来为患者分析和治疗。文学家、艺术家们沉浸在意象想象中，用文字、绘画和音符表达他们想象中的意象象征。所以用绘画表达象征性意象的理解和诠释是人类了解心灵以及进行心灵交流的必要途径和形式。

(二)基本方法

涂鸦疗法的操作实施灵活，主要是治疗者以幼儿创作的绘画为中介，对其进行分析和治疗。它的实施过程体现了精神分析治疗、结构化治疗、人本主义治疗等思想。罗杰斯(Carl Ransom Rogers)认为，只有让个体在一个无条件的正向尊重的环境中，他们才能真正地表达自己。在绘画治疗的过程中，治疗者会给幼儿以尊重和积极关注的环境进行创作。对创作的成果根据实际情况可以按照精神分析治疗那样把它作为进行心理分析的依据和工具，也可以使幼儿通过涂鸦发泄能量、降低驱力，从而摆脱心理困扰。

1. 绘画与讲述

幼儿的涂鸦在一定程度上反映的是对生活事件的理解与情绪表达，从心理学的角度理解为投射潜意识。随着涂鸦疗法的发展，在实际治疗中，投射潜意识的绘画形式主要有三类：一是自由绘画；二是规定了内容的绘画；三是介于二者之间，给出一定的刺激，但并不规定以什么内容作画，主要是对未完成的绘画进行添补，治疗师最终的分析也不是根据患者的绘画内容，而是根据患者在给定的图画上做了什么性质的改动。绘画投射出的信息是丰富的、开放的，这是其他治疗法望尘莫及的地方，但它对评估者要求较高。评估者对作者的熟悉、双方信任关系的建立，对理解绘画作品，充分利用其信息有重要作用。此外，对绘画作品的解释应该谨慎。治疗者对幼儿涂鸦的理解主要是基于幼儿本身对画面内容的讲述与解释。

讲述就是讲故事，即幼儿对已经发生的事件和历史的叙述、陈述、报告、解释和描述，或者是按时间发生顺序的描述。治疗者与幼儿对涂鸦内容进行讨论，对于帮助治疗者理解幼儿的内心世界具有十分重要的作用。同时，讲述本身也是对幼儿问题进行矫正的过程。幼儿还没有成人的语言能力，有时无法用语言表达他们的情感、认知和信念，他们常常会用其他非语言的方式传递思想。因此，将幼儿的涂鸦与他们的语言描述结合起来，为治疗者从整合的角度了解儿童提供了途径。

通过一幅或两幅绘画作品来理解幼儿及其视觉的和言语的叙述可能是有帮助的，但这样做在大多数情况下是远远不够的。绘画与电影中的定格很相似，每一张画只能表现出幼儿的微小变化。尽管有些绘画的主题、风格和内容在幼儿画中会反复出现，但幼儿每一次画的画中都会表现出一些新的形象和细节。所以，治疗者要观看一系列幼儿的绘画作品，亲自观察一段时间内幼儿绘画的过程，倾听几次幼儿对自己画的讲述，才能对幼儿有比较全面的认识。

2．分析绘画

治疗者在运用涂鸦疗法时，除了让幼儿描述他们自己的作品外，还要采用一系列的问题来帮助自己思考和理解孩子内心。这要求治疗者既要考虑绘画的过程，如幼儿使用的材料作画、参与绘画过程的程度、与治疗者的互动等，也要考虑绘画作品本身。在观察幼儿绘画的时候，还要考虑画的背景，也就是说，要了解环境和绘画材料对绘画作品以及治疗关系的影响。当治疗者在分析幼儿的涂鸦作品和过程的时候，治疗者应该考虑以下问题。

(1) 幼儿是等着成人的指导和指示去绘画，还是受材料的驱动开始绘画。

(2) 幼儿看上去很安静或注意力集中，还是比较激动或表现出不安。绘画过程中幼儿能否集中注意力，还是注意力比较分散。

(3) 通过绘画活动或者其他干预活动和交流，幼儿的上述表现在绘画过程中会发生变化吗。

(4) 幼儿能够按照治疗者的指示去做吗。他们是不是很容易就会失败，或者不能按照简单的指示去做。

(5) 幼儿是不是对绘画很有信心。还是在绘画过程中总害怕画错。

(6) 幼儿在绘画过程中是不是表现得很独立。还是要依赖治疗者。

(7) 在绘画过程中，幼儿在多大程度上需要外界提供支持和帮助。

(8) 如果是小组活动，幼儿是否既能与同伴分享材料，又能与同伴保持适宜的距离。

(9) 让幼儿停下来不再画容易吗。如果成人要求幼儿把他画的画留下来，幼儿有什么反应。幼儿自己拿走画是不是特别高兴。幼儿是不是特别想让治疗者保存自己的画。

除了上面列出的一些问题，一些治疗者可能会寻找幼儿绘画中的具体特点并提出与作品相关的问题。需要强调的是，在大多数情况下，观察幼儿如何完成绘画任务要比看他们如何与治疗者交流以及如何对待他们的绘画作品更重要。治疗者在观察完幼儿作品后，可能会这样问自己："幼儿图画中哪些是平常的表现，哪些是强调的部分，哪些是重要的部分。"这些问题的答案往往会提供重要信息。

3．治疗者在涂鸦疗法中的作用

治疗者在幼儿绘画过程中的整体目标是"治疗"，而不仅仅是评价或者评估。治疗者按照一般的要求在幼儿绘画时进行观察，治疗的作用就发挥出来，幼儿的冲突也会得到表达和解决；同时，治疗者在这一过程中获得了对幼儿更为清晰和准确的认识——对于幼儿问题的分析要基于幼儿本身对涂鸦内容的解释，同时要结合幼儿的生活背景进行。在治疗过程中，治疗者与幼儿之间的关系是亲切的、安全的。值得一提的是，幼儿在许多治疗中没有足够的时间去完成绘画，因此，作为治疗者要事先告诉幼儿可以花多长时间去绘画、治疗在什么时间结束等。

(三)评价

与传统的心理治疗相比，涂鸦疗法是运用非语言的象征方式表达出潜意识中隐藏的内容，幼儿不会感觉被攻击，阻抗较小，容易接受，有利于真实信息的收集；涂鸦疗法不受患者语言、年龄、认知能力及绘画技巧的限制；治疗的实施不受地点和环境的限制，并且可以灵活采取单独或集体进行的方式；涂鸦疗法可以使幼儿通过正当的方式完全地释放毁灭性能量，使患者的焦虑得到缓解，心灵得到升华；涂鸦疗法的测验可以多次使用而不影响诊断的准确性。此外，涂鸦本身有助于治疗者认识幼儿无意识中的内容，从而产生治疗的效果。绘画和治疗之间的交互作用可以评估治疗过程，并澄清人格的内在动力，以及揭露隐藏的冲突。绘画催化幼儿的自发性，并帮助受阻的幼儿远离个人发展上的关卡。

尽管涂鸦疗法针对语言能力不完善的幼儿具有一定疗效，但在使用中应注意以下事项。

(1) 绘画是一定文化下的产物，研究者要注意东西方文化的差别，在治疗分析过程中，要结合东西方文化的背景。

(2) 绘画心理分析对治疗师要求过高，治疗师不仅要具备心理学的理论基础和实践经验，还需要对绘画艺术有一定的认识，并且必须是经过专业的绘画心理分析训练。

(3) 治疗师进行绘画心理分析时会受到自己的知识背景、生活经验等影响，使得诊断结果缺乏一定的客观性。治疗师在进行治疗时，要谨慎细心，必要时要采用其他心理治疗的方法辅助进行。

(4) 注意涂鸦疗法中的伦理规范。例如，幼儿画的展示与保密工作的开展，关注治疗过程中绘画作品的法律意义等。

(四)适用人群

人类先有图画后有文字，幼儿也是先学绘画再学文字。幼儿的一幅图画传递的信息比语言更丰富，读图是最简单、最直接了解幼儿内心世界的方法。在心理治疗中运用涂鸦疗法主要对调节幼儿的同伴关系、亲子关系及矫正不良的行为习惯，如攻击性行为等具有明显的诊疗效果。

九、催眠疗法

案例 4-10

理理的烦恼

理理，男孩，6岁，幼儿园大班，智力正常，爱好较为广泛。理理表现为夜间有尿，不能自己醒来，定闹钟也没用。有时父母把他叫醒，反倒又没有尿。有时，一连三四个月几乎每天晚上都要尿床，一段时间又不用起夜，似乎没有规律。从幼儿记事起到现在，一直都是这样。有时候感觉越是阴天越要尿床，每天早上起床时，理理都要摸摸床单是否湿了，害怕自己又把床尿湿。据家长介绍，理理为足月顺产，独生子，身体健康，1岁半会走路，2岁多会说短句，2岁4个月入幼儿园，学习成绩优异，经常参加学校的各种文艺活动，深得老师和父母的喜爱；同伴关系一般，偶尔跟小朋友有吵闹现象，经老师和家长的引导能化解，有5个亲密的朋友；家庭和睦，父母偶尔对其有暴力行为，事后能做反思和交流。

诊断：根据以上资料来看，该幼儿年龄已超过遗尿症的最低年龄标准 5 岁，在晚间睡觉时不能自控排尿，而且遗尿时间也远远超过 3 个月，因此属于遗尿症。由此引发的心理问题表现为由现实因素激发，情绪反应能在理智控制之下，不严重破坏社会功能，对尿床现象有明显的焦虑情绪反应。对求助者的问题从生物学因素、社会性因素、心理因素三个方面进行探索，作出鉴别诊断，确诊为遗尿焦虑，属一般心理问题。

治疗：采用催眠疗法减轻幼儿内心焦虑情绪，从而缓解病症。

催眠疗法(hypnotic therapy)是指用催眠的方法使求治者的意识范围变得极度狭窄，借助暗示性语言，以消除病理心理和躯体障碍的一种心理治疗方法。通过催眠疗法，将人诱导进入一种特殊的意识状态，将治疗者的言语或动作整合进患者的思维和情感中，从而产生治疗效果。催眠可以很好地推动人潜在的能力，现在一些心理疾病就是使用催眠疗法来诊治，如强迫症、忧郁症、坏习惯、情绪问题等。

最早使用催眠术作为一种治疗方法的是 1775 年奥地利的麦斯默(F.A.Messmer)，他用磁铁作为催眠工具，用神秘的动物磁气说(animal magnetism)来解释催眠机理，直到 1841 年英国外科医师詹姆斯・布雷德(James Braid)对催眠现象作了科学的解释，认为是治疗者的所引起的一种被动的类睡眠状态，并将希腊文“hypnos”(即睡眠的意思)一词改为“hypnosis”(催眠)，至今一直沿用这一术语。

催眠的方法可分为直接法(或自然法)和间接法。直接法就是通过简短的言语或轻柔的抚摸，使对方进入类似睡眠的状态。间接法是借助于光亮的小物体或单调低沉的声源，让患者凝视、倾听，或以“催眠物”接触头或四肢，而施治者则在一旁反复暗示患者进入催眠状态。催眠的程度一般分为浅催眠、中度催眠和梦行三级。为了治疗的需要，进入浅催眠即可。此时，可根据患者的病症，用正面而又肯定的语言向他明确指出有关症状定将消失，或进行精神分析，找出其致病的心理根源。治疗后，可及时唤醒患者或暗示患者逐渐醒来。

(一)基本原理

实验发现，催眠时的脑波形态与清醒时的相同，因此，不支持催眠是睡眠的另一种特殊状态的看法。下面是催眠疗法的三种较重要的理论。

1．部分退化(partial regression)理论

催眠使受试者思维退化至某种较幼稚的阶段，失去了正常清醒时所具有的控制，落入一种较原始的思维方式，因而凭冲动行事并进行幻想与幻觉的制作。

2．角色扮演(role playing)理论

角色扮演理论认为是受试者在催眠者的诱导下过度合作地扮演了另一个角色。受试者对角色的期望和情境因素，使他们以高度合作的态度做出了某些动作。但很多学者坚持催眠是意识的另一种状态，而不是角色扮演，因为即使最合作的受试者也不会同意在不给麻醉药的情况下进行手术。

3．意识分离(dissociation in consciousness)理论

希尔加德(Hilgard)根据实验观察，认为催眠将受试者的心理过程分离为两个(或两个以上)同时进行的分流。第一个分流是受试者所经历的意识活动，性质可能是扭曲的；第二个

分流是受试者难于察觉、被隐蔽的意识活动，但其性质是比较真实的，希尔加德称之为“隐蔽观察者”。意识分离是生活中一种经常出现的正常体验。例如，长途驾车的人对路上状况作出了一些反应但多不能回忆，就是由于当时意识明显地分离为驾驭汽车与个人思考两部分了。

人脑内有一个遍布全脑意识的程序“我”，它统合、协调各类意识活动，如意念、幻想、感觉、运动、思考判断(理性)等，并监督记忆储存。许多怪异的精神现象(意识状态)，其实是起因于某些意识活动与“我”的分离。有人能在受催眠者暗示后，意幻剥离并把幻想内容送入感觉区而出现梦境(幻觉)，或感觉剥离而对外界刺激没反应(如催眠止痛)，或运动剥离而使肌肉不听使唤，或理性剥离而完全听从催眠师命令，或意念剥离后不受理性控制直接指挥运动区，而使身体僵直平放于两个椅子上。命令也可在催眠时被植入意念中而在催眠解除后发生作用。其原理是：意念平时听从理性的决定，但在催眠状态中理性剥离，催眠师取代了理性来下达决定，而人在无法依照已被决定好的事件行事，或既定观念被违反时就会觉得不安、难过。催眠的心理治疗功效也是这样来的。

(二)基本步骤

从 1775 年奥地利医生麦斯默首次使用催眠术并运用于医疗到现在，催眠疗法已有 200 多年的历史。像英国医生布雷德(James Braid)、精神分析学创始人弗洛伊德以及苏联生理学家巴甫洛夫等，都对催眠现象进行了大量研究。在催眠状态下，由于人的大脑皮层高度抑制，过去的经验被封锁，对新刺激的鉴别判断力大大降低，从而使当作刺激物而被应用的暗示，具有几乎不可克服的巨大力量。催眠疗法的具体操作方法如下。

1. 催眠治疗前的准备工作

首先，要向求治者说明催眠的性质和要求，把治疗的目的和步骤讲清楚，以取得求治者的同意和充分合作。其次，要测试求治者的受暗示性程度。这两点是保证治疗顺利进行的必备条件，尤其是后者，是决定催眠疗法疗效好坏的关键。受暗示程度低或不受暗示者，一般不宜进行催眠治疗。测试受暗示性高低的方法很多，现介绍如下四种。

1) 测嗅觉

用事先备好的三个装有清水的试管，请求治者分辨哪个装的是清水，哪个装的是淡醋，哪个装的是稀酒精。分辨不出得 0 分，辨别出后两种中的一种得 1 分，辨别出后两种的得 2 分。

2) 测平衡功能

令求治者面墙而立，双目轻闭，平静呼吸两分钟后，施治者用低沉语调缓慢地说：“你是否开始感到有些前后(或左右)摇晃，你要集中注意力，尽力体验我的感觉，是否有点前后(或左右)摇晃。”停顿 30 秒，重复问三次后，要求求治者回答或观察求治者，如未感到摇晃者得 0 分，轻微摇晃者得 1 分，明显摇晃者得 2 分。

3) 测记忆力

令求治者看一幅彩色画，画面画的是一个房间内有一扇窗户，蓝色的窗帘和两把椅子。30 秒后拿走彩色画。问：“房间里有三把还是四把椅子？”“窗帘是什么颜色，浅绿色还是淡紫色？”“房间有两扇还是三扇窗户？”若回答与问话一致，则具暗示性，每一问得 1

分；若回答与画面一致则得 0 分。此项测试的得分为 0～3 分。

4) 测视觉分辨力

在白纸上画两个直径均为 4 厘米、间距为 8 厘米的大圆圈，圆圈中分别写 12 与 14 两个数字。令求治者回答哪个圆圈大。若回答一样大得 0 分，若回答其中之一大者得 1 分。

通过四项测查，求治者可得 0～8 分，分数愈高表示求治者暗示性愈强，被催眠的可能性就愈大。

2. 催眠的方式、方法

诱发催眠的方法各异，命名繁多，至今仍无统一的分类，现根据不同的施术方式、时间和条件，把催眠术的种类划分如下。

按施术者分：①自我催眠，即自己为自己进行催眠的方法；②他人催眠，即由催眠师负责施行的催眠方法。

按暗示条件分：①言语催眠，即运用语言进行暗示的催眠法；②操作催眠，即非言语性的催眠法，它是运用行为、动作、音乐或电流等作为暗示性刺激，达到催眠状态。

按意识状态分：①觉醒时催眠，即在意识清晰时进行暗示性催眠；②睡眠时催眠，即在睡眠状态下进行催眠。

按配合情况分：①合作者催眠，即对自愿或合作者进行催眠；②反抗性催眠，即对不合作者进行催眠。

按进入催眠的速度分：①快速催眠，即在瞬间进行催眠状态的方法；②慢速催眠，即逐渐使受术者进入催眠状态的方法。

按受术的人数分：①个别催眠，即施术者对单一受术者进行催眠；②集体催眠，又称小组催眠，即对一群体同时进行催眠。

按距离分：①近体催眠，即面对面的为受术者催眠；②远离催眠，即施术者与受术者相距甚远进行催眠，如电话催眠、书信催眠和遥控催眠等。

按客观因素分：①自然催眠，即受客观自然条件的影响产生的自然的催眠现象，如汽车驾驶员出现的公路催眠等；②人工催眠，由施术者进行的催眠，即他人催眠。

按催眠程度来分：①深度催眠，即受术者达到深层催眠状态，如呈僵直或梦行状态；②中度催眠，即受术者达到中层催眠状态，如呈无力、迷茫状态；③浅度催眠，即受术者进入浅层催眠状态，如呈宁静、肌肉松弛状态。

按催眠对象和手段分：①人的催眠，即使人进入催眠状态的催眠术；②动物催眠，即使动物进入催眠状态的催眠术；③麻醉药物催眠，即应用麻醉药物，如阿米妥钠、硫喷妥钠等麻醉药物，使人进入催眠状态；④非麻醉药物催眠，即用无麻醉作用的药物作为暗示性刺激，以达到催眠的目的，如使用葡萄糖酸钙等药物。

3. 催眠技巧

催眠疗法能否有效实施，催眠技巧的掌握及科学运用是关键，以下介绍几种常用且行之有效的催眠技巧。

1) 言语暗示加视觉刺激

言语暗示加视觉刺激法又称为凝视法，是让被催眠者聚精会神地凝视近前方的某一物体(一光点或一根棒等)，数分钟后，催眠师便用单调的暗示性语言开始进行暗示："你的眼睛开始疲倦了……你已睁不开眼了，闭上眼吧……你的手、腿也开始放松了……全身都已放松了，眼皮发沉，头脑也开始模糊了……你要睡了……睡吧……"如果求治者受暗示性高，则很快进入催眠状态；如果求治者的眼睛未闭合，应重新暗示，并把凝视物接近求治者的眼睛以加强暗示，使两眼皮变得沉重。

2) 言语暗示加听觉刺激

催眠时，让求治者闭目放松，注意倾听节拍器的单调声或水滴声，几分钟后，再给予类似于上述的言语暗示，同时还可以加上数数，如："一，一股舒服的暖流流遍你全身……，二，你的头脑模糊了……，三，你越来越困倦了……四，……五，……"

3) 言语暗示加皮肤感觉刺激

施治者首先在求治者面前把手洗净、擦干和烤热，然后让求治者闭目放松，用手略微接触求治者皮肤表面，从额部、两颊到双手，按同一方向反复地、缓慢地、均匀地慢慢移动，同时配以与上述类似的言语暗示。有时也可不用言语暗示，仅用诱导按摩。这种按摩还有采取不接触到求治者皮肤的方法，只是用双手的移动而引起温热空气波动，给皮肤温热感而达到诱导性催眠按摩的目的。

4) 药物催眠

某些求治者如果暗示性低、不合作，可使用 2.5%的硫喷妥钠或 5%～10%的阿米妥钠0.5 克，稀释后，进行静脉缓慢注射，在求治者进入半睡眠状态时，再导入催眠状态。

催眠诱导语，是催眠师在诱导受试者进入催眠状态时，对受试者所讲的一些暗示性的话。催眠诱导语的内容虽不一定相同，但基本上必须符合三个原则：①语音平抑；②语意单调；③语句重复。

催眠状态受试者心理特征表现为：①主动性反应降低；②注意层面趋窄化；③旧记忆还原现象；④知觉扭曲与幻觉；⑤暗示接受性提高；⑥催眠中角色扮演；⑦催眠中经验失忆。

【二维码 20】心理治疗法之暗示疗法

(三)评价

催眠疗法是一种非常有效的心理、行为治疗方法。催眠术作为心理治疗的有效方法之一，已在医学临床创造出令人鼓舞的奇迹，受到人们瞩目。许多科学家为探究催眠的实质、阐明治疗作用的机理付出了艰辛的劳动，但都未能揭示现象背后的内在奥秘。一般认为，催眠疗法是通过施术者语言的暗示产生治疗作用的。实践证明，在催眠状态下，暗示语所产生的效应要比清醒时大得多。虽然词语的暗示在清醒状态下也能起一定作用，但是在催眠状态下，由暗示引起的意象会更有威力，作用到潜意识会更强更持久。病人对暗示词会像海绵一样地吸取，并仿佛“溶化到了血液中”而成为自己固有观点的一部分，把那些抑郁、焦虑、厌恶、紧张等有害的负性意念，不愉快的事件和痛苦的经历彻底清除掉，用积极的“正性意念”(如自信、满足、勇气、沉着、胜任、协调、专心、信念等)来调整心理生理活动，改善情绪，增强机体的免疫、生长与修复功能。

催眠能提高人的社会适应性和对应激的应变能力，主要也是通过言语暗示调节情绪，克服不良个性，改善人际交往，使受应激的个体提高分辨和正确处理问题的能力。改变对有害刺激的评价，从而适应社会生活，保持心理平衡。例如，在催眠状态下可用肯定、有力的言语帮助患者分析应激的有害作用，鼓励振作精神，使想象的翅膀飞向舒适愉快的境地，忘掉那些不愉快的遭遇，同时，提出解脱的方法。

尽管如此，催眠疗法不能随便施用，否则其不良影响更为惊人。催眠师能否对受试者予以催眠，取决于三个条件：①受试者的催眠感受性。根据调查，具有催眠感受性的人，约占 25%；能进入深度催眠状态者，约占 10%；大约 10%的人根本就无法施以催眠。由此可见，催眠术并非对所有人普遍有效。②适合于催眠的环境。催眠通常在安静的室内进行，一般采取个别的方式进行，并尽可能减少刺激的程度，如灯光、声音等。③良好的情绪关系。受试者对催眠师的态度，必须无恐惧、无怀疑；催眠师也应该表示出和善悦纳受试者的态度，并使之了解催眠术是一种科学方法，不是神秘的魔术。

(四)适用人群

催眠下的暗示作用能够帮助患者放松情绪，消除紧张和不安，使患者提高对应激因素的认知，学会应付应激的正确方法，使其重新适应社会。因此，对各种神经症、精神病及身心疾病具有良好疗效。此外，催眠疗法还可作为镇痛手段，在“催眠麻醉”下施行外科手术。针对幼儿行为障碍，包括咬指甲、手淫、遗尿、口吃、退缩行为、多动症等问题行为，催眠疗法的治疗效果也是有目共睹的。

知识拓展 4-1

计时隔离——行为矫正的方法

玛丽工作了一天，下班后她去幼儿园接 4 岁的儿子詹森，然后开始准备晚饭。詹森回到家后，感到有些饿了，就对妈妈说：“妈妈，我想要吃冰箱里的蛋糕。”玛丽说：“我们很快就可以吃晚饭了。要不你先喝杯牛奶，吃两块小饼干吧。”说着，妈妈倒了一杯牛奶、拿了两块小饼干给詹森。没想到詹森对妈妈喊道：“我就是不要喝牛奶。”话音刚落，就一把将妈妈放在桌上的牛奶杯推在地上。看到詹森的行为，玛丽真想过去给儿子一巴掌，但她还是控制住了自己的冲动，她转过身，手指着卫生间，对詹森严厉地说：“你把牛奶洒到地上了，到隔离室去！”詹森哭着，自己走到了卫生间。玛丽拿出一个计时器，调到 4 分钟，放在卫生间外面，然后转身回到厨房继续做晚饭。4 分钟后，计时器响了，詹森从卫生间走了出来，他不再哭了，回到桌上拿了两块饼干，走到一边看电视。过了一会儿，他走到厨房对妈妈说：“妈妈，妈妈，罗伯特家养了一条小狗。”

玛丽对詹森用的方法称为“计时隔离”(time-out)，类似于“关禁闭”，就是将出现问题行为的孩子暂时关闭在一个安静的地方几分钟。“计时隔离”是一种非暴力的方法，它的主要作用在于两方面：一方面，它能使父母冷静下来，避免因为情绪的冲动而对孩子实施体罚；另一方面，“计时隔离”对孩子是一种温和的处罚，它使孩子暂时不再得到他人的注意，更无法得到想要的东西。因此，这种方法适用于矫正 3～12 岁儿童的不良行为。“计时隔离”虽然使用简单，但要取得好的教育效果，则必须注意以下几个问题。

首先，“计时隔离”通常主要适用于破坏性的问题行为，例如打架、摔东西、故意损坏玩具、哭闹等。对于轻微的问题行为，例如没有收拾玩具、没有完成作业或家务等，则不适宜采用这种方法。因此，这种方法不能被滥用。

其次，要事先和孩子制定规则，让孩子明白在什么情况下会被“隔离”，同时，将“隔离”的措施也向孩子明确。这样，当孩子受到“隔离”时，就不会因为觉得突然而出现“恐惧”的心理。对于幼儿，一般的“隔离”时间为 3 分钟左右。“隔离室”既要安全，又要枯燥，既不适宜将幼儿隔离在黑暗的房间中，避免造成孩子的心理恐惧，但也不适合将孩子隔离在玩具间里，从而失去“隔离”的意义。一般情况下，卫生间是较常用的“隔离室”。在孩子出现问题行为时，父母可以用简单的语言告诉孩子要被“隔离”，例如，“过去妈妈就告诉过你不许对奶奶吼叫，你刚才对奶奶大声吼叫，现在到隔离间去，3 分钟后才能出来。”

在规则制定之后，对于孩子的问题行为的处理方法要持之以恒。孩子在被要求“隔离”时或被“隔离”期间，有时会哀求父母以免受罚。如果父母态度不坚定，那么就可能使原先所制定的规则失去约束力。最后，在“计时隔离”结束后，父母需要通过询问，让孩子明白自己为何被“隔离”。让孩子意识到自己的问题行为与被“计时隔离”的关联。同时，父母要及时引导孩子的行为，这样，一方面有利于孩子逐渐减少乃至消除问题行为；另一方面有利于逐渐养成良好的行为习惯，这也是儿童问题行为矫正的最终目的。

（资料来源：http://baby.sina.com.cn/eda/08/1212/0857127269.shtml）

本 章 小 结

行为是人类的外部语言，能够在一定程度上反映个体的思想和认知水平。学前儿童的行为表现直接标志着其心理的健康水平。本章首先介绍了行为矫正的发展历史及重要的理论模式，其次阐述了行为矫正的预防及矫正原则，最后针对学前阶段的幼儿出现的问题行为，重点介绍了九种行为矫正的方法，比较有针对性。

思考与练习

1．结合本章的学习内容，谈谈哪些矫正方法对多动症的儿童效果明显？
2．结合自身的体会，分析九种矫正方法的优缺点。

推荐阅读

[1] 杜燕红. 学前儿童心理健康教育[M]. 郑州：大象出版社，2009.

[2] 吕静. 儿童行为矫正[M]. 杭州：浙江教育出版社，2007.

[3] 邹宇华，陶茂萱. 儿童不良行为的预防与矫正[M]. 北京：北京大学医学出版社，2008.

[4] 莫源秋. 幼儿常见心理行为问题: 诊断与教育[M]. 北京: 中国轻工业出版社，2015.

[5] [美] Eva Essa. 王玲艳等，译. 幼儿问题行为的识别与应对(教师篇)[M]. 6 版. 北京：中国轻工业出版社，2011.

[6] 冯夏婷 . 幼儿问题行为的识别与应对(家长篇)[M]. 北京: 中国轻工业出版社，2011.

[7] 董会芹. 学前儿童问题行为与干预[M]. 北京：清华大学出版社，2013.

尽管这些出现在学前儿童身上的问题行为在良好的教育和生活环境中会随着儿童的发育成长而逐渐消失，但在问题出现时给予及时的矫正对于个体未来的健康成长尤为重要。

——题记

第五章　学前儿童问题行为矫正案例应用分析

本章学习内容

- 过分依恋行为的案例分析及矫正。
- 不适当地吸吮手指行为的案例分析及矫正。
- 攻击性行为的案例分析及矫正。
- 社交退缩性行为的案例分析及矫正。
- 遗尿行为的案例分析及矫正。
- 语言障碍行为的案例分析及矫正。
- 手淫行为的案例分析及矫正。

核心概念

多动行为(ADHD)　偏食挑食行为(eclipse eaters behavior)　过分依恋行为(excessive attachment behavior)　吸吮手指行为(finger sucking behavior)　攻击性行为(aggressive behavior)　社交退缩性行为(social withdrawal behavior)　遗尿行为(enuresis behavior)　语言障碍(the language barrier)　手淫行为(masturbation behavior)

彼特和兔子

彼特是一个 3 岁的小男孩，他害怕白鼠、兔子、毛大衣、羽毛、棉花绒、青蛙、鱼以及机器玩具，除此之外，他非常健康活泼。华生建议其同事琼斯(M.Jones)对其进行惧怕的解除条件反射实验。琼斯用了很多方法，包括要彼特观看其他儿童与兔子玩耍。而最精彩的方法如下：彼特被安放在高背椅中坐着并给他吃午后快餐，随后将一个装着白兔的笼子放在和他有一定距离又不干扰他的地方。第二天白兔的笼子又稍靠近些，直到他显示有轻度的不安为止。每日按此处理，一天接一天地照样把兔子放得越来越近。由于实验者小心处理，从未惊扰彼特半分。最后彼特可以用一只手吃东西，同时用另一只手与兔子玩耍。通过相同的方法琼斯也消除了彼特对其他物体的惧怕。

案例分析：彼特存在对特定事物的异常恐惧反应，没有其他智力问题，几个阶段的脱敏治疗后，彼特能够与兔子等动物正常接触。这是琼斯运用系统脱敏疗法治疗幼儿恐惧症的典型案例。本章将陆续介绍九个学前儿童问题行为的典型案例及其矫正方法。

第一节 多动行为的矫正

案例 5-1

屁股上的“刺儿”

小白，6 岁，男孩，上幼儿园大班。据小白母亲介绍，孩子在班里属于“屁股上长刺”的人，根本坐不住。老师开始上课没有几分钟，孩子就开始做小动作、东张西望、挑逗同学，有时候忽然离开座位走到教室另一头。老师布置的家庭作业，孩子在家也是边做边玩，外面一点小动静就要出去看，家长只能坐在旁边监督。作业本子又乱又脏，家长一批评，孩子就把刚写好的一页撕掉，他的作业本明显比别人的薄。对于自己喜欢的动画片能关注一段时间，除此之外，任何事情都不能吸引他稳定的注意力。对待玩具也是时常搞破坏，玩具基本上没有完整的，拆开、乱扔、敲打东西是通常的游戏行为。家长对此很反感与无奈，但对小白的教育均无效，听不进去家长话的他似乎对一切充满兴趣，却又对一切都没有兴趣。

一、案例分析

1．概念

学前儿童多动症也称多动性障碍，是一种常见的儿童行为异常综合征，是智力正常或基本正常的儿童具有与年龄不相符的注意力集中困难、行为冲动性和活动过度的特点，因而学习困难、学习成绩及社会适应能力差。其症状一般在 7 岁前表现出来，8～10 岁为发病高峰期。由于诊断标准不一，各国对多动症的发病率的统计结果差异也较大。美国报道学前儿童的发病率为 20%，而我国的统计结果是不超过 10%，其中男孩多于女孩，男女比例约为 4∶1～9∶1。

多动症可导致幼儿成绩差、适应不良、自我评价低和家庭应激等问题，该病症给幼儿日常生活和社会功能带来的不良后果将远远超出疾病本身。研究显示，大约 70%的多动症患儿的症状会持续到青春期，若症状持续到青少年，则极易发展为品行障碍，如果不及时采取干预措施，有可能发展为反社会人格障碍或出现违法犯罪行为，对患者本人及社会都可能造成较大危害。约有 20%～25%的多动症患者的症状可延续到成人，活动过度的表现可能减轻，但冲动或其他问题行为时有发生。

【二维码 1】多动并非多动症

2．致病原因

多动症的致病原因目前有各种假说，真正病因仍不完全清楚，但多数学者确信多动症是由多种病因引起的。由小白的案例分析，引发其多动的原因存在以下几个方面的可能性。

1) 遗传因素

根据小白的家长反映，小白的爸爸在儿时有过多动的行为表现，随着年龄的增长，多动行为自行消失，但在做事方面容易多变。研究表明，儿童多动症具有家族性倾向，多动症儿童中的父母幼时顽皮多动的人数比率为36.4%，有注意力不集中的人数比率为27.1%。

2) 神经生理学因素

许多研究认为该症可能是由于中枢神经系统成熟延迟或是由于大脑皮质的觉醒不足造成的。多动症幼儿脑电图异常率较对照组高，提示本症具有生物学基础。本案例中的小白并未做过相关检查，因此难以判断在小白身上是否存在神经生理方面的异常。

3) 脑部轻微损伤

虽然多动症幼儿中并不总是存在着脑损伤的确切证据，但有学者认为多动症的原因可能是轻微的脑功能失调，这种失调可能与脑的损害有关。据小白的家长陈述，小白为顺产儿，但在生产过程中，医生为了帮助孩子挣脱母体使用了产钳助产，之后小白的头部出现了很大的水肿，这有可能给小白的脑部造成一定的损伤。在现实生活中，造成脑损伤的可能性极多，如母亲怀孕时受到风疹等病毒的感染；脑部受到严重的撞击；服用过多有害于胎儿脑组织的药物；产钳助产所致的脑损伤；窒息儿、早产儿；幼年时所患的脑炎、脑膜炎、颅脑外伤，以及其他原因造成的脑损伤等，这一切都可能引发幼儿多动。但多数学者认为脑器质性病变并非为本症的主要病因，而可能与脑内神经递质代谢异常，如多巴胺、β烃化酶(DBH)偏低造成去甲肾上腺素减少有关，而多巴胺递质不足又与基因遗传有关。

4) 社会心理因素

社会心理因素对幼儿身心的发展具有巨大的影响，并且在导致学前儿童多动症方面也是重要的影响因素。本案例中的小白可以从以下几方面的社会心理因素分析其多动原因。

(1) 社会环境因素。目前发现几乎一半以上的多动症幼儿血液中含铅量较高。铅进入人体后，可通过血液侵入大脑神经组织，使营养物质和氧气供应不足，从而破坏幼儿大脑的正常兴奋和抑制调节功能，使幼儿产生行为异常和智力发育障碍，临床上则为儿童多动症，产生多动和注意力不集中的表现。目前环境中潜在的铅中毒危险无处不在，如工业社会的环境污染，汽车的汽油燃烧时化合物的铅会挥发成气体进入空气中，被幼儿吸入体内。此外，用含铅的玩具、餐具，使幼儿体内铅蓄量过大，也可能引起本病。

(2) 社会文化因素。有人发现不少多动症患儿的家庭有喜高音调、快节奏和近似噪声音乐的嗜好。当今许多电视、音响节目充斥狂歌劲舞、打斗凶杀场景，对幼儿正在发育的大脑构成超强刺激，极易引起脑功能失调。本案例中的小白对暴力电视比较钟爱，时常自我沉浸在故事情节中难以自拔。

(3) 教育因素。目前公认家庭、学校和社会不良教育因素是幼儿多动症的最重要致病因素。下列四种不良教育方式均可诱发本病。

① 放任型：家庭破裂、父母离异或早丧，子女缺乏教育，放任自流，导致心理变态、行为偏离、社会适应不良，入学后易有多动表现。

② 专制型：家长或教师教育方法不当，在家庭中或学校中经常受到指责、打架，儿童心理压力增加，精神紧张可致多动。老师的歧视、冷漠使儿童产生逆反心理也可致病。

③ 溺爱型：父母对子女过于娇纵溺爱，养成其任性习惯，日后难以适应环境和约束个人行为。

④ 相关型：父母自身行为不端，举止不稳，耳濡目染、潜移默化，诱使儿童多动行为。甚至家长幼年患有多动症，成年后仍冲动任性、脾气暴躁，再把这种素质遗传给子女，故本病有家庭倾向。总之，家庭教育和父母对子女的态度不当、家庭背景不良是多动症致病的重要原因。

根据小白家长的陈述分析，父母对小白的教育风格基本属于溺爱型，家庭核心是小白，全家人都会尽量满足小白的一切要求，逐渐养成了其任性的性格，从不把别人放在眼里，做事情都是从自己的意愿出发，兴趣没了就不再坚持做下去。

【二维码 2】针对“ADHD”与“好动”的区分

3. 临床表现

小白的多动症主要表现为注意力障碍、冲动控制能力差和活动过度三大症状。另外，还有一些其他症状，例如学习成绩低下，感知觉功能异常，品行问题，社交问题，情绪问题等。

1) 注意力障碍

注意力障碍是诊断多动症的核心症状。多动症儿童注意力障碍主要是表现在注意力的集中性、稳定性和选择性等特征上的异常。正常幼儿在不同年龄阶段注意力集中的时间不同，随着年龄增长而逐渐延长。一般来说，2～3 岁时专注时间为 10～12 分钟，5～6 岁为 12～15 分钟，7～10 岁为 20 分钟，10～12 岁为 25 分钟，12 岁以上可以达到 30 分钟以上。注意力缺陷多动障碍的幼儿专注时间短于上述范围，因此，小白很难维持较长时间注意力去从事某一活动，每节课听 5～10 分钟就坚持不下去了，做事情往往有始无终，不能完成成人分配的任务，做自己感兴趣的事情维持的时间可能会长一些。

多动症幼儿从事一项活动时容易分心。因此小白在上课时只要听到教室内有一点儿响动，他的眼睛立即循声而去，窗户外面有人走过，马上转头张望，在家里做作业时，听到楼下小朋友的说话声会马上探头寻找或跑下楼去，具备典型的“蚂蟥听不得水响”的特性。

这种注意力分散性与注意力选择性差有关，不能从同时感觉到的各种刺激中选择性地对某些刺激发生反应而忽视另外一些刺激。由于分心，小白对于完成的工作任务或学习任务总是粗心大意、差错百出，尤其是一些需要有耐心去观察和完成的细节性任务更容易出错，经常丢三落四，把书本、铅笔、文具盒等学习用品或生活用品丢失在家或忘在幼儿园。做作业拖拖拉拉也是最常见的症状，只有 1 个小时的作业，他们一会儿喝水、一会儿上厕所、一会儿玩东西，2～3 个小时也完不成，需要家长在旁边时时督促。

不同个体对不同刺激的敏感性不同。有的幼儿接受视觉刺激不专心，有的幼儿接受听觉刺激不专心，而另外一些幼儿对视觉和听觉刺激均不专心。本案例中小白的多动症更多的是表现为不喜欢看书，阅读时粗心马虎，容易出错，上课听课特别不专心，平常别人对他说话他似听非听，甚至让人觉得他的耳朵有问题。因此，难以服从指令完成任务，甚至要大人不断地发出语言命令时才开始去执行任务。

2) 冲动控制能力差

冲动控制能力差表现为耐心差，不能等待，对挫折的承受能力低。所以，小白常常表现为别人话还没说完，他就抢着回答。在与别人交流时也不把别人的话听完就插嘴，不能耐心地倾听别人说话。在集体游戏或比赛中不能遵照游戏规则，不能等待着按顺序轮流进行，而是插队抢先；经常去干扰其他儿童的活动，与同伴发生冲突，不受人欢迎；平常行为鲁莽，行事不考虑后果，凭一时冲动，把原本美好的愿望变成不好的结果；当他有要求时，必须立即得到满足，不能等待；遇到挫折时不能忍受，出现激烈的情绪波动和冲动行为，甚至常常会动手打人，导致别人受伤害；由于难以接受社会性规矩的约束，经常违反规则规定，受到老师的批评。而且这些错误经常重复发生，难以改正。

3) 活动过度

小白的身体活动明显地比别的幼儿多，精力旺盛，不能安静下来。因此他更喜欢户外活动而不喜欢待在家中，走路时不是“走”而是“跑”，很难“老老实实”地让大人牵着手行走，常从大人手中挣脱出来跑在前面；行走时不是走在路中间，而是在路旁跳来跳去，或是绕着障碍物行走；过马路时不怕危险，快速地奔跑；到需要安静的公共场所也不安静，总是让大人为他绷着一根弦，担心他的安危。

在家里，小白也不能安静地坐下来，常常从一张椅子上跳到另外一张椅子上，站到沙发靠背上，爬到桌子上，家里的弹簧床成了他的“跳床”，家具经常被他弄坏，翻箱倒柜，不能动的东西他要去动，如拨弄电插座、扳倒开水瓶，导致经常受伤，搞的家里人不得安宁。

在幼儿园，小白上课不安静，做小动作，玩玩具、书本，用手去撩拨其他小朋友，弄出噪声；下课后不安静地待在教室里，总是在教室内外与别人追追打打，高声叫喊，严重影响正常秩序。

小动作过多。小白除了上述身体活动增多以外，小动作也明显增多。如坐着时不安静，如“陀螺”一样不断地转动，好像有针刺在屁股上不舒服而扭来扭去；上课和做作业时双手也停不下来，总是玩东西，把书页的边卷来卷去等；有时手中没有东西玩就咬手指和指甲，咬铅笔；上课过程中总是离开座位，一会儿去喝水，一会儿又去上厕所，或者这里摸一摸，那里动一下。

语言过多。小白往往也会表现出语言的增多。平常好争吵，爱插嘴，很难静下来倾听别人的谈话；在课堂上喜欢同旁边的小朋友说话，回答问题时经常会在老师的问题还未说完就抢着回答，以致回答错误；有时也好出风头，经常在课堂上弄出一些噪声或说出一些引起别人好笑的话而吸引别人的注意，搞得全班同学哄堂大笑。

4) 感知觉功能异常

多动症一般没有神经系统的异常，但是部分幼儿存在感知觉功能以及中枢神经生理功能的异常。表现为翻掌等活动不灵活，拿筷子、握笔书写、扣纽扣、系鞋带、做手工操作等动作笨拙，手眼协调性差，视运动功能障碍，视听转换障碍，空间位置障碍，左右分辨困难，眼球轻微震颤，阅读时眼球运动不协调，认字时把偏旁相近的字搞混淆，如 6 与 9，b 与 p 之间区分困难等。小白在这方面没有发现异常。

5) 品行问题

多动症伴有品行问题发生，这与其自身的心理素质因素及外界环境因素有关。因为多动症幼儿的控制能力差，对环境的抑制性信息反应功能低下，难以接受约束和控制，容易违反社会常规。此外，环境对他们往往做出比正常儿童更多的负性反应，而这对患儿发展为品行问题起到推波助澜的作用。本案例中的小白常常有违抗性、攻击性和反社会性行为，如在家违抗父母的命令，故意与父母对着干，在幼儿园不听老师的话，违反纪律。

6) 社交问题

大约一半以上的多动症幼儿有社交问题，正如本案例中的小白一样，他常常在幼儿园、学校很孤独，感到没有朋友。发生这些问题的原因是小白在与小伙伴的交往中常常以自我为中心，对别人发号施令，干扰别人游戏；同时，由于小白缺乏社交技能，不尊敬长辈，不能与小伙伴合作，在游戏时不遵守规则，不能依次轮流等待等社会性问题的存在，常常不受小朋友的欢迎。为此，他总喜欢找和他一样有类似行为的孩子一起玩。

7) 情绪问题

情绪问题在多动症中也比较多见，如小白时常表现为烦躁不安、易激怒、不高兴，遇到不愉快的事不能通过自我调节来缓解自己的不快，而总是发脾气，走极端，甚至出现对抗大人、攻击他人的行为。

【二维码 3】幼儿情绪疗法

二、案例矫正方法

1. 心理测验与诊断

目前，对于多动症还缺乏一种特异的诊断方法，因为幼儿焦虑症、精神发育迟滞、癫痫、器质性脑综合症等疾病也有类似多动症的症状，甚至有的教师、家长把幼儿正常的活泼好动也认为是多动症。因此，家长、教师若发现幼儿具有类似多动症的症状，应送幼儿到精神科确诊，对症治疗。

本案例中小白多动症的确诊是由老师、家长、医生共同对其行为各方面的表现进行评分诊断，辅助必要的实验室检查进行的。主要采用以下检查方法。

(1) 详细填写多动症病历卡，记录病史。

(2) 体检，检查神经系统软体征及躯体小的畸形。

(3) 由家长根据诊断量表进行评分。

(4) 由老师根据诊断量表进行评分。

(5) 对其进行多动症的心理测试。

(6) 有选择地进行智能测验。

2. 行为矫正

目前，我国针对多动症的治疗多以行为矫正疗法为主，同时根据多动症的严重程度配以药物治疗。行为矫正疗法的重点在于培养和发展其自制力、注意力，主要训练幼儿采用较好的认知活动改善注意力，克服分心；其次是通过一定程度的训练，减少幼儿的过多活动和不良行为。针对小白的多动症表现，采取矫正的具体方法如下。

1) 正强化法

正强化法的目的是通过奖赏、鼓励等方式使某种行为得以持续。在应用正强化法前要确定希望小白改变什么行为，即确定靶行为，以及确定这种行为的直接后果是什么；设计新的行为结果以取代原来的行为结果；同时对小白出现适宜的行为时，立即给予正强化，例如奖赏、鼓励等。奖赏在小白行为治疗中占有很重要的地位。当小白出现符合规定和要求的良好行为时，立即给予奖赏，使其感到愉快和满足，从而形成良好的习惯。或者通过塑造培养和增加某种新的行为，例如当小白完成规定行为时，就予以奖励，持之以恒，以促进其注意力的发展。可与自我控制法一起应用，指导小白用自我监督、自我强化等方法学会控制自己的行为。小白每天将自己的行为做记录，1 周后进行比较，比较不适宜行为出现的次数，行为有进步则给予奖赏。奖赏包括初级奖赏、活动奖赏、社会奖赏，目的是促使小白自愿地、主动地去学习重复某些良好行为。鼓励的种类一般以精神或语言刺激为主，随时可以进行。

2) 惩罚法

惩罚法是为了减少或消除小白的某些不良行为而采取惩罚措施。一般可采用暂时隔离法，使他明白不良行为，从而消除不良行为，但惩罚不宜采取恐吓、打骂等粗暴方式，以免造成其逆反心理。

3) 消退法

消退法可以减少或消除小白不良行为发生的次数。治疗前首先要了解何种因素对小白的不良行为起了强化作用，找到强化因素后，对其进行消退。例如，当小白发脾气时，可能会因父母的过分关注而强化，并反复发生，若父母采取不理睬的态度来对待，其发脾气行为可能逐渐消退。

4) 代币法

代币法是通过对小白良好行为出现次数的统计，给小白以一定的奖励。例如，当小白出现注意力超过 5 分钟做作业时，代币一次，当小白不以发脾气的方式获得玩具等物质时，代币一次等，家长或教师可以将代币行为列成表，让他自己明确目标行为有哪些，最终可以用这些代币获得自己想要的奖励。

第二节　偏食、挑食行为的矫正

案例 5-2

挑食的“馋猫”

小勇，5 岁，男孩。全家人高高兴兴地坐在餐桌旁准备吃饭。妈妈今天做了清蒸昌鱼、冰糖肘子、炒苦瓜、紫菜汤。小勇坐上椅子一见冰糖肘子，就高兴地喊道：“嘿！真棒。今天有我喜欢的冰糖肘子。”于是，马上动手将盛冰糖肘子的盘子拉到了自己前面，拿起筷子一心一意地向冰糖肘子“进攻”。妈妈劝小勇多吃一点儿苦瓜，说苦瓜清火，小勇听也不听。有时家长强行要求小勇吃青菜，小勇会对桌面上的青菜产生呕吐的反应。因此，当看到小勇只吃肉不吃其他食物的挑食样儿，妈妈在一旁直摇头。

一、案例分析

1. 概念

幼儿偏食、挑食行为是指幼儿对饮食挑剔或仅吃几种自己喜欢或习惯的食物。偏食是一种带有普遍性的问题行为。据有关资料显示，城市幼儿有偏食行为的占 25%～50%，农村幼儿稍微好些，但也要占到 10%左右。3 岁以上的幼儿偏食的较多，主要是由于这个时期幼儿的味觉开始分化，对经常吃的一些食物有特殊偏好，而对不经常吃的食物或者为了身体发育添加的食物缺少经验，因而产生了拒绝接受的心理。偏食、挑食是一种不好的饮食习惯，不利于营养的摄入，会造成体重下降、面黄肌瘦、皮肤干燥，甚至出现贫血、低血糖、体温下降、脉搏缓慢、血压下降、营养不良的情况。

1 岁以后幼儿的饮食逐步向成人化过渡，营养素主要来源于食物，而不再是母乳或其他代乳品了。学前期是幼儿饮食习惯养成的重要阶段，正确的饮食习惯以及对食物的态度能保证成长阶段健康的成长发育，并有助于成年以后拥有健康的饮食习惯。人体健康需要五大类营养素：蛋白质，脂肪，碳水化合物，维生素和矿物质。各种营养素在体内既互相配合，又互相制约和互相转换，形成一种平衡制约的关系，共同维持着人体的健康。任何一种天然食物都不能提供人体所需的所有营养素。因此，偏食挑食对幼儿的成长发育极为不利，长期下去将导致某些营养摄入不足或过量。学前期常见的营养缺乏疾病有佝偻病(钙及维生素 D 缺乏)、缺铁性贫血、缺锌症和夜盲症(维生素 A 缺乏)等，会使成长发育迟缓、体重不增长、抵抗力差、情感和智力发育受到损害。近年来研究发现，缺铁的儿童注意力不集中，分析综合推理能力降低，因而智商也偏低；患有多动症的幼儿与机体内缺乏必需的脂肪酸、磷脂、B 族维生素等营养素密切相关。

另外，偏食挑食的习惯会影响幼儿的消化吸收能力。在挑选食物的过程中，会出现一种抑制食欲和消化液分泌的条件反射。凡是有挑食习惯的儿童，一般都不可能保持良好的食欲和最佳进食状态。

2. 致病原因

本案例中的小勇表现为典型的挑食行为，根据家长的陈述，具体分析其具有以下几方面的致病原因。

1) 家庭环境

偏食的致病原因很复杂，研究发现，幼儿偏食、厌食常出现在以下家庭：独生子女家庭；过分关注孩子饮食和体重的家庭；家长与孩子关系过于依赖和亲密的家庭；家长对孩子期望值过高的家庭。而小勇的家庭恰恰属于独生子女家庭，421 的家庭结构使小勇成了家庭核心体。小勇从小就受到家庭成员的过分关注，尤其在吃饭时，家长常常是用恳求的口吻说："好孩子，再吃点吧。"这就养成了小勇吃饭时的心不在焉、挑挑拣拣的习惯。

2) 父母偏食及辅食添加情况

婴儿的味觉发展有敏感期，时间大约在出生后 2～7 个月。儿童对食物的接受类型是从其接受的食物刺激中获得的。母亲的乳汁所具有的味道与母亲的进食有关，是婴儿潜在的各种化学物质感受的来源，因此，如果母亲偏食，乳汁中就缺乏相应食物的味道，婴儿在味觉敏感期失去对此食物味道的适应，就会影响婴儿对此食物的接受偏爱性，从而导致婴儿期辅食添加困难，在幼儿期表现为偏食、挑食、厌食。小勇的妈妈在怀小勇时存在挑食现象，这可能是造成小勇日后挑食的一个原因。

3) 不良的饮食习惯

小勇的家庭习惯是边吃饭边看电视，这使小勇在吃饭时分散注意力，不能专心。另外，家长还盯着小勇吃饭恐怕他吃不饱、吃不好，慢慢地小勇就把进食当作威胁大人的一种手段，用吃饭慢来换取大人对他的关注，久而久之形成家长越着急让他吃，他越是不好好吃的习惯。

3. 临床表现

小勇的偏食行为明显表现出在进餐时的抗拒反应，如拒绝吃某类食物，强迫进食时会有情绪抵抗、呕吐等表现，有时出现明显的食量减少、进餐速度很慢、拖延时间等现象。

【二维码 4】幼儿偏食、挑食的危害

二、案例矫正方法

针对小勇的偏食、挑食行为一般采用正强化法进行矫正，效果较好。具体矫正方案如下。

1. 明确目标行为

治疗者首先通过向小勇的家长调查和实地观察，全面了解其偏食行为的具体情况。例如偏食的反应方式、反应特征以及反应程度；偏食的种类以及对偏食种类中常见的几种食物的偏食程度；偏食行为与周围环境的关系，成人在与不在的情况如何，单独用餐和群体用餐反应如何，喂食与自己进餐表现如何，在幼儿园与在家里偏食行为又有何不同等。

然后，治疗者可选择一个或两个最能反映小勇偏食情况的特征作为矫正指标，并依此明确想要完成的具体矫正目标，即目标行为。例如，小勇的偏食行为反应最强烈的特征是情绪，他只要一看到菜盘里有蔬菜，便会翻胃，甚至呕吐。因此，治疗者便可把目标行为定为："使小勇在一学期时间内，能平静地面对菜盘中的蔬菜，并食用1～2种蔬菜。"

2. 定出目标行为的基线

抓住小勇偏食行为的外在主要特征，也就较易能选择到简便、相宜的基线测定方法。例如，以小勇的情绪特征为主的偏食行为，显然以质量评定法较为适宜，能较客观地定出目标行为的基线，作为矫正的起点。

3. 选择正强化物

要选择正强化物，即有效强化物，必须先了解小勇对各种强化物的喜爱程度。通常治疗者可通过"强化物调查表"来达到这一目的。强化物调查表是一份问卷，它可以依据对小勇的了解，设计其感兴趣的有效强化物，并根据不同的分类，分别列出，供小勇口头选择，并按非常喜欢、无所谓、非常不喜欢三个等级说出自己对每项强化物的喜爱程度，从而根据小勇的选择结果，帮助他找到矫正中既有效又可行的强化物。见表5-1。

表5-1　幼儿强化物调查表

指导语：小朋友，请说出你对下列物品和活动是非常喜欢，无所谓，还是非常不喜欢（教师根据幼儿回答，划分相应等级）
1. 消费强化物。你喜欢下列食品吗？ ①雪糕；②糖果；③水果；④饼干；⑤牛奶；⑥汽水；⑦巧克力；⑧其他你非常喜欢的食品 2. 活动强化物。你喜欢下列活动吗？ ①看电视；②看小人书；③手工制作；④整理东西；⑤凝视窗外；⑥外出散步；⑦过生日；⑧其他你喜欢的活动 3. 操作性强化物。你喜欢下列游戏吗？ ①唱歌；②跳舞；③骑小车；④涂颜色；⑤跳绳；⑥玩球；⑦画画；⑧其他你非常喜欢的游戏 4. 拥有性强化物。你喜欢拥有下列东西吗？ ①布娃娃；②玩具手枪；③玩具汽车；④大气球；⑤彩色笔；⑥小红旗；⑦纸花；⑧其他 5. 社会性强化物。你喜欢教师对你怎样？ ①说你长得漂亮；②说你聪明；③说你听话；④对你微笑；⑤拥抱你；⑥同你说话；⑦给你讲故事；⑧其他

当治疗者还不能确信某种特定项目是否起真正强化作用时，可以进行一下验证测验。只需挑选小勇偶尔出现的一种行为，在其后将这个项目呈现若干次，若小勇开始经常地出现该行为，那么治疗者所选项目确实是有效的强化物；如果行为没有增加，那么就不是有效的强化物。

4. 确定合作人选

小勇为大班幼儿，因此可以由幼儿园的两位教师实施矫正计划。首先教师应领悟矫正计划，共同参与矫正工作，以求教育的一致性；其次，小勇的家长也应是矫治工作的合作者，若家庭能同幼儿园同步，那么矫治的效果会更佳。

5. 决定具体的实施程序

矫正开始时，教师把计划告诉小勇。教师应让小勇懂得偏食是个不好的习惯，一个好孩子要有勇气在教师的帮助下逐步克服这一缺点；应让小勇了解矫正计划的有关内容和要求，特别要讲清楚在何种情况下可以得到强化物这一点，以激发小勇克服偏食行为的自觉性，更好地同教师积极配合。

适时、适度地施加正强化。当小勇偏食行为有意或无意地在强度上有所减弱时，哪怕是点滴的进步，教师都应立即给予正强化，让其及时得到一种已经选择的有效强化物，以产生一种满意、愉悦的情绪体验。实施正强化时，教师要向小勇讲清所强化的具体行为。例如，当小勇能吃下一块青菜，教师就应在给予正强化时说："今天，你能把青菜吃下去了，真好！"而且，教师还应同时辅以肯定的表情，如微笑或点点头等。给予正强化应有序有节，时间上应先短后长，次数上应先多后少。最初，小勇只要比基线测定的情况略好一点儿，就可即刻给予强化。例如，原来当他只要一看到盘中有蔬菜，便会有呕吐反应，若现在他能在教师的指导下，抑制此反应，虽然他还没吃蔬菜，但能正视蔬菜，并把其他饭菜吃了，那就可给予正强化，甚至能吃两三口便可给予一次正强化。巩固一段时间后，则要逐步提高要求。例如，当小勇要正视蔬菜并把其他饭菜吃完或能吃一点儿蔬菜时，才给予强化。如此巩固提高，循序渐进，逐步导向行为目标。当然，也应允许小勇在矫正过程中有反复。例如，当他刚开始吃一点儿蔬菜，接下来又不肯吃时。这时，教师要有耐心，或回到前一阶段重新来，或按照原先排定的强化物等级，给予高一等级的强化物，以诱导小勇克服障碍，继续向前。

逐渐脱离强化程序。当小勇达到期望目标时，即在强化物出现10次左右时，其行为的出现率是令人满意的，教师应该逐步引导小勇脱离强化程序，逐步减少强化次数，逐步降低强化物等级，并逐步消除具体强化物，而使用社会性强化物代替，也可寻找环境中的其他自然强化物来继续维持所需的行为，直至在自然状态下行为得到改善。

6. 加强认识教育

此外，要对小勇重点进行食品营养教育，告诉他食物对人体的作用，偏食对人体健康的危害以及可能会带来的具体后果。例如，可以帮助小勇认识常见的蔬菜，了解蔬菜中有哪些对人体健康有益的成分，甚至可以从色、香、味的角度来分析人为什么喜欢食用蔬菜；反之，也应告诉他，如果长时间不食用蔬菜，将会给人的健康带来怎样的不良后果。

7. 做好观察、记录和评定工作

教师要事先选定与基线测定相一致的记录方式，设计适当的数据表，决定怎样记录。针对小勇偏食行为的观察、记录一般在午餐时间进行，基线阶段要连续观察一周，矫正阶段可隔天进行，追踪阶段则可一周一次。参与矫正的合作者还应备有工作手册，及时记录能反映小勇偏食行为和认识变化的情况以及正强化物的即时效应，以便教师定期综合所有资料，进行分析、比较、评价，以确定矫正措施的有效性和方案的可行性。否则，应及时修正方案，作出调整。

8. 注意事项

要防止小勇生厌。小勇由于在矫正期间会得到强化物，这就有可能出现生厌现象，即当他体验到该强化物已达到饱和的程度，不再起强化的作用。因此，为了延迟或避免生厌现象的发生，教师必须在每次强化时间内只给少量强化物，当然这“少量”是因人而异的，以能导致目标行为增加为标准。

要防止正强化误用。应用正强化法主要是要让小勇的行为产生所需要的变化，如果使用不当，也会造成不良的后果。例如，当小勇在进餐时拒食，家长为了让他进食，就一边给他讲故事，一边喂他吃饭，这样久而久之，就可能产生家长不讲故事、不喂食，他就不吃饭的现象，其实质是强化了不良行为，使不合需要的行为出现频率升高。

要防止急躁。一旦目标行为明确后，教师在矫正过程中，还可把它分解为若干个小目标，循序渐进，逐步达到最终目的。例如，针对小勇不爱吃蔬菜的行为，矫正目标是要让其能食用 1～2 种蔬菜，但一开始，教师不宜就以此为该不该强化的标准，而应把它分解为见到蔬菜不再恶心，把它放在菜盘里不再影响他进食等，每达到一步，都要给予正强化物，从而导向目标行为的实现。

【二维码 5】气质与行为的密切关系折射出研究气质与饮食行为关系的重要性

第三节　过分依恋行为的矫正

案例 5-3

爸爸妈妈的“影子”

莹莹，4 岁半，女孩。莹莹的母亲非常烦恼，因为她的女儿莹莹每天都缠着爸爸妈妈，怎么都不愿意离开父母，连幼儿园也不去了。这位母亲回忆自己女儿 3 岁时第一天上幼儿园的情景，说女儿一进幼儿园的大门就号啕大哭，哭得上气不接下气。有丰富育儿经验的老园长安慰她说：“别担心，谁家的孩子第一天到幼儿园会不哭？”下午，忐忑不安的夫妻俩赶到幼儿园来接孩子，教师说：“你家姑娘真厉害，哭了一天，嗓子都哑了。”莹莹见到父母，又是一阵伤心，但回家路上就有说有笑了。第二天早上，莹莹一看还要去幼儿园，又开始放声痛哭。见到园长后，园长说：“有的孩子可能会哭一个星期，一个星期以后就好了。”没想到莹莹被送到幼儿园两个星期，一直哭了两个星期，连园长都说：“我从来没见过这么倔的丫头！”莹莹后来就一直是这样一种表现，在家很快乐，玩得也很疯，但一说要和父母分开，马上就大哭不止，后来幼儿园几乎不去了。而在为数不多的送到幼儿园的日子里，每次父母在幼儿园门口和莹莹道别时，莹莹的表情被幼儿园园长用了四个字来描述：“生离死别。”

一、案例分析

1. 概念

分离性焦虑障碍是指幼儿与他所依恋的对象分离时产生的过度焦虑情绪，依恋对象多是幼儿的母亲，也可是祖父母等其他抚养者或照管者。幼儿分离性焦虑障碍也叫作离别焦虑，是指发生在 6 岁之前，与所依恋的人离别时所产生的过度的、反复发作的苦恼和焦虑。这种心理障碍在学前期比较常见，发病率约为 10%，女孩多见于男孩。

焦虑是人的基本情绪。婴儿在 6 个月左右时所表现出来的“认生”现象，其实就是对于自己不熟悉的人所产生的一种焦虑情绪。幼儿刚进入幼儿园时连续多天的哭闹，也是分离焦虑的表现。这种焦虑是正常的，而且大多数幼儿可以克服。但是有些幼儿的分离焦虑明显超过正常孩子的水平，这些幼儿与亲人分离时表现出来的焦虑强度大、时间长，他们经常毫无根据地担心家人或者自己在分离的时间里发生意外。这种焦虑现象会严重影响幼儿的心理发展。

焦虑会引起幼儿生理上的应激反应，长时间焦虑容易使幼儿抵抗力下降。刚入园的幼儿很容易感冒、发烧、肚子疼等。幼儿整日缠住父母，不断地要父母注意自己，有时担心父母发生意外，或担心意外灾难会使自己与父母失散，害怕自己离开父母会被拐走，幼儿因而不愿上学或入托，到校或入托后哭闹，不主动与其他小朋友交往，甚至表现出头痛、腹痛、恶心等躯体症状，病状可持续数年。

【二维码 6】安全的依恋与儿童社会性发展

2. 致病原因

本案例中的莹莹表现为典型的过分依恋行为，根据家长的陈述，具体分析其具有以下几方面的致病原因。

1) 遗传因素

患有焦虑症的父母所生的子女患焦虑症的比例比未患焦虑症的父母所生的子女高；家庭中有焦虑症病史，也会对后代产生一定的影响。有焦虑症病史家庭的父母应对幼儿密切观察，及早预防。莹莹的母亲属于焦虑型人格素质，因此，在某种程度上遗传给了莹莹。

2) 教育因素

父母不恰当的教养方式是幼儿产生分离性焦虑障碍的最主要因素。家长关心孩子是可以理解的，但是做父母的为了孩子而舍弃自己的一切，对孩子过分宠爱，生怕孩子受委屈，久而久之，孩子就会对父母产生强烈的依赖心理。莹莹长期生活在有父母关注的环境中，一旦离开父母或者看不到父母，就会感觉到强烈的不适应，面对陌生人就会特别困难。因此，作为家长应该为孩子提供一个温暖、舒适的家庭环境，但是又要避免过分关心导致孩子的心理异常。莹莹的父母平时过分关心和爱护莹莹，不给她提供锻炼的机会，使其成为温室里的花朵，不能见到一点儿风雨，独立性的培养也就无从谈起，从而使莹莹产生分离焦虑障碍。

3) 心理因素

幼年时期遭受精神创伤，导致深刻的情感体验也是常见的致病因素。莹莹的分离性焦虑障碍除在不良教养方式下慢慢形成外，还有急性发病的可能。急性发病通常出现在幼儿面对较大心理压力的情况下，例如，莹莹在妈妈生病等情况下发生。分离性焦虑障碍作为幼儿对生活压力和变化的应对方式之一，其症状会发生波动。

4) 生理因素

除以上致病因素外，生理方面的不适也会导致病症的产生。例如，当莹莹处于躯体疾病或过度紧张疲劳时，分离焦虑的表现更为严重。

3．临床表现

莹莹的分离性焦虑主要表现如下。

(1) 没有依恋对象的陪同绝不外出，宁愿待在家里；因不愿离开依恋对象而不想上学或拒绝上学。

(2) 没有依恋对象在身边时不愿意或拒绝上床就寝；单独入睡后反复做噩梦，内容与离别有关，以致夜间多次惊醒。

(3) 与依恋对象分离前过分担心，分离时或分离后出现过度的情绪反应，如烦躁不安、哭喊、发脾气、痛苦、淡漠或社会性退缩。

(4) 与依恋对象分离时反复出现头痛、恶心、呕吐等躯体症状，但无相应躯体疾病。也可表现为烦躁不安、哭喊、发脾气、痛苦、淡漠或社会性退缩。

(5) 有自主神经系统功能紊乱的症状，如心慌、胸闷、尿频、尿急等，易出现食欲减退，胃肠功能紊乱，或呈营养不良容貌，夜间入睡困难，夜眠不安，注意力不集中，学习成绩偏差，有时演化为学校恐惧症。

【二维码 7】幼儿的依恋行为

二、案例矫正方法

1．心理测验与诊断

在美国精神学会出版的精神疾病诊断统计手册第 4 版中，分离性焦虑症的标准如下(≥3

个以上可以确诊为分离性焦虑症)。

(1) 离开家或亲近的人出现过分的痛苦。

(2) 持久和过分地忧虑失去亲近的人，或灾祸可能降临于亲近的人。

(3) 持久和过分地忧虑不祥的事导致与亲近的人分离。

(4) 由于害怕分离，出现持久的拒绝上学或去其他地方。

(5) 没有亲近的人陪伴，或在其他情境中没有成人陪伴，经常过分害怕，或不愿独自一人。

(6) 没有亲近人的陪伴，常拒绝上床睡觉，或不愿离家睡觉。

(7) 因害怕分离而出现反复的梦魇。

(8) 当与亲近的人分离时有反复的躯体症状，如头痛、胃痛、恶心呕吐等。

据莹莹的家长叙述，莹莹已经具有上述八项表现中的三项表现(1、4、6 项)。此外，经医学检查未发现异常病症，排除神经系统器质性改变引起的精神症状。因此，对莹莹的诊断包括以下几个方面。

(1) 病情至少 4 周。

(2) 疾病发生在 18 岁之前。

(3) 症状明显影响社会交往、学习或其他重要的功能。

(4) 该疾病排除广泛性发育障碍、精神分裂症或其他神经症。

2. 行为矫正

根据莹莹发病的有关因素和症状特征分析，可采取以下方法进行矫正和治疗。

1) 减少刺激

显然，精神应激与焦虑状态的形成有密切的关系。因此，只要有可能就应该采取措施减少或缓解对莹莹的不良刺激。如尽量不要发生引发其强烈情绪反应的事件。

2) 行为治疗

行为治疗经常采用的是系统脱敏疗法，通过各种形式的松弛训练，减轻莹莹对分离事件的焦虑(具体步骤参见第四章)。

3) 个别指导

尽量给莹莹机会，让她理解这种反应的原因和机制，并指导其掌握对付焦虑的方法，如松弛疗法等。同时家长和教师应该耐心教育引导，帮助莹莹克制情绪上的障碍，形成勇敢坚强的健全性格。可以鼓励莹莹适当地参加体育锻炼及户外活动，积极参加集体活动，从而稳定其情绪，增进交往，使她能够更好地适应环境。此外，家长要注意将莹莹的生活内容安排得丰富多彩，生活要规律。

4) 父母咨询

莹莹的家长要学会正确教育孩子，改善家庭环境，以减少对孩子心理上不良的影响。治疗者要帮助和支持莹莹的父母，减少他们对莹莹心理行为的过分介入和彼此的过分依赖行为。规劝父母允许莹莹更加独立自主是治疗成功的一个重要环节。焦虑情绪可以传播，因此对有焦虑个性倾向的母亲，要进行心理干预，帮助其认识本身的个性弱点及对莹莹的不良影响。

5) 家庭治疗

临床上发现许多住院治愈的情绪障碍儿童回家后不久又复发；在家庭环境中焦虑不安

的儿童到医院环境中很快就改变过来。莹莹是家庭系统中的主要成员，甚至是家庭的核心，因此，改变整个家庭环境及教育观念是治疗莹莹焦虑症的关键。

第四节 手指行为的矫正

案例 5-4

手指头的诱惑

东东，男孩，4 岁，幼儿园中班。东东出生时，因其母乳不足由人工喂养，18 个月后就由奶奶抚养，父母每星期只到奶奶家看望他一次。2 岁时，东东曾患支气管性肺炎，住院半个月，以后经常是感冒、咳嗽，有过敏性鼻炎。东东性格内向、胆小、怕孤独，尤其受到成人指责时表现紧张。东东的问题行为起源于周岁时期，先是吃衣角、咬被角，后经其奶奶阻止，虽不再吃衣角，却产生了吸吮手指、咬指甲、手指的行为。

一、案例分析

1. 概念

吸吮手指是学前儿童发病率较高的一种心理运动功能障碍。美国一位心理学家调查表明，在 6～12 岁的儿童中，“经常”和“几乎整天”吸吮手指的发病率为 12%。1 周岁内的婴儿常在饥饿时吮吸手指或以吮吸手指自娱，是一种自慰表现，90%以上的婴儿吮吸过自己的手指。若偶尔发生，对身体无明显影响，但如果手指不卫生则易引起肠道疾病。一般此现象随着年龄增长会自行消失，若持续过久而不改变这一习惯则属于不良行为，称为吮指症。若以吮吸拇指为主，则称吮拇症。

奥地利著名心理学家、精神分析学派的创始人弗洛伊德认为，一个人的成长过程按照心理需要的满足方式，可以分为口唇期、肛门期、生殖器期和生殖欲期。儿童从出生到成年就是按照这一顺序来完成其人格的历程。在口唇期，婴儿通过吮吸和啃咬得到快乐。婴儿口含母亲的乳头吮吸乳汁，不仅是解除饥饿获得生理上满足的过程，更是心理方面的快乐体验过程。如果在口唇期婴儿没有得到心理上的充分满足，就会把吮吸手指当作代替。因此，我们看到婴儿在吮吸手指时会显得十分满足，情绪非常愉快。大多数婴儿随着年龄的增长，接触事物越来越多，吮吸手指的现象就会减少乃至逐渐消失。有统计表明，90%的正常婴儿都有吸吮手指的行为，特别是在婴儿长牙的时候，这是正常现象。一般说来，幼儿到了 2～3 岁以后，这种吸吮手指的现象就会自然消失。但是如果两三岁以后仍有吮吸手指的现象，并且形成习惯，那就应该被视为不良行为，必须要设法予以纠正了。

长期吮吸某一手指可造成局部软组织增生、糜烂或畸形。婴幼儿出恒牙之后仍经常吮吸手指，可导致下颌发育不良、牙列不整、咬合不正等，从而妨碍咀嚼。此行为若受到家长的训斥或小朋友的讥笑，可使幼儿产生焦虑、紧张、抑郁等情绪问题。这类幼儿除吮吸手指外，还伴有咬衣角、手绢、玩具或搓鼻子、扯头发等动作，也可伴有其他问题行为，如不爱说话、不愿意同小朋友玩等。

2. 致病原因

频繁吮吸手指常由不良环境或不良教育方法所致，如喂养不当、孤独、苦闷、恐惧、嫉妒、疲劳或受到成人惩罚时，婴幼儿常以吮吸手指自我安慰，长此以往则会形成习惯。吮吸手指也与性格特点，如内向、焦虑素质等因素有关。本案例中的东东表现为过度吸吮手指的行为，据家长的陈述，可以分析其存在以下几方面的致病因素。

1) 喂养方式不当，造成情感饥饿

东东妈妈生了东东以后，母乳一直不足，因此很早就用奶粉代替母乳。东东经常半夜饿得直哭，妈妈就把奶瓶上的奶嘴洞扎得大一些，好快点儿喂饱他，以免影响睡眠。东东没吃几口就饱了，可是虽然肚子饱了，但心理上仍然没有满足，婴儿期吮吸的欲望没有得到充分满足，就在稍大一些后便以吮吸手指作为补偿，这样就逐渐养成了吮吸手指的不良习惯。

还有一种因素，儿童在口的敏感期，会把手和各种能拿到的物品放入嘴中，以此来感觉世界，具有学习的作用，但家长都因怕脏而阻止这一行为，使得口的敏感期没有顺利渡过，之后便会用严重的吸吮手指作为补偿。

2) 缺乏关爱

东东父母工作忙，一直把孩子交给老人抚养，与东东之间缺少必要的亲子联结，使孩子严重缺乏来自父母的关怀与爱。此外，家长对幼儿要求过于严厉、家庭成员关系紧张等原因会使幼儿得不到充分的爱抚和关注，都会导致养成吸吮手指的习惯。

3) 缺少同龄伙伴

现在的孩子大多数都是独生子女，住在单元式的房子里，和同龄伙伴交往的机会很少，经常一个人在家里看电视、玩玩具，当感到孤独、无聊时，就不自觉地去吸吮手指，久而久之便养成了习惯。东东奶奶把东东视作掌上明珠，疼爱有加，这是毋庸置疑的。可是东东奶奶经常把东东带到一群老太太中间，边和老姐妹们聊天，边照看孩子。两岁多的孩子其实并不喜欢与老人们在一起，他们更愿意和别的同龄伙伴或者稍大一些的孩子们一起玩。像东东一见到稍大一些的孩子，就会乐颠颠地跑上前去，边跑边喊“哥哥、哥哥”。可东东奶奶总是说“哥哥要上幼儿园”，或者是“姐姐要去上学”，不让东东跟去。后来就经常看到这样的画面：东东奶奶与一群老人围坐在一起谈笑风生，东东蹲在一旁独自玩耍。一到冬天，东东奶奶怕东东感冒，很少带他下楼，东东就更加感到无聊了。

不少专家认为，幼儿吮吸手指的主要原因是周围环境太单调，没有玩具，没有同龄伙伴。尤其现在的幼儿大多是独生子女，每天独自一个人玩玩具、看电视，当幼儿感到孤独、乏味、无聊的时候，就会不自觉地去吮吸手指。有时候孩子虽然有成人陪伴，但是成人对孩子的关心往往更多地从饮食、起居等方面考虑。如果孩子吃饱了、穿暖了，成人就会觉得万事大吉，就不再为孩子操心，让孩子自己去玩。这样的陪伴方式，肯定比不上与同龄伙伴间的交往对其发展有利。

4) 对幼儿园新环境适应困难

当幼儿到一个新环境中感到不适应，长期处在紧张焦虑的状态下，也容易产生吸吮手指的习惯。吮吸手指能缓解幼儿的心理压力，只要手里没东西，嘴里没东西，就开始吮吸手指、啃指甲。有的幼儿在入睡时嘴里也要含着手指。一般来说，幼儿往往是固定地吮吸或者啃某一手指，长期吮吸和啃咬，导致手指受到口水浸泡而浮肿，并且会产生面额变形、牙齿排列不整齐、牙齿闭合不良等问题。如果不勤于洗手，把带有细菌、病毒的手指放进嘴里吮吸、啃咬，还会引起消化道疾病。

东东从熟悉的家庭环境直接来到陌生的幼儿园环境，适应是需要一段时间的。如今很多幼儿都是家庭中的独生子女，得到了家庭中所有成员的宠爱，因此，经常是“唯我独尊”。东东到了幼儿园，别的小朋友在家里也都是“小太阳”“小公主”，根本不会互相谦让，加上幼儿园老师同时要照看许多孩子，对于幼儿中间发生的矛盾和纠纷，可能一时也照顾不过来。因此，会造成东东对幼儿园的抵触情绪，从而产生适应困难现象。

【二维码 8】促进幼儿主动适应幼儿园环境

5) 回避困难、问题

幼儿的各种能力还处于一个初创但不断健全的关键期，外界的一切事物对幼儿来说都是新鲜和颇具吸引力的，生活中面临的一切对他们来说既是机遇又是挑战。因此，当东东遇到自己无能为力的事情或者自己无法解决的问题又不能够及时从爸爸、妈妈那里得到必要的支持和帮助，心理压力无法缓解时，就只有用咬指甲、吃手指来转移注意力，逃避面临的一切。

6) 紧张焦虑的情绪

紧张焦虑的情绪也是一个原因，如看恐怖的影视片以及受到父母的责骂或惩罚等。由于东东的父母工作的压力造成了他们利用为东东增添各种各样的现代电子“玩伴”(即 VCD、DVD 播放器等)，让他通过观看影片代替陪幼儿一同玩耍，以为这样就可以为东东排遣孤独、无聊的情绪。然而，人类毕竟是一种社会性的高级动物，人的这一本质需求是无法改变的，因此，观看影片虽然表面上为东东排遣了无聊的视觉，但却忽视了影片剧情的多变也容易造成东东过度的心理压力和紧张的焦虑。

此外，东东家的家庭矛盾也是引起他情绪焦虑的另一重要原因。父母当着东东的面发生争吵甚至家庭暴力，这些具有一定暴力性质的事情超乎了孩子的心理承受能力，从而令东东产生恐惧感。这种恐惧感会让东东无所适从，进而采取逃避的方式，用吃手指、咬指甲来缓解心中的紧张情绪。

7) 其他原因

有时，东东在疼痛、身体不适时，也会通过吸吮手指来分散注意力。如果这种身体不适经常出现，就会使吸吮手指成为习惯。此外，有些幼儿吸吮手指的习惯是从其他小伙伴那里模仿而来的。当孩子刚出现吸吮手指的毛病时，家长没有及时进行教育和制止，使其逐渐成为习惯性行为，也是造成幼儿吸吮手指的一个原因。

3. 临床表现

本案例中东东吸吮手指的行为具有以下明显的临床表现。

1) 生理表现

不良的牙齿咬合习惯。由于东东长期吸吮手指，手指对牙齿和上嘴唇的压力会逐渐导致上牙向外突出，从而影响上下牙的咬合。就牙齿的生理特点来说，上牙床没有下牙床排列得那么紧密，长时间的吮指习惯，会造成上牙床的形状从U形变成V形，同时，也容易使上牙之间的间隙增大，或者牙齿向外突出，从而不利于咬或咀嚼某些食物。

影响面部容貌的美观性。东东由于长时间地吃手指、咬指甲，使牙齿变形，促使面部五官受到一定的推挤，产生局部的错位，从而令面部的美观遭到一定程度的破坏。

影响幼儿的发音。医学专家认为，人的发音和口中牙齿的排列是有一定关联的，东东的上下牙在相互关系上对不准，从而影响到发音，造成口齿不清。

影响手的美观。东东经常性地吃手指、咬指甲已经使手部肌肉变形，被“吃”、被“咬”的那部分手会比其他的地方小。严重地吃手指、咬指甲的幼儿还可能产生手部形状畸形，肌肉的感染、肿胀、增生。

造成手指感染，引发疾病。众所周知，幼儿正处于多动、好动期，这种特性会令幼儿不断地去参与自己认为好玩的一切活动，即使是一个很简单的撕纸活动，幼儿都能玩得很满足。所以，东东的手会不断地接触各种物体，不论是干净的还是带有污渍的，他都不会拒绝，从而使手部滋生了很多的细菌，在吃手指、咬指甲的过程中又把这些不卫生的物质送入口中，从而引发各种疾病。

图 5-1　经常被啃的手指甲

2) 心理表现

缺乏自信。当东东遇到自己无力解决的问题时就会用咬指甲、吃手指来转移注意力，逃避面临的一切。久而久之会使东东失去最初也是最基本的原始自信心的树立。

影响社会交往能力的发展。由于东东总是习惯于把一个手指放进嘴里，而无法腾出两只手来正常完成需要做的游戏，以及进行语言表达、沟通，这种特殊的表现就会影响东东动作的协调性、灵活性的发展，从而可能会遭到其他小朋友的嘲笑和讥讽，制约其社会交往能力的发展。

二、案例矫正方法

针对东东问题行为的矫正是一项复杂而细致的工作，在对其进行矫正时，既要有科学的方法，又要采取有针对性的矫正措施；同时，还要得到家长的配合以及参与矫正者的共同协作支持。只有这样，才能达到有效的矫正结果。

1．正强化法

1) 确定强化物

选择正强化物。对东东及其家长进行询问、调查，确定东东的有效强化物，并按由弱到强的顺序排列为：微笑、拥抱、花纸、五角星、户外游玩、玩具小汽车、带头饰、表演、与妈妈一起玩。然后据此准备好实物性强化物，以供需强化时及时使用。

2) 矫正过程

第一阶段(大概为一周时间)，引导东东进入角色。治疗者多次用亲切的口吻告诉东东："吮手指是不好的行为，老师来帮助你克服这一坏习惯。如果你不吮吸手指了，老师会很高兴的，还要奖励给你一张手工纸或五角星。"东东逐渐理解了教师的用意和期望，高兴地表示要改掉自己吮吸手指的坏习惯。同时，当东东能接受教师示意，立即停止吮吸手指倾向或吮吸手指行为在次数上比基线水平有所下降，哪怕只是一点点时，就立即给予奖励，并告诉他，这是由于他努力改正吮吸手指行为有进步，才奖励给他的。多次重复，引导东东进入角色，建立起吮吸手指行为的改善与正强化物之间的联系。一周以后，东东吮吸手指行为会稍有改善，但不稳定，不明显。

第二阶段，寻找合适的机会进行强化刺激。在直接的诱导下帮助东东减少吸吮手指的次数。如在午餐前，当每个小朋友洗完手，都双手握着时，教师就抓住机会对东东说："你的两只手握得真好，没有放在嘴里，老师请你第一个去吃饭。"当东东在活动中出现没有将手指放在嘴里吸吮现象时，治疗者或教师要及时给予强化物刺激。如进餐后，在自由活动中，东东也没将手放入嘴里，教师就告诉他，如果你能在作业活动时，不把手放在嘴里，老师就奖励他玩小汽车。果然，在直接诱导下，他能自制了。每当他有点滴进步时，教师都及时兑现自己的承诺，给予适当奖励，同时又以微笑、点头等社会性奖励予以肯定。这一周下来，东东吮吸手指的次数会明显减少，例如，由每天平均 15 次下降到了每天 10 次。

第三阶段，创设情境把矫治工作推向高潮。例如，东东特别希望得到妈妈的夸奖。于是，治疗者在继续实施正强化训练的同时，结合幼儿园要向家长开放半日活动的工作，创设"给妈妈一个惊喜"的活动。教师对东东提出更高的要求：为了欢迎妈妈到幼儿园来，你从现在开始更要时时提醒自己不能把手指放在嘴里，让妈妈看看自己的进步。妈妈看到你不再吸吮手指了，一定会惊喜，会夸奖你是妈妈的好孩子。

第四阶段，巩固、发展矫治成果。这时，治疗者或教师要不失时机地拓展矫治成果，对东东提出进一步的要求，配置更强的正强化物。例如，教师告诉东东如果你连续两天不发生吮吸手指行为，老师就奖励你把喜爱的机动小汽车带回家去玩，他高兴极了。当他连续三四天不吮吸手指时，老师就高兴地将小白兔的头饰戴在他头上，对他说："你不吮吸手指了，小白兔也愿意和你做朋友。"允许他戴着头饰参加各种活动，使他对自己更充满了自信。

第五阶段，帮助东东获得最高奖励。例如，治疗者或教师与家长联系，商定如果东东在一周内不吮吸手指，希望母亲能安排出时间，陪孩子到动物园去玩一次。

2. 负强化法

1) 建立幼儿档案

向东东的家长详细了解东东咬指甲或吮吸手指行为产生的原因、时间以及发展的情况，目前反应的特点和程度，家长的态度和家长所采取的教育措施等，实地观察东东在上课、游戏、自由活动中的反应，并测定在各种场合下咬指甲或吸吮手指行为发生的次数和持续的时间，确定行为基线，形成东东的问题行为档案。

2) 确立目标行为

事先要确定矫正的最终目标，并明确以何种良好行为来替代咬指甲或吮吸手指的行为。例如，东东喜欢折纸，为消除他的问题行为，可给他随身带几张彩色纸，以折纸行为来替代咬指甲或吮吸手指行为作为目标行为。

3) 选择适当的厌恶刺激

选择的厌恶刺激应能方便使用，应能引起东东的极大不舒适感，但又不能影响他的身心和安全。例如，治疗者可选用在东东的手指上涂抹黄连类的苦味剂，或给他戴布手套、橡皮手套等。

4) 选定警告刺激

警告刺激是厌恶刺激到来前的信号，在实施回避程序时要用。警告刺激可以多种多样，但在幼儿园教育中，为不影响其他幼儿的学习和活动，一般选用教师注视的目光或皱眉等表示不满的表情作为警告刺激较为妥当。

5) 把计划内容告诉幼儿

首先，要告诉东东为什么要矫正咬指甲或吮吸手指的行为，特别要从影响身体健康角度让他明白其危害。可以用图片让东东了解指甲或手指上有多少危害人体的细菌，有条件的情况下还可借用显微镜让东东实际观察一下自己指甲或手指上的细菌活动情况，以逐步引导他懂得咬指甲或吮吸手指是直接导致“病从口入”的不良行为。其次，要告诉东东矫正的大致方法，让他知道为帮助他矫正，教师将在他指甲或手指上涂抹黄连，也就是若再咬指甲或吮吸手指，你嘴里将会有难忍的苦味。为加深东东的理解，也可将少许的黄连让他尝一下，只要他知道，立即停止，不再去咬指甲或吮吸手指，那就不会有黄连的苦味。再次，要告诉东东，在矫正过程中，老师会用注目的眼光提醒他。

3. 系统脱敏法

沃尔帕把系统脱敏法广泛运用于人类的临床实践。有不适当吸吮手指行为的幼儿如果是跟不良情绪反应有关，比较适合采用系统脱敏法。

实施这种疗法时，首先要深入了解东东的异常行为表现(如吸吮手指)是由什么样的刺激情境引起的(如焦虑和恐惧)，把所有焦虑反应由弱到强按次序排列成“焦虑阶层”(参见第四章)。然后教会东东一种与焦虑、恐惧相抗衡的反应方式(如游戏活动)，即松弛反应，使他感到轻松而解除焦虑；进而把松弛反应技术逐步地、有系统地和那些由弱到强的焦虑阶层同时配对出现，形成交互抑制情境(即逐步地使松弛反应去抑制那些较弱的焦虑反应，然后抑制那些较强的焦虑反应)。这样循序渐进地、有系统地把那些由于不良条件反射(即学习)而形成的、强弱不同的焦虑反应，由弱到强一个一个地予以消除，最后把最强烈的焦虑反应(即我们所要治疗的靶行为)也予以消除(即脱敏)。异常行为被克服了，东东也重新建立了一种习惯于接触害怕刺激物而不再敏感的正常行为，这就是系统脱敏法。

4．物理疗法

给经常吃手指、咬指甲的东东的手部抹上黄连素片，让药物的苦味驱走他“吃”“咬”“啃”的欲望，黄连素片的苦味会替代原来吃手指、咬指甲带来的快感，当东东无法体验到这种快感时，吃手指、咬指甲就不再是一个具有诱惑力的事情，当然，这只是一个表面上的处理方法，如果东东是由于心理的极度焦虑引起的不安而吃手指、咬指甲时，这种物理疗法是不能从根本上解决问题的。

纠正东东吮吸手指的不良行为，应该注意以下几点。

(1) 要耐心，不要恐吓。纠正东东吮吸手指行为时，家长要耐心、冷静，不要恐吓、打骂孩子，更不能使用捆绑双臂或戴指套等强制方法，因为这样做可使东东感到痛苦、压抑及情绪不安，一有机会更想吮吸手指，而使不良行为固化。

(2) 满足东东的合理需要，注意了解东东的需求是否得到满足。除了满足东东的生理需要(如饥渴、冷热、睡眠)外，还要丰富他的生活。可以给东东一些有趣味的玩具，让他有更多的机会玩乐，还应该提供有利条件让东东多到户外活动，和小伙伴们一起玩，使东东的生活丰富多彩，以分散东东对固有习惯的注意，保持愉快的生活情绪，使他得到心理上的满足。

(3) 培养东东的卫生习惯。要让东东从小养成良好的卫生习惯，不要用吮吸手指来取乐。要耐心地告诫他，吮吸手指是不卫生的，不仅可以引起手指肿胀、疼痛，影响下颌发育，使牙齿变形，而且容易把大量的脏东西带入口内，引起消化系统疾病及其他传染病。

【二维码 9】“帮雪雪克服吮吸手指不良行为”个别教育活动

第五节　攻击性行为的矫正

案例 5-5

人见人怕的“小霸王”

小宇，5 岁，男孩。别看他年龄不大，但在小区里可是个“知名人物”。有的孩子家长说话含蓄一些，说小宇这孩子“从来不吃亏”；有的家长说话难听些，说小宇“手狂、霸道”。到底是怎么一回事呢？原来，小宇在小区的孩子堆里以爱打人闻名，经常把比他大一两岁、个子比他高的孩子打得哇哇直哭，更不用说比他小的孩子了。有一次小宇的妈妈和邻居同时接孩子回来，上楼梯的时候两个大人正聊着天，忽听“啪”的一声脆响，两个大人回头一看，小宇得意地笑着，另一个孩子捂着脸开始撕心裂肺地哭。孩子之间的矛盾大人不好插手，挨打孩子的妈妈虽然生气，却也不好说什么。奇怪的是，虽然小宇打了那个孩子一记耳光，但是小宇的妈妈却像没事人一样带着孩子进屋了。时间久了，小区里再也没有孩子愿意和小宇一起玩了。有时候一群孩子正在院子里玩得起劲，忽听有人喊道："小宇来了！"一群孩子立马消失得无影无踪。虽说小宇厉害，连他的父母也不怕，但是卤水点豆腐——一物降一物，小宇也有"天敌"。他只要一见到4岁半的莎莎，也会吓得扭头就跑。原来，莎莎的指甲很厉害，曾经在小宇的脸上抓过好几道血印！

一、案例分析

1．概念

学前儿童攻击性行为指幼儿因为欲望得不到满足，采取有害他人、毁坏物品的行为。幼儿的攻击性行为主要包括身体动作上的攻击、口头言语上的攻击、借助第三者实施的攻击等。攻击性行为在幼儿交往中经常可以看到。例如，幼儿园的孩子们会为抢夺玩具而打得不可开交，或者因为一时言语不合就扭打在一起。

儿童时期，攻击性行为是反社会行为中最具代表性、最突出的一种行为。国内调查发现，88.4%的独生子女有不同程度的攻击性倾向。心理学家韦斯特进行了14年的追踪研究，发现幼儿期的攻击性行为与成人期的犯罪有密切关系，70%的少年犯在13岁就被认定具有攻击性行为，48%的少年犯在9岁就被认定具有攻击性行为，而且幼儿攻击性水平越高，犯罪的可能性也就越高。在儿童的成长过程当中，攻击性行为都是不可避免的。但是成人要防止儿童的习惯性攻击性行为，一旦儿童的攻击性行为形成了习惯，不仅对于人际交往不利，而且长大之后可能还会走上违法犯罪的道路。因此，对幼儿攻击性行为的预防与矫正具有重要的实践意义。

【二维码10】攻击行为的分类

2．致病原因

小宇攻击性行为产生的原因是多方面的，主要从以下几个方面进行分析。

1) 生物遗传因素

神经系统的影响。一些生理学家提出，小脑成熟延迟，传递快感的神经道路发育受阻，因而难以感受和体验愉快与安全，可能是攻击性行为发生的因素。小宇四肢运动能力的发育比同龄孩子较晚些，这有可能是其小脑成熟延迟的一种表现。

基因的影响。在对双生子的犯罪率调查中发现，如果同卵双胞胎中的某个被判有罪，那双胞胎中的另一个有可能也有犯罪记录，而在异卵双胞胎中这种比率仅为1/5。此外，有攻击性行为的儿童，其父母身上可能存在着某些微小的基因缺陷，受到遗传基因倾向影响的儿童在后天的环境中会将其表现出来。小宇的爸爸在儿时也存在攻击性行为，这有可能是导致小宇攻击性行为的基因因素。

2) 心理原因

自尊心受挫和自卑心理。根据竞争假设，攻击性行为是同伴间竞争的结果，即儿童对他人的攻击是对应对挫折的行为链式的反应，在高期望值的激发下很易堆积愤怒情绪，有时很细微的行为也可能会成为攻击性行为的触发器，小宇的攻击性行为可以由此得到解释。心理学家多拉德认为，攻击性行为的起因是挫折，当一个人朝着特定的目标前进时，一旦受到阻碍，就会产生挫折感，而这种挫折感在行为上就表现为对人对物产生攻击性行为。本案例中的小宇在遭遇失败、挫折时会产生更多的攻击性行为。在幼儿园的一次拔河比赛中，小宇所在的一方输了，小宇当时就把绳子狠狠地摔在地上，并用力推了一把前面的小朋友，愤怒地说："都怪你没有用力拉，下次不许你玩了。"此外，小宇会因为自己作业完成的情况不如别人产生自卑心理，以冲动、好斗来作为自卑的代偿方式。因此，其行为就表现出较强的攻击性。

3) 家庭原因

一般来说，攻击性与家庭教育有较大关系。高度攻击性幼儿大多数来自绝对权威和过度溺爱类型的家庭，这两类家庭类型的共同特征是对幼儿限制的失当。家长过分溺爱幼儿、过分要求幼儿、过分放任幼儿都是造成幼儿攻击性行为的重要原因。不难发现案例中小宇的攻击性行为受到了家长的默许。小宇是家里的第三代单传，因为这种特殊的地位，全家人都对他关爱有加，真正是"万千宠爱在一身"，就连他犯了错误，也没有人给他指出来。这种放任型的教养方式，实际上使小宇认为攻击别人的行为是理所当然、天经地义的。而一旦孩子形成了这种观念，良好的道德认识、道德判断也就无从谈起了。一天，小宇的父母与同事聚餐，小宇在饭桌上不知道为什么大发脾气。他拍着桌子骂爸爸妈妈，骂完了似乎还不解气，抓起妈妈的棉手套用力摔向饭桌。手套摔进了火锅里，汤汁溅得到处都是。几个同事赶紧擦着身上的油污，而小宇的父母依然笑眯眯地看着自己的孩子，一句指责的话也没有。当小宇的妈妈被问道："你们为什么要以这样的方式对待孩子呢？"小宇的妈妈只说了一句："我们的育儿方针是——永远不对孩子说不！"幼儿的攻击性行为与教育不当有极其密切的关系，或者说就是教育不当的恶果。本案例中小宇的父母，采取的是典型的放任型教育方式。所谓的"永远不对孩子说不"，无非是溺爱孩子的一种借口，这种教育方式其实是放弃了社会所要求的基本道德准则，凡事均以孩子的喜好为出发点。采用这种放任型教育方式的家长，不去制约孩子的攻击性行为，实际上使孩子的攻击性行为合法化了，加上邻里之间一般不愿当面指责别人家的孩子，造成了小宇这样的孩子胆子越来越大。生活当中不少家长鼓励自己的孩子和别人打架，认为不敢和别人打架的孩子是"窝囊废"，这其实助长了孩子的攻击性行为。

【二维码 11】不同父母教养方式对幼儿攻击性行为的影响

4) 社会原因

社会环境中攻击性榜样的强化。在现代社会，环境因素对幼儿的影响越来越大。作为孩子的小宇辨别是非的能力差，模仿性强，许多攻击性行为都是从周围环境中模仿学习而来。例如，电视里的暴力人物教给小宇攻击性的行为方式，使小宇在毫无防范意识下默认了暴力侵犯的合法化。

幼儿同伴交往网络的狭窄。小宇在家中得到的宠爱使他能尽情地享受各种物品玩具，而幼儿园是同伴交往的集体，当幼儿面临与其他人分享空间和物品等问题时，会在他心中产生不适应的消极情绪而引发攻击性行为。有研究表明，被同伴拒绝参与活动将增加学龄前儿童攻击性行为的发生。同伴关系不良的儿童由于容易受到同伴的拒绝，与同伴交往机会受限，他们控制自身行为的能力和协调人际关系的技能得不到锻炼，同时被拒绝的儿童往往认为别人都是怀有敌意的，所以会更加频繁地使用攻击手段，从而使两者之间的关系形成恶性循环。

3. 临床表现

观察小宇的攻击性行为的具体表现如下。

(1) 好胜心强，喜欢与人争执。小宇见不得别人比自己强，事事好与人争第一，一旦其他小朋友在某个方面超过自己就会表现出反常行为，与人争执、打斗，发泄内心不满。

(2) 爱惹事，自控力差。小宇平时管不住自己的手脚，言行举止不分时间、场合，课堂上坐不住，爱惹是生非，影响其他小朋友，课间常因自控力差而与小伙伴发生摩擦，导致出现攻击性行为。

(3) 情绪不稳定，好冲动，时常乱发脾气。小宇在家中娇生惯养，家长拿他没办法，稍有不顺，便要性子，自我中心意识强，容不得别人的批评。

【二维码 12】学前儿童攻击行为的性别差异

二、案例矫正方法

攻击性行为的矫正方法与多动症的矫正方法具有很多相似之处，只是在确定目标行为方面存在差异。针对小宇攻击性行为的最后矫正目标是减少至消除攻击等不良行为的发生频率，主要可以采取以下矫正方法。

1. 正强化法

在小宇的需求受阻后以积极行为代替攻击性行为的时候，及时给他一种强化，这需要确定对小宇有效的强化物，并按刺激量由弱到强的顺序进行排列。主要有消费性强化物，如他喜欢吃的东西和玩具；活动性强化物，如让他看动画片、画画、帮妈妈做菜、打乒乓球等；社会性强化物，如家长的微笑、拥抱和表扬。

2. 惩罚法

在小宇出现攻击性行为的时候，及时施予一种厌恶刺激或惩罚物，以此来阻止或消除这种不良行为。例如，一旦小宇出现攻击小伙伴的现象，就及时采取暂停和剥夺其兴趣活动为主的惩罚方式，与正强化相呼应，即所谓的“大棒加胡萝卜”策略。

3. 代币法

家长首先记录下小宇每天、每星期打人的次数，然后对他进行批评教育，使他认识到自己的打人行为是错误的，并下定改正的决心，再与小宇进行约定。假如原来每星期打人行为发生 5 次，那么现在如果每星期打人次数不超过 3 次，家长可以给小宇奖励小红花 1 朵；第二星期如果仍不超过 3 次，可以奖励小红花 2 朵；第三星期、第四星期如果打人行为为 0 次，则各奖励小红花 3 朵。假如某一星期打人次数太多，则扣除上周奖励的小红花。获得的小红花数量达到要求时，可以奖励小宇一次，如带其到附近的景点旅游等。代币法是一种比较好的行为矫正方式，切记不能用现金的方式代替。

第六节　社交退缩性行为的矫正

案例 5-6

不敢的“胆小鬼”

蒙蒙，5 岁，女孩，上幼儿园中班。蒙蒙初到幼儿园时长得瘦小单薄，楚楚可怜，吃饭很少。她从来不与别的小朋友相处，胆子特别小，从来也不大声说话，特别依赖母亲。每次刚到幼儿园门口就紧紧抓住妈妈的衣服开始哭。每次都是老师使劲把她抱起来，强行拉到班里。老师给她安排座位她不坐，给她玩具她不要，就是哭着抱着自己的小书包，独自一人站在教室的角落里。直到一个月后，她才勉强与小朋友坐在一起，但很少讲话，显得格格不入。以后的每学期开学，蒙蒙都很难适应，每次都哭个不停，如果身体不舒服，就要妈妈接回家，否则，就会无任何理由地哭闹，老师询问只是一言不发。她上课表现得胆怯和退缩，从不积极举手回答问题。平时做游戏，她都是被动地参与，害怕老师向她提问，害怕老师让她讲故事、表演节目。老师想尽一切办法，试图让蒙蒙活泼开朗些、积极主动些，但似乎没有一点效果。

蒙蒙的表现属于儿童退缩性行为。了解她的家庭，知道孩子从一出生就跟着她的妈妈，她的爸爸在外地工作，很少回来。孩子在家也很内向，她的妈妈也不爱说话。整天两个人待在自己的房子里，从不与任何人交往，蒙蒙也不与同年龄的小朋友玩。妈妈对她特别溺爱，几乎把所有的爱都给了她，不让她受一点儿委屈。

一、案例分析

1. 概念

学前儿童社交退缩性行为是指幼儿在无特殊原因的情况下，由焦虑型情绪所引起的不愿与人交往，更不愿意接触陌生环境的问题行为。通常表现为胆小、害怕、孤独、退缩，不愿到陌生的环境中去，也不愿和其他人交朋友，常独来独往等问题行为。一般来讲，大多数幼儿在陌生的环境或意外情况下，都会表现出短暂的退缩，但通常会随着时间和环境的变迁而逐渐适应，并能够在做游戏等活动中主动发展自己适应环境的能力。但如果这种退缩性行为没有得到及时纠正，就容易发展成社交敏感症，甚至社交恐惧症。例如，蒙蒙长时间表现出退缩性行为，她的症状不是一时性的，不属于正常幼儿的生理性防护反应，她即使在无特殊原因的情况下，也经常表现为特别害怕、羞怯、孤独、胆小。退缩性行为一般在5～7岁时才被发现，因为更小的幼儿基本上都在父母亲人身边生活，不注意或较难发现适应上的异常举动，甚至有些退缩性行为往往被视为文静听话而得到赞美，只是在进入幼儿园或小学以及遇到一些环境改变的情况下，才发现幼儿的行为不正常。

目前研究认为社会退缩性行为主要有三种类型。

1) 焦虑退缩型

焦虑退缩型表现为幼儿的无所事事和观望行为，反映了幼儿气质上的羞怯、抑制，既希望又害怕接近同伴的动机冲突，与内隐问题行为有关。

2) 安静退缩型

安静退缩型表现为幼儿单独进行安静的探索或建构性游戏，反映了幼儿对物比对人更感兴趣，不存在内心的动机冲突和焦虑情绪。虽然有研究者指出，安静退缩对于学前儿童是适应的表现，但也有研究者指出幼儿教师观察到安静退缩的幼儿表现出较少的亲社会行为且经常被同伴忽视或排斥。这说明在儿童早期对于孤独的偏好很可能会带来损失，尤其在同伴关系领域。从发展病理心理学角度来看，焦虑退缩和安静退缩同属于一种内化的问题行为。本案例中的蒙蒙属于这种退缩类型。

3) 活跃退缩型

活跃退缩型表现为幼儿独自一人进行喧闹的身体动作游戏、装扮游戏，反映了幼儿冲动、活跃的特征，与攻击、破坏等外显问题行为有关。

【二维码13】社交退缩的不同亚类型与儿童心理发展

2. 致病原因

蒙蒙退缩性行为产生的原因是多方面的，有父母教养方式不得当，家庭关系不正常，缺乏与同伴联系，也有蒙蒙自身先天素质问题、后天的性格和身体状况不佳等因素，现分几点来具体分析。

1) 个体因素

生理因素。蒙蒙性格内向而孤僻，难以适应新环境，不愿接触人，活动、游戏、学习时特别容易疲劳，烦躁不安。有时自己想做的事不能完成或屡遭失败，便产生自卑心理，于是她不愿参加集体活动。此外，这一类孩子与先天气质有关，表现为一出生适应能力就差，如蒙蒙难以很快形成生物规律，在新环境中特别拘谨，平时也不爱参与集体活动，缺乏好奇心和对新鲜事情的兴趣。如果想让她勉强适应新环境或新事物，这一适应过程艰难而缓慢。

认知模式。存在社会退缩性行为的幼儿极易形成不合理的认知特点。有研究发现，社会退缩型幼儿的认知模式与正常幼儿的认知模式存在着一定程度的差异，害羞的幼儿自我效能感比较低；且不同退缩类型幼儿之间的社会认知特点也是不同的，即幼儿的社会退缩行为具有异质性。如蒙蒙常常表现出悲观、消极的认知模式，而消极的认知模式会促使退缩性行为的产生，又会加速其发展。

2) 家庭因素

幼儿从一出生就在家庭中生活，家庭中有很多因素能够对幼儿的社会性发展产生较大的影响，如亲子依恋关系、教养方式、父母的性格特征等。

亲子依恋关系。儿童心理学家认为，婴幼儿在同基本养护人的不断交往中形成了一种内部工作模型，即对他人和自我的一种认知表征，用以解释事件和形成对人际关系的期望。如果内部工作模式使儿童感到安全、自信，那么就有利于幼儿积极探索周围环境，所以，安全感被认为是幼儿社会情绪发展的中心结构。它能促进幼儿对周围环境的积极探索，进而与同伴积极互动，而同伴间的交往、互动是幼儿社会能力发展的重要因素。相反，那些因消极依恋关系而具有不安全内部工作模式的幼儿，认为周围环境是无法预测的、不安全的、没有反馈的，这种内部工作模式会导致幼儿在与他人的交往过程中产生退缩和缺少对周围环境的探索行为。许多研究者进一步对婴儿依恋类型与气质及社会性之间的关系作了深入的研究。例如，有研究结果表明，回避的、安全的和反抗的依恋关系各自反映了幼儿的低、中和高抑制；也有研究发现，不安全型依恋婴幼儿与同伴交往时的社会技能低。

教养方式。教养方式的不当，过分严厉、过分溺爱都会造成幼儿的退缩性行为。在大多数情况下，退缩问题行为幼儿所表现出的害怕、羞怯，不愿参加集体活动，不与人交往等一系列退缩性行为所掩盖的是他们的独立性差、自我意识缺乏和自卑心理。蒙蒙的母亲对其教养方式表现为过度保护型，在生活中对蒙蒙过度保护，过分限制她的活动，情感上对蒙蒙又过多地疼爱。有研究表明，父母的过度保护与幼儿的害羞呈正相关，但与性别的交互作用也是明显的。因此，蒙蒙母亲的过度担忧与蒙蒙害羞是密切联系的。从长远来看，过度保护型教养方式还会给蒙蒙带来更多的消极后果。

父母的性格特征和母亲社会目标。美国当代著名心理学家班杜拉的社会学习理论认为，人是善于观察学习的，幼儿长期与父母生活在一起，父母的榜样作用对儿童的影响是潜移默化的，因此父母的性格特征会影响孩子。正如蒙蒙的母亲性格内向畏缩、胆小怕事、易紧张焦虑等，而这些性格特征在蒙蒙身上也在逐渐发生发展。另外，有研究表明，母亲社会目标(母亲对幼儿在幼儿园里的社会交往和同伴关系的重视程度)与安静退缩之间存在显著相关。蒙蒙的母亲较少重视其同伴关系和友谊，这也使蒙蒙比较不合群。

此外，不和谐的家庭氛围是造成幼儿退缩性行为的重要因素。蒙蒙的爸爸长期在外地工作，与蒙蒙的母亲之间缺乏必要的感情联系，因此家庭氛围不是很和谐，这就使蒙蒙长时间处于紧张、惊恐、孤立无援的心理状态之中，较为缺乏安全感，对成人不信任。

3) 同伴因素

蒙蒙成长的环境，限制了她与同伴的交往，不管是出于保护孩子的安全，怕她受别人的欺负，还是别的原因而限制孩子各种活动和与同龄孩子交往，都会使蒙蒙失去学习如何与他人相处的机会，这就不可能使蒙蒙的独立生活能力、社交能力、与他人相处的技巧得到锻炼和发展，而她一旦进入陌生环境和集体生活，就会一筹莫展，无所适从。

【二维码 14】幼儿合作训练的活动设计

3．临床表现

幼儿退缩性行为具有一定的表现特征与临床特点，蒙蒙的退缩性行为的特征表现如下。

1）内隐性

蒙蒙的退缩性行为的内隐性表现为心理症状内隐，外部行为收敛，危害隐含，难以被觉察。即使在心理活动十分激烈的情况下，其动作也往往很收敛而不张扬。

2）持续性

退缩性行为的持续性指退缩性幼儿所形成的心理状态和行为方式具有长久的作用。蒙蒙的退缩性行为表现一贯性，无论对同伴还是陌生的成人都是回避交往。这种行为如果得不到改善，其影响会延续到青年期甚至成年期。

3）减力性

退缩性行为的减力性指退缩性行为会弱化幼儿对正常社会交往技能的掌握，影响幼儿的身心健康。蒙蒙的退缩性行为使其不能很有效地融入群体，因而不能向同伴学习交往技能和相关生活经验，会导致她更广泛、更严重的社交行为功能丧失，并影响其感知、语言和情感的发展。由于交往中失败过多，成功太少，会加剧心理失衡，加大社交厌烦感、焦虑感和恐惧感，甚至会产生更可怕的诸如分裂型人格障碍等心理疾病，如果不及时治疗，则会形成成年期难以治愈的畸形人格。

蒙蒙的退缩性行为的临床表现如下。

(1) 交往的胆怯、逃避、缺乏自信心，对人或者环境产生无端的恐惧感。

(2) 耐挫折力差，做事如果短期不能奏效，就会迅速放弃，产生无可奈何、无能为力之感。

(3) 依赖性强，缺乏独立意识，不敢独立尝试，遇事总是想依靠亲人。

(4) 在群体中常有孤独感。往往采用顺序方式，容许别人侵害自己的基本权利、愿望、情感及观点，导致自身权益被忽视和践踏；又不善于或不敢表达自己的需要和观点，从而使别人对自己的感受和观点不予注意或难以反应，因而滋生自卑情绪，却又常用自傲来补偿，形成矛盾心态。

(5) 情感冷漠，对人对事缺乏应有的热情，缺乏好奇心和探索行为，显得呆板、孤寂和忧郁。

二、案例矫正方法

1．心理测验与诊断

针对蒙蒙的表现，对其进行如下诊断。

(1) 有典型的临床症状，如胆小、孤独、紧张、退缩等。

(2) 不能适应环境的改变，不敢到陌生的环境和集体场所玩耍，回到家中，症状会逐渐缓解。

(3) 社交能力较差，害怕与老师和小朋友接触。

2. 行为矫正

蒙蒙缺乏必要的社会技能，因此，帮助她熟练地掌握社会技能是消除退缩性行为的基本途径。在行为矫正方面，一般可以采用模仿疗法帮助其获得基本的社会技能，程序如下。

1) 确定目标行为，即选择好要改变的行为

幼儿的退缩性行为大致可分为“与人交往”和“同环境接触”两大类，且表现形式和反应程度也不尽相同。因此教师应通过亲自观察、向家长调查，充分了解蒙蒙的情况，并在此基础上选择好要分步改变的行为。例如，蒙蒙的性格畏缩，几乎不与其他孩子接触，教师便可把“与教师接触”“与一个小朋友接触”“与小朋友群体接触”定为分步要实现的目标行为。

2) 从实际出发，选定学习楷模

蒙蒙的学习、观察楷模一般应在同班幼儿中选择，年龄相仿，易于学习。为了提高模仿的效果，具体选择时，还应着重考虑蒙蒙的可接受性。例如，选择蒙蒙内心比较喜欢的对象，或者她平时比较注意的对象，或者班级内大家一致公认最佳的幼儿为楷模，易引起蒙蒙的兴趣和注意，使模仿活动能顺利进行。

3) 根据幼儿兴趣，设计辅助软件

一般幼儿都喜欢听故事，看图片、录像，但对小动物的喜欢情况可能有异，有的特别喜欢小白兔，有的特别喜欢小松鼠等。教师可以从蒙蒙特别喜欢的小动物入手编制小故事、绘制图片、编辑录像带，侧重反映它们合作共事、友好交往的情形，以备矫正时使用。

4) 把矫正计划告诉幼儿

蒙蒙本身的注意力及学习动机等对于获得模仿效果都起着重要作用，因此教师要把计划告诉蒙蒙，说清道理，激发其内在积极性，争取合作。同时，也要讲清如何模仿楷模的行为能得到强化，即获得愉快的结果。强化物应按有关法则选定，确保有效性。

5) 建立良好的师生关系

对于蒙蒙的退缩性行为，教师更应持积极主动的态度，主动地给予更多的注意、更多的关心、更多的爱抚，使蒙蒙感到安全温暖、可信可亲。例如，教师多与蒙蒙接触，同她闲聊，给她讲喜欢听的故事等。由于教师在幼儿心目中地位较高，一般而言，在教师主动的情况下，易与蒙蒙发生正常交往，并建立起良好的师生关系。这样就可使蒙蒙乐意听从教师的教导和指示，为顺利开展矫正工作奠定良好的基础。

6) 图片、录像、影视模仿

矫正起始阶段可先从图片、录像、影视模仿着手，让蒙蒙反复观看预先制作好的，有关动物之间或儿童之间友好相处、互相友爱的图片或短片。教师特别要指导蒙蒙注意观察他们友好交往、集体玩耍的欢乐情景，让她亲身感受一次又一次积极的情绪体验，使其跃跃欲试。为增强模仿的效果，教师还可将图片展示在教室内，让蒙蒙随时可见，以延长示范行为的呈现时间；也可用生动的语言，绘声绘色地描述或赞叹，以烘托气氛，引发其产

生更强的情感共鸣。

7) 适时转入现场模仿

经过上一段时间的学习观察后，教师要选择合适的时机将蒙蒙引入现场模仿，让她实际观看儿童之间相处的现实情景，尤其是选定学习楷模在交往或集体活动中的举止行为和情感反应，以增强真实性和直观性，对其产生更大的吸引力和感染力。在这个阶段，教师要有意识地创设一些这样的情景，要多组织开展一些较能引起蒙蒙注意的活动，要多让选定楷模处于活动的中心地位，让蒙蒙能更多、更清晰地观察示范行为，深切地感受到楷模在交往、活动过程中的愉悦情绪。

8) 逐步参与社交实践活动

随着情感体验增强，教师要让蒙蒙自己逐步由简单到复杂分阶段地参与社交实践活动，即进行参与模仿。开始，示范者参与其他儿童的活动，仅让蒙蒙陪同，并要求她观察示范者的行为；然后，要求蒙蒙一起参加一些带有比赛性质的游戏，与其他幼儿一起共享游戏的欢乐；最后，示范者逐步退出，鼓励蒙蒙一个人与其他儿童一起游戏。至于蒙蒙参与活动的程度和进展速度，要视其实际行为反应而定，当模仿行为正确，情绪反应良好时可进入下一阶段。切忌强迫指令、发火训斥，以防蒙蒙产生焦虑不安的情绪，影响模仿效果。教师一定要按照“积极诱导，顺其自然”的原则，掌握其参与活动的速率。

9) 适时适度给予强化

蒙蒙在学习、观察过程中，不论在哪个模仿阶段，不论是有意还是无意，只要她做出教师所期望的模仿行为时，都要及时给予有效强化物，并明确告诉她强化的原因，即为何奖赏那个行为。当蒙蒙已学会模仿行为后，教师要改用间歇强化的方式，不规则地给予强化，以增强模仿行为的持续性。然后，再换成社会性强化物，过渡到自然状态，让蒙蒙能情绪愉快地独自参加游戏活动，与同伴交往，并参与社交。

10) 注意事项

(1) 模仿是蒙蒙在观看示范之后进行的行为，因此教师要掌握有效地使用示范的一般原则，即示范行为的复杂程度应适合蒙蒙的行为水平；要把指导语和示范结合在一起使用；示范难度应有次序地从易到难排列；示范情景应尽可能真实。

(2) 蒙蒙本身的注意力、记忆力、动作技能以及学习动机等对于获得模仿效果都起着重要的作用。换而言之，提供一个楷模，并不能保证蒙蒙会受楷模的影响，教师还应想方设法使蒙蒙注意到楷模的存在，理解、记忆楷模传递的信息，亲身练习、体验并有强烈的仿效动机，方能使模仿法获得理想的效果。

(3) 矫正蒙蒙的退缩性行为，可以从游戏入手，也可以从诱导蒙蒙同一个他比较喜欢的同伴进行交往入手，再拓展到同其他伙伴交往。总之，一切要从实际出发，要因人而异，要以能取得最佳模仿效果、最快实现目标行为为依据来设计和制订矫正方案和措施。

此外，正强化法对蒙蒙的退缩性行为也有一定疗效。一般采用奖赏引发蒙蒙成功的愉快体验，激发其交往兴趣，从而消除退缩性行为。正强化可用赞扬、社会性关注、某种奖品、活动机会或者代币等方式进行。要求强化有及时性，当蒙蒙理想行为出现后要尽快给予强化；强化要有经常性，特别是在理想行为刚刚发生的阶段。

第七节　遗尿行为的矫正

案例 5-7

床单上的羞耻

浩浩，男孩，5 岁。幼儿园的老师没少因为浩浩经常尿床向浩浩的妈妈告状。原来浩浩午睡时总是比别的小朋友入睡慢，也常因为在床上折腾来折腾去睡不着而受到老师批评，有时候睡着了又比别人醒得晚，开始上课了他还在呼呼大睡，老师把他叫起来的时候总发现他尿床了。有时候上着课老师看到浩浩在座位上扭来扭去，老师不愿影响教学进度也就没有理他，结果他就尿裤子了。时间长了，浩浩的妈妈发现了规律，孩子午饭如果是米饭或者饺子、卤面等比较干的食物，晚上不容易尿床；如果午饭吃的是面条或者馄饨，晚上就可能尿床。爸爸妈妈觉得孩子这么大了，应该不是生理上的问题，肯定是太懒了，懒到半夜起床上卫生间都不愿去。为此浩浩父母对浩浩好言安慰过，厉声呵斥过，有时还把浩浩的褥子挂在楼下晾晒，以为这样就可以让浩浩感到害臊，浩浩就不会再懒惰了，半夜就会自己起床上洗手间了，谁知道浩浩还是照旧。这下，浩浩的爸爸妈妈彻底没辙了。

一、案例分析

1．概念

儿童遗尿症是指 5 岁以上的孩子还不能控制排尿，夜间常尿湿床铺，白天有时也有尿湿裤子的现象。遗尿症在幼儿期较常见，据统计，4 岁半时有尿床现象者占儿童的 10%～20%，9 岁时约占 5%，而 15 岁仍尿床者只占 2%。本病多见于男孩，男孩与女孩的比例约为 2∶1。6～7 岁的儿童发病率最高，多数能在发病数年后自愈，女孩自愈率更高，但也有部分幼儿，如未经治疗，症状会持续到成年以后。遗尿和遗尿症并不是一回事。比如，一个孩子早餐喝了很多粥，上午在幼儿园被老师批评造成心理过分紧张，结果尿湿了裤子，这种现象叫作遗尿，而不能称之为遗尿症。遗尿表现出偶然性和情境性，往往是由于摄入水分过多、心理高度紧张造成的，而遗尿症则表现出稳定性和反复性。

婴幼儿控制排尿的能力是一个渐进式的发展过程。由人的意识控制着排尿机制，需要大脑皮层的发育作为生理基础。三四岁前的幼儿大脑皮层发育还不完善，因此常常缺乏控制地排尿。当然，这个阶段的婴幼儿经常性的遗尿能够为家人所理解，认为这是正常现象，并不为此感到担忧。但是如果在幼儿四五岁之后，还经常性地发生缺乏控制的排尿现象，家长就会感到这是不正常的现象，也就开始忧心忡忡了。

本案例中的浩浩年龄已经达到 5 岁，从尿床频率来看每月超过 2 次，因此可以断定为遗尿症。遗尿症又可以分为夜间遗尿(尿床)、昼间遗尿(尿裤)和昼夜遗尿三种表现，其中以夜间遗尿(尿床)居多。研究发现，5～10 岁的儿童遗尿现象较多，随着年龄的增长，发病率逐渐降低，10 岁左右时，只有约 3%的男孩和约 2%的女孩仍有遗尿症；青少年期(14 岁以后)仍有遗尿症的男孩约为 1%，女孩不足 1%。也就是说，遗尿症主要发生在幼儿期，青春发育期之后基本绝迹。但即便如此，曾经有过遗尿症的幼儿也会产生强烈的自卑感。他们的尿床史一旦被别人得知，绝大多数少不了被别人嘲笑、侮辱，有的还会被别人起一个极其富有伤害性的外号。尽管遗尿症是一种身体问题，但一般均会伴随强烈的心理痛苦和极度的焦虑。

2. 致病原因

引起遗尿的原因，有些是由于泌尿生殖器官的局部刺激，如包茎、包皮过长、外阴炎、先天性尿道畸形、尿路感染等引起，有些与脊柱裂、癫痫、糖尿病、尿崩症等全身疾病有关。但是绝大多数幼儿遗尿的出现与疾病无关，是由于心理因素或其他各种因素造成的。针对本案例中浩浩的表现及家长对其遗尿行为的陈述，可以从以下几个方面分析浩浩患遗尿症的原因。

1) 遗传因素

本病的家族发病率甚高。国外报道，74%的男孩和58%的女孩，其父母双方或单方有遗尿症的历史，单卵双胞胎同时发生遗尿者较双卵双胞胎者为多，揭示遗传与本病有一定关系。不少国内研究结果也表明，遗尿症与遗传因素有关，如果父母都曾经有过遗尿症，孩子遗尿的可能性约为 77%；如果父母中只有一方幼年时有遗尿症的病史，孩子遗尿的可能性约为 44%；如果父母双方都没有过遗尿症，孩子遗尿的可能性约为 15%。本案例中浩浩的爸爸在儿时也患过遗尿症，这是导致浩浩发生遗尿症的遗传因素。

2) 生理因素

功能性膀胱容量减少。1970 年，有人曾经用膀胱内压测量方法研究 63 名遗尿儿童，发现膀胱容量比预计少 30%。临床研究对 44 例遗尿儿童作膀胱 B 型超声检查，除 1 例正常外，其他患者的膀胱容量均不同程度地小于正常值，平均小于正常的 50%。这有可能是造成浩浩遗尿症的生理原因。

睡眠过深。根据浩浩的家长反映，浩浩夜间睡眠很深，不易唤醒，唤醒之后，往往还是迷迷糊糊、半醒不醒，因此夜间唤醒排尿，在较长的一段时间内相对比较困难。其原因在于睡眠过深，不能接受来自膀胱的尿意而觉醒发生反射性排尿，遂成遗尿。

3) 心理因素

浩浩的遗尿症主要是由心理方面的影响造成的。当他受到强烈的刺激，产生不良心理体验，容易引发遗尿症。例如黑夜恐惧受惊，父母将其尿过的衣物在公众场所晾晒等，都是引发其遗尿症的因素。浩浩自幼没有养成控制小便的习惯和能力，一出现尿床，便受到家长的责备、打骂，长期处于过度紧张状态中，每晚睡觉前总是提心吊胆，生怕再次尿床，继而产生自卑心理，使遗尿症经久不愈。此外，浩浩不能顺利适应新的环境等导致的不安情绪也是引发遗尿症的主要原因。例如，浩浩从家庭到幼儿园，是生活环境发生巨变的时候，也往往是其遗尿的高发期。有了一两次的遗尿行为，浩浩会产生强烈的羞愧和恐惧感，精神负担过重，睡觉前感到紧张，更加重了遗尿行为。心理因素不但可促使以往已有控制小便能力的幼儿重新发生遗尿，而且还可使少数患儿在发生遗尿后，逐渐形成习惯，有些甚至成人后仍无法改变。

浩浩的爸爸妈妈认为浩浩尿床的原因是太懒了，懒到半夜起床上卫生间都不愿去，这种看法是不对的。而且他们采取了不正确的教育方式，对浩浩好言安慰过，厉声呵斥过，有时还把浩浩的褥子挂在楼下晾晒，以为这样就可以让浩浩感到害臊，就可以解决问题了。

这种做法的效果适得其反。浩浩的遗尿行为，与家长和幼儿园老师的教育、教养方式给其带来的心理压力有密切关系。

4) 排尿习惯训练不良

浩浩早年使用尿布时间过长，以致自幼就没有养成自己控制排尿的习惯，浩浩的母亲训练他自己排尿的方法不对，常常夜间把他唤醒后，让他坐在便盆上边玩边拉尿，最后也没有看看是否已经排尿，就把他抱上床。这样浩浩不可能把排尿与坐便盆联系在一起，构成条件反射。因为孩子有时排了尿，有时是坐在便盆上玩，并未排尿，这样反而会造成孩子排尿紊乱，不可能形成规律。此外，浩浩的母亲常在晚上把孩子弄醒强迫其排尿，不管孩子如何挣扎、哭闹，反正不排尿就不让孩子离开便盆，这样会使浩浩对排尿产生恐惧、紧张的心理，同样不利于培养有规律的排尿习惯。

5) 性格特征

迄今，虽然尚无足够证据说明遗尿症与幼儿的性格之间有明确的关系，但是，有遗尿症的幼儿大多数具有胆小、被动、过于敏感和易于兴奋的性格特点。此外，幼儿可能由于遗尿，自己感到不光彩，不愿让别人知道，因此不喜欢与其他幼儿多接触，亦不愿参加集体活动，而逐渐形成羞怯、自卑、孤独、内向的性格。因此，案例中的浩浩家长为了改变孩子遗尿的行为，将其尿过的衣物拿到楼下进行晾晒，目的是使其产生羞愧感，从而消除遗尿行为，实际上这种做法是不正确的，不仅不能够改变浩浩的遗尿行为，还会给其造成严重的心理伤害。

3. 临床表现

浩浩的遗尿症表现为入睡后不能自主排尿，常发生在夜间相对固定的时间，多出现在前半夜，常有规律性，容易在睡梦中遗尿。

【二维码 15】十分之一孩子有遗尿行为

二、案例矫正方法

遗尿症的诊断依据是：5～6 岁的幼儿每月至少尿床两次，再大一些的幼儿每月至少尿床 1 次，就可以认为是遗尿症。针对本案例中浩浩的遗尿症表现，可以采用以下几种方法进行矫正。

1. 行为疗法

对于学前儿童遗尿症的治疗一般采用行为疗法比较有效，如代币疗法、行为塑造法等。例如，浩浩家长可以通过设置日程表来监测他的遗尿情况，从而制定相应对策。从治疗第一天起设置日程表，每天进行记录(可使用日历)。当浩浩尿床时，努力寻找可能导致尿床的因素，并记录在日程表上。例如，未按时睡眠，睡前过于兴奋，白天过于激动及晚餐中液体摄入量太多等。当浩浩没有尿床时，把一颗星星画在日程表上，并给予口头表扬或物质奖励。每周与治疗者会晤一次。

2．建立条件反射

从治疗开始起，要求父母在浩浩夜晚经常尿床的时间，提前半小时用闹钟将其唤醒，起床排尿，使唤醒浩浩的铃声与膀胱充盈的刺激同时呈现。经过一段时间的训练，条件反射建立，浩浩能够被膀胱充盈的刺激唤醒，达到自行控制排尿的目的。此外，成人要鼓励浩浩自己去厕所排尿，使他在清醒的情况下把尿排泄干净。

【二维码 16】应用应答性条件反射原理治疗遗尿症

3．膀胱功能锻炼

家长督促浩浩白天多饮水，同时尽量延长两次排尿间隔的时间，促使尿量增多，使膀胱容量逐渐增大。可以通过“做游戏”的方式鼓励浩浩在排尿中间故意中断排尿，家长数 1 到 10，然后让他把尿排尽，以提高膀胱括约肌的控制能力。

第八节　语言障碍行为的矫正

案例 5-8

“不会说”的难过

明明，男孩，4 岁半，是幼儿园小班的一位小朋友，刚进班时，一句话也不说，也不合群。刚开始带班老师也不太注意，等过了两三周的时候，他还是老样子，没什么改变。虽然开始接近小朋友，但还是不说话，还爱打架。如果他想要什么东西或者想吃什么东西，就拉着你的手指着要。这样观察了一个多星期，教师就问他的父母，他的父母说：“他一直都是这样，不管你怎么教他发音，他都不说话，甚至连爸爸、妈妈都不会叫。”教师了解到这些情况，就想了些方法来引导他发音，但效果都不明显，只会说“一，二”。

在这个案例中，明明的病症属于发育性语言障碍。发育性语言障碍(developmental language disorder)是指由于发育延迟而引起的语言障碍，并不是由于听力障碍、中枢神经系统的器质性损害及严重的精神发育迟缓造成的。

一、案例分析

1．概念

语言是人类所特有的用来表情达意的工具，它由词汇、语法和语音构成一定的系统。

由于语言具有固有的符号功能、概括功能、交往功能这三种功能，所以它就成为人们保存和传授社会历史经验的手段，交流思想和情感的工具，进行思维的武器和调节行为的方式。1987 年，全国残疾人抽样调查时对语言障碍下的定义为：“由于各种原因导致不能说话或语言障碍，从而难以同一般人进行正常的语言交往活动。”美国学者则把语言障碍分解为“言语障碍”和“语言障碍”，“言语障碍”，即儿童在发准声音，保持适当的言语流畅性及节律，或者有效使用嗓音方面表现出的缺陷及困难；“语言障碍”，即儿童在理解或使用语言符号及规则方面发生的问题，或者儿童语言能力的发展明显落后于同龄伙伴的水平。本书中强调的语言障碍是指幼儿在日常语言交谈中，表现出的吐字不清楚，主要对于韵母发音不清，或对一些语言发声有变调、错误、遗漏、替换等以及讲话不能成句的行为。

【二维码 17】语言表达障碍的患病率与病程

2．致病原因

根据本案例明明家长的陈述，分析导致明明发生语言障碍行为的原因可能是生产过程中造成的脑缺氧和脑损伤。明明出生时，由于难产的原因造成大脑缺氧的损伤，使大脑中负责语言的部分发育不良，结果造成语言障碍，主要表现为口语的发生和发展的迟缓，只能被动地用简单词语回答问题，同时多伴有智力方面的缺陷。

3．临床表现

明明的语言障碍行为的临床表现如下。

(1) 以语言发育迟滞为其主要表现。明明 1 岁多还不会叫“爸爸”“妈妈”，为了表达自己的愿望、感情和需要，常借助于手势、眼神及其他动作。

(2) 发育性语言障碍者开始学习语言时，语言缺陷即显现出来。明明可发出一些音节，但不能组成词，记不住普通的名词，词汇量十分贫乏，不能用完整的句子去描述他需要的东西，因此语句十分生涩难懂。这类幼儿对语言的学习速度很慢，常比正常儿童慢 2～3 倍。

(3) 表达性语言障碍者，语言理解尚好，但表达能力差。明明 1 岁半左右时可理解他人给他的简单命令。例如，让他指出或去拿某种常见的物体时，明明都可理解，并附之以行动。

(4) 感受性语言障碍者，不能理解简单的命令，不能根据语言要求指出或拿到某种物体。明明能听到声音，但对言语却无反应，包括父母的言语。但如给予手势、表情，或看电视时则有情绪反应。听力检查虽有轻度的听力减退，但与临床上所见到的对语言的毫无反应却极不相符。电测听检查的听力曲线很不稳定，波动大。因而似乎有点儿聋，但有时又显得不聋。

(5) 明明入学后有明显的学习困难，主要是阅读困难，其中感受性语言障碍使其阅读能力更差，且常伴有计算困难，需接受特殊教育。表达性语言障碍者可在普通学校学习。

二、案例矫正方法

1．心理测验与诊断

对明明语言障碍的诊断，以下症状符合诊断标准。

(1) 语言发育迟缓为最主要的症状。

(2) 听力正常，感受性语言障碍者听力可下降，但波动性大，与其语言发育迟滞的严重程度极不相称。对语言可能毫无反应，而对其他声响可能有探究反应。

(3) 内在语言功能发育正常，如可与布娃娃玩游戏。

(4) 人际交往正常，如能以眼神对人凝视，用表情或行动表示自己的情绪与需要，对母亲能表示依恋，能与其他小朋友一起玩耍。

(5) 智力测验时，操作分常在正常范围内。

2．行为矫正

对明明采用行为塑造法进行矫正能够取得一定效果，具体程序如下。

1) 确立具体的目标行为

确立目标行为，就是明确经过塑造程序最终所要达到的满意行为，使所有训练人员对明明都有统一的期望与要求，以避免操作的不一致。确立目标行为应具体，应说明该行为特点，而不能选择一般范畴的行为。例如，对讲话不成句的明明，其目标行为不能只是笼统地定为“使他讲话能成句”，而应具体描述为“使他能完整地讲‘我玩的积木’‘小朋友把铅笔交给老师’‘我家住在很远很远的地方’之类的较复杂的修饰语句”。

2) 选择适当的强化物

通过“强化物调查表”(见正强化法)正确选择适宜明明的有效强化物。强化物要易用，能立即呈现，多次使用。例如，花纸、口头表扬、抚摸一下等。

3) 选择一个合适的起始行为

由于目标行为是明明从未出现过的，所以，想要增加这种行为的出现率，仅仅靠坐等其出现再给予强化是不可能的。因此，教师应选择一个明明有时能发生的反应，并且这个反应至少应与目标行为稍微相近或相关，然后通过强化它，才能一步一步地从起始行为向目标行为接近。选择合适的起始行为的重要前提是必须了解明明在当时已具有的行为水平。例如，明明当时“讲话不能成句”的水平停留在什么程度，若只能时而讲爸爸、妈妈、球球、饼饼，那教师就只能把这类单词句作为明明的起始行为。

4) 设计塑造步骤

运用塑造程序时，要强化一系列不断接近目标行为的反应。这是一个关键性的问题，影响到塑造程序能否顺利完成，能否达到所需的目标行为。因此，事先要设计好训练的步骤。例如，明明 “讲话不成句”，他的起始行为是单词句，目标行为是较复杂的修饰句，其间还可设计：讲电报句，如“饼饼没了”“开车车”“妈妈鞋鞋”；讲没有修饰语的简单句，如“他睡觉了”“阿姨给明明糖”；讲简单修饰语，如“两个娃娃玩积木”“我也要升大班了”等几个训练步骤。连续相近行为通常是教师依据理论和经验推测的。在计划执行期间，可按明明的表现来改变这些步骤。

5) 把计划告诉幼儿

在开始进行塑造程序之前，要把计划告诉明明，让他了解教师要从哪一步做起，帮助他经过哪几步，最后学会什么；让明明知道当前先干什么，并且怎样才能得到有效强化物以及怎样的强化物，从而充分调动其主体意识，积极配合教师实施塑造程序。

6) 沿着正确的步速前进

(1) 在每个起始反应发生时都应立即强化。例如，在明明“讲话不成句”的第一阶段时，当他能正确讲单词句时，就要立即强化、表扬他，如对他微笑等。

(2) 任何一步都不能强化太多，以免过度牢固而不利于新的接近性行为建立。例如，明明讲单词句的次数增多时，就应停止强化它，而开始强化另一个更接近目标行为的语句，如电报句。

(3) 以足够小的步子进行。当明明学会一个起始行为之后，接着再学下一步所确定的行为步子时，若不论教师训练多少次，给予他怎样的强化，他都不能达到这一行为要求，就说明训练的步子太大，明明无法通过自己的努力来达到。教师就应再把步子细分使它能适应明明的实际。例如，电报句还可分成指谓形式和关系形式两大类来分步训练。指谓形式包括称呼(这狗狗)，再现(还要糖糖)，不存在(饼饼没了)，指示物体(那个本本)；关系形式包括施事和动作(弟弟吃)，动作和受事(拿碗碗)，施事和受事(爸爸笔笔)，动作和位置(坐椅椅)，物体和位置(饭饭桌)，所有者和所属物(妹妹球球)，属性和物体(大皮球)。

(4) 从一个行为过渡到下一个行为不能进行得太快。即行为重复的次数不能太少，否则，在前一个接近性的行为还没有很好地建立的情况下就开始进行下一步的训练，容易导致行为消失而失去先前的行为，也难以建立下一个新的接近性的行为。例如，“讲话不成句”的明明，讲电报句的行为还没建立好，就转入学讲没有修饰的简单句，那就不妥了。一般速度应掌握在 10 次实验中只有 1～2 次达不到要求，那就可进入下一步的训练。

7) 加强认识教育

教师在塑造过程中，要不断地对明明进行重要性和必要性的教育，要不断鼓励他敢于克服困难，积极进取，还要针对语言学习的特点，创设良好的环境，增加明明与其他小朋友间的交往活动，发挥幼儿间相互教育、相互模仿的作用，促进塑造程序顺利开展。

8) 注意事项

(1) 尽管塑造的起始阶段行为呈现率几乎是零，但每个阶段还是要测定基线，以便能观察明明行为变化情况和把握好步子的速度和大小。

(2) 行为塑造法的关键性问题是步子的大小和快慢，即一个步骤有多大才算合理，每一步骤在进入下一步骤之前应该强化多少次。前面介绍的是一般情况，重要的是要努力坚持这些原则，并根据明明现实的表现，灵活掌握进度。因为这方面的个体差异性是很大的，不容忽视。

(3) 要经常检查强化物对明明的有效性。当目标行为建立后，应设法把强化逐步转入自然情境中去。

此外，在对明明进行矫正时应遵循以下原则。

(1) 综合矫治。结合整个集体与环境的活动和变化着的个体特点作分析、指定和实施，以发挥综合作用。

(2) 联系方法。在群体中调动明明积极地语言交往。

(3) 音义统一。言语矫治过程中把词的内容表现出来，而词的含义对声音具有支配作用。

(4) 综合感知。听觉、视觉、触觉、振动觉等综合利用。

(5) 及时迁移。把新的发音说话模式用到活的言语中。

(6) 善用游戏。通过游戏认识和反映周围世界，发展言语。

【二维码 18】为幼儿创设有利于语言发展的游戏环境

第九节　手淫行为的矫正

案例 5-9

忍不住的行为

琳琳，4 岁，女孩。从 1 岁左右开始睡觉前总是双下肢内收夹紧擦腿，不一会儿就会面颊潮红，头上出汗，憋气的症状出来了，每次发作约 1 分钟到几分钟不等。家长之前也没有注意，只是觉得她这样能一个人安安静静的不闹人，很快就能睡着就随她好了。但是现在总觉得这个问题好像不对劲：琳琳性格越来越有点儿内向，不怎么爱和其他小朋友玩，擦腿的时候，家长把她抱起来，她就发脾气。她喜欢爬到妈妈或者奶奶的身上，然后双腿夹住，有规律地扭动身体，一段时间折腾后，已经气喘吁吁，等她折腾累了，才肯下来。要是谁把她推开她就哭闹不止。

一、案例分析

1．概念

幼儿手淫行为是指幼儿在日常生活和活动中，经常有意或无意地玩弄生殖器；用手或大腿内侧，或利用被褥等物摩擦生殖器，以达到兴奋、取得快感的行为。手淫是人类性活动中最常见的一种形式，目前国内外都已认为这是一种自然、正常、健康的行为。幼儿手淫现象非常普遍，据国外有关资料表明，在现实生活中，90%左右的男孩和 60%以上的女孩都有过手淫行为。我国调查结果虽然比以上数据低一些，但考虑到国人的性观念，估计实际情况与国外差不多。幼儿手淫最早发生在婴幼儿阶段，男孩女孩都有手淫现象，这种现象近年来呈上升趋势。有学者观察发现，1 岁的男孩或女孩就有手淫行为，且可达到性高潮。在以后的发育中，幼儿往往自觉或不自觉地反复手淫。

弗洛伊德把从性器官开始得到快感的时期定在 3 岁以后的“阴茎崇拜期”或叫“奥狄浦斯期”。大多数幼儿在母亲给其喂奶时爱端详甚至抚摩母亲的乳房，有些幼儿爱俯卧使生殖器受到一定的压迫，这都说明幼儿很早就有了一定的性感觉。弗洛伊德认为机械性的刺激或者流动的空气扫过儿童的性器官时，可能给幼儿带来一种类似性活动的快感。幼儿性快感对幼儿性心理发展也有很重要的意义。半岁以后的幼儿吃奶时去“拽”自己的生殖器；3 岁左右的幼儿，男孩子的手淫，女孩子的擦阴都是性快感体验；一般在 5～6 岁会自然消失。如果幼儿的性快感体验一直持续到青春期，会给幼儿的心理带来很多问题。所以对这个年龄段的幼儿的手淫、擦阴行为不要给予非常特别的关注，过分的关注可能会强化幼儿的行为，更不要把幼儿的这些行为与道德观联系得过于密切。

【二维码 19】全面理解幼儿性教育的内容

2．致病原因

幼儿性心理的发展受着生理因素、社会因素及心理因素三方面的影响，琳琳的手淫行为的发生可以从以下几个方面进行分析。

1) 生理因素

生理是心理发展的物质基础，在个体性发展过程中具有决定作用，包括生殖系统的结构、体内激素的产生、生理成熟的程度等。如外阴炎、会阴部湿疹、蛲虫感染、包皮垢发炎等刺激引起，反复抚摸可形成手淫习惯。生理因素是与生俱来的，是随年龄的增长逐渐发展的。琳琳随着年龄的增长，生理发育逐渐成熟，因此，发生的手淫行为也越来越明显。

2) 社会因素

幼儿性心理还受着社会生活条件的影响，如家庭环境、父母的自身表现和教育方式、结交的朋友、社会风气、文化宣传等，都会对幼儿的性心理发展造成一定影响。琳琳的家长对琳琳的自慰行为有过忽视和纵容，这就加剧了琳琳自慰行为的表现。

3) 心理因素

琳琳平时的性格表现为孤独、情绪不良，这也是引发其自慰行为的心理因素。此外，不健康的儿童食品都可能是导致幼儿产生自慰行为的因素。

3．临床表现

男孩子经常用手玩弄阴茎；女孩子时常伸手摸外阴；有的幼儿在突出的家具棱角上摩擦生殖部位；有的骑在某种物体上向前和左右扭动身体；有的将物品塞进裤子里等。在手淫时幼儿往往面部充血，两眼圆睁，脸颊潮红或出汗，并常伴有轻声的哼哼和不规则的呼吸声，一般每次几秒至几分钟不等，事后观察会发现孩子外阴充血，分泌物明显增多。本案例中琳琳的自慰行为符合上述临床表现特征。

二、案例矫正方法

琳琳手淫行为的矫正可采用催眠疗法，具有一定效果，具体程序如下。

1) 分析原因与类型

通过详尽了解和检查，掌握琳琳手淫行为的表现形式、发生次数、持续时间以及可能诱发其手淫的原因，尤其是心理因素方面的不良影响，测定基线，建立琳琳问题行为情况档案。如有躯体疾病则予以相应治疗。

2) 解除忧虑

催眠治疗时首先要解除琳琳紧张焦虑的情绪，提高并增强琳琳对治疗的信心。其间，教师要更多地关心、爱护她，真诚地给她提供帮助和指导，此外，要尊重琳琳，以个别教育为主，避免将琳琳的手淫行为公开化。

3) 编写暗示语

事先要编写好暗示语，以备操作时灵活运用。暗示语要根据琳琳的问题行为，进行针对性的分析，可以提及一些不良行为的表现，但应以良好行为暗示为主；暗示语要明确、具体、条理清楚、说服力强。对琳琳最好采用通俗易懂、形象化的语言。

4) 设置情景

幼儿园开展催眠疗法最好是选择午睡时间，环境比较安静，教师也可腾出手来专心从事矫治。其间，最好让琳琳独自睡眠，或与其他幼儿隔开一定距离；若有几个幼儿要一起进行矫治，则可把他们相对集中。

5) 引导催眠

结合幼儿午睡，可先让琳琳闭目平躺数分钟，放松全身肌肉，然后借助发出节拍音的小声源，让琳琳倾听声源，教师在一旁以单调、低沉、肯定的言语，反复暗示她："你仔细听……专心听那节拍……越听眼皮越沉……眼皮沉得睁不开……全身也越来越放松……越来越没劲……越来越想睡。"当琳琳逐渐闭眼，显示无力时，教师叮嘱她"你的眼皮沉得睁不开了，你试试看。"接着暗示："你的手也松得没劲了，动不了啦，你试试。"琳琳欲睁眼而不能，想举手举不起，标示她已进入催眠状态。引导催眠的时间短的约 3～5 分钟，一般为十多分钟。半小时仍不能进入催眠者，停止催眠。

6) 在催眠状态下暗示

在催眠状态下暗示琳琳主要是发掘产生手淫等问题行为的心理因素，针对引起的因素进行分析、解释、指导。要用通俗易懂、有说服力的形象化语言，而不要过多地用强制命令和指责的口吻来教育。

在催眠状态下常用这样的暗示语："你有一种非常坏的习惯，这种坏习惯也是从别人那里学来的，是父母亲溺爱你所养成的。因为你非常幼小，还是一个不懂事的孩子，就没有及时指出这种坏习惯。现在，你渐渐长大了，已经开始懂事了。你是一个聪明的孩子，其实呀，在你身上仍然保留着一些极为幼稚的行为；你觉得很不好、很难为情，知道别人都在笑你，你也想摆脱，你很苦恼，你知道是什么问题吗？……""你真聪明，你已经知道了，通过今天的矫治，你的坏习惯已彻底纠正，你能养成良好的习惯。"

7) 解除催眠

当琳琳进入催眠状态，便可进行暗示矫治。完毕，要对琳琳说："治好了……你安静睡吧。"让她安静数分钟后，再解除催眠。具体步骤是，暗示琳琳："现在矫治好了……你该醒来了……你会随着我数的数越大……头脑越清醒……数到 9 你会完全醒来。"教师便缓慢数数，1，2，3……并对琳琳说："你现在越来越清醒了。"这时可见到琳琳身体活动，睁开眼睛。有的幼儿听一次数数醒不了，可再数两次到三次，一般都能醒来，再不醒，可让幼儿睡一会儿再叫。

8) 注意事项

(1) 一般来说，进行催眠矫治，初期要求达到较深度的催眠状态再进行言语暗示。随着琳琳问题行为的好转，只要达到浅度催眠状态即可。最后，由浅度再过渡到在意识完全清晰的状态下，同琳琳交谈，这样就能巩固在催眠暗示下取得的矫治效果，而且不易反复。

(2) 催眠矫治的时间，起初可每日一次。待情况缓和后，可隔日一次，隔两日一次。当琳琳的问题行为明显减少后，一般能保持3～5天不发生时，应逐渐用社会性强化物或其他自然强化物来继续维持这个行为，使琳琳能逐步进入自然境地。

(3) 催眠矫治前，要对琳琳家长予以指导，以取得家长的支持，共同完成矫治任务。矫治过程中，教师还要及时做好观察、记录，每周进行整理和比较，以适时调整矫治方案和修正暗示语，使矫治效果更佳。

【二维码20】父母和老师应正确对待儿童手淫

知识拓展5-1

我国首次公布学龄前儿童十大问题行为

近年来，儿童的问题行为发生率呈现急剧上升趋势，国内权威的儿童医学保健专家根据临床发现，并从3～6岁儿童常见的34种问题行为中，评出了影响中国学龄前儿童身心健康发育最常见的十大问题行为，指出气质是影响儿童行为发育的重要因素以及有关的矫正方法。

这项在国内尚属首次公布的调查结果称，“注意力差，容易分心，难以完成任务，在幼儿园坐不住，来回走动”被列在“十大问题行为”的榜首，其余九种分别是“偏食挑食，吃饭慢，不肯吃硬的食物”“明显多动”“过分依恋，缠人”“不适当的吸吮行为(吸吮拇指、毛巾等物品)”“孤僻，难与同伴交往”“过分好强，处处争第一，受不了一点挫折和批评”“每天痴迷于电视、游戏机达数小时”“违拗性严重(不听指令，与家长或老师对着干)”“睡眠问题(难入睡、夜啼、夜惊、梦游等)”。

参与这项全国调查的专家指出，每个儿童的外在行为有着形形色色的特点，这些特点构成了儿童行为的独特性，即气质。它是反映个性的重要方面，也是影响儿童行为发育的重要因素。

专家还指出，对学前儿童出现的问题行为，应该及早发现，及时予以矫正或干预。矫正的方法有“正强化法”“惩罚法(又称厌恶疗法)”“负强化法”“消退法”“模仿法”5种。除此之外，纠正孩子问题行为的常用方法还有“间歇强化法”“行为塑造法”“系统脱敏法”“代币制疗法”“催眠疗法”等。

(资料来源：http://news.china.com/zh_cn/culture/edu/10000941/20040611/11756196.html)

知识拓展 5-2

从小培养幼儿的六种性格

大多数幼儿问题行为都是由其不良的性格所导致的，性格品质决定人的命运，而人的优良性格是早期奠定的。在早期教育中，性格的培养应该放在首位，属重中之重。曾经对1000名3～10岁的幼儿做过一个调查，结果显示：18%的幼儿具备良好性格，82%的幼儿性格或多或少有问题，而25.7%的幼儿性格恶劣，让人不得不为之担忧。人的性格品质是多方面的，以下六个方面是良好性格的基础，如果从小具有这六种性格品质，长大了其他优良品质都会自然派生出来。

快乐活泼。快乐的孩子爱笑不爱哭，无忧无虑。而活泼并不只是好动，更不等同于吵闹。活泼的孩子有六个表现：表情活泼——脸部表情丰富生动，看得出微笑、高兴、着急等情绪，可跟大人开玩笑；嘴巴活泼——表达、吐词清晰，喜欢讲故事见闻、猜谜语、说绕口令等；感知活泼——见过的、听过的、做过的记得快，认颜色、形状、方向都很清楚；双手活泼——会劳动、会做手工、饲养小动物、种花种草等，手很灵巧；身体活泼——表现在能歌善舞，爱做游戏、爱运动等；思想活泼——喜欢提问、讨论、争论、识字和读书等。

安静专注。不能安静专注的人难以成就大事，活泼的内在表现就是安静。而专注的孩子，即使是玩也能玩得专心，全身心地投入到玩耍中，得到最大的快乐和收获。而不能专注的孩子，该静静不下来，注意力分散，“玩野”之后到小学再去纠正就很困难了，智力发展也会受到严重影响。

勇敢自信。婴幼儿的勇敢自信主要表现在不怕黑暗、鬼怪、孤独、小动物、陌生人和陌生环境等。如果孩子感觉到自己很可爱，即使只是潜意识的感觉，也会有自信情感的流露，这与骄傲、没礼貌、不友好的性格完全是两码事，不可混为一谈。

勤劳善良。从小会劳动的人以劳动为乐，也会关心人。大人回到家，孩子帮你拿拖鞋，你的鼓励“宝宝真乖、真能干”是对他最好的肯定。从小关心家人和周围的人，这样的孩子一定是个道德高尚的人。专家建议4～5岁的孩子要学会做饭，5～6岁的孩子要学会做菜。

独立精神。孩子的独立性格应该表现在从小自己会睡、会坐、会玩；1岁以后可以自己吃饭，吃得好、吃得快；会走之后，能够自己做喜欢的事情；在父母的字典里没有“催”字。如果一个连吃饭都要家长七八遍催促、没有责任感的人，以后上学、找工作等都会依赖别人，谈何成才？

创造精神。表现在对新奇的事情爱看、爱听、爱摸、爱做、爱问、爱记上；喜欢自己动手，想办法玩耍，搞小发明等；家长特别要注意培养孩子的求异、逆向和发散思维。

性格的培养是有规律的，不靠督促、说教和打骂，而是靠不露痕迹的“潜教育”，包括环境育人、行为育人、爱的教育和积极暗示等。

（资料来源：http://www.xywy.com/xl/czxl/xgsz/201008/19_691689_2.html）

本章小结

对于学前阶段的幼儿来讲，心理健康问题多属发育障碍和行为问题，真正属于心理疾病(如神经症、精神发育不全、精神病和人格障碍等)范围的只占极少数。大多数心理健康问题属于儿童身心发展过程中出现的行为、情绪问题。因此选择有针对性的矫正方法对于治疗学前儿童问题行为至关重要。本章重点选择了九个常见问题行为，从具体案例入手进行分析，从而选择行之有效的矫正方法。

思考与练习

1．结合本章的学习内容，设计矫正攻击性行为的治疗方案，可以不拘泥于教材。

2．结合自身的体会，分析学前儿童问题行为产生的影响因素。

3．假设你是一名治疗者，你在治疗过程中如何排除幼儿对你的戒备心理？

推荐阅读

[1] 王振宇．学前儿童心理学[M]．北京：人民教育出版社，2004.

[2] 姚本先．儿童心理辅导[M]．合肥：安徽大学出版社，2003.

[3] 龙吟，孙诚．幼儿心理与行为透视[M]．合肥：安徽人民出版社，2002.

[4] 昝飞，张琴．特殊儿童的问题行为干预——实例与解析[M]．北京：中国轻工业出版社，2014.

[5] 高雪梅．儿童心理健康[M]．重庆：西南师范大学出版社，2012.

[6] 但菲，冯璐．儿童发展[M]．北京：高等教育出版社，2016.

[7] [美]埃里克·J.马什，戴维·A.沃尔夫著，徐浙宁，苏雪云译．异常儿童心理[M]．2版．上海：上海人民出版社，2014.

附 录 一

康纳氏儿童多动症评定量表(Conner 量表)

下列 10 个项目中，每个项目分 4 个级别：“0”为无此症状；“1”为只有一点这种症状；“2”为有较多症状；“3”为此症状很严重或很多。可按数字级别判定症状，并打“√”，将每项得分累加成总分，总分在 15 分以上者，应怀疑患有多动症。

姓名：　　　　性别：　　出生日期：　　　　检查日期：　　　　联系电话：

项目	无	有一点	多	很多
1．动个不停	0	1	2	3
2．容易兴奋和冲动	0	1	2	3
3．打扰其他小孩	0	1	2	3
4．做事有头无尾	0	1	2	3
5．坐不住	0	1	2	3
6．注意力只能短暂集中，容易随环境转移	0	1	2	3
7．要求必须立即得到满足	0	1	2	3
8．好大声叫喊	0	1	2	3
9．情绪改变快	0	1	2	3
10．脾气暴躁，有不可预料的行为	0	1	2	3

共计：　　　填表人：　　　与被试者关系：　　　　　　　年　　月　　日

附 录 二

儿童感觉统合能力发展评定量表

姓名：　　　性别：　　年龄：　　　出生日期：　　　检查日期：

儿童主要的问题或困难：
联系电话：

亲爱的家长同志：

儿童的学习能力发展与大脑和身体运动神经系统的发展有关，要提高学习成绩与效率，必须先了解儿童的脑及生理的发展，为此我们设计了下面问卷，请家长根据儿童最近半年的表现认真填写。

填写方法：根据儿童的情况在“从不这样[5]”“很少这样[4]”“有时候[3]”“常常如此[2]”“总是如此[1]”中画圈。题中所说的情况只要有一项符合就算。

	从不这样	很少这样	有时候	常常如此	总是如此
(一)					
1．特别爱玩会旋转的凳椅或游乐设施，而不会晕。	5	4	3	2	1
2．喜欢旋转或绕圈子跑，而不晕不累。	5	4	3	2	1
3．虽看到了仍常碰撞桌椅、旁人、柱子、门墙。	5	4	3	2	1
4．行动、吃饭、敲鼓、画画时双手协调不良，常忘了另一边。	5	4	3	2	1
5．手脚笨拙，容易跌倒，拉他时仍显得笨重。	5	4	3	2	1
6．俯卧地板和床上，头、颈、胸无法抬高。	5	4	3	2	1
7．爬上爬下，跑进跑出，不听劝阻。	5	4	3	2	1
8．不安地乱动，东摸西扯，不听劝阻，处罚无效。	5	4	3	2	1
9．喜欢惹人、捣蛋、恶作剧。	5	4	3	2	1
10．经常自言自语，重复别人的话，并且喜欢背诵广告语言。	5	4	3	2	1
11．表面左撇子，其实左右手都用，而且无固定使用哪只手。	5	4	3	2	1
12．分不清左右方向，鞋子衣服常常穿反。	5	4	3	2	1
13．对陌生地方的电梯或楼梯，不敢坐或动作缓慢。	5	4	3	2	1
14．组织力不佳，经常弄乱东西，不喜欢整理自己的环境。	5	4	3	2	1
(二)					
15．对亲人特别暴躁，强词夺理，到陌生环境则害怕。	5	4	3	2	1
16．害怕到新场合，常常不久便要求离开。	5	4	3	2	1

17. 偏食、挑食，不吃青菜或软皮。 5 4 3 2 1
18. 害羞、不安，喜欢孤独，不爱和别人玩。 5 4 3 2 1
19. 容易黏妈妈或固定某个人，不喜欢陌生环境，喜欢被搂抱。 5 4 3 2 1
20. 看电视或听故事容易受感动，大叫或大笑，害怕恐怖镜头。 5 4 3 2 1
21. 严重怕黑，不喜欢在空屋，时刻需要有人陪。 5 4 3 2 1
22. 早上赖床，晚上睡不着，上学前常拒绝到学校，放学后又不想回家。 5 4 3 2 1
23. 容易生小病，常常没有原因。 5 4 3 2 1
24. 常吸吮手指或咬指甲，不喜欢别人帮忙剪指甲。 5 4 3 2 1
25. 换床睡不着，不能换被或睡衣，外出常担心睡眠问题。 5 4 3 2 1
26. 独占性强，不许别人碰他的东西，常会无缘无故发脾气。 5 4 3 2 1
27. 不喜欢和别人谈天，不喜欢和别人玩碰触游戏，被洗脸和洗澡没痛苦。 5 4 3 2 1
28. 过分保护自己的东西，尤其讨厌别人由后面接近。 5 4 3 2 1
29. 怕玩沙土、水，有洁癖倾向。 5 4 3 2 1
30. 不喜欢直接视觉接触，常必须用手来表达需要。 5 4 3 2 1
31. 对危险和疼痛反应迟钝或反应过于激烈。 5 4 3 2 1
32. 听而不闻，过分安静，表情冷漠又无故嬉笑。 5 4 3 2 1
33. 过度安静或坚持奇怪玩法。 5 4 3 2 1
34. 喜欢咬人，并且常玩固定的游戏，并无故碰坏东西。 5 4 3 2 1
35. 内向、软弱、爱哭，又常触摸生殖器官。 5 4 3 2 1

(三)

36. 穿脱衣裤、系纽扣、拉拉链、系鞋带动作缓慢、笨拙。 5 4 3 2 1
37. 顽固、偏执、不合群，孤僻。 5 4 3 2 1
38. 吃饭时常掉饭粒，控制不住口水。 5 4 3 2 1
39. 吐字不清，发音不佳，语言能力发展缓慢。 5 4 3 2 1
40. 懒惰，行动慢，做事没有效率。 5 4 3 2 1
41. 不喜欢翻跟头、打滚、爬高。 5 4 3 2 1
42. 上幼儿园后仍不会洗手、擦脸、剪纸及自己擦屁股。 5 4 3 2 1
43. 上幼儿园(大、中班)仍无法用筷子，不会拿笔，攀爬或荡秋千。 5 4 3 2 1
44. 对小伤痛特别敏感，过度依赖他人照料。 5 4 3 2 1
45. 不善于玩积木，组合东西，排队，投球。 5 4 3 2 1
46. 怕爬高，拒走平衡木。 5 4 3 2 1
47. 到新的陌生环境很容易迷失方向。 5 4 3 2 1

(四)

48. 看来有正常智慧，但学习阅读或做算数特别困难。 5 4 3 2 1
49. 阅读常跳字，抄写常漏字、漏行，写字笔画常颠倒。 5 4 3 2 1
50. 不专心，坐不住，上课常左右看。 5 4 3 2 1

51．用蜡笔着色或用笔写字也写不好，超出格子外。 5 4 3 2 1
52．看书容易眼酸，特别害怕数学。 5 4 3 2 1
53．认字能力虽好，却不知其意义，而且无法组成较长的语句。 5 4 3 2 1
54．混淆背景中的特殊图形，不易看出或认出。 5 4 3 2 1
55．对老师的要求及作业无法有效完成，常有严重挫折感。 5 4 3 2 1
(五)
56．使用工具能力差，对劳作或家事均做不好。 5 4 3 2 1
57．自己的桌子或周围无法保持干净，收拾上很困难。 5 4 3 2 1
58．对事情反应过强，无法控制情绪，容易产生消极情绪。 5 4 3 2 1

评定结果：	原始分：	标准分：
1．前庭失衡	______	______
2．触觉过分防御	______	______
3．本体感失调	______	______
4．学习能力发展不足	______	______
5．大年龄的特殊问题	______	______

感觉统合综合评定：属于感觉统合(　　)度失调。